"蓝色福建 向海图强"丛书

航海福建

中共福建省委党史方志办 著

海峡出版发行集团
THE STRAITS PUBLISHING & DISTRIBUTING GROUP

福建人民出版社
FUJIAN PEOPLE'S PUBLISHING HOUSE

书在版编目（CIP）数据

航海福建 / 中共福建省委党史方志办著. --福州：福建人民出版社, 2024.2

（蓝色福建　向海图强）

ISBN 978-7-211-09264-2

Ⅰ.①航…　Ⅱ.①中…　Ⅲ.①海洋—文化研究—研究—福建　Ⅳ.①P7-05

中国国家版本馆CIP数据核字（2024）第013988号

航海福建
HANGHAI FUJIAN

作　　者：中共福建省委党史方志办

责任编辑：韩腾飞

美术编辑：陈培亮

责任校对：陈　璟

出版发行：福建人民出版社　　　　　　　　　**电　　话：**0591-87604366（发行部）

地　　址：福州市东水路76号　　　　　　　　**邮　　编：**350001

网　　址：http://www.fjpph.com　　　　　**电子邮箱：**fjpph7211@126.com

经　　销：福建新华发行（集团）有限责任公司

印　　刷：福州印团网印刷有限公司

地　　址：福州市仓山区建新镇十字亭路4号

开　　本：787毫米×1092毫米　1/16

印　　张：28.25

字　　数：423千字

版　　次：2024年2月第1版　　　2024年2月第1次印刷

书　　号：ISBN 978-7-211-09264-2

定　　价：128.00元

海涛澎湃，潮涌东南。福建依山傍海，海域辽阔，岸线曲折，港湾岛屿星罗棋布，海洋资源得天独厚，海洋文化遗产璀璨夺目。山与海的交响绘成了福建发展的醉美画卷，也谱写了福建特色鲜明的地域文化。闽山闽水，物华天宝。泱泱碧波里，漫漫海岸边，繁衍生息着千姿百态的海洋生物，也蕴藏着古朴雄浑的历史人文，更孕育了最具海洋精神的福建人。跨越山海、日啖海物、劈波斩浪的福建人在蓝色的田园里创造了独有的海洋文明，成为中华文明的星空中一颗耀眼的"蓝色之星"。

山海交响，向海而生。福建与大海密不可分，古时有言："闽在海中""海者，闽人之田也"。福建人自远古时期起就以海为家，跨越岛屿，捕鱼采贝，凿木成舟，出海远航，获取"渔盐之利、舟楫之便"。他们是中国的"海上马车夫"、中国的"世界人"，穿越古代、近代、现代，闯荡天下，生生不息。福建人向海而歌，于艰辛中锤炼百折不挠的筋骨，在交流中涵养开放包容的气度。海洋打开了福建人的视野，赋予其拓海扬帆、冒险开放、锐意进取的海洋气质与禀赋，不断奏响人海和谐共生的乐章。璀璨的海洋文化基因迸发出蓬勃的生命力。

开海航海，依海而兴。船舶制造及航海技术的发展为各大文明间的交往提供了便利，海上大通道为之打开，海港日益繁华。唐宋福建就已"梯航万国""舶商云集"，成为古代海上丝绸之路发祥地和重要起点之一。唐代福州港"船到城添外国人"；宋代泉州港"涨海声中万国商"，被誉为"东方第一大港"，是宋元中国的世界海洋商贸中心；明初福州长乐太平港是郑和下西洋船队驻泊地和出洋地；明中叶漳州月港"海舶鳞集、商贾咸聚"，成为"天子南都"；清代厦门港发展成为"通九译之番邦""远近贸易之都会"。

15世纪末16世纪初，随着地理大发现和新航路开辟，大航海时代拉开全球化序幕，贯通世界的海上航线开辟，东西方国家贸易联通，福建被认为是各国"进入伟大中国的立足点和跳板"。随贸易而来的是海洋殖民，郑成功驱逐荷兰殖民者收复台湾，使闽台区域连为一体，两岸一衣带水。明清鼎革之际，福建人过番出洋，开台湾、去东洋、走西洋、下南洋，凡有海水的地方就有福建人，有福建人的地方就有妈祖。海洋打开了福建人的"生活圈""朋友圈""文化圈"。

"晚清风流数侯官"，得风气之先的福建人如林则徐、严复、沈葆桢等发出近代海防海权意识觉醒的先声，为中华民族救亡图存和独立富强奋斗不已。历史昭示我们，"向海而兴，背海而衰；禁海几亡，开海则强"。

经略海洋，向海图强。中华人民共和国成立后，福建继续承载着探索开发海洋的传统，踏浪前行。海洋、海湾、海岛、海峡、"海丝"赋予福建向海发展的巨大潜力。实施"大念山海经""山海合作""建设海峡西岸繁荣带""建设海洋大省""建设海洋经济强省"等战略决策，福建海洋经济长足发展。2011年，国务院将福建列为全国海洋经济发展试点省份。2015年，《福建省21世纪海上丝绸之路核心区建设方案》发布，福建迎来续写丝绸之路辉煌传奇的历史机遇！

　　福建是习近平总书记关于海洋强国建设论述的重要孕育地和实践地。在厦门工作期间，他牵头研究制定《1985年—2020年厦门经济社会发展战略》，明确提出厦门港的发展定位。在宁德工作期间，他强调山、海、田一起抓，"靠山吃山唱山歌，靠海吃海念海经"。在福州工作期间，他提出建设"海上福州"战略构想，在全国率先发出"向海洋进军"的宣言。在省委省政府工作期间，他提出建设海洋经济大省、建设海洋经济强省的战略思路，推动出台一系列大力发展海洋经济的政策措施。

　　党的十八大以来，以习近平同志为核心的党中央作出了建设海洋强国的重大战略决策。福建省委、省政府一以贯之传承弘扬习近平同志在福建工作时关于海洋经济发展的重要理念和创新实践，以建设"21世纪海上丝绸之路核心区"为契机，统筹推进陆地和海洋、近海和深远海资源开发，培育壮大海洋新兴产业，围绕产业布局、科技创新、环境保护等领域持续发力。"海上福州"建设持续推进，"丝路海运"扬帆启航，"科技兴海"战略深入实施，福建海洋经济不断发展壮大。全省海洋生产总值保持10%以上的年增长速度，2018年首次突破万亿元，2022年达到1.2万亿元，水产品总量、水产品出口额居全国首位。海洋渔业、滨海旅游、海洋交通运输等主导产业优势明显。海洋经济已成为拉动福建经济增长的重要引擎和新增长点。

　　海洋是福建高质量发展的战略要地。2021年3月，习近平总书记来闽考察，明确指出要壮大海洋新兴产业，强化海洋生态保护，为加快建设"海上福建"提供了根本遵循。

　　海洋以无比广阔的胸怀，浩瀚无穷的力量，迎接八闽之帆踔厉奋发，勇毅前行，逐梦深蓝。新征程上，福建省委、省政府以习近平新时代中国特色社会主义思想为指导，全面贯彻习近平总书记来闽考察重要讲话精神，聚焦新福建建设宏伟蓝图大局和"四个更大"重要要求，坚持一张蓝图绘到底，加快建设"海上福建"，坚持陆海统筹、湾港联动，以海带陆、以陆促海，统筹陆地、海岸、近海、远海资源开发，完善"一带两核六湾多岛"海洋经济发展空间格局，大力发展深海养殖装备和智慧渔业，建设海上牧场，推进"福海粮仓"和"智慧海洋"建设，发挥海上大通道优势，推动海洋生态文明建设，推进海洋经济高质量发展，为全面建设中国式现代化福建篇章注入强劲的蓝色动能。

我们正在打开海洋新世界的大门。

山海之链：海洋福建的文明缘起

| 依海而生：海洋福建早期的航海探索与丝路贸易

| 梯航万国：海洋福建的蓬勃发展

┃ 大航海时代：海洋福建的货通天下

| 踏海而兴：依托政策和资源优势的福建海洋走前头

| "海上福建"：奋力谱写海洋强省新篇章

山海之链：海洋福建的文明缘起

早在混沌洪荒的时代，远古闽人就傍海而居、向洋而生，但见宵从海上来，亦送晓向云间没。

　　他们一边断竹、续竹、飞土、逐肉、打石、制陶、采贝、捕鱼，过着日出而作日落而息的安居生活，创造了丰富的海滨文化，一边跂予望之、一苇杭之，跨过海峡、远渡重洋，将文明的种子播撒外洋海岛，使得文明的曙光遍照四海八荒。

　　沧海桑田。千万年之后，我们在山海之链中追寻海洋福建的文明缘起。

晋江深沪湾旧石器时代遗址：
近百万年前东南沿海先民活动遗迹

深沪湾旧石器时代遗址位于晋江深沪镇金屿村附近，该遗址所在网纹红土地层的年龄距今约97万年，是福建已知年代最久远的古人类旧石器遗址，也是中国第一次在东南部海岸的地层里发现的最古老的古闽先民活动遗迹。

2001年11月，晋江市政府在深沪湾开展护岸工程，并邀请中国科学院地质与地球物理研究所等研究单位，共同组成考察组，进行晋江深沪湾护岸工程海岸动

闽南地区出土的旧石器时代石器

力地貌考察。2002年5月，第一次考察发现，深沪一带广泛分布着第三级海成台地保存的滨海相砂层、棕红色黏土和网纹红土。同年8月，考察组在深沪镇金屿村附近考察时发现，第三级海成台地的红色砂层中，一块直径为15厘米的不规则石块上面有明显被打击过的痕迹。其后，考察组又发现了有类似人工打击痕迹的石块。同年12月，中国科学院地质与地球物理研究所组成小组对深沪镇海岸开展进一步调查，在围头至石圳一带，又陆续发现6处地层中埋藏有人工石制品的地点，总共已在晋江深沪一带发现7个旧石器地点、36件石制品，其中13件石制品标本被送到北京鉴定。

2003年1月，来自中国科学院古脊椎动物与古人类研究所、北京大学城市与环境系等的11位专家对深沪湾发现的旧石器进行鉴定评审。专家认为，这些标本具有人工打制特征，反映当时这里有过人类活动，这一发现具有重要意义，应继续开展研究。为测定旧石器的年代，专家先后采用了古地磁、光释光等多种测年方法，但受限于当时网纹红土的测年技术，大致推测这些旧石器距今约80万~50万年。2011年至2012年，中国科学院地质与地球物理研究所研究员顾兆炎等与澳大利亚学者合作，应用铍铝法测定了深沪湾旧石器时代遗址所在网纹红土地层的年龄为距今97万年。这表明在近百万年前，晋江海滨就有古闽先民活动。

作为深沪湾第一块旧石器的发现者之一，中国科学院地质与地球物理研究所研究员袁宝印推测，晋江古人类应该是居住在海边，但是当时的食物比较少，他们平时常会涉水到深沪—围头这个基岩小岛一带寻找牡蛎为食。现在，深沪湾海底古森林的牡蛎礁，正是当时环境的佐证。西方至今也还有一些海岛居民有生吃牡蛎的习惯。袁宝印说，古人类在河边、湖滨、海滨活动时，他们打制和使用的旧石器有时会被丢弃，与河边、湖滨、海滨的黏土与砂质沉积物混在一起，同时被埋藏。如今，循着他们遗弃旧石器的踪迹，能够勾勒出当时他们的活动范围。

2009年，晋江深沪湾海滨潮间带又发现一处旧石器时代晚期遗址，这种类型的遗址在福建省境内尚属首次。遗址出土的石制品共87件，分属4种类型，从器型和加工技术判断，与我国南方常见的砾石工业不甚相同，伴生的哺乳动物化石有亚洲象和水牛等。根据遗址周边古牡蛎礁和古森林遗迹测年及与第四纪地层对比，可推测其文化层年代距今2.5万~1万年。坐落在潮间带的遗址，对早期人类生存环境、生产活动和行为方面的研究具有重要意义，也为深沪湾环境变迁和海平面升降的研究提供了新的资料。

漳州莲花池山遗址与"漳州文化"：
闽先民的渔猎活动遗迹

莲花池山遗址位于漳州北郊的红土台地上，海拔24米，台地的基座由燕山期花岗岩和花岗闪长岩构成。莲花池山遗址属于南方砾石工业系统文化，年代初步推测为距今约40万~20万年。2013年，漳州莲花池山遗址被列入第七批全国重点文物保护单位。

1989年底，漳州市文化局文物科曾五岳，在漳州市北郊调查时，采集到一批小石块，经中国科学院古脊椎动物与古人类研究所尤玉柱等人鉴定，年代为旧石器时代。此后，曾五岳在漳州市北郊近100平方公里的更新世台地上，寻找到石器地点17处、标本300件。1990年1月，福建省博物馆陈存洗、范雪春首先在遗址发现旧石器时代两个地层。2月，尤玉柱等对北郊台地第四纪地层进行详细考察，证明所采集的石制品出自莲花池山红土堆积物的砾石条带。同年5月，福建省博物馆、中国科学院古脊椎动物与古人类研究所和漳州市文化局组队首次对莲花池山遗址进行为期一个半月的考古试掘，发掘面积约100平方米，出土石制品共计23件。

2005年11月至2007年春之间，福建博物院与漳州市文管办组成考古发掘队对南区实施抢救性发掘。发掘工作分3个阶段进行，发掘面积达600平方米。第二次

莲花池山遗址

发掘从下红土层与网纹红土间的砾石条带揭露出一个文化层，在网纹红土层中揭露出两个含石制品的文化层。考古专家认为莲花池山遗址网纹红土中揭露的新文化层，在福建省旧石器领域中属新的突破。加上第一次发掘的上部砖红土底部砾石条带的文化层，遗址共有4个文化层。其中，第四文化层为原生文化层，是莲花池山遗址最早的文化层，也是遗址文化特征的代表。

遗址共出土石制品3780件，而第四层即原生文化层出土的石制品数量和类型最多，共出土石制品3308件，其中非工具类3199件，工具类109件。非工具类包括石核、断块、碎块、碎片和石片等，工具类有石锤、砍砸器、刮削器、凹缺器、尖状器、薄刃斧和手镐。刮削器包括直刃、凸刃、多刃、凹凸刃、圆头和端刃等，尖状器包括大型的和中小型的，砍砸器有重型和中小型等，薄刃斧为福建省内首次发现。遗址文化层所出土的遗物仅限于石制品和部分遗迹，尚未发现哺乳动物化石与其伴生。这些石制品利用的原料仅有脉石英和水晶晶体两种。石制品打制方法分砸击和锤击两种，石核上剥离的疤痕少，表明其利用率较低。石片多不规则，且多由砸击产生。石制品加工技术较简单，多为单面加工，修理痕迹粗糙，细致的修理少见。石器毛坯以石片为主。在原生文化层所揭露出来的层面上，有一个范围约30平方米的人工活动面，石制品的排布和自然流水作用下集聚的小石块呈无规律混杂分布状态，石英砾石、石核、石片、断块、石器疏密相间，形状各异；个别巨大的脉石英岩块和大水晶晶体在层面上无序分布，表明闽先民从附近河滩或坡地采集原料在此进行打制石器或相关活动。

除了莲花池山遗址之外，考古人员在漳州市郊及其周边还发现了史前旧石器时代向新石器时代过渡时期的多处小石器地点，采集到许多件燧石打制的小石制品，这些小石器遗迹被称为"漳州文化"。考古学家贾兰坡认为："漳州打制石器虽然很小，但和其他地点的细石器相比有所不同，看来可自成一个系统。从石器打制技术来看，已相当进步"[1]。尤玉柱等最早描述了这些遗物的文化特征，并经贾兰坡审定，将其命名为"漳州文化"，年代距今约13000~9000年。

此外，1989年，曾五岳还曾对漳州市郊地区做了全面调查，发现了100多处小石器地点，采集到1400多件燧石打制的小石制品。1990年5月，考古工作者在莲花池山上层的红黄色砂质土中发现以黑褐、黑灰、青白、灰白色燧石打制的，长度都在十几毫米至四十几毫米的小型石制品。此后考古工作者又陆续在平和、龙海、华安、东山、诏安、漳浦、长泰、南靖等县采集到与莲花池山上层燧石石制品特征相同的石制品，主要有石核、石片、尖状器、凹缺刮削器、镞形器、斧形石刀等。这些地点的文化遗物具有以下特征：一是以石制品石核、石片、石器为代表，原料以燧石为主，其次为玄武岩石英和石英岩；二是石制品普遍细小，制作工艺主要是砸击法与锤击法；三是制作石器的毛坯、石片类型较多，石片通常很薄且很少被用来修制石器；四是具有第二、第三步加工的石器在石制品中占较大比重，超过30%，且绝大多数石器有过双向加工，加工痕迹通常细小；五是类

1　转引自曾五岳：《漳州土楼揭秘》，福建人民出版社2006年版，第138页。

型繁多的刮削器是文化遗物的主体，凹缺刮器最富有代表性，凹缺刮器、镞器、石钻和小石杵构成具有地方色彩的石器组合。

这一文化分布很广，以漳州为中心，在厦门、泉州、霞浦、龙岩、南平等处遗址中，西至广东潮汕，东至浙南，均有发现与之类似的小石器遗存点。这说明在旧石器时代向新石器时代过渡时期，福建早期的人类已能用打制的细小石制品制作复合工具，捕获海生鱼类和贝类，闽先民的渔猎经济已有初步发展。

"东山陆桥"：跨越海峡的通衢

"东山陆桥"是指横亘台湾海峡的一道浅滩，或称海底"隆起带""浅水带"。这道浅滩发端于漳州南部的东山岛，向东延伸到海峡中部的台湾浅滩，再向东北，经澎湖列岛后直至台湾西部。它基本上由台湾浅滩、南澎湖浅滩、北澎湖浅滩和台西浅滩四部分组成，一般深度不超过40米，最浅处仅10米，成为海峡底部隆起的台地和海底谷道的分水岭。浅滩东西长度近200千米，南北宽约250千米，其西北部以颈状台地与东山岛附近的-36米深的海底阶地相连。浅滩南侧海底坡度较大，从-40米迅速降至-150米深的大陆架边缘，而后又突降至-250~-400米的大陆坡，与南中国海相接。浅滩北侧海底坡度较小，水深70~90米。当海平面下降的幅度超过40米时，这道浅滩便露出海面，成为连接大陆与台湾的陆桥。福建师范大学林观得教授最先研究这道浅滩，并将其命名为"东山陆桥"，台湾学者或称之为"台湾陆桥"。

"东山陆桥"的沉浮，主要取决于台湾海峡地理、气候与海平面的演变。在地理上，福建大陆、台湾海峡、台湾中西部均属于亚洲大陆板块，因属大陆边缘地壳，易受菲律宾板块挤压而产生隆起或断裂。早在第三纪末，喜马拉雅造山运动中，台湾褶皱隆起，带动闽台陆地抬升，并连成一体。至中新世末，闽台间发生断陷，海水侵入而形成台湾海峡。此后，约300万年以来，即从地质年代的第四纪以来，地球先后发生了多次冰期和两个冰期之间的间冰期，构成了所谓的"第四纪大冰期"。两次冰期之间的间冰期，气候变暖，冰盖、冰帽和冰川消融，海平面上升，出现所谓的海侵现象。据研究，在第四纪大冰期里，全球性海平面下降超过40米的大致有7次，据此，"东山陆桥"至少有7次露出水面。

从距今约15000年开始，冰进高潮开始退却后，气候逐渐变暖，海平面逐渐上升，到了10000年以前，即全新世开始，东海海平面上升到现在海平面以下100米左右，所以自全新世开始以后，台湾海峡便很快形成。此时，唯独"东山陆桥"尚露于海面，成为一道狭长的陆桥。在距今7000~6000年左右，海侵达到最高峰，台湾和沿海岛屿又与福建大陆分开。此时，"东山陆桥"才最后被淹没于台湾海峡海底，仅露出零星的几个小岛，点缀于海峡之中。

关于"东山陆桥"出露海面，或台湾海峡成陆的时间和范围问题，学界主要有三种观点：第一种观点认为在距今1.8万~1.5万年间，我国东部大陆架晚更新世末次冰期海平面下降幅度可达155米，对马海峡、朝鲜海峡、渤海、黄海、东海大部分以及台湾海峡基本上都成为陆地。另一种观点认为台湾海峡虽然成陆，但只是限于一定的范围之内，还有许多地域依然被海水所占据，其中存在一个陆桥连接福建与台湾。这两种观点只是在台湾海峡成陆的范围问题上存在不同看法，但均承认"东山陆桥"的存在。还有一种意见认为台湾海峡一直没有露出成为陆地，更新世期间依然处于浅海环境。但是，台湾海峡的一些层位存在的海相化石可能是原有的地层遭剥蚀后再与晚期堆积物相混杂的结果。

其实，关于"东山陆桥"曾多次出露海面的科学论断，早已被不断发现于台湾海峡海底的人类化石和哺乳动物化石所证实。"东山陆桥"及其附近的广阔海域属于著名的闽南渔场，自古以来，漳州的东山、漳浦，泉州的晋江和台湾西南部沿海及澎湖的渔民均在该海域从事捕捞作业。他们不断在该海域捞获大量的陆生哺乳动物化石。截至目前，东山海域发现的哺乳动物化石，可鉴定的至少有21种。澎湖浅滩属于"东山陆桥"的组成部分，海底也埋藏丰富的哺乳动物化石。

东山海域和澎湖海沟的哺乳动物化石，在成员组合上均以诺氏古菱齿象、达维四不像鹿和水牛等为主，这反映了它们同属于一个动物群。该动物群成员除个别种类外，大都是晚更新世时期华北和淮河流域常见的类型。近几十年来，在"东山陆桥"的两端，人们除了捞获哺乳动物化石3500多件之外，还陆续发现了"左镇人""东山人""海峡人"人类化石和澎湖人类股骨等。

在"东山陆桥"之上发现哺乳动物化石与人类化石，充分表明在"东山陆桥"成陆时期，不但有庞大的陆生哺乳动物群在陆桥上栖息，而且已经有了人类的活动。他们在陆桥之上建立了自己的家园，甚至形成了属于他们的史前社会。他们利用狩猎获得的动物的角与骨，制造成生产工具、武器等，创造了属于他们的史前文明。他们以狩猎与采集为生，部分人为扩大生存空间，便顺着陆桥一直进入台湾，从而开凿了闽台史前文化关系的渊源。

"东山陆桥"为研究史前时期台湾与大陆的地理变化、生态环境、气候以及闽台动物来往、古人类活动提供了重要线索，不但有考古和学术上的重要价值，更有两岸自古相连、闽台一家的历史意义。

"海峡人""东山人""甘棠人"：
福建沿海最早的人骨化石

迄今考古发现表明，福建已发现的旧石器地点和人骨化石地点，主要分布于闽中大谷地和东部沿海地区，尤其是闽南沿海低山丘陵，是旧石器时代人类的主要活动区。目前为止，福建沿海最早的人骨化石有"海峡人""东山人""甘棠人"。

"海峡人"

1998年11月，泉州海外交通史博物馆刘志成等在泉州沿海考古调查时，从石狮市祥芝镇祥芝村渔民在台湾海峡打捞出的数千件哺乳动物化石中，发现一段疑

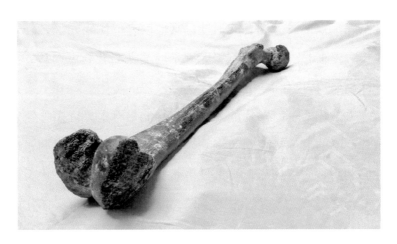

"海峡人"骨化石

似古人类的骨骼化石。1999年，经中国科学院古脊椎动物与古人类研究所和厦门大学考古专家鉴定并确认，这件骨骼化石为晚期智人男性个体的右肱骨，绝对年代距今约2.6万~1.1万年。著名考古学家、中国科学院院士贾兰坡建议将其命名为"海峡人"。

该肱骨保存基本完整，仅缺失肱骨滑车和肱骨小头，长311毫米，石化程度相当高，表面呈棕褐色，并留有海生无脊椎动物附着的痕迹。"海峡人"化石存在肱骨较为粗壮、三角肌粗隆发育、骨干上下两半段形成较大的夹角、夹角的出现率高等特点。之所以会有这些特点，应是早期狩猎采集人群的一个重要的自然适应。

2005年3月15日，石狮市博物馆邀请中国科学院古脊椎动物与古人类研究所、福建省考古队等5位专家启动"石狮发现台湾海峡古人类与古生物化石专题研究"项目，于数千件哺乳动物化石中再次发现一块古人类右胫骨化石。该胫骨残长93.5毫米，近端宽51毫米，近端前后厚42.5毫米，表面呈黑褐色，顶面破损，关节面隆起，骨体的1/4端面呈三面体，胫骨嵴明显。其年代与"海峡人"化石接近，约为距今3万~2万年。此为第二件"海峡人"化石。2009年5月，第三件"海峡人"骨骼化石在泉州东海蟳埔村被发现。这是一块左股骨化石，即左大腿骨化石。整根骨头除了顶部关节处有缺损外，其他地方都比较完整，外表呈深棕色，比较光滑，长约50厘米，尾部关节宽7厘米。该骨头石化程度与1999年发现的"海峡人"接近，距今3万~2万年。

和"海峡人"化石一起发现的大量动物骨骼化石中，许多骨骼表面存在被石质工具刻画和砍砸的痕迹，表明"海峡人"在台湾海峡成陆时期，主要从事狩猎和采集，他们利用石质工具和骨质工具猎获食物。"海峡人"化石和文化遗物的发现，填补了台湾海峡古人类考古的空白，印证了史前闽台一体化的事实，并证明了台湾海峡曾为陆地，台湾和大陆连成一片，曾是人类居住的地方，为闽台原始人类行为、体质特征、迁移方式的研究和文化对比提供了重要的材料。

"东山人"

1987年，福建省文物考古工作队和东山县文化馆在进行文物普查时，从东山县群众手里收集到了相当数量的史前时期的遗骨。遗骨大多数是当地渔民在距东山县城关以南大约12海里的兄弟岛周围海域作业时，从海底打捞出来的。经过比较详细的鉴定和对比后，专家确认这批遗骨有一件是人类肱骨残片，它应归属于更新世晚期至全新世早期过渡时期（距今1万年前后），其余的均为更新世时期的哺乳动物化石。许多遗骨的表面带有海生软体动物的附着痕迹，这也从另一个角度说明遗骨大多数来自海底。1988年，尤玉柱发表《东山海域人类遗骨和哺乳动物化石的发现及其学术价值》的论文，把东山人类肱骨化石命名为"东山人"。

该化石为一件右侧肱骨碎块，保存部分是肱骨体下半段与肱骨髁相邻的部位，残留的肱骨体全长57.9毫米，轻度石化，表面为浅灰色，带有明显的海生软体动物附着的痕迹。肱骨体下端前外侧面和前内侧面断裂的位置在冠突窝上方，后面断裂位置恰在鹰嘴窝上缘。保存在肱骨体外侧缘下三分之一部分亦有破损。肱骨体前缘光滑而圆，外侧缘上三分之一部分未破损，可见其为锐缘，表面较为粗糙，内侧缘圆钝。肱骨体后面为扁平的表面，向下逐渐增宽。肱骨体横切面呈三角形，明显属于人的特征。因其发现于东山海域，故被命名为"东山人"。

"东山人"生存于距今1万年前后，其所处的位置正好在旧石器时代和新石

东山出土的旧石器时代贝类化石

器时代的过渡时期，也就是晚期智人到现代人的过渡阶段。我国晚期智人化石很多，但距今1万年前后的人类遗骨却很少。因此，"东山人"遗骨的发现有其特殊意义。"东山人"骨化石的发现表明，更新世晚期以前，居住在我国的古人类的活动范围早已开始向南扩展，当时我国南方沿海区域已经有人类活动了。不仅如此，"东山人"及其伴生哺乳动物化石是中国沿海首次发现具有海陆双重经历的人类遗骨与哺乳动物化石，它的发现说明这片海域在更新世时期原本为陆地，闽先民和哺乳动物群曾在这一带生息、繁衍和迁移。这对于探索远古时代闽台先民活动和文化交流的轨迹，研究和证实"东山陆桥"、台湾海峡古地理变迁等均具有重要意义。

"甘棠人"

1990年，曾五岳在漳州北郊甘棠山调查时，在台地地表采集到一块人骨化石。经专家鉴定，这块"甘棠人"骨化石年代为旧石器时代末期，距今约有1

万年。

该化石系人类的左胫骨中上段，残长131毫米，骨表呈浅棕褐色，表质保存完好，表面略有光泽，从胫骨的粗壮特点判断，属于男性的左胫骨。该化石断面呈扁平三角形；胫骨体前缘为一明显的脊，骨间缘也很分明，但内侧缘欠明显，为圆钝形；骨壁不厚；滋养孔位置前后径为35.7毫米，同一位置内外径为19.7毫米，胫骨指数为55.2毫米，属于扁径形。这些性质多接近现代人的体质特点，与直立人胫骨体前缘圆钝、骨间缘未成脊、骨壁厚、横断面为圆钝三角形等特点明显不同。因此"甘棠人"大致处于晚期智人向现代人类的过渡阶段。

该胫骨化石表面有红黄色附着物，与同一地点埋藏小石器的晚更新世末期—全新世早期的红黄色砂质土的性质一致，因此化石与小石器时代相当，且很可能具有共生关系。"甘棠人"很可能创造了小石器时代"漳州文化"。小石器时代的石器小巧精致，打制技术比较进步，器形种类很多。"甘棠人"之所以在闽南沿海出现，并打制小石器，同这一地区的生态环境密切相关。生活在这一带的远古居民，为适应沿海渔猎需要，创造性地制作这类精巧的小石器。它既便于加工制作竹木质工具，又可安装在竹木棒上，作为狩猎、日常生活切割工具，其中大部分是海滨采集和取食贝肉的工具，是一种多功能的石器。

南岛语族：起源于福建一带的族群

南岛语族指操马来—波利尼西亚即南岛语系的族群集团。南岛语族分布在南太平洋到印度洋的上百个岛国，约有4亿人口，语言总数达1200多种，其分布地区东至太平洋东部的复活节岛，西跨印度洋的马达加斯加，北到台湾岛，南到新西兰，主要居住地区包括中国台湾、菲律宾、马来西亚、美拉尼西亚、密克罗尼西亚和玻利尼西亚等地。南岛语族一般以语言学分类法为主要依据，分为东、西两大区。即东部大洋洲族群，包括美拉尼西亚、密克罗尼西亚、波利尼西亚三区；西部赫斯佩拉尼西亚族群，旧称印度尼西安，包括中国台湾地区、菲律宾、印度尼西亚、马来西亚等地。

南岛语族起源于福建一带。中外考古专家通过出土文物、母语语系、基因测定等考证并得出结论：南岛语族的祖先源于中国的福建。

连江县马祖列岛"亮岛人"距今8300~7500年，是现今可追溯南岛语族最早的祖先。台湾学者葛应钦结合古DNA与现代DNA分析以重建遗传系谱，证实早期南岛民族约8000年前起源于包括马祖列岛在内的福建沿海地区。南岛语族的祖先是"亮岛人"母系家族。

大坌坑文化距今约6000年，是台湾目前已知的南岛语族最早的祖先文化，而大坌坑文化的源头在大陆的东南沿海地区。大多数学者认为，大坌坑文化的特征与同时期的福建和广东沿海的新石器时代文化非常相似，这表明台湾的这一史前文化变革应是在大陆东南沿海的不断影响下产生的，而大陆向台湾的移民可能是最主要的因素。考古发现，平潭壳丘头遗址距今6500~5500年，其文化内涵与台湾的大坌坑遗址非常相似，由此大部分学者认为壳丘头文化是南岛语族的祖先文化之一。

闽侯县昙石山文化距今5000~4300年，与台湾同时期的史前遗址具有相似性。著名人类学家、考古学家张光直曾提出昙石山文化的先民曾经向台湾大规模移民，而这些移民是造成台湾新石器时代中期文化变化的主要原因。张光直还把这种跨越台湾海峡的移民活动作为南岛语族航海术的重要部分，认为它是促使南岛语族文化变化的重要因素。

东山大帽山贝丘遗址距今5000~4300年，出土的石锛更进一步证实了大帽山与澎湖联系的密切。在大帽山文化时期，海峡两岸的居民已经发展出成熟的航海术，可以经常地往返于海峡两岸。可以说，在距今5000~4300年之前，至少闽南地区与台湾岛和澎湖群岛已经成为同一个文化区。

新石器时代晚期的黄瓜山文化距今4300~3500年，与台湾西、东海岸同期考古学文化虽具有不同的陶器群、石器群和埋葬方式，但其共同的特征之一是彩陶。这些彩陶是以红彩或褐彩在器物的颈、肩和腹部绘出图案，主题有网格纹、平行条带纹、弧线纹和圆点等特征，与黄瓜山文化的彩陶有很强的相似性。黄瓜山文化与台湾同时期文化的相似性，表明海峡两岸在距今4300~3500年间仍保持着较密切的联系。

除了考古学的证据外，历史语言学的研究和遗传学的研究也为寻找南岛语族的祖先提供了线索。学者的研究表明，在当今的闽南方言中，存在着相当数量的南岛语系的词汇，并进而推论南岛语是福建史前和上古时代先民的语言。这证明了南岛语系发源于福建东南沿海一带，与考古学所观察到的现象是完全吻合的。另外两项遗传学的研究重新确定了台湾和大陆东南地区是南岛语族线粒体DNA的发源地。这两项研究不仅表明了台湾和相邻的东亚大陆地区的南岛语族的基因发源地，而且支持南岛语族在近大洋洲一代迁徙速度很快的观点。

南岛语族的迁移扩散。

侗台—南岛语人群的先民是居住在亚洲大陆东南部的新石器时期居民，他们共同组成了以环南中国海为中心的"亚洲地中海文化圈"，在其他异文化相继移植之前，构筑了一个巨大的土著文化共同体体系。他们在距今约6000~5000年前，开始向外迁徙与扩散。留在大陆华南地区的先民，在东亚漫长而又复杂的历史演变中，一部分受华夏中原文化影响，与南迁汉人长期融合，形成南方汉人与南方汉语，南方汉语底层仍保留着一批南岛语"底层"；另外一部分则逐渐演化为现在的侗台人群，侗台语由于长期受到周边单音节、有声调语言影响，经历了"语言的类型转换"。离开华南地区的先民一支向东迁徙至台湾，到达台湾后，在岛内独立演化发展后，才经菲律宾南下至印度尼西亚东部，产生了早期的拉皮塔（Lapita）文化，而后快速扩散至远大洋洲，成为波利尼西亚人群的早期祖先。向西的一支经由中南半岛、东南亚岛屿走廊南下，迁徙到印度尼西亚东部。在距今2300年左右，来自东亚的南岛语人群逐渐开始和新几内亚岛的操巴布亚诸语人群接触交流，之后也向波利尼西亚扩散与迁徙。

国际南岛语族考古研究基地

国际南岛语族考古研究基地文物展厅展出的各种文物

澳大利亚学者贝尔伍德利用白乐思等语言学家建立起的一个南岛语言演化的大略时空架构，提出南岛语族在太平洋岛屿上的迁徙与扩散路径，即快车模型（Express Train）。简单来说，快车模型认为南岛语族起源于台湾，从台湾开始，经菲律宾、印度尼西亚东部，而后快速向波利尼西亚扩散。

福建的海洋文化、航海术与南岛语族。

地处东南沿海的福建地区，自古就与海洋密不可分。与内陆地区相比，福建沿海新石器时代经济形态的变化经历了不同的过程，其中最大的特点就是海洋经济的产生和发展。由于濒临海洋，适应海洋、从海洋中获取食物资源是福建沿海史前文化的特色之一。相当一部分学者认为，经济原因可能是促使南岛语族的祖先向太平洋扩散的动机或动机之一。

从南岛语族考古的视野来看福建，可以发现福建的史前史是一段哺育和不断传送海洋文明的历史，而福建则是创造和输出海洋文明的摇篮。距今6500~3500年，福建史前海洋经济开始和发展的时期，也是南岛语族海洋文化形成的关键时期，大致可分成三个发展阶段。

第一阶段：海洋经济的开始时期（距今6500~5500年）。以壳丘头文化为代表。壳丘头文化是典型的贝丘遗址，主要文化层的堆积80%以上为贝壳，还有相当数量的贝壳坑，同时还出土了较丰富的海洋鱼类骨骼，陆生动物骨骼较少。其经济形态基本上以海洋捕捞为主，稻作农业是补充或基本不存在。航海术较发达。

第二阶段：海洋经济的分化时期（距今5500~4300年）。主要是海岛居民与海岸居民经济形态的分化。以同期的昙石山和大帽山文化为代表，距今4300~4000年。昙石山遗址发现了炭化的水稻粒，这表明当时海岸居民已从事稻作农业。遗址中出土的一定数量的家猪骨骼，表明家畜饲养是存在的。这些都与生活在海岛上的大帽山居民有很大的不同。而且遗址中发现大量的海生动物和贝壳堆积，表明昙石山文化的海洋经济和稻作农业经济并存。大帽山遗址中出土的大量的海洋动物和陆生动物的遗骸充分表明海岛居民基本上以海为生，不从事任何农业活动。大帽山遗址的陶器与澎湖群岛和台湾本岛的很多遗址的陶器，有很强的相似性。出土石锛的原材料绝大部分来自澎湖群岛，表明大帽山文化的居民已经有足够的航海能力和技术穿越台湾海峡，海峡两岸的居民在这一时期的联系相当密切。这些材料都进一步表明，此阶段航海术发展到了较高水平，大帽山文化是具有很强的海洋适应能力的海洋文化。台湾海峡新石器时代的航海术是后期南岛语族航海术的发端，大帽山文化先民的航海术，是南岛语族早期航海术的重要一页。

第三阶段：海洋经济的衰落与农业经济的再兴起时期（距今4300~3500年）。这一时期文化以黄瓜山文化为代表，其农业生产和海洋捕捞并存，航海术开始衰落。在经济形态上，黄瓜山文化发生了很大的变化，尽管农业生产和海洋捕捞仍然并存，但海洋经济已经不再占主导地位，农业变得更为重要，并出现了大麦、小麦等新的农作物。同时，黄瓜山遗址是一个贝丘遗址，包含大量的海贝和海洋鱼类骨骼，表明海产品仍然占食物中的相当比例。此外，在出土的动物骨骼中，家猪的数量占25%以上，表明农业和家畜饲养已经成为食物的重要来源。黄瓜山文化的居民已经日益依赖农业生产为生了。

通过对福建沿海新石器时代经济形态的变化趋势的考查，可知地处东南沿海的福建地区与海洋的依存关系。福建新石器时代是海洋文化发展的关键阶段，在这一时期南岛语族的族群得以熟悉海洋、认识海洋，并由此发展出了适应海洋的技能，它也最终成为南岛语族的祖先离开大陆迁往台湾和澎湖群岛的重要时期。

连江"亮岛人"：南岛语族已知最早的祖先

2011年7月，疑似贝冢的文化层在连江县马祖列岛的北竿与东引之间的亮岛路旁的边坡断面被发现。随后，马祖考古队前去调查，考察发现亮岛的贝冢文化层厚达40厘米，并发现3块疑似人头骨的碎片。2011年12月，考古人员在贝冢层下方发现一具保存完好的骸骨，有头骨、四肢，连胸骨、锁骨、肩骨等均清楚可

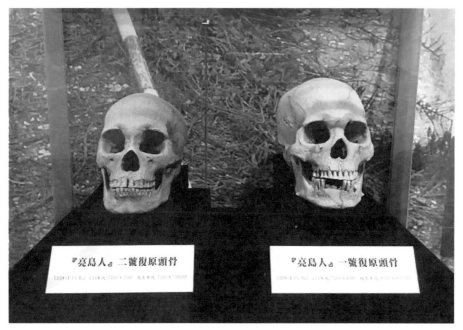

连江"亮岛人"复原头骨

识，埋葬方式为古代普遍常见的屈肢葬。据碳十四年代测定，其骸骨距今8200年。这具人类骸骨化石被命名为"亮岛人一号"。据考证，该人骨化石为男性，年龄为30~35岁，身高160~165厘米，手臂相当粗壮。2012年7月，考古队又在同一地区发现第二具人类遗骸，将其命名为"亮岛人二号"，专家考证为女性，碳十四年代测定距今7590~7530年。

2013年7月，两具"亮岛人"遗骸的指骨样本由德国莱比锡马普学会进化人类学研究所进行DNA分析，著名学者斯通今（Mark Stoneking）教授主持该项工作。经检测，"亮岛人一号"线粒体取得未受污染，为百分之百完整的16569个碱基序列，比对结果可判定为E-E1单倍群；"亮岛人二号"则被判定为R9单倍群。这是亚洲大陆东南部地区古DNA序列中年代较早且最为完整的宝贵资料。科研人员经过比对发现，1号和2号的DNA都与台湾少数民族接近，2号还与中国西南地区的彝族和壮族，以及中南半岛越南的原住民有关联。

通过古DNA与现代DNA分析以重建遗传系谱可以证实，早期南岛语族约8000年前起源于包括马祖列岛在内的福建沿海地区，南岛语族的祖先是"亮岛人"母系家族。事实上，一万年前福建沿海海平面比现在要低10米左右，当时的亮岛和现在的连江、罗源一带是相连的，亮岛可能是原始人的主要觅食点和暂居地，其主要部落还是在大陆，并且很有可能就是在福建。

2014年3月，斯通今、陈仲玉等8位学者联名发表论文《早期南岛人：进入和走出台湾》，认为语言学和考古学研究的成果已经对南岛语族人的起源问题提供了较为充分的证据，通过对约8000年前的"亮岛人"遗骨和台湾岛内少数民族及其他族群的线粒体DNA分析比对，可知台湾少数民族与其他南岛语系族群有共同的遗传关系，和大陆东南地区也有联系。种系发生学研究可以重建南岛语族人早期历史——他们约在6000年前到达台湾北部，迅速扩散到南部；约在4000年前离开台湾，并进而逐渐扩散到东南亚诸岛、马达加斯加和大洋洲地区。2015年初，台北历史博物馆展出了"亮岛人"3D仿真复制人骨模型以及亮岛岛尾遗址出土的陶器、石器、骨角器、生态遗留等。

"亮岛人"的发现被考古界认定为"人类近半个世纪以来考古学上非常重大的发现"，对大陆、台湾以及国际考古界具有非凡意义。"亮岛人"遗骨不仅是闽江流域所发现最早的新石器时代人骨，而且可能是南岛语族所发现最早的人骨。"亮岛人"与南岛语族群的关系，成为国际学界研究关注的焦点，部分专家认为"亮岛人"的发现改变了南岛语族整个发展历史，其存在和在海上迁徙的时间从距今6000年被往前推了2000年，甚至更早。

平潭壳丘头遗址：具有海洋文化特征的新石器时代遗存

平潭壳丘头遗址位于平潭县平原镇北面山显美村公路边的小丘（俗称壳丘头）坡地上，距今约6500~5500年。遗址北面依山，南面为海湾滩涂，遗址地处二级阶地台地上，海拔4~5米。遗址于1964年调查发现，1984年被定名为"南垄新石

平潭壳丘头遗址

器时代遗址"，现存面积约4000多平方米。1985年秋至1986年春，福建省博物馆考古队首次对其进行科学发掘，发掘面积772平方米，分上、下两个文化层堆积，共发现新石器时代灰坑（贝壳堆积坑）21个，贝壳小洞100个，儿童残墓葬1座，出土石器、骨器、玉器、贝器、陶器等文化遗物200余件，以及大量陶片。文化遗物包括生产工具、生活用具、其他玉块和骨笄以及动物遗骸。1989年1月，遗址被更名为"壳丘头遗址"。

2004年5月，福建博物院对壳丘头遗址进行了第二次发掘，主要是为了进一步获取经济形态、区域交流和遗址准确的年代等方面的资料。发掘点选在遗址首次发掘探方的边部进行，发掘面积共12平方米。遗址出土遗物比较丰富，有石器、陶片、海生贝壳和陆生动物遗骨等。发掘过程中，考古人员除分别采集各层用于年代测定的碳样及贝壳外，还提取了各层的土样进行孢粉、植硅石的分析与测试，共采集了5个木炭和3个贝壳标本，送北京大学考古文博学院进行加速器质谱碳十四测试。经过8个标本测试和校正，遗址年代可测定为距今6500~5500年之间。

壳丘头遗址具有海洋文化特征。从现已掌握的资料分析，狩猎和海洋捕捞是壳丘头遗址的主要生计形态。狩猎的主要动物是鹿类动物，包括水鹿、梅花鹿、赤鹿、麂等，另外还发现了猪的骨骼。鹿的骨骼相当破碎，有明显的砸裂痕迹，少部分骨骼显然被火烧过，可能是烧烤熟食所致。根据第二次发掘的材料，壳丘头居民采集的海贝有19种之多，其中绝大部分为丽文蛤，其次为褶牡蛎、等边浅蛤和泥蚶等。海洋鱼类的骨骼数量也较多，已知种属有鲨鱼、石斑鱼等。两次发掘材料中也有少量海龟遗骨。这说明当时壳丘头的居民有一定的捕鱼能力。

具有壳丘头陶片特点的遗址，已知的有平潭南厝场遗址、昙石山遗址下层等。这些遗址所获资料虽然不如壳丘头遗址典型和丰富，但都有该文化元素存在，说明此类遗存在东南沿海区域有一定的分布范围。金门富国墩遗址、金龟山遗址的主体文化内涵特征，也应当属于壳丘头文化范畴。这些遗址均位于海岛上，表明壳丘头文化具有强烈的海洋文化特征。遗址中出土的大量的海贝和海鱼骨骼，也进一步表明壳丘头文化的居民是以海为生的。

壳丘头遗址地处海岛，海边水生动物资源极为丰富。从出土动物骨骼鉴定情况判断，当时平潭岛的生态环境比现在好得多，山上有茂密的森林，岛上遍布阔叶林类，植被茂盛。

壳丘头文化的来源目前还不清楚，是否直接源于浙江的河姆渡类型文化，还有待于将来进一步深入研究。壳丘头文化与闽侯昙石山下层文化遗存文化内涵所反映出的文化传统特征具有一致性，表明二者存在渊源关系。壳丘头文化的某些特征与台湾大坌坑文化也有相似之处，大部分专家认为，壳丘头文化对大坌坑文化的形成产生过较大影响。

壳丘头遗址是福建省境内已发现的年代最早的新石器时代遗址之一，对于研究福建史前文化、闽台史前文化关系、南岛语族起源等都有重大意义。而且该遗址具有明显的海洋文化特征，对于研究福建的海洋文明具有一定的意义。

漳州芗城覆船山遗址：漳州新石器时代的贝丘遗址

覆船山遗址是漳州境内的贝丘遗址，位于漳州市芗城区岭下村的覆船山。该山系九龙江畔的一座小孤丘，因形似覆船而得名，山丘高约30米，长约70米。1958年，全省文物普查发现了遗址，并作简单试掘。1986年和1990年，文物部门进行过两次复查，遗物散布面积约1800平方米，局部残留有文化层。

漳州芗城覆船山遗址(局部)

已暴露的文化层中含有大量淡水贝类，其中大部分是河蚬，少量为黄螺。采集到的标本有石斧、打制石片、陶片、兽骨、贝壳、贝壳固结物等。陶片为夹砂红陶和夹砂灰陶，胎厚、质松易碎、表面粗糙、胎壁厚薄不匀、火候很低。纹饰除素面外，有贝齿纹、篮纹，可辨器形仅罐1件。

覆船山遗址的遗物中虽仅有少量陶片，但比漳州境内目前已知的其他贝丘遗址的陶片要原始得多，特别是陶器上的贝齿纹，与平潭壳丘头遗址和台湾大坌坑文化所出陶器上的贝齿纹极为相似，压印的方法也相同。仅以陶器的特征看，覆船山遗址的文化内涵可能与平潭壳丘头、金门富国墩和台湾大坌坑文化的年代相当，据推测，其年代为距今6000年前。另从覆船山贝壳堆积物看，估计可能存在有两个时期的文化遗物。

诏安腊洲山遗址：以石器采贝为生的新石器时代遗址

腊洲山遗址位于漳州诏安县梅岭镇腊洲村的腊洲山（又名麒麟山），距今约6000年。该山为一座花岗岩裸露的石山，三面环海，海拔92.5米。遗址是1985年全省文物普查时发现的。山顶东部残存文化层面积1000平方米，北坡和南坡地表散布有大量石器、石片和陶片，遗物分布范围达2.5万平方米。文化堆积层主要集中于三块花岗巨石之间的土层中。

腊洲山遗址未经正式发掘，但从断面上暴露出的局部地层看，从上到下可分为四层：第一层为表土层，含贝壳、陶片等，厚度0.2~0.3米；第二层为灰黑色石英砂土，土质较松散，属坡积物，含大量的贝壳和少量陶片及石器，厚度0.2~0.5米；第三层为贝壳堆积层，内含少量砂土和陶片，本层东侧上部有一层石英砂质黄土，质紧密，为原生文化层，厚0.3~0.6米，含陶片、石器、石片，比较大的陶片都集中在这一层；第四层为花岗岩风化土，即残积物，厚1.2~2.0米，不含文化遗物,下伏为基岩(花岗岩岩体)。

腊洲山遗址的遗物以贝壳最为丰富,石器、陶片也有一定数量。海生贝类壳体种类很多,经鉴定共有22种。22种海生贝类大多为潮间带底栖类动物,少数为潮下带或浅海底栖动物,部分属种现今在我国南北沿海仍有分布。从贝类的生态分析可知,当时的气温似比如今略高。大量海生贝类说明采贝是腊洲山遗址的主人重要的食物来源。

从遗址周围散布的大量石器、石器坯料及石核分析,当时山上估计有加工石器的场所。生产工具的遗物主要是石斧、锛、镞以及大量的石片废料。石器除见一锛以火山岩为原料外,多为粉砂岩打制而成,稍经粗磨,器类以小型石锛为最多,斧、镞少量。

陶片以夹砂红陶和夹砂灰、黑陶为主,也有泥质红陶和泥质灰陶、灰黄陶,均为手制,少见轮修,火候普遍很低,陶色不均匀。器类有釜、罐、豆、盘、碗、纺轮等。器表纹饰有压印的标准绳纹、曲尺纹和指甲纹,多见于器口外缘或颈部。堆贴加压印的锯齿形附加堆纹常见于器物腹部,压印贝齿纹及附加堆纹主要饰于器口沿面。陶器和石器特征接近壳丘头遗址,推测年代距今约6000年,是闽南地区年代较早的新石器时代遗址之一。

闽侯县昙石山遗址:典型的海洋文化贝丘遗址

闽侯县昙石山遗址位于闽侯县甘蔗街道昙石村西侧、闽江北岸。昙石山是一座相对孤立的小山丘,山体呈长条形,东北—西南走向,东北宽阔而西南狭窄,山体最高海拔26.7米。

1954年1月,闽侯县甘蔗镇村民在修建闽江防洪堤取土时,发现大量白色蛤蜊壳堆积层,并出土许多陶片、石器、陶纺轮等。随即,驻留工地的福建省文物管理委员会专派工作组边向上级汇报，边开展调查。3月，华东文物工作队派尹焕章、宋伯胤到闽侯实地勘察，确定有必要开展考古试掘。4月，华东文物工作队和福建省文物管理委员会组成昙石山探掘工作小组，对昙石山遗址进行了首次考古试掘，厦门大学人类博物馆林惠祥亦到场协助工作。第一次发掘发现丰富的文化堆积，发现新石器时代文化遗物2643件，分为石器、陶器、蚌器、骨器、角器及兽骨等。其后，在1959年12月至1960年1月、1960年3月、1960年7月进行第二至四次发掘，出土各类陶片15000余片，完整器物321件，此外还有鹿角、兽骨、蚌壳和龟壳等以及人骨架2具，无坑穴。1963年9月第五次发掘，出土完整的器物有石器、陶器、骨器等共35件。1964年9月至1965年8月第六次发掘的遗迹有灰坑59个，火塘2个，烧坑和穴址各1处，墓葬30座。而且这次发掘基本弄清了文化堆积

闽侯昙石山遗址一角

叠压关系，对认识昙石山遗址的文化性质和年代等问题有着重要的意义。1974年10月至12月第七次发掘，发现的遗迹有陶窑5座，灰坑4个，灰洞1段，墓葬3座，遗物有石器、陶器、骨器、蛤蜊壳等。1996年11月至1997年1月第八次发掘，发现的遗迹主要有壕沟2段，灰坑40个，制陶窑穴4座，墓葬42座等，以及大量的石器、陶器、骨器、贝器标本，是历次发掘中内容最丰富、发掘面积最大的一次。2004年2月至4月（第九次）、2009年5月（第十次），分别进行了面积不等的考古发掘工作。昙石山遗址是中华人民共和国成立后福建省首批发现并进行科学发掘的原始社会晚期人类遗址之一。10次考古发掘的总面积2000余平方米，共清理80余座墓葬，2条大壕沟，多座陶窑、陶灶和大量灰坑遗迹，出土可复原的石器、陶器、贝器、骨器共约2000件，此外，还有大量的陶片、贝壳及动物遗骸标本。

昙石山遗址文化内涵丰富，可涵盖四期文化遗存。它以新石器时代遗存为主，兼有青铜时代遗存，地域文化特征鲜明。遗址文化层中含大量蛤蜊壳，厚度在1米左右（最厚达2米多），有上、中、下三层叠压关系：其中下层见有壳丘头文化因素，年代与壳丘头遗址年代相近；中层属新石器时代晚期文化；上层是新石器时代向青铜文化过渡层，含黄瓜山文化和黄土仑文化因素，前后延续2000多年。在1954年昙石山遗址发掘后，南京博物院曾昭燏、尹焕章首次提出"昙石山文化"一说。第六次发掘报告认为，它是一处独具地方性特色的文化遗存，或可命名为"昙石山文化"。其后，考古工作者不断对"昙石山文化"进行研究、界定和论证。随着闽侯庄边山遗址、溪头遗址、黄土仑遗址和福清东张遗址等相继被发掘，考古工作者综合上述遗址发掘研究的成果，多数主张将昙石山遗址中文化层（二期文化遗存）定名为"昙石山文化"，年代距今约5000~4300年。

昙石山遗址是典型的海洋文化贝丘遗址，昙石山当年是热带风光、海洋文化。经考古学和地质学论证，5000年前的海水与闽江的交汇处就在昙石山一带。从昙石山遗址中蛤蜊堆的发现可以推断，闽江的入海处就在今天的甘蔗、白沙和大小箬一带。这些地方附近也有蛤蜊层发现，高出河面5~10米，足证当时的海水曾经到达该地，福州盆地当时应属海湾。犀牛、大象等遗骨的存在说明昙石山遗址当时属热带气候。当时此地森林茂密，靠近溪流大海又临近居址，自然环境优越。大自然提供的富饶的山海资源，为昙石山文化先民的采集、渔猎、捕捞提供了十分优越的条件。以后，随着世界性气候的转冷，海侵结束，海面下降，再加上闽江及其支流长年累月的输沙沉积，到了汉代，福州海湾的沙洲陆续涌现，并有大片的沼泽地产生，洲土不断向南扩大，突入海中，就使福州形成半岛的地形。

考古发现，昙石山文化的生产工具有农业工具、手工业工具，还有渔猎工具，渔猎和采集是昙石山先民最主要的经济活动。但不论是猎具还是兽骨，数量都不多，估计狩猎生产在整个经济生产中所占的比重不会太大，只是一种辅助性的食物来源之一，而当时主要是以采捕海生介壳类等小动物为主的经济。这类贝丘遗址中的各种介壳并非自然堆积物，而是当时人们食后遗弃的。从遗址出土人工吸（剥）食过的介壳如此之多，反映出贝类已成为该遗址居民的重要食物来源。另外，该遗址出土的贝刀、贝铲均是用长牡蛎壳加工而成，中间有2~4个小圆孔，这是海洋贝丘文化特有的原始农业生产工具。该遗址出土的凹石与北方内陆的砺石相似，但凹石是海洋贝丘文化中专门用来砍砸海产品的工具，为沿海地区所独有。凹石在台湾和南太平洋海洋贝丘文化中有大量发现。目前台湾已出土数以千计的凹石标本，这说明新石器时代的闽台文化同属于以采贝经济为主的海洋贝丘文化。

在131号夫妻合葬墓底下，考古人员发现一座墓陪葬陶器29件，其中大大小小的陶釜共有18件，这在全国新石器时代墓葬中也是仅见。陶釜相当于现代的砂锅，用来蒸煮河鲜、海鲜，这说明昙石山人以蒸、炖为制作海鲜的主要方法。这些陶釜有的用来煮海鲜，还有的则用来煮河鲜，这是因为昙石山人靠江、靠海，河鲜和海鲜不能混煮，必须分门别类清炖才合口味。今福州人爱喝汤的饮食习惯以及蒸炖海鲜的烹食方法即源于四五千年前的昙石山文化，这也是海洋文化的一大特征。

1999年11月，我国鉴定古人类颧骨骨骼的权威、中国社科院考古所潘其风教授到昙石山与日本专家共同鉴定昙石山人骨骼。其中137号墓主人为25岁左右年轻女性，其左侧颧骨分为上下两部分，下方之颧骨块被称为"日本人骨"。也就是说，现在日本人大部分有这块颧骨。日本文化不仅受中国文化的影响，连日本人种也要追溯到昙石山人。

东山大帽山贝丘遗址：先民频繁出海的新石器时代遗址

东山大帽山贝丘遗址属于新石器时代的贝丘遗址，经贝壳标本测定，遗址年代距今5000~4300年。遗址位于东山县陈城镇大茂新村东北约1公里的大帽山东南坡，海拔约66米，东临乌礁湾，南为澳角湾，东距海边约1200米。遗址残存面积约400平方米，文化层厚度0.2~0.4米。该遗址是1986年7月广东省考古工作者徐起浩在大帽山地质考察时发现的，随后福建省考古队和漳州市文管办开展了多次调

大帽山遗址

查，并于2002年11月至12月进行了发掘。

遗址地层堆积比较简单，第一层为表土层，第二、三层为文化层，第三层以下为风化基岩。遗址出土遗物较为丰富，有石器、玉器、骨器、贝器、陶器，以及大量陆生动物、海生脊椎动物和海生贝类遗骸等。其中玉器仅1件，骨器有镞、锥形器、匕、鱼钩等，贝器仅1件，石器以磨制为主，器形有锛、镞、凹石、石球、砺石、穿孔器。其中，石锛是主要的石质工具，有15件；2件凹石特征较明显，都有并排的2个以上的凹坑。陶器多为残片，以夹砂陶居多，泥质陶少量，陶器表面的颜色多不均匀。陶器制法有手制、轮修、手轮兼用。器物纹饰丰富，以绳纹为主，其他纹饰有锥刺纹、刻画纹、条纹、篮纹、方格纹、附加堆纹和凸棱纹等。器类较简单，盛行圜底器和圈足器，主要有罐、釜、豆、盘、碗、纺轮等。

遗址出土的石器和陶器无论是器形还是制作手法，都与南岛语族的波利尼西亚石器十分相似。出土的红色陶片即所谓的"红衣陶"，酷似南岛语族祖先文化——拉皮塔文化的"红衣陶"。研究人员对出土的石锛的成分进行分析，发现

大帽山贝丘遗址出土的陶器

绝大部分石锛的原材料竟来自澎湖列岛。可见大帽山原始居民史前就从闽南沿海出海渡过台湾海峡，频繁往来于两地之间，他们甚至穿过澎湖列岛与台湾，远渡至菲律宾乃至太平洋南岛语族地区。

遗址出土的动物遗骸可分为陆生脊椎动物、海生鱼类和贝类遗骸等。发掘的绝大部分探方的堆积都含丰富的海生贝壳，在有些部位贝壳占堆积包含物的98%以上。经鉴定，发掘到的贝壳共有30种。这些贝类绝大多数生活在潮间带的泥滩、沙滩、岩石缝或礁石上，这种生存环境见于大帽山周围的海岸中，所以当时采贝应为就近采拾。在大帽山新石器时代居民采食的30种贝类中，泥蚶和丽文蛤是两种主要采食的贝类，其次是等边浅蛤和多角荔枝螺。这表明大帽山新石器时代的居民对贝类的采集是有选择的，泥蚶和丽文蛤是采集的主要对象，而且在采集泥蚶时，对其大小是有明确选择的，而对丽文蛤似乎一概采集，对大小没有特别的选择。大帽山新石器时代居民加工和吃食海贝的方式大概有烧燎法、水煮法、敲击法。

大帽山遗址的石器和陶器特征在闽南地区的新石器时代遗址中很具有代表性，类似的遗址还有东山县苏峰山遗址、成安遗址、诏安县腊洲山遗址，以及澎湖群岛的锁港遗址等等，它们可能属于分布于闽南地区的同一个文化传统，或可称之为"大帽山文化"。大帽山遗址的年代是确定该文化传统年代的标尺之一。大帽山贝丘遗址的发掘和研究也有利于探讨福建、广东东部沿海、台湾以及南岛语族的史前文化。

霞浦黄瓜山遗址：闽东新石器时代晚期文化遗存

黄瓜山遗址位于闽东霞浦县沙江镇小马村的黄瓜山上，为一处新石器时代晚期的史前遗址。该遗址紧邻闽东地区最大的内海湾东吾洋，为一处贝丘堆积，总面积约6000平方米。遗址于1987年全省文物普查中被发现。1989年12月至1990年4月，福建省博物馆对遗址进行首次发掘，分别于遗址东部、西部和北部三区作了局部揭露。发掘共开探方、探沟40个，发掘层位7层，其中第四到五层是主要文化堆积层，发掘总面积近1000平方米（含扩方）。首次发掘发现的遗迹有灰坑2个、灶坑4个，长方形建筑基址2座（由排列整齐的柱洞构成，属"干栏"式建筑），共出土文化遗物6000多件，大体分为石器、陶器、骨器三类。石器以小型梯形锛（占60%以上）和小型扁棱形镞（约占27%）为主，尚有石凿、石戈、石矛、凹石、砺石、石球等。骨器主要是凿和锥。陶器中的夹砂陶和泥质陶、软陶和硬陶的比例约略各半，以夹砂灰黄陶和泥质橙黄陶最具代表性。器类有釜、罐、盆、钵、甗、豆、盘、杯、勺等，还有陶支脚、支垫及彩绘的硬质纺轮。遗址中发现有人类居住的遗迹，如水沟、柱洞、灶坑、灰坑。

霞浦黄瓜山贝丘遗址挖掘现场

专家认为，类似黄瓜山遗存的基本内涵见于闽侯县昙石山遗址上层（早段）和庄边山遗址的上层、福清东张遗址的中层等，其范围南可达厦门沿海，北抵浙南瓯江流域，西近武夷山脉，东隔台湾海峡直达台湾西海岸凤鼻头等，以黄瓜山遗址为典型代表。这一类文化遗存被命名为"黄瓜山文化"，年代上是新石器时代晚期向青铜时代过渡，介于昙石山文化与闽江下游的黄土仑文化类型之间，其绝对年代据下层贝壳标本碳十四测定数据为距今约4300~3500年，上文化层的年代距今约3500~3000年。

2002年5月至6月，为配合研究闽台史前文化关系以及与之相关的南岛语族的起源、古代航海术等课题，美国夏威夷大学人类学教授巴里·罗莱（Barry Rolett）、哈佛大学博士焦天龙与福建省考古队的专家联合进行了一个多月的发掘，主要在遗址东部原发掘区边沿进行了小面积发掘。考古队员在古人类居住区的一些文化层发现了6粒碳化的水稻谷粒，水稻植硅石几乎在每层都有发现，其亚种为籼稻，在其晚期的地层中还发现了碳化的大麦、小麦的种子遗存，是

霞浦黄瓜山遗址发现的彩陶片

迄今东南沿海地区发现的最早大麦和小麦的遗存，对于研究大麦和小麦传播到中国的路线具有很重要的意义。遗址还发现两块燧石，经测定得知，燧石是旧石器时代的器物，距今约7000年。考古人员在遗址北坡直线距离约400米的后村后山顶清理出3座墓葬，墓坑坐东北朝西南，长1.9米，宽1.4米，残高15厘米不等。这些墓葬年代相当于西周到春秋时期。这些发现对黄瓜山遗址的文化面貌有了新的拓展。

黄瓜山文化是典型的史前海洋文化，遗址性质是贝丘遗址。能够成为贝丘遗址，跟古人类生活是密切相关的，并不是自然形成的。人类为什么会选择在黄瓜山生活？因为这里地处海湾，是两条溪流的交汇处，又是一座相对独立的小山包，地理环境十分理想，很适合古人类居住。如果住在大山里，野兽冲下来，没办法躲避，这里是独立的山丘，遇到状况可以四处逃跑。而且这里的土地是沙积地，下过雨，地面马上就干了。另外，黄瓜山朝着太阳的方向，这里有水源，天时、地利让黄瓜山居民选择了这里。而黄瓜山古人类来自哪里？又去往何方？福建省博物院研究员、平潭国际南岛语族研究院院长范雪春认为，从现有考古材料看，他们的来源是闽江下游的昙石山文化。这批人往外扩散到黄瓜山以后发展成黄瓜山文化，到一定繁荣阶段后，往外扩散，一部分往海洋走，一直到台湾。往海洋走的这一批人，跟早期到台湾岛的南岛语族融合发展，形成了台湾地区不同阶段的史前文化（南岛语族文化）。另一部分往内陆扩散的族群在距今3500~3000年阶段，慢慢发展成黄土仑文化。黄土仑文化在闽江下游进一步发展，延续到春秋战国时期，为闽越国立国奠定了基础。

黄瓜山遗址的发现、发掘，对填补闽东地区先秦古文化遗存的空白，研究闽东乃至全省史前文化具有重要的意义。它为进一步探讨和研究福建沿海地区贝丘遗址的分布、类型及其规律，提供了重要资料。

南靖鸟仑尾遗址：商周时期浮滨文化类型之一

　　鸟仑尾遗址位于南靖县金山镇河墘村西北面约300米的鸟仑尾山坡上。该遗址是一处内涵相对单纯的先秦文化遗存，遗址各文化层年代均属于商周时期，只不过年代上略有早晚。鸟仑尾是一座相对独立的小山，平面大致呈"人"字形，由平坦的山顶和向东南、西南延伸的山脊组成。山顶海拔约160米，相对高度68米。整个山头的东、南两面面对开阔的金山盆地，地势平坦，分布着一座座相对独立的小山包，龙山溪蜿蜒环绕其中，非常适合古代人类生活居住。

　　鸟仑尾遗址于1986年福建全省文物普查时被发现。2002年10月至2003年1月，为配合漳龙高速公路建设，福建省考古队与漳州市文物管理委员会办公室、漳州市博物馆组成联合考古队对遗址进行抢救性考古发掘，发掘地点分北（山顶）、东南（东南脊）、西南（西南脊）三区，揭露面积2050平方米。在地层上，北区堆积稍薄，2层下即为生土，东南区、西南区文化堆积较厚，有些区域厚度超过1米，在第2层、3层及2层下、3层下为墓葬。地层中出土锛、戈、镞、球、砺石、

鸟仑尾遗址、狗头山遗址出土的陶器

钏等石器27件，罐、豆、钵、纺轮等陶器38件。此次发掘共清理23座墓葬，遗骸均无存，共计300多件随葬物品。墓葬集中在山顶或山脊顶部平坦地段，以竖穴土坑墓为主，少量墓底设有腰坑。随葬品以陶器、石器为主，也有少量玉器。大多数随葬品均较完整，但也有部分墓葬随葬品凌乱不堪，类似史前流行的"碎物葬"习俗。随葬品数量多寡不均，多者达61件，少者仅5件。另外，此次挖掘还采集到石器13件，陶器7件。

根据地层叠压关系和出土器物型式的划分，遗址文化面貌分为两期：一期文化为鸟仑尾3层及3层下墓葬16座。其文化特征如下：墓葬分布在遗址的较高位置；墓葬均为竖穴土坑，平面以长方形为主，少量方形、梯形；随葬品只有石器、陶器两种。一期文化面貌与芗城区松柏山遗存非常接近，许多造型、纹饰相同或相近的器物在两个遗存中交替出现，不过松柏山遗存年代可能比鸟仑尾稍晚。鸟仑尾与广泛分布于粤西地区的后山类型有相同或同类器物，二者文化面貌接近，年代也较接近。与粤东地区后山遗址、深圳屋背岭遗址的个别器物相似，但总体文化面貌区别较大。根据遗址底部采集到的木炭标本做碳十四测定，其年代距今约3610~3490年，相当于商代早期或早中期之间。二期文化为鸟仑尾2层及2层下墓葬7座，其文化特征如下：墓葬分布在山坡的较低位置；墓葬均为竖穴土坑，平面除M23为梯形外，其余均为长方形；随葬品有陶器、石器和少量玉器；新出现了玉玦、石玦、石钏等装饰品，磨制精美；陶器以泥质灰硬陶为主，釉陶数量约占63%。与二期文化面貌相似、年代相近的遗存广泛分布于闽南、粤东地区，鸟仑尾二期文化面貌具有浮滨文化特征，年代距今约3200~3000年，相当于商代晚期至西周早期。部分专家认为，鉴于该遗址规模较大、出土物丰富、器物特征明显，又有成组的器物组合，年代确切，是具有代表性的典型遗存，其基本内涵可以代表闽南地区商代早期已知的同类遗存，因此把闽南地区以鸟仑尾为代表的同类遗存命名为"鸟仑尾类型"。

鸟仑尾遗址的发掘填补了闽南地区夏商之际到商代早中期之间的空缺，也为研究浮滨文化的分期或区域类型提供了重要材料。遗址中陶器的有些刻画符号尤其是人物舞蹈形状的刻画符号的发现，为研究仙字潭摩崖石刻的族属、年代等学术问题提供了有力证据，具有特殊的学术价值。

晋江庵山沙丘遗址：青铜时代的海洋性文化遗存

庵山沙丘遗址位于晋江市深沪镇坑边村庵山（又称颜厝后门山），遗址位于风积形成的第二级阶地上，于2007年4月被发现。根据遗址文化面貌的分析和碳测年数据判断，其年代距今约3400~2700年，相当于中原地区的商代中晚期至西周时期。

庵山山顶海拔27米，相对高度20米，是一座风积形成的低矮沙丘，属海滨沙丘地貌。其西北侧有小河流经，地理位置优越，是早期人类赖以生存的理想之地。据推测，庵山沙丘遗址鼎盛时期面积达20万平方米以上，大半面积已被夷为平地，现存面积约6万平方米。2007年和2009年，福建博物院与晋江市博物馆联合组成考古队，对庵山遗址进行了两次抢救性发掘，发掘地点分南、北两区，发掘面积共1530平方米。发掘统一后的遗址地层自上而下可分为10层，第5至8层为主要文化层，厚度0.4~1.2米，考古人员在其中发现了3期具有叠压的以青铜时代为主的文化遗存。此外，在其上部不同时期的文化层里，还出土少量秦汉、唐宋和明清时期文化遗物。

考古人员在遗址第5至8层发现贝壳坑、土墩、房基、活动面等遗迹，其出土遗物丰富，主要有陶器、原始瓷器、石器、玉器、铜器、骨角器、贝器，以及大量海生贝壳、动物遗骸等文化遗物。陶器有夹砂陶、泥质陶、硬陶等，泥质陶和硬陶较少。器形有罐、釜、甗、尊、壶、钵等。原始瓷器胎呈浅灰色、灰白色、灰黄色等，质地致密，火候较高，吸水性差。石器有打制石器、磨制石器、凹石等，有石锛、石斧、石网坠、石戈、石玦、石环等。玉器有玉玦、玉环、玉璜

晋江庵山沙丘遗址

等。青铜器有鱼钩、矛、锛残片、簪、短条等。骨器有镞、匕、锥、笄等，为动物肋骨或肢骨加工而成；角器有锥等，为鹿角或羊角制作而成。贝器主要为牡蛎壳制作而成，器形主要有铲和环。具有新石器时代特征的文化遗物反映在打制石器、夹砂红褐陶片和泥质陶片等，以及海生无脊椎动物（螺和贝）、陆生哺乳动物遗骸等。

庵山青铜时代沙丘遗址文化面貌独特，文化内涵极富地域特色，青铜文化有初步发展，而且海洋性文化特征明显。遗址位于离海湾仅1000米的风积形成的低矮沙丘上，在遗址第⑦A层有厚约0.3米的贝壳堆积，据初步鉴定，贝壳种类包括丽文蛤、青蛤等20余种。这种沙丘与贝丘混合型的遗址本身就预示着遗址与海洋的密切关系。铜器以鱼钩为大宗，还有矛、簪、短条等。在石质生产工具方面，大量凹石（2014年统计为210件）的出土是此遗址的一大特色。大部分凹石正反两面都琢有两个以上的凹窝，有些凹石纵侧面还有浅凹缺或简单敲琢的痕迹。此类凹石常见于福建、广东等沿海史前遗址中。另外，遗址还出土较多有绳索捆绑痕迹的石网坠，石锛、石斧少见。除此之外，还有少量贝器和贝饰。这些表明，当时人们主要依靠采集海贝和捕获海鱼作为食物来源。

晋江庵山沙丘遗址出土的陶罐

　　庵山早期的文化遗存与音楼山遗址的文化内涵极为相似，年代可能晚于东山大帽山遗址，而早于九龙江流域的浮滨文化和闽江下游的黄土仑文化类型。庵山遗址青铜时代文化遗存与广泛分布于闽南、粤东地区的浮滨文化遗存和闽江流域的黄土仑文化遗存年代相当。庵山遗址是中国东南沿海地区已发现面积最大、保存最好的沙丘遗址，与广东、香港地区发现的以水动力作用形成的沙丘遗址不同，庵山遗址是一处滨海地带风积作用形成的沙丘遗址。遗址的发现丰富了福建省乃至我国东南沿海地区青铜时代的考古学文化内涵，对研究数千年来庵山遗址环境的变迁以及人类如何适应环境，具有很高的科学研究价值，是福建南部地区青铜时代考古的重要成果，具有较大的学术意义。2013年5月，该遗址被国务院公布为第七批全国重点文物保护单位。

闽侯黄土仑遗址与"黄土仑文化"：
兼具中原青铜文化特点与地方色彩的文化遗存

　　黄土仑遗址位于闽侯县鸿尾乡石佛头村南部的黄土仑孤丘上，遗址海拔高度约40米，分布在坡顶和东西两侧山坡上，面积约5000平方米。遗址于1974年夏闽侯鸿尾中学开辟操场时被发现，福建省博物馆多次前往调查试掘。1974年11月至1977年12月和1978年1月至4月的发掘，共清理墓葬19座，出土或采集陶器、石器

黄土仑遗址出土的几何印纹硬陶器

等文物标本近200件。经北京大学考古专业实验室对黄土仑遗址采集的木炭进行碳十四测定，其年代距今约3334~3234年，相当于商代晚期或西周初期。

遗址地层堆积第一层为表土，第二层为红土夹杂部分灰白土，此层被定为唐宋文化层，第三层为红土。遗址中发现红烧土面残迹一处，在红烧土面发现5个圆形柱洞遗迹，洞内含松软淤土，与红烧土伴存的有残石块、残木桩、木炭碎粒。此处木炭标本经碳十四测定，年代为公元前1300±50年。第四层为红生土层。发掘的墓葬为长方形竖穴土坑墓，墓内随葬品以陶器为主，个别墓随葬小型生产工具石镞、网坠等，有陶、石两类质料制作的生活用具、生产工具以及明器、装饰品等共计148件。考古人员还在遗址地面及近周采集到陶片、陶器、石器等遗物。陶器的主要特征如下：一是陶质多为泥质细砂灰陶，火候较高，质地坚硬，叩之声音清脆。泥质灰色几何印纹硬陶达90%以上，少量泥质红陶和红色细砂陶。二是以轮制为主，制作精巧，造型美观。许多器类往往不拘一格，富于变化，如杯口壶、釜形豆等都是由各种单一器形灵活组合而成。三是器类比较齐全，圜底器和圈足器并重，少量为平底器。器型以豆、罐、杯为最常见，此外有壶、尊、盂、勺、钵、簋、釜、虎形器、鼓形器以及纺轮、

黄土仑遗址出土的硬陶钵型罐

网坠等。四是陶器装饰除少量素面外，绝大部分是拍印的几何印纹陶和刻画的几何纹陶。纹饰以拍印和刻画的变体雷纹、方格纹、斜线三角纹为最普遍，还有S形、卷云形、旋涡形以及羊、虎、夔龙等动物形泥条堆贴纹。陶器出现云雷纹、回纹及广口折腹、圜凹底等风格是受中原夏商青铜文化影响，表现出强烈仿铜作风；虎子形器、罍形器是商代常见的器形。凸棱节状柄下接喇叭形器座豆、带圆饼座的瓠形杯、单鋬鼓腹圜底罐，以及杯口长颈宽肩双系壶都是不同器类中普遍出现而富于地方特色的典型器物。墓中出土的随葬品多者21件，少者4件，个别墓没有随葬器物，从随葬品出土的多寡可看出墓主所拥有的地位、财产情况，表明福建已踏进阶级社会——奴隶社会的门槛。黄土仑遗址发现了丰富的印纹陶遗存，这为我们重新认识福建地区印纹陶遗存的时代、文化性质以及它们与闽江下游地区新石器时代晚期文化遗存的关系，提供了断代的实物依据，同时也为我们研究福建地区奴隶社会的历史，揭示这一地区商周时代青铜文化的面貌，提供了重要的线索。

黄土仑遗址代表福建闽江下游一支受中原青铜文化影响而具浓厚地方色彩的文化遗存。已经开展的文物普查资料证实，此类文化遗存在闽江中下游地区有广泛分布，在闽东、闽西，以及晋江、木兰溪流域的部分地区也有所发现。学术界将此类受中原青铜文化影响而具浓厚地方色彩的文化遗存定名为"黄土仑文化"类型，它是福建青铜时代最主要的文化类型之一，其年代距今约3500~3000年。

华安仙字潭摩崖石刻：远古闽族的仙字神画

石刻位于华安县沙建镇汰溪中游北岸、东岸的临潭崖壁上，现存共8处18组60余幅图像符号。岩刻纹样怪异，似字似画，以不同形态的简化了的人形图像、

华安仙字潭摩崖石刻

人面图案及兽首为主，大者74厘米、宽35厘米，小者15厘米、宽9厘米。因其神秘深奥、人莫能识，千余年来素有"仙字""仙书""仙篆"等名称，仙字潭由此得名。唐代张读《宣室志》最早记载了仙字潭摩崖石刻。宋《太平广记》引《宣室志》言："泉州之南有山焉，其山峻起壁立，下有潭水，深不可测，周十余亩……石壁之上，有凿成文字一十九言，字势甚古，郡中士庶无能知者……郡守因之名其地为石铭里，盖因字为铭且识其异也。后有客于泉者，能传其字，持至东洛。时故吏部侍郎韩愈自尚书郎为河南令，见而识之，其文曰：诏示（赤）黑水（视）之鲤鱼，天公卑杀牛人。壬癸神书急急。"这是最早的对石刻进行著录和研究的史料。明何乔远《闽书》、清乾隆《福建通志》和清光绪《漳州府志》均有类似记载。

1915年，岭南大学黄仲琴教授首先在考古调查中发现了仙字潭4处石刻图像，并于1935年发表《汰溪古文》，开石刻研究与保护的先河。其后关于仙字潭石刻主要有"文字说"和"岩画说"两种意见。1957年，福建省文物管理委员会林钊、曾凡到仙字潭进行考古调查并取得第一份拓本，写成《华安汰内仙字潭摩崖的调查》报告，认为"这些石刻（除第二处外）是古代少数民族的图画文字"，引起学术界的重视。1982年，福建师范大学刘蕙孙教授发表《福建华安汰溪摩崖图象文字初研》，对石刻内容做了进一步释读。1985年，中央民族大学教授陈兆复和内蒙古自治区文物考古研究所研究员盖山林先后进行了实地考察，对"文字说"提出疑义，明确提出岩刻是"岩画"。1986年初，盖山林发表《福建华安仙字潭石刻新解》一文，提出仙字潭石刻不是文字，而是岩画的观点，并认为石刻是古代先民经过艺术夸张浓缩并符号化了的一种原始图画，其基本内容是表现氏族部落祭祀娱神的舞蹈场面。陈兆复亦于1986年初在《美术》发表《四万里路云和月》，认为仙字潭石刻是岩画。1988年，福建省考古博物馆学会和漳州市文化局组织召开漳州地区古代摩崖石刻学术讨论会，专家围绕仙字潭摩崖石刻的文化内涵、性质、时代和族属等问题展开讨论。会后出版的论文集《福建华安仙字潭摩崖石刻研究》，所收录的论文绝大多数是针对仙字潭石刻内容的讨论。主张"文字说"的学者认为岩刻是文字的雏形，属于当地原住民图形表意的范畴，即处在图形文字的萌芽阶段。持"岩画说"者认为石刻是经过夸张、浓缩、符号化了的原始图画，内容表现了某种功利目的，有图腾（或族徽）说、舞蹈说、事件说、宴饮说、征战说、纪功说、媚娱神说、祭祀说、生殖崇拜说等多种解释。

2004年，漳州市和华安县考古工作者对石刻再次进行拉网式调查，新发现两组10处岩刻图像，主要以兽形、人面形、人体形图案居多。漳州市鸟仑尾遗址、狗头山遗址和虎林山遗址等文化遗存中部分陶器中人形刻画符号的发现，为研究华安县石刻的族属、年代提供了有力证据。专家认为，其年代上限为新石器时代，下限至商周时期，是先秦闽族或"七闽"的文化遗迹。

根据漳州市考古调查和有关专家研究，漳州是福建省发现并对外公布远古摩崖石刻最多的地区，岩画主要分布在九龙江、鹿溪、漳江东溪流域，从华安到诏安构成一条延绵数百公里的弧形的史前岩画分布带，可分为山区片区和沿海片区。山区片区的分布相对集中，华安仙字潭摩崖石刻为典型代表，以祭祀图腾为主，为新石器时代至夏商周时期先民留下的岩画；沿海片区分布比较多且分散，大部分在沿海线上，主要集中在东山、诏安、云霄等地一带，为早期人类留下的史前岩画。台湾地区如高雄、屏东等地也发现史前时期的岩画，经考古专家鉴定，台湾的岩画和漳州岩画在内容、制作艺术等方面，有许多相似之处，部分专家认为台湾岩画的根源在大陆。

华安仙字潭摩崖石刻是中国最古老的石刻之一，是中国东南沿海上古时期先民活动的石刻遗迹中最重要的代表作，不仅为研究大陆早期居民向台湾迁徙提供了有力的佐证，且对诸种学科的研究具有不可低估的科学价值，素有"江南一绝""千古之谜"等美誉。2013年5月，华安仙字潭摩崖石刻被国务院公布为第七批全国重点文物保护单位。2015年7月，中国岩画学会命名并公布了中国岩画遗存地首批认证单位名单，华安县仙字潭上榜全国首批认证岩画遗存地，成为福建省唯一入列的岩画遗存地。

依海而生：海洋福建早期的航海探索与丝路贸易

由于水居山处的地理环境，福建先民很早就开始了向海讨生活、通过海洋发展对外交往的传统。

港口开凿，航海与造船技术先进，汉唐时期的福建人筚路蓝缕向海探索的实践使福建处在古代航海活动的前沿。

贸易兴盛，商品与文化交流频仍，汉唐时期的福建人泛海凌波开拓的丝路贸易也成就了宋元泉州港崛起的先声。

闽在海中：《山海经》中的福建

历史文献中有关福建先民的最早记载，见于先秦典籍《周礼·职方氏》：周官"职方氏掌天下之图，以掌天下之地，辨其邦国、都鄙、四夷、八蛮、七闽、九貉、五戎、六狄之人民"[1]。而历史文献中有关福建先民生活环境的最早记载，则见于《山海经·海内南经》："闽在海中，其西北有山。一曰闽中山在海中。"[2]因而，"闽在海中"也成为后世提到福建时较常使用的一句表述。

后世也有学者对"闽在海中"进行阐释。两晋时期郭璞在注释《山海经》时说，闽越"亦在岐海中"。明代杨慎进一步解释说："'岐海'，海之岐流也，犹云稗海。"[3]近代著名史学家蒙文通认为："'岐海'当指东南沿海之海湾、海峡、海岛；台湾宜即在其中。……是（东）瓯、闽越人于西周之世已居海中也。"[4]当代学者卢美松认为："所谓岐海（支海）、稗海（小海），其实是指台湾海峡或瓯江、闽江、九龙江诸江口与大海汇流处（即海湾）……至汉代福州还是半岛，唐宋以后逐渐退海成陆。故先秦文献所称'闽'或'闽中'，实应包括福建、台湾及其周围的诸多岛屿。"[5]厦门大学历史系教授林汀水也指出："按《山海经》既谓'闽在海中'，是时之闽越早期的活动中心，主要应在沿海一带；而谓闽中山是在海中，就从当时的地貌形态看，更是早期的闽越人，其主要的活动中心地应在今之福州。因为当时的福州尚未围筑其东、西

1　孙诒让撰，王文锦、陈玉霞点校：《周礼正义》，中华书局2013年版，第2636页。

2　周明初校注：《山海经》，浙江古籍出版社2010年版，第133页。

3　吴任臣：《山海经广注》，《文渊阁四库全书》（第348册），台湾商务印书馆发行，第195页。

4　蒙文通：《越史丛考》，人民出版社1983年版，第105页。

5　卢美松：《论闽族和闽方国》，《南方文物》2001年第2期。

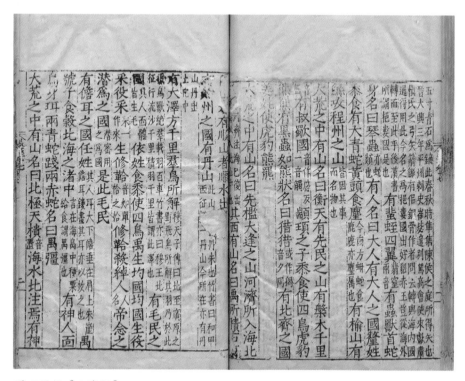

明万历版《山海经》

湖，二湖的湖区还为海湾之地，福州仍属岐海的地形"[1]。无论岐海、稗海，都说明至少在西周时期闽族生活的地方被大海所包围，陆地与海洋犬牙交错、萦回环绕的状况。所以《逸周书·王会解》载闽地对周王朝进贡的特产是"海蛤"。《尚书·禹贡》称瓯、越之民为"岛夷卉服"。

据地质学家的研究，在距今约14000年，台湾海峡两岸经历了多次海侵，台湾与大陆开始分离。在距今6000~5000年，也即中全新世中期，发生了世界范围的大海侵，当时海面约高于现今海面2~4米。台湾海峡两岸也不例外。在海峡西岸，这次海侵淹没了闽江、九龙江、韩江等几乎所有的河流的河口与海湾，使一系列基岩山、丘成为与大陆隔离的岛屿。而在距今大约3000~2500年，即中全新世晚期，发生了一次新的海侵，古海面较现今海面高1~3米。同时，受地壳上升运动影响，莆田—长乐沿海、漳州—龙海平原、漳浦—饶平沿海等均已隆起至海平面以上，而福州盆地仍处于海平面之下，当时的福州盆地基本上属于海湾环境。夏商时期，福州盆地内的平原经历了从海湾演变成水上三角洲和三角洲平原的过程，较高的部分逐渐演化为陆上平原，较低的部分逐渐成为闽江泄水的通海水道。至春秋战国时期，人类活动已扩展到福州海湾的若干岛屿上，岛屿间的海水水域已部分成陆，并被垦辟为农地。

西汉闽越国时，东冶（今福州）还几乎被内海包围，当时屏山几乎为岛，乌石山、牛头山、浮仓山均为岛屿。梁克家《三山志》中说：澳桥（今福州市鼓楼区东大路附近）在无诸时"四面皆江水，地如屋澳"，当时的海船停泊在还珠门外（今福州市鼓楼区贤南路口附近）。福州陆地仍很狭窄，只有东起石鼓山麓、北抵西郊的屏山一带，地势略高，形成沿山边的一线港湾，因地处石鼓山山麓，故名"石鼓川"，在闽江下游北岸。《汉书·朱买臣传》曾记载，在汉武帝平灭闽越国前夕，朱买臣曾向武帝建议发兵浮海，直接进攻。一年多后，已被任命为会稽太守的朱买臣与横海将军韩说一起攻破东越。唐代颜师古在为《汉书》作注时认为泉山位于福州，靠近海边。近年来关于泉山有位于浦城、泉州、福州诸说法。学者黄荣春认为："余善居保浦城泉山，在汉兵威迫下南逃500里到东冶之泉山，居今屏山与泉山之间的宫殿内。屏山与泉山一带在汉代几乎为岛，位于大泽中，仅有屏山西侧龙腰山与灰炉头山少许相连。"[1]福州的泉山即今之冶山。从福州当时还是"大泽"的地理水文条件来看，此说似较合理。

秦汉以后，福州海湾继续向陆上平原演化，三角洲陆上平原汉道逐渐淤废，河床收窄，河口水域面积缩小，原有的通海水道逐渐过渡为河流的泄水通道。2013年8月至2014年1月，福州市考古队在冶山西北侧鼓屏路地铁1号线进行考古发掘，发掘面积长173米、宽10.8米。在距离地表近4米处，考古队发现闽越国晚期部分宫殿建筑遗址，遗址夯土层厚逾1米，在夯土表面及灰坑出土有汉代箭镞、万岁瓦当、万岁常乐瓦当等。此外，考古队在探方南侧发现一个汉代码头，码头

1　黄荣春：《闽越国都城与东冶港》，《福建史志》2019年第2期。

边有一条东西走向、口宽17米、底宽13米、残深1.3~1.5米的汉代大水沟，从水沟中出土1件船上使用的铁锚，铁锚重65斤，通长51厘米，通宽52厘米。码头上面铺有汉代铺地砖，砖头与铁锚被倒塌的汉代建筑构件覆盖。这些建筑构件有筒瓦、板瓦，以及白虎纹、龙凤万岁纹瓦当。宫殿前码头边大水沟出土有汉船使用的铁锚，说明当时的闽越王宫殿面临东冶港，当时的屏山一带应是福州最早的码头。

西晋太康三年（282年），福州古城（东冶古城）与现在南门乌石山、于山一线之间均已成陆，且有城河、支河和闽江相通（明王应山《闽都记》）。至唐宋时期，随着潮流减弱，人为筑堤和其他治港工程的增多，福州海湾基本上已退海成陆。明清以后，福州盆地的河段河床逐渐淤积，使福州港港口位置不断迁移，原有的通海水道已演变为河流的泄水通道。后世之人，只能通过偶然发现的地底遗迹窥视"闽在海中"的古貌。在明代何乔远生活的时代，福州地区的百姓在挖井或种地的时候，还经常挖到螺蚌壳、破船桨等。何乔远据此认为上古时期福州地区尽在海中。

概而言之，《山海经》关于"闽在海中"的记述，一方面说明了远古至夏商时期福州盆地还是海湾地貌，另一方面也说明了福州盆地是早期闽越人的活动中心，古代关于"闽"的认知及中原地区对"闽"的接纳最早来自于福州盆地，这在文献记载、古地质学研究和考古发掘中均得到了证实。

连江独木舟：福建先民近海水域活动的见证

筏与舟是古代水路主要的交通工具。春秋战国时期，舟楫已被广泛使用。自古以来福建陆路交通就极为不便，与内地的联系被崇山峻岭所阻隔，因而，闽越人多散居在沿江河的河谷盆地和东部海滨，临水而居，出行大多数时候都要仰仗水路交通，以船为车，以楫为马。而福建发达的内陆水系和临海的天然地理条件恰恰提供了可能性和现实性，所以舟船就成为闽越人出行的重要工具。

独木舟最早的实物见于福建连江县。1970年，连江县浦口公社山堂大队的社员在田间挖窑土时发现一只独木舟。他们即向连江县文化馆报告，文化馆又报告了福建省博物馆。但当时省博物馆无法组织力量发掘。至1974年夏，省博物馆派考古学者黄天柱到实地复查，后决定在秋收之后农闲时进行发掘。发掘工作自1974年12月29日开始至1975年1月5日结束。

独木舟舟体为樟木，长7.10米、前宽1.10米、后宽1.50米，残高0.82米。舷板上薄下厚。在距舟尾部2.50至3.33米处，凸起一块下长0.83米、上长0.70米、下宽0.49米、上宽0.40米、高0.22米的木座。舟首平起翘0.22米，尾部略为平圆而无挡板。舟底板由前向后渐厚，舟体不甚规整，靠前部1/4处，有对称凹槽。据中国科学院贵阳地球化学研究所对舟体木材测定，其时间距今2265~2075年，其上限为周

连江西汉时期的独木舟，由一整根樟木挖凿而成

赧王二十五年（公元前290年），下限为汉武帝天汉元年（公元前100年）。

此舟造型原始，加工粗糙。木座与两侧舷板的距离也不对称。近舟首内部似有火烧痕迹，舟体有明显经过粗笨的金属器加工的痕迹。根据出土的文物考证，从周代到汉代，福建已先后使用青铜器和铁器，所以连江独木舟使用金属器加工是可信的。

独木舟近首部1/4处的内两侧有对称凹槽，据分析，可能是在槽上隔有横板，供放置小量货物或乘人之用。中部凸起的木座，应是驾舟者乘坐的划桨处。因舟体小而狭长，舷板较为低矮，坐着划桨，可降低重心，增强行舟的稳定性，又可保证行速和控制转向。因用在木材中比重较大的樟木制作，且体型小又后无挡板，这种类型的独木舟，不适宜在风浪大的海上行驶，只适合于在浅水的溪河上航行，作为渡船或捕鱼之用，不能承受载重量大的货物。

独木舟的挖掘及相关数据详细记录在当时参与挖掘的福建省考古学家黄天柱所著的《泉州稽古集》中。据他在文中回忆：独木舟出土的山堂村，在鳌江的右侧，当时尚未通公路，不能用重型汽车把舟体运往福州，只好选择由鳌江水运的办法，但普通木船又难以承受独木舟的重量和容纳其长度。最后，笔者即与驻连江部队首长联系，部队首长很重视并给予热情支持，派特务连战士驾驶登陆艇，负责运载这只独木舟。1975年1月7日，登陆艇迎着江风驶向福州。鳌江口水面宽广，碧波万顷，驰行江面，令人心旷神怡。登陆艇冲出鳌江口，从马祖岛西侧海域通过。登陆艇晚泊于琯口特务连连部，翌日续航，入闽江到达福州台江码头，将独木舟起吊装车后运抵省博物馆保藏。[1]

连江独木舟发现地所在的鳌江发源于今古田、罗源两县山地，是一条独流入海的河流，干流长135千米，由西向东贯穿连江县。连江独木舟的出土，不仅证实了上古先民的水上舟船活动，已由山区内河向近海水域推进，而且其船体结构也表明了战国末期闽江下游已开始制作客货兼用的水上运载工具，对于研究古越族的造舟技术和历史，以及鳌江的地理变迁都有重要意义。

1　黄天柱：《泉州稽古集》，中国文联出版社2003年版，第102—103页。

东冶港：福建历史上第一个有明确文字记载的港口

我国东南沿海地区的海上交通，最早约出现于西周时期浙、闽等沿海一带。当时闽越族就开辟了从今福州滨海地带航海北上的通道，向中原王朝进贡橘、柚、蛤等地方特产。战国以后，在南方开始出现了海港，如长江口附近的吴、会稽、句章，以及东瓯、东冶、番禺等港口。东冶港是福建历史上第一个有明确文字记载的港口。

一般认为东冶港开港于西汉初年的闽越国时期。从考古发掘的遗址遗迹来看，闽越国时期，南台江边大庙山下有码头，东越王余善垂钓江滨、号称钓得白龙者正在其处；越王山麓水边（七星井、开元寺一带）有码头，考古发掘曾发现疑似造船所旧遗木块；今浮仓山一带有码头，史载其处为闽越王屯粮"以济东瓯"之地；今新店古城一带更有最初的码头，考古材料显示，其地建城可能早在战国末便开始；今福州西郊牛头山一带发现有闽越时大型建筑遗址，其地也应有船舰靠泊的码头。《史记·东越列传》记载，秦末天下大乱，诸侯伐秦，越王勾践的后人闽越族首领无诸、摇率越人辅佐汉，所以汉高祖五年（前202年），复立无诸为闽越王，王闽中故地，都城在东冶（今福州）。

有学者从东冶港的地势推断，认为东冶港四至范围是：北自新店古城南侧，南至仓前山，东自金鸡山，西至牛头山。从广义讲闽江口至新店古城水域都是东冶港范畴。有的学者通过考古发掘推断，东冶港就在福州新店古城，是个开放型港口，南边由水军把守，与对岸浮仓山高台地成掎角之势，控扼东冶港。也有的学者通过研究《三山志》《福建通志》及古人记述等其他文献记载推断，汉代在福州还珠门外沿澳桥而下有一宽广的港汊，即东冶古港。近来也有学者更明确地提出：从福州新店闽越国冶都开放型的港湾到福州屏山东越王余善的水军基地，就是《后汉书》记载"东冶港"。[1] 综上，可以确定的是，东冶港就在今福州市中心城区一带。

东冶港的兴起，首先得益于闽越王都城的设立大大地抬升了东冶的地位，使其成为区域性的政治、经济中心，闽越地区对外交往的主要窗口。其次是东冶港所处的独特的地理位置，福州地处江海通津之地，变通便利。闽江流经其南境汇入大海，闽江及其众多支流深入内地，形成扇形的交通运输网络，使福州便于联系广阔的经济腹地。自福州以下的闽江入海水道深阔，利于航运，沿岸可供海船靠泊的港湾很多，海船可以从闽江口溯流而上，直抵台江，出闽江口则是东海航线和南海航线的交汇处，前往我国北方和两广诸港以及海外诸国都很方便。再次就是福建背山面海，闽中和闽西两大山带纵贯福建中部和西部，陆路交通极为不便，因而养成了闽越人向海谋出路、擅长航海的传统。

西汉初年，东冶港已开辟了与中南半岛交通的南海航线。《汉书·景十三王传》记载：江都（治今江苏扬州）王刘建派人联系越繇王闽侯，互赠奇珍异宝。其中，繇王闽侯赠送给刘建的是荃、葛、珠玑、犀甲、翠羽等。珠玑、犀甲、翠羽都是来自南海地区的产品，说明在公元前2世纪，东冶港南与南海、北与江淮已经有了贸易往来。此外，西汉王朝向东南用兵，也走海上航路，如汉武帝在建元三年（前138年）和元鼎六年（前111年），两次派楼船从会稽郡和句章出发浮海南征闽越和东越。

东汉时期，东冶港的海外交往和贸易活动更为发达。《后汉书·郑弘传》载，东汉建初八年（83年），郑弘为大司农时，"旧交阯七郡贡献转运，皆从东冶，泛海而至"。这七郡位于今两广与越南北部和中部。可见东汉初期以前，汉王朝所受南方诸郡和外番贡奉，其交通运输与对外贸易，皆以福州东冶港为枢纽。此外，迟至东汉时期，东冶港也已开辟了跨越大洋与日本、夷洲、亶洲交通的东海航线。近来有学者指出，武夷山城村汉城的铁器在汉代曾经东渡日本，为

---

1 欧潭生：《闽越东冶港之谜》，《福州晚报》2022年6月13日，A06版。

日本弥生时代的冶铁冶铸业作出贡献。这些铁器就是通过福州东冶港经海上丝绸之路运往日本。[1]

东冶港兴起以后，因地理位置优越，成为连接南北海运的枢纽，因而主要的功能是寄泊转运，但"风波艰阻，沉溺相系"。由于海路艰险，事故率高，所以东汉建初八年（83年），郑弘担任大司农之后，新开辟了经由广东、湖南的陆路运输，交趾的贡品和其他货物改由陆路北上，广州港迅速崛起，东冶港受到一定影响，但仍是海上交通的重要港口。

到了三国时期，孙吴政权为加强对东南沿海的控制，自公元196年至257年，派吴军多次入闽，经过多年的战争，孙吴在福建的势力才基本巩固下来。其间，孙吴在闽中设建安郡，辖地包括今福建全境。东冶港的功能开始演变为以军事、政治活动为主。汉献帝建安元年（196年），孙策进攻会稽郡（郡治在今浙江绍兴），太守王朗战败，航海逃到东冶。孙策军队追至东冶，东冶百姓遭屠杀。据记载，孙权也曾到过东冶。当时，孙坚之兄孙羌的次子孙辅，与孙权为堂兄弟，阴谋叛变投降曹操，结果事泄，孙权由东冶赶回，平定了这场内乱。虽然东冶港在此时期主要以政治、军事活动为主，但它作为通往交趾的海上航路还在发挥作用，吴越人走两广，多从东冶中转。此外，吴建衡元年（269年），吴主孙皓还曾派遣监军李勖、督军徐存，率军从建安海道出发，经广西合浦进攻交趾。

如果说东汉初年新开辟的零陵陆路削弱了东冶港承担的进贡转运功能，那么东汉末年的地方割据则使东冶港作为进贡转运的功能基本终止。而孙吴政权的多次用兵也大大打击了东冶港及其腹地的经济。据《三山志》记载："七闽人民，自周职方氏已有其数矣。经秦，历汉，徙置江淮，遁亡岩谷，其存有几？吴永安三年（260年），始属建安郡。是时，户□□一千四十二，口一万七千六百八。"[2]这说明到了三国末年，经多年用兵，福州人口锐减。这对商业贸易的影响是不言而喻的。此外，由于海水减退，泥沙淤积，原东冶港逐渐冲积成平原，东冶港、东冶地名也逐渐湮没在历史的烟云中。

---

1 欧潭生：《闽越东冶港之谜》，《福州晚报》2022年6月13日，A06版。

2 梁克家纂：《三山志》卷十，陈叔侗校注，方志出版社2003年版，第172—173页。

都尉营与温麻船屯：福建官办造船基地之始

三国时期，吴国的疆域主要在长江中下游南岸及东南沿海，既有长川巨河，也有茫茫大洋。孙吴政权以水军立国，出于国防和航海事业的需要，不遗余力地大力发展造船业。

福建地处东南沿海，境内多山，盛产造船用木材，且富有造船传统，因而孙权于建衡元年（269年），在建安郡所属侯官县附近，置"典船校尉"。都尉营设在福州开元寺东直巷，号船坞，这是福建官办造船厂之始。当时，海侵使此处尚未全部成陆，东直巷还是个河口港湾，群山屏蔽，水道屈曲，自然条件十分有利于造船，遂成为孙吴在福建造船的中心基地之一。典船校尉管理的造船工人除了从当地招募的工匠劳力外，也有很多因罪而被罚迁徙之人，如中书令张尚，因得罪孙皓，被关进监狱，后又被发配到今福州充当造船的苦力。又如凤皇三年（274年），会稽妖言章安侯奋当为天子，临海太守奚熙给会稽太守郭诞写信，信中对国政进行非议，郭诞收到信后，向吴主报告了奚熙给他写信一事，而对于信中涉及的妖言，则没有报告。吴主知道后，就下令把郭诞发配到建安去造船。当时最好的行船者都出自福建，西晋文学家左思盛赞"艚工楫师，选自闽禺。习御长风，狎玩灵胥。责千里于寸阴，聊先期而须臾"，描绘了闽人高超的操舟航海技巧。

三国末，除建安郡侯官县设有典船校尉外，政府还用类似屯田的方式，向闽东至浙南沿海地区扩展，征集当地工匠和劳力，建立更大规模的造船基地。由于古时从闽江口至浙江瓯江流域温州一带的沿海地区，统称"温麻"地，故此造船基地亦称"温麻船屯"。温麻船屯地域分布较广，赵君尧《闽都文化简论》中说，温麻船屯拥有今福鼎沙埕港、晴川湾、里山湾，霞浦县福宁湾、东吾洋、三沙湾、覆鼎洋、官井洋，罗源、连江的鉴江湾、罗源湾、黄岐湾、定海湾等辽阔的海域，以及长溪、霍童溪等44条水道、17个河口。可以说其涵盖了闽江口以北福建沿海的所有地方。[1]

西晋咸宁六年（280年），孙吴为西晋所灭，晋朝仍保持典船校尉和温麻船屯旧制。晋太康三年（282年），析建安郡，置晋安郡，设立温麻县（县治在今闽东霞浦），隋开皇九年（589年）废，唐武德六年（623年）复置，县治迁到今连江县北，改称连江县，原温麻县治所在地霞浦改称长溪县。由于温麻船屯包括了从霞浦到连江的广大地域，且温麻县名称先后用在今霞浦、连江两地，所以后世有了温麻县在霞浦和连江两种意见的争论。实际上温麻县治最早设在今霞浦，唐时移到今连江。在今霞浦县古县村，有发现三国到隋唐时期墓十多座，有孙皓天纪元年（277年）墓砖。在今连江县，也有温麻庙、铁竹篙等温麻船屯的遗迹留存。

当时，温麻船屯用五板所造的海船，称为"温麻五会"，因"会五板以为

温麻里石刻碑文

1　赵君尧：《闽都文化简论》，福建美术出版社2012年版，第92页。

西汉楼船模型

船"而得名。这种"五会"船是一种由五块巨大木板构成（或有5层舷板）的海船，极其坚固。当代学者郭志超认为五会船也是后世疍民使用的船只："五会船，应即五航船，会与航，其音近似。五会船或五航船，疑即闽南白水郎的五帆船，闽南话读航如帆，所以'五航'才会讹为'五帆'。温麻'五会船'，或'五航船'，或讹为'五帆船'，都是船底合五板而成的海船，亦即'白水郎'所使用的船只，因此闽南一带，'五帆'既是疍民也是疍船的名称。道光《厦门志》载：'兴、泉、漳等处海汊中，有一种船，专运客货与渡人来往者，名五帆船'"[1]。温麻船屯造船的材料多为盘结坚劲的硬质木材楠、松、樟、杉等。这些木材除了用于制作五会船，还能够制作青桐大舡、鸭头舡等名目繁多的各类船。

孙吴政权利用通达外海的地理条件，大力发展造船业，都尉营和温麻船屯的设立，为航海业的发达提供了雄厚的物质基础。孙权统治时期，不但沿海航行活动频繁，而且与海外的交往也相当密切，先后多次派遣航海使者开拓疆土，发展

1　郭志超：《闽台民族史辨》，黄山书社2006年版，第362—363页。

海外贸易，与外通好。如派将军卫温、诸葛直率领甲士万人浮海求夷洲及亶洲，派中郎将康泰等到东南亚国家开展交流活动。范文澜曾评价孙权是大规模航海的倡导者，又说吴以水军立国，有船5000余艘，水军主力在长江，但航海规模也很大，当时已有如此宏大的舰队，也足以令人气壮。[1]孙吴政权覆灭之后，温麻船屯为数众多的造船工匠和屯兵在原地定居下来，为福州和闽东一带发展民间造船业保存了一定的技术力量，对东晋、南北朝时期福建民间造船业进步起着相当重要的作用。

游艇子：东南沿海的"水上居民"

福建自古就生活着一群以水上生活为主、居住在舟船之上、随潮往来、靠海为生的人群，他们在历史文献中被称为"游艇子""泉郎""白水郎""艇家""庚定子""卢亭子""夷户"等，宋代以后逐渐通称"疍户"。这些称谓有些具有鲜明的海洋特色。他们可能是福建早期海洋文化的代表和海洋交通贸易最早的开拓者。

福建关于这一群体最早的称呼见于文献记载的是"游艇子"。史书记载："泉州（治今福州）人王国庆，南安豪族也，杀刺史刘弘，据州为乱。自以海路艰阻，非北人所习，不设备伍。素泛海奄至，国庆遑遽，弃州走。素分遣诸将，水陆追捕。时南海先有五六百家，居水为亡命，号曰游艇子，智慧、国庆欲往依之。素乃密令人说国庆，令斩智慧以自效。国庆乃斩智慧于泉州"[2]。实际上，在此之前水上居民已进入政府的视野，开始被纳入政府有组织的管理当中。学者研究认为，西晋时，政府在闽中温麻建立温麻船屯，就召集了许多水上居民来当船户，"魏晋时代的温麻船，亦即温麻五会船或五会船，就是日后福建水上疍民的

1　范文澜：《中国通史简编》（修订本），人民出版社1964年版，第214页。

2　《北史》卷四十一。

五航船（五帆船）。温麻船屯所管治者，就是温麻五会船，或五航船的屯户，亦即福建水上疍民——白水郎——的屯户。魏晋时代盛行军事屯田，因此在福建的水上疍民亦被编入作为军事屯田的客户"[1]。魏晋以来，福建沿海水上居民的活动区域大致分布在今闽江口沿海、福清湾、兴化湾、泉州湾、厦门港以及漳州沿海等地区。

到了唐代，文献中福建沿海地区的水上居民多被称为"泉郎""白水郎"。《太平寰宇记》称白水郎是"卢循之余"，成为关于"游艇子"起源的一个流传较广的说法。卢循是东晋末期农民起义军领袖，他曾于元兴二年（403年）春派部将徐道覆进攻东阳，被晋建威将军刘裕打败。八月，刘裕乘胜进击永嘉，卢循又战败，率领农民军航海南下晋安。随后，刘裕带领官军入闽追击，农民军连连失

福建沿海连家船民

1　韩振华：《试释福建水上疍民（白水郎）的历史来源》，《厦门大学学报（社会科学版）》1954年第5期。

利。为避开强敌，卢循遂引军渡海南进，于元兴三年十月攻克广州。孙恩、卢循领导的农民军，转战东南半壁，拥有大批船只，失败后，其余部漂泊闽粤江海，繁衍子孙。散居闽中沿海的称"泉郎"，亦称"游艇子"，成为泉州（隋至唐初，闽中置泉州，州治在今福州）的夷户，从事渔业和海上交通贸易活动。

还有一种说法认为白水郎的先人本计划跟随徐福东渡，中途后悔，遂藏匿于东南沿海生活下来。历史学家研究认为，福建水上疍民的白水郎或卢亭子，都是汉朝闽越国的后裔。自从公元前110年，闽越国被汉朝灭掉之后，有一部分的闽越人散逃于海上，他们始终没有回到陆上来，从来不接受汉朝的统治，这一部分闽越人便成为日后福建水上疍民——白水郎。在西晋王朝统治下的福建水上疍民，有一部分虽已编入福建陆上的编户里，可是生活仍然是很艰苦的。因此在晋末的农民起义时，就有许多福建水上疍民（白水郎）参加到卢循起义军的队伍里面去。孙恩牺牲之后，起义军由他的妹夫卢循继续领导，从浙江转战到福建，并以福建沿海一带为反抗晋军的基地。不久之后，晋朝派刘裕带兵追赶到福建，卢循乃自福建沿海转战到广州，并在广州建立根据地。在这一段时间内，福建水上疍民参加到起义军里面去的，数目一定不少。以后卢循领导的起义军，北上攻晋，并由赣江造舟顺流而下，起义军之所以善于水战，与水上疍民的参加有很大关系。所以，福建疍民，应当是"闽越之先"居住于海岛上者。历史学家傅衣凌先生就说过，在福建特殊部族中，畲与蜑实推为巨擘，此两族其先盖同出于越。解放后福州市水上疍民情况调查报告记载，在疍民的传说中，当汉人南下灭掉诸国时，他们的祖先有郭、倪二姓者（系无诸国权臣）极力反抗，汉人恨之，到处搜捕郭、倪族人，二族被追逃亡江河，且改名换姓以避祸。口头传说也认为他们是"越"或"闽越"之后。

疍民所使用的船是"了鸟船"，头尾尖高，在较早的古代典籍中又称"舟鸟舟了"，在福建沿海极为普遍，也是后来著名的鸟船的最早雏形。

疍民长期生活在海上，驾船技术娴熟，熟悉海洋，因而对推动福建对外交通贸易作出贡献。清代《古今图书集成》"漳州风俗考"说，（漳州）南、北溪有水居之民，维舟而岸住，为人通往来，输货物，俗呼为白水。顾祖禹《读史方舆纪要》引用了《太平寰宇记》的记述，但删去王义童遣使招抚一事，称泉郎以船为家，"往往走异域，称海商"。这都说明疍民对于福建的海运事业和国际贸易起着促进作用。

在一定程度上说，游艇子是历史上福建基层海洋社会的代表，是福建海洋社会经济发展的直接或间接的文化基础。此后宋元时期的福建海商，以及明清时期东南沿海出现的私人海上贸易群体，谙熟水道、操舟善斗、违禁通蕃的航海技能与海洋精神，多少都传承了游艇子的海洋传统。

水密隔舱：世界造船技术的独创

福建的先民自古以来就"以船为车，以楫为马"，福建的造船技术也在不断地进步。迟至春秋战国时期，闽越先民就在长期的航海实践中，模仿水鸟的形态，创造了一种首尾尖高的船形"须虑"。孙吴时期，孙吴政权在闽东一带设温麻船屯，创制温麻五会船。随后发明的水密隔舱技术，则是人类造船史上的一项重大发明。

船舶上设置水密隔舱，可能是古人受到竹子横隔节的启示而发明，但具体始于何时何地，未有定论。据两晋时期编写的《义熙起居注》载："卢循新作八槽舰九枚，起四层，高十余丈"。顾名思义，"八槽"就是将船分为8个分舱，这也是关于隔舱技术的最早记载。《福建省志·船舶工业志》认为，东晋末年，卢循起义军在东南沿海建造船舶，创制新船"八槽舰"，把船舱分隔为8个舱，"此即后世的所谓'水密隔舱'结构"，"对日后福建造船工艺产生了重大影响"。[1]

---

1 福建省地方志编纂委员会编：《福建省志·船舶工业志》，方志出版社2002年版，第20页。

　　清代嘉庆年间蔡永蒹《西山杂志》中记"王尧造舟"一事：天宝中，王尧从勃泥（今加里曼丹岛北部文莱一带）运来木材为林銮造船。船长十八丈，银镶舱舷十五格，能贮货品二至四万担。其中"十五格"即为15个隔舱。《西山杂志》成书于嘉庆十八年（1813年），书中所记唐代造船名家王尧为泉州大海商林銮造舟，使用水密隔舱技术，有一定可信度。而1960年在江苏扬州施桥镇出土了一艘唐代古船，该船设置有水密隔舱5个，是目前世界上所发现的最早的水密隔舱实体，也说明了迟至唐代，水密隔舱技术已经运用于沿海船舶建造中。1974年，泉州后渚港出土了一艘宋代远洋货船残体，其舱位保存完好，已具有极为完善的水密隔舱结构。这表明，最迟于宋代，泉州所造海船已采用成熟的水密隔舱结构。元代意大利旅行家马可·波罗来中国航海时见到过有13个水密隔舱的海船："吨

水密隔舱：世界造船技术的独创

位较大的船，货舱壁多达十三层，都是用厚板造的，用榫眼互相结合。目的是为了防止意外事故"[1]。

所谓"水密隔舱"，是指用隔舱板把船舱分为若干个互不相通的舱区，舱与舱之间互相独立，木板与木板之间的衔接使用榫接技术，木板之间的缝隙用艌料填充，形成密封不透水的结构形式。其中，艌料是由麻丝（或竹丝）、桐油、石灰（或贝壳灰）做成。桐油形成的漆膜坚韧耐水，石灰与桐油捣合后有很强的黏接性，而麻丝有很好的填充、防止开裂、增强附着力和机械强度的作用，艌料由此能够确保"水密"之效。同时，在舱壁下方一般设有流水孔，也称"过水眼"。当舱内有少量积水时，水可以经流水孔流至舱内的最低处，便于排除积水。

船舶设置水密隔舱，提高了船舶的抗沉性能，当船只因触礁、碰撞、水战等出现破舱进水时，进水量相对较小，排除也方便，能减少沉船事故的发生。同时，隔舱板和船体紧密钉合，增强了船体的横向支撑强度，提高了船体结构的坚固性。此外，将船分隔成若干个独立的空间，能满足舱室使用的不同需求，也便于货物的装卸和保管。

"水密隔舱"结构，是中国对世界造船技术的一大贡献。世界其他国家直到18世纪才有水密隔舱。因此，2010年11月16日，在肯尼亚首都内罗毕举行的联合国教科文组织非物质文化遗产政府间委员会第五次会议上，福建省晋江市与宁德市蕉城区联合申报的"中国水密隔舱福船制造技艺"被联合国教科文组织列入急需保护的非物质文化遗产名录。

福船与水密隔舱联系在一起成为非物质文化遗产，说明了福建在水密隔舱技术发明与使用中所起的作用。如果说八槽舰还不能完全确定是在福建建造的，那么福船的雏形"了鸟船"则是闽南的海上居民发明和使用的。卢循起义军失败以后，余部散居在闽南沿海，又造出头尾尖高、当中平阔、冲波送浪的"了鸟船"。唐代，福建沿海造船工匠对"了鸟船"加以改进，使其形制演变为首尖尾宽、上平底尖、船尾部呈马蹄开头有连续的船舱，甲板平阔，主要采用钉榫为主

1　马可·波罗：《马可·波罗游记》，梁生智译，中国文史出版社1998年版，第223页。

的接合技术，船体结构更加坚固。经改进后的这种船型，成为当时福建海船的主要船型，也是"福船"早期的雏形。据《唐会要》记载，当时福建建造的海船，一般可载物数千石，大者则可载重八九千石以至万石。因而，一般认为，晋末的八艚舰发展成隋唐时期的了鸟船，然后经过唐宋时期不断的改造，发展成为一种适合远洋航行的海船——"福船"。

梁安郡港口：泉州港的最早记录

南朝梁承圣三年（554年），印度僧人拘罗那陀（又名真谛）从建康（今南京）辗转流离，于陈永定二年（558年）到达晋安（治福州），随后又乘坐小船至梁安郡，准备从梁安郡转乘大船回国，因故在梁安郡停留，公元562年才从梁安郡的港口出发，乘舟西行。

真谛到达的梁安郡在什么地方？据考证，南朝有三个梁安郡：一是南朝梁置，隋废，故郡治在今河南省固始县东北。另一个也是南朝梁置，北齐废，故郡治在今湖北红安县南。第三个即是《续高僧传》所记真谛到达过的梁安郡。前两处梁安郡在内地，不是真谛乘大船的地方。真谛到达的梁安郡应是南朝中外交通的重要港口，其位置应当离福州不远。而关于真谛出发的这个梁安郡，史书记载极少。因而历史上到底有没有存在一个梁安郡？若存在，在什么地方？历来研究者众说纷纭。历史地理学家章巽先生认为历史上确实存在一个梁安郡，并考证出其地在今福建省南安市的丰州镇，他还根据《续高僧传》《开元释教录》《金刚经》三种佛典记载确信："今后在编写福建的地方史志时，应该在泉州地区的政区沿革中补加上一个梁安郡"[1]。张俊彦通过考证也认为梁安郡在现在的泉州南安丰州一带，但又推论"为什么南安郡又名为梁安郡呢？恐怕就是出于图个吉利以

---

[1]　章巽：《真谛传中之梁安郡》，《福建论坛》1983年第4期。

保本朝平安之意"[1]。廖大珂先生也认为梁安郡在今福建南安，并认为梁安郡的设置时间是中兴二年（502年）二月，改为南安郡的时间是陈天嘉五年（564年）。泉州地方史研究专家李玉昆的研究也详细考证了拘罗那陀逗留泉州译经的地点是在南安。取名为"梁安"，可能是出于图个吉利以保本朝平安的意思，这样的取地名的办法，在六朝有很多例子，如"晋安""魏安""齐安""周安""宋安"等等。

总的来说，梁安郡郡治设在泉州南安丰州一带，历史上存在于南朝梁、陈时期的一个较短时间，这得到了学界的认可。拘罗那陀从福州港乘小船到梁安郡换乘大船，可见当时梁安郡这个海港比晋安郡的海港（即今闽江口）规模还要大些。

虽然直接资料很少，但从当时的海外交通历史背景来考察，南北朝时期梁安郡港口的存在还是可能的。从三国至南北朝时代，南方政局相对稳定，而北方连年战乱，生产力受到极大破坏，大批中原人民背井离乡，迁移到江南和东南沿海，带来北方先进的生产技术和科学知识，推动南方社会经济的发展，为海外交通的发展提供了较为坚实的物质基础。《梁书·武帝纪》中"遣使献方物"的东南亚和南亚国家在史书中几乎每年都有记载，可见当时南朝海外交通已相当发达。

福建在此时也得到相当程度的开发，经济发展较快，尤其是沿海地区的开发，迫切要求加强与外界的交流，而且福建为崇山峻岭所阻隔，发展海外交通也是时势所趋。从汉代设置东冶港开始，福州港就是福建主要的出海口，但随着南朝梁、陈时期泉州地区相对远离政治中心，社会较为安定，受政局变换和战乱影响较少，经济、文化得到发展，再加上梁安郡的设置，使当地有了一个区域性的行政中心。所以，梁安郡的港口开发可能就是在这种形势下发生的。作为当时通海的重要港口，梁安郡治所在的地理位置也是优越的。此地面临晋江，海舶可以溯晋江而维舟于此。就是到了泉州海外交通鼎盛的宋代，九日山延福寺"东去郡

1　张俊彦：《真谛所到梁安郡考》，《北京大学学报（哲学社会科学版）》1985年第3期。

城十五里，南去大海三十里"，它的通远王庙，仍是当时泉州官吏举行海舶祈风仪式之所。现在此山的东西两峰还保存有当年的海交祈风石刻，到宋代时海水涨潮经此地仍可直达山下。

章巽先生指出："今天的泉州港在历史上作为我国对外交通的一个主要海港，一般都集中注意于宋、元时代，实则远在公元第3世纪的三国吴时，即已在今泉州市西之丰州设置东安县，可见其已成为当时我国沿海航线上的一个重要港口。公元5世纪时，梁代又在这里设置梁安郡，并已可于此转登'大舶'远航，成为当时我国交通东南亚和印度洋一带的一个重要海港。"[1]此后又经历王方赊等的大力经营，泉州港成为南朝末期的重要港口。

南北朝时期的泉州港与福州港：
王氏家族经营海外交通贸易

南北朝时期（420—589），我国东南沿海一带同南亚的海上往来已经很频繁。泉州港与海外交往，最早也可追溯到南朝时期。据《续高僧传》记载，天竺高僧拘罗那陀从福州乘小船到梁安郡（今泉州南安丰州一带），又准备在此地换乘回国。福州在西汉初年就有东冶港，海外贸易兴起较早。而此时拘罗那陀要从福州乘小船，到梁安郡去换乘大船，说明此时泉州的海船规模比福州要大，也进而说明泉州的海外贸易可能已很兴盛。这种局面的出现与王方赊家族对泉州的治理有关。

从三国曹魏时期开始，由于实行九品中正制，山东琅琊王氏家族公卿辈出，逐渐成为关东显赫的世家大族。西晋永嘉之乱，晋王室与北方士族南渡，琅琊王

1　章巽：《真谛传中之梁安郡——今泉州港作为一个国际海港的最早记载》，载《章巽全集》下册，广东人民出版社2016年版，第1366页。

司马睿在王导兄弟的辅佐下，建立东晋王朝。从此王氏与皇权相结合，其权势更加煊赫，满门公卿，时人为之语"王与马，共天下"。尽管南朝政权频繁更迭，但是无论谁做皇帝，都必须以高官厚禄来笼络王氏，换取其支持，以巩固皇位。中兴二年（502年）2月，萧衍进封梁公（后加封梁王），四月接受齐禅，即皇帝位于建康（今南京），改年号为天监，正式建立梁朝。在此前后，可能是为笼络王氏家族，萧衍析晋安郡的南安县，另置梁安郡，授王僧兴梁安郡守，封开国侯。从此泉州与王氏家族结下了不解之缘。[1]

王方赊继承父亲王僧兴的职位，担任梁安郡太守。唐初杨炯撰《唐恒州刺史建昌公王公神道碑》称赞他"以惠和之性，有文武之才"。王方赊任梁安郡太守期间，致力于开拓泉州的海外交通，善待海外来客，所以真谛到泉州等待"大舶"的时候，受到王方赊的热情挽留，因而逗留一年多，住建造寺，在泉州西郊九日山翻译佛经。也许是因为王方赊重视地方治理，使得处于南北朝的乱世时期，泉州保持了安定的局面，经济、文化都有发展，所以能吸引远至南海的大舶。

梁代以前，福建海外交通是以福州的港口为基地的，泉州港尚不见于史籍记载，仍然寂寂无名。王僧兴、王方赊父子对梁安郡的经营，使泉州港开始萌芽和发展，但是这又是很短暂的。隋朝统一全国之际，为加强对南方地区的统治，陆续剿灭地方豪强，在福建地区讨平了南安豪族王国庆，随后裁并了闽中郡县，废除南安郡，将福建士族的代表王氏家族迁居到京兆，采用明升暗降的方式授予王方赊"上仪同三司"，解除了他的实权。同时政府下令江南诸州民间有船长三丈以上的，全部没收，禁止民间下海。这些政策对福建社会经济和海外交通贸易都产生了不利影响。所以，刚刚得到开发的泉州港又沉寂下去。

唐朝建立之后，士族虽还有一定势力，但已不构成对中央集权的严重威胁。武德四年（621年），唐朝廷派王方赊之子王义童为江南道招讨使，率军入

---

1 以上参见廖大珂：《福建海外交通史》，福建人民出版社2002年版，第17—18页。

泉州南安出土的南朝时的人纹砖

闽，利用琅琊王氏在福建的影响，一举传檄而定泉州、建州。唐遂置泉州都督府
（治所在今福州），以王义童为泉州刺史兼都督。王义童在泉州都督任内所做的
一件大事就是恢复和发展福建，尤其是福州的海外交通。他派使者招抚泉郎，将
这些世代以船为家、以海运和贸易为生的沿海人民组织起来，从事海外贸易，使
福州的海外交通和贸易得以迅速恢复和发展，海外贸易已成为当地经济的重要组
成部分和财政的重要来源。可以说，王义童的这些措施为唐代福州港的繁荣奠定
了基础。

　　日本学者桑原骘藏为证明唐代时泉州地区已发展了海外交通，曾爬梳史料，
举出很多例子，如：《唐会要》记天祐元年（904年）有三佛齐国使者来闽；《文
苑英华》有"闽越之间，岛夷斯杂"之文；《五代史记》说闽王王审知实行"招
来海中蛮夷商贾"之政；等等。他据此得出结论说："唐中叶以后。蕃客之来福
建通商甚明、而福建之泉州，当尤早于他处。"[1]。从《续高僧传》关于梁安郡港
口和王氏家族经营泉州海外贸易的记载来看，迟至南朝梁、陈时期，泉州港的发
展已具有一定规模。

　　1　桑原骘藏：《蒲寿庚考》，陈裕著译订，中华书局2009年版，第13页。

霞浦赤岸：日本高僧空海入唐第一站

日本高僧空海，本姓佐伯，谥号弘法大师，自号遍照金刚。空海的父母仰慕中国文化，所以他自幼就受到中国文化的熏陶。15岁时，空海学《论语》《孝经》及史、传等，兼习辞章，3年后又转入日本当时的最高学府京师大学明经科，系统地学习了《毛诗》《尚书》《左氏春秋》等儒家经典，尤喜佛书。青年时期的空海，就对中国文化有了比较深入的了解和扎实的功底。后来，他因得《大日经》研读，未能全解，遂萌发入唐求法之志，于公元804年随日本第十七次遣唐使一行，前来中国。

空海与大使等共乘一舶，随行的还有3只船。行驶之间，由于夜晚遇暴风雨，空海所乘之船与其他船只失去联系。这4只船，有1只被狂风巨浪卷回日本，另1只下落不明，还有2只船漂泊到中国。1只驶抵中国明州，而空海所乘的这只船，在大海中漂泊了30多天，于是年8月10日，驶抵福州长溪县赤岸镇海口（今霞浦县东郊至古岭下一带）。

赤岸镇在福宁湾内，是一个天然的避风良港，早在三国时期就属于温麻船屯范围，晋太康三年（282年）正式建荆为温麻县，县治设在赤岸镇西南的葛洪山麓，即今之古县村。赤岸镇海口成为福建东北部最早开发的港口。

《福宁府志》载，（赤岸）"阻山带海，夷舶乘风，一帆数点，烟峦缥缈间，瞬息及岸，洵瀛壖重镇，闽浙门户"。[1]地方文献也记载赤岸港港阔水深，山川秀丽，南北海船大都在此停泊。

然而空海等人的船只一泊岸，即引起福建地方官员的怀疑。因使团的国书与国宝在航行中失散在另一条船上，故该船被疑为走私船只。恰值当时福州州官柳

---

[1] 朱珪修、李拔纂t：《福宁州志》（卷八），台湾成文出版社1967年版，第118页。

冕因病不在任内，当地镇官员前来相迎，并告诉他们，原来的刺史因病离任，新任刺史还没有到。因担心从陆路走山谷险隘，路途不安全，所以他们又乘船向福州进发。

空海一行在赤岸逗留几十天。直到10月3日，新任的福州观察使阎济美到任，日本遣唐大使才得有上书之机，但是他们并不能消除福州当局的疑虑，仍"封船追人，令居湿沙之上"。至10月13日，熟谙汉文的空海饱含深情地代日本遣唐使重写了上福州观察使书，其中叙述了他们在海上所遇到的艰难险阻，言辞恳切，使得福州官员疑云顿释，派人慰问，并奏报朝廷。阎济美为空海一行做了妥善的安置。在福州等待赴长安的日子里，求知欲很强的空海，来往于各寺院之间，学习佛学理论。

因为空海为当时的遣唐僧，所以福州当局并无打算安排他与大使官员们一道去长安。空海得知这一消息后，立即上书福州观察使，请求安排与大使官员们同行。空海在上书中表达了自己急切求佛学法的心情。精诚所至，金石为开。福州观察使遂改变主意，满足了空海与大使同赴长安的请求。

位于霞浦县赤岸村的空海大师纪念堂

11月12日，长安的回令到达，准许空海与大使官员们一起去长安。于是空海随大使藤原葛野麻吕一行离开福州，沿闽江北上，途中曾下榻南平的东岳宫和浦城的圣果寺。他们一路风尘，几经波折，最终安全地抵达长安。空海实现了他入唐求佛法的宏愿。806年空海返国，创办综艺种智院，传授中国文化，成为日本佛教真言宗的开山祖师。福建霞浦的赤岸也被空海身后的信男信女们看作是圣地，在赤岸海滨，现已立碑为记。空海入唐，也为中日文化交流留下了一段佳话。

甘棠港：王审知开凿的福州海外贸易通道

唐朝中期以后，藩镇割据。至唐朝末年，中央集权基本瓦解，号令不出长安城。福建的割据者王审知也乘机建立了闽政权。王审知治闽时，秉持"做开门节度使，不做闭门天子"的理念，为了广开财源，重视发展海外贸易，致力发展海上交通，开辟了甘棠港。

甘棠港的开凿，最早记载在《恩赐琅琊郡王德政碑》中。该碑详述了王审知家世及其治闽期间在军事、政治、经济、文化上的功绩，被称为"天下四大唐碑"之一。全碑高4.9米，宽1.87米，厚0.29米，碑座高0.9米，宽2.14米，长3.91米，用白色花岗岩雕凿成覆莲，四周刻团窠图案，碑面有多道裂痕，篆额"恩赐琅琊郡王德政碑"，碑现藏闽王祠内。据该碑记载："闽越之境，江海通津。帆樯荡漾以随波，篙楫崩腾而激水。途经巨浸，山号黄崎，怪石惊涛，覆舟害物。公乃具馨香黍稷，荐祀神祇。有感必通，其应如响。祭罢，一夕震雷暴雨，若有冥助。达旦则移其艰险，别注平流。虽画鹢争驰，而长鲸弭浪。远近闻而异之，优诏奖饰。仍以公之德化所及，赐名其水为甘棠港，神曰显灵侯。"[1]"甘棠港"

1　《恩赐琅琊郡王德政碑》，现藏于福州市鼓楼区庆城路闽王祠内。

恩赐琅琊郡王德政碑

的名字由唐哀宗（904—907年在位）钦赐，取自《诗经·召南》中的《甘棠》篇，原意是歌颂召公爱护人民、施以德政的事迹，后世遂以"甘棠"比喻官员的德政和遗爱。赐名"甘棠"，是为了表彰王审知开凿水道、施惠于民的功绩。

具体主持开凿工程的是王审知的判官刘山甫，他在所著的《金溪闲谈》中详细描述了王审知开凿甘棠港的过程。虽然记述中说王审知开凿甘棠港借力于神怪，充满传奇色彩，并不可信，但王审知开凿甘棠港，却是不争的事实。

由于当事者的记载比较模糊，再加上时代久远，对福州甘棠港的具体地点历来说法不一，分别有福安下白石、连江定海湾、福州马尾琅岐岛及长乐等诸说。最早对甘棠港位置进行判定的是梁克家。他在《三山志》卷六"海道"篇"官井洋"条下叙述水源云："一出政和县界，经麻岭至缪洋三十里，至廉村，会龙泉溪，南流为江，过甘棠港，黄崎岭"。他还在"甘棠港"下作注："旧有巨石屹立波间，舟多溺覆。唐天祐元年，琅琊王审知具太牢礼祷于神，将刊之。其夕雷雨暴作，石皆碎解。迟明，安流如砥，昭宗诏褒之，赐号甘棠。神曰显灵侯"。[1]梁克家指出甘棠港在今福安境内海域。嘉靖《宁德县志》、万历《福安县志》、乾隆《福宁府志》、光绪《福安县志》均详细记载了与王审知开凿甘棠有关的轶事遗迹。当代学者王铁藩、廖大珂、卢美松等考证认为，甘棠港的具体位置在今福安市白马港，而黄崎镇在白马港与白马河交界处，设置于唐咸通年间（860—874年），最初是税收机关所在地，宋代时贸易已很兴盛，与闽县的闽安镇（今福州市马尾区闽安镇）、古田的水口镇、福清的海口镇，并称为福州四大名镇。从地理位置看，黄岐镇处在福州洋和温州洋居中位置，避风条件好，北行的船只可以在此补给粮食和淡水；自长溪出海口延伸内地有村落、码头多处，又可以成为闽东北鱼、盐、竹、木诸种土产的集散地，可与浙南及以北地区进行贸易，乃至与海外商贾相往来，所以唐朝廷在此设置税收机构。反对甘棠港在福安下白石镇的学者如林光衡、林仁川等则认为福安距离福州路途遥远，且没有经济腹地，无论是作为码头或航道都缺乏说服力。此外，也有学者如黄荣春、欧潭生等从考古角度认为甘棠港在今福州琅岐岛。

无论是在福安、连江、马尾还是长乐，甘棠港的开凿，都足以说明唐末五代时期福建海洋贸易的繁盛和海上航路的通畅，而这又与王审知的重视支持分不开。据《恩赐琅琊郡王德政碑》记载，王审知当政后，对前来贸易的海外商船，"尽去繁苛，纵其交易，关讥鄽市，匪绝往来；衡麓舟鲛，皆除守御"。因此，闽王国内"关讥不税，水陆无滞。遐迩怀来，商旅相继"，甚至相隔万里重洋的三佛齐等异族番商，也受到感召，纷纷前来贸易。据《新五代史》《十国春秋》等史书记载，闽王朝向中原进贡的贡物中大多是象牙、玛瑙、乳香、龙脑、琥珀、玻璃等舶来品，也足可说明闽国时期福建对外贸易的繁盛。

1　梁克家撰：《三山志》，陈叔侗校注，方志出版社2003年版，第90页。

孔雀蓝釉陶瓶：海上丝绸之路上的波斯瓷器

　　1965年，福州市郊区的农民在北郊新店乡（今新店镇）莲花峰南坡斗顶山塔仔兜进行农田建设时，发现了一座墓葬，经上报后由福建省、福州市考古工作者前往清理。墓中出土了《唐故燕国明惠夫人彭城刘氏墓志》，据该墓志上的铭文记载，墓主人是刘华，字德秀，五代十国时南平王刘隐的第二个女儿，闽国统治者王延钧妻。墓中还出土了陶制俑38尊等一批随葬品，其中最引人注目的是3件孔雀蓝釉陶瓶。

　　这几件孔雀蓝釉陶瓶无论是器形、纹饰还是釉色都很特别，它们器形都很高大，通体施孔雀蓝釉，釉厚晶莹，器内着青灰色，器胎呈橙红色，质松，火候不高，器形大小基本一致。其中两件器高77.5~78.2厘米，口径12~14厘米，另一件高74.5厘米，口径12厘米，都是小口、广腹、小底、内凹、口沿附小耳。器外纹饰有别，前两件上腹是3组泥条堆成的幡幢状花纹，下腹为一道波浪纹口沿附3个小耳；后一件，纹饰较简单，器外仅饰4道泥条压印纹，口沿附4个小耳。

　　对于这种陶瓶的产地，有意

孔雀蓝釉陶瓶

见认为，这种孔雀蓝釉陶器是在低温下烧制形成的，不易产生废品，因此，窑口很难找到，但应该是我国的产品。基于这种认识，有人进而提出窑口应在福建。也有学者研究认为，刘华逝世于后唐长兴元年（930年），墓内出土的孔雀蓝釉陶瓶的年代，应当是公元930年以前的产品。根据我国陶瓷史资料，关于孔雀蓝釉的出现时间，一般认为不会早于明代正德以前，即公元16世纪初。传世的完整器，上海博物馆藏的孔雀蓝青花鱼莲纹盘，其制作年代为明代成化年间。而刘华墓出土的孔雀蓝釉陶瓶年代却早到公元930年以前。从孔雀蓝釉陶瓶的器形、纹饰看，尤其是那种幡幢状堆纹和联珠纹，在我国隋、唐、五代的陶瓷器中根本不见。在中国境内目前已知出土这种釉陶器的仅有福州刘华墓、扬州唐城遗址和宁波唐宋子城遗址以及广东的广州，广西的合浦、桂林、容县等地的遗址中。因此，一般认为，刘华墓所出土的孔雀蓝釉陶瓶，不可能是我国的产品，而是古代波斯传入的，而且很可能都是通过海路输入的。

古代波斯素以制陶著称，陶器外施釉，其釉色有黄、青、蓝几种，尤其是一种淡蓝色釉，最富有特色。考古研究认为，早在公元前5000~前4500年，埃及人就开始使用青色的玻璃釉涂于石上，以仿天青石的效果。公元前16世纪左右，埃及人将釉料用于陶器，后传入古巴比伦地区。埃兰王国大约出现于公元前2600年，至公元前13世纪，埃兰人占领巴比伦。起初，埃兰人将釉应用于神庙等建筑，在公元前9~前8世纪的埃兰王国晚期，釉被逐渐应用于陶器。约公元前700~前550年由米底人继起的米底陶器丰富了釉色的品种，出现了青釉和蓝釉陶器。公元226年至651年，随着波斯萨珊王朝的建立而在这一地区出现了萨珊风格陶器。萨珊陶器在之前的帕提亚陶器基础上，继承了蓝绿釉的装饰风格，并开始将金属及玻璃器皿的纹饰加以应用，对后世产生巨大影响。萨珊王朝以后，阿拉伯帝国统治时期的波斯陶瓷器，仍然承袭萨珊王朝时代的传统作风。波斯同我国的友好往来，历史悠久，到了隋唐以后，两国的相互关系尤为密切。据文献记载，从初唐乾封二年至天宝年间，不到100年时间，波斯先后遣使我国达20多次（张星烺编注《中西交通史料汇编》）。当时，有很多波斯人长住长安、扬州、广州，在长安还开设有波斯"胡店"。波斯湾的港口，也成为中国商船经常停靠的地方，中国的瓷器大宗输入波斯。在伊朗塔黑里的考古发掘，就发现大量的唐代瓷片，此外，在伊拉克也发现不少唐代陶瓷器，这些都说明唐代我国和波斯的贸易往来是相当频繁的。

五代十国时期，我国北方战乱不息，通往西域的丝绸之路中断，中西交通的重心转移到南方。当时，地处东南海滨的闽国，具有发展海外贸易的优越条件。

王审知入闽至王延钧称帝，前后近半个世纪，闽国的统治者推行"保境息民"政策，发展生产，鼓励海外贸易，采取尽去繁苛、招徕海内外商人、鼓励贸易的开放措施。当时，地方官僚也把海外贸易视为官府重要财政收入，从而大大促进闽国海外贸易事业的蓬勃发展。福州、泉州在已有的基础上很快成为当时重要的商业城市。福州港商业兴盛，热闹非凡。泉州刺桐港，也由于海外贸易的迅速发展，城市规模进一步扩大，增辟道路，建置货栈，西亚和南洋一带商人来往甚繁。王审知每年都会向梁王朝进贡。其后割据泉、漳的留从效、陈洪进也向中原王朝大量进贡龙脑、乳香、玳瑁等物品。这些贡品大多来自西亚和南洋一带，其中有的来自波斯。在频繁的贸易往来中，具有特色的波斯陶瓷，由波斯人或者经过阿拉伯商人输入闽国是很自然的事。

这3件陶瓶放在刘华墓中起到什么作用？研究认为，传入中国的波斯陶瓶大都质地疏松，质量不如中国本土的瓷器致密坚固，并非耐用之物，纯为使用目的而进口的可能性不大，应是储存液体类的商品（如油料等）而在当地装满后运输的盛具。刘华墓中还同时出土了3件石雕覆莲座，均为扁圆形，中间凿圆孔，边缘雕覆莲花纹，莲瓣施红、绿、黑色彩绘，一般认为是3件孔雀蓝釉陶瓶特制的器座。而在古代波斯，这一类孔雀蓝釉瓶常用于盛油。所以就出土情况分析，目前较普遍地认为陶瓶是存放油料作为长明灯之用。此外，3件陶瓶也可能有寓意"三"之数的因素。福州古称三山，北宋元绛有诗"可惜闽州风物好，一生魂梦到三山"。而传说中代表长生不老之地的蓬莱、方丈、瀛洲也为三神山。而在出土的刘华墓志铭中也提到"六洞三清，不难归去""六礼才呈，三星继明""十洲三岛，绛阙丹田"等。古代祭祀中，牛、羊、猪具备被称为"太牢"。而"三"又与"生"同音，有寄托生命之意。当时闽国乃至江南地区，都盛行佛、道崇拜。王延钧主政时期，就曾广建佛寺。从刘华墓的生肖陶俑、墓志铭等记载中，也可看出墓主对于佛、道之事的笃信。

需要补充的是，刘华墓出土的陶俑共48件，有男俑、女俑、鬼神俑和人面兽身俑，其中男、女俑形体高大，精雕细琢，造型美观，面容浑圆饱满，雍容丰腴，端正华贵，衣褶线条流畅娴熟，表面还施加彩绘，有的局部贴金，显得格外生动美观。其造型技法，继承了我国盛唐时期的艺术风格，是五代十国时期保存至今的一组不可多得的艺术珍品，也是研究闽五代十国历史的一批珍贵实物资料。

目前，这3件陶瓶，一件在国家博物馆，一件在福建博物院，另一件在泉州市海外交通史博物馆。2021年，"孔雀蓝釉陶瓶"入选了《丝绸之路文物》系列邮票选题。

福州刘华墓孔雀蓝釉瓶的发现，进一步印证了福建在海上丝绸之路上的重要地位，它们是古代中国与西亚人民友好往来的实物见证，对于研究我国陶瓷发展史和中外文化交流，具有重要的价值。

"船到城添外国人"：唐五代时期福州的丝路贸易

福州地处闽江下游的江海交汇处，闽江及其众多支流深入内地，形成扇状的交通运输网络，使福州便于联系广阔的经济腹地。出闽江口是东海航线和南海航线的中转经过之地，自古以来就在我国外洋航运中占有重要位置。早在闽越国无诸时期，东冶港就已经在南来北往的海路运输中发挥着寄泊转运的功能。两汉时期，南海各郡的贡物都要经过东冶港转运，前往南海各郡的使臣商客一般也都会在东冶港停留。三国孙吴时期，东冶仍然作为重要的港口发挥着作用，但主要以军事、政治活动为主。唐初，泉州都督府（治所在今福州）王义童招抚泉郎，将这些人组织起来，从事海外贸易，使福州的海外交通和贸易得以迅速恢复和发展，为唐代福州港的繁荣奠定了基础。唐代中期以后，福州社会经济如农业、手工业等不断发展，为福州海外贸易发展奠定了物质基础。此外，天宝十年（751年）怛罗斯之战后，大食控制了中亚，切断了唐朝通西域的陆路交通，此后海路取代陆路成为中外经济文化交流的主要渠道，在客观上为福州海外交通的大发展创造了有利的时机和条件。因而，福州作为对外贸易和文化交流港的作用开始逐渐变得重要起来。

唐朝时期，福州与日本、新罗、三佛齐、印度、大食等国家或地区都开辟了新航线。与日本交往方面，鉴真和尚计划第四次东渡日本前，曾派人到福州置办粮船，准备由此出洋，说明此时福州已经是对日交通的重要口岸。大中六年（852年），唐朝商人钦良晖的商舶自日本肥前国值嘉岛扬帆归国，海上航行6天，在闽江口的今福州连江县登陆。这说明当时中日民间贸易已开通了对日交通的固定航线，中日双方海上贸易非常繁盛。与新罗交往方面，朝鲜半岛上的新罗与唐朝关系友好，交往频繁。新罗人入唐一般会在福州登陆，然后转赴长安，如《大唐西域求法高僧传》记载唐初新罗僧人慧轮，乘大船到福建以后，从陆路跋涉前往长安。五代闽国时，新罗国王经常遣使向闽国统治者进献宝剑。与三佛齐方面，据《恩赐琅琊郡王德政碑》记载，唐末三佛齐诸国经常派遣使团到福州，向唐朝廷

唐五代时期玻璃碗碎片

进贡，并开展贸易活动，有的三佛齐商人还在福州定居。与大食方面，当时大食商船载着满船的各国商品，经常航抵福州，然后贩销各地。

福州溯闽江连接中原水路的修缮也为外国舶来品通过福州向内陆销售提供了便利。据记载，"唐元和中，岁歉，宪宗纳李播言，发使赈济。观察使陆庶为州二年，而江吏籍沦溺者百数。乃铲峰湮谷，停舟续流，跨木引绳，抵延平、富沙，以通京师"[1]。官道的修成，弥补了水运条件的缺陷，加强了福州与中原的联系。当时在福州港卸下的外国货经过闽江航道，越过武夷山脉，销往江西等处。

随着对外贸易的发展，大量的外国商品涌入福建，成为福建上层贵族的主要消费品。如闽惠帝王延钧喜欢作"长夜之饮"，每次夜宴都点燃金龙烛数百支环左右，光明如昼，所使用的杯盘都以金玉、玛瑙、琥珀、玻璃为材质。这些玛瑙、琥珀、玻璃均是舶来品。王审知及其后代崇信佛教和道教，兴建了许多寺庙和浮屠，也消耗大量进口的香料。闽王给其他列国的贡品中，也有许多是舶来品，如同光二年（924年），王审知一次就向唐朝政府进贡大量金银、象牙、犀珠、香药、金装宝带、锦文织成菩萨幡等物。继王氏而后，割据福建的留从效和陈洪进给后周北宋的贡品中，仍以舶来品为大宗。如陈洪进于宋朝平定江南时一次就向北宋进贡乳香万斤、象牙3000斤、龙脑香5斤。

除了海外航路，福州与国内各地的海上航路也十分畅通。唐代游人入闽，常走海路，如皇甫曾《送韦判官赴闽中》诗云："孤棹闽中客，双旌海上军。路人从北少，海水向南分。"福州与广州、泉州的物资流通也往往走海路。《唐会要》载，咸通三年（862年）五月，交趾发生战乱，朝廷征集诸道的军队赴岭南，计划由湖南、江西两地越五岭转内河水道运送军粮，因河运缓慢，缓不济急。润州人陈磻石诣阙上书，建议从海道转运粮食，自福建至广州，不到一个月时间。皇帝乃命陈磻石为盐铁巡官，驻杨子县专督海运，保障了军需供应。从这一史料可知，东南沿海一带的海运是比较发达的。五代闽国时，为建设泉州开元寺仁寿

1　梁克家撰：《三山志》卷五，陈叔侗校注，方志出版社2003年版，第69页。

塔，王审知派人从福州泛海运送木料至泉州。海上贸易的发展，也催生了一批海商。他们经常出没于波涛之间，赚取经济利益。唐末五代时莆田人黄滔的《贾客》一诗咏道："大舟有深利，沧海无浅波。利深波也深，君意竟如何？鲸鲵齿上路，何如少经过？"可见，这是一些敢于冒险的海商。

各国商船纷至沓来，福州的对外贸易欣欣向荣，中外商贾云集，有些异国商客选择了长居福州，福州地区的社会风气逐渐增加了异域元素。这种贸易繁荣、熙来攘往的盛况，在福州刺史裴次元作于唐元和八年（813年）的《毬场山亭记》碑文中也有记载。这说明海外贸易兴盛及夷人驻留增多，不但使货物充积、商贸繁荣，而且影响到福州民俗和风气的变异。唐代盛行的马球，从波斯传入，又称"波斯球"。福州建有球场，说明当时有一定数量的波斯和阿拉伯人侨居福州。这是唐代福州作为贸易口岸繁荣发达的实物明证。

福州的海外贸易盛况在文学家的笔端也多有描述。晚唐诗人韩偓曾咏赞福州："中华地向城边尽，外国云从岛上来。"唐末诗人薛能的《送福建李大夫》写道："洛州良牧帅瓯闽，曾是西垣作谏臣。红旆已胜前尹正，尺书犹带旧丝纶。秋来海有幽都雁，船到城添外国人。行过小藩应大笑，只知夸近不知贫。"该诗写的是福州，福州在隋代与唐初先后被称为"丰州""泉州""闽州"。开元十三年（725年），因州西北有福山，闽州都督府改为福州都督府（公元760年升为节度使），福州由此定名。唐代福州是福建督团练观察使（公元771年节度使改称）治所所在地。乾符二年（875年），李晦（上文诗中所写的李大夫）从河南府尹转任福建督团练观察使、福州刺史，薛能写诗送行。诗中写到福州的气候温暖，秋天到来时北雁南飞到此过冬，同时福州有很多外国贸易商船，地方富庶，比起那些离京城虽近却很贫穷的地方来说，福州虽远但也温暖富庶。这些诗篇形象反映了当时有大量海外商人到福州贸易的史实。

唐五代时期，福州海外贸易的发展，改变了西汉初开始东冶港主要作为寄泊转运或军事政治活动为主的功能，开始向以商业贸易、朝贡贸易为主的功能转变。明代以后郑和下西洋、中琉朝贡贸易等从福州出发或以福州为登陆地，也可以从福州港在唐五代的发展找到一些线索。

"市井十洲人"：唐五代时期泉州的丝路贸易

南朝梁、陈时期，在王方赊家族的经营下，泉州的经济社会保持了相对稳定，泉州港已得到一定程度的发展。入唐以后，泉州所在的晋江流域很少受到南北朝及隋末唐初的战乱影响，同时从北方躲避战乱而来的士人带来了先进的生产技术和生产工具，使得泉州得到不断开发，大规模农田水利设施相继出现。如唐贞元五年（789年），泉州东郊开凿了尚书塘，周围28里，灌田300余顷，大和年间（827—835）通淮门外的晋江北岸开浚了天水淮等水利工程。制瓷业已具规模。20世纪50年代以来，在泉州地区曾先后发现过唐、五代的陶瓷窑址多处。晋江地区文管会1977年在南安、晋江、惠安等县普查发现唐五代窑址16处，其中南安、晋江各5处，产品以青瓷为主。纺织业相当发达。据《新唐书·地理志》记载，当时泉州有向中央政府进贡绵、丝、蕉、葛等当地土特产的定例。唐人杜佑《通典》中记载，清源郡（泉州在唐天宝年间改名清源郡）有进贡锦的定额，说明丝织业在全国占有一定地位。此外，冶铁和制盐业也相当发达。泉州的社会生产力和农业、手工业的持续发展，为对外通商和泉州港的繁荣提供了物质基础。

成书于嘉年间的《西山杂志》对唐代泉州航海巨商林銮家族、李富安等记述颇详。该书作者蔡永兼是晋江县东石（今晋江市东石镇）人，出身航海世家，曾至东南亚各地，见闻广博。据该书记载，唐开元八年（720年），泉州东石海商林銮带领海边的畲民、疍户等，循海路航行到东南亚地区进行贸易，同时引导外国商船到福建沿海一带贸易。外国商人喜欢中国的丝织品，福建当时盛产丝织品，因而林銮等就用丝织品换取外商的香料，赚取巨额利润。晋江沿海一带的人民也因此竞相出海贸易。除了丝绸，林銮运往海外贸易的商品还有瓷器。林銮通过其至交吴叔夏大量采购瓷器，通过内河转运出口。直到五代闽国时期，泉州刺史王延彬还派李文兴负责建窑烧瓷，专门供应海外贸易之用。水果特产红柑也被用作海外贸易的商品，林銮让自己的族人在泉州灵源山西边的加塘村大量种植柑树，并用红柑与外国商人的香料进行交换，并形成了专门的地方市场。此外还有花卉交易。五代时期，泉州有位名叫花琳的人，擅长培育奇花异草，商人李富安买去，卖到交州，当地人非常喜欢，争相购买，以至于一盆花能卖到百金的高价。外国商船也到泉州用香料、玳瑁等来交易花卉，花琳因此而"富冠闽中"。李富安本来是南唐侍中李松的儿子，弃学经商，从事海外贸易，曾经航行到真腊、占城、暹罗等国，对安南、交趾尤其熟悉。每次出海，很多当地人都会跟随他一起去。当时，泉州海商前往东南亚经商的规模很大，唐乾符年间，林銮九世孙林灵继承祖业继续到真腊诸国经商，一次出洋就建造大船百艘。

石狮林銮渡遗址

　　唐代泉州海商的经济实力雄厚，曾出巨资修建泉州海湾的港口设施。海商林銮为了导引番舶安全入港，曾在泉州湾建造7座石塔。与此同时，林銮还于泉州湾内石湖港的西南侧，建造了一个巨大的古渡头。古渡头及引堰均嵌砌于海底礁石盘上，再用每条数吨重的巨石砌筑而成，十分牢固。礁盘边缘凿了许多石鼻孔，为泊船系缆之用。渡头装有木吊杆以便装卸货物。至今，该处尚遗存一方明崇祯十二年（1639年）重立的"通济桥"残碑。

　　经济的发展也使泉州的政治地位日益抬升。泉州古时为越地，秦时属闽中郡，汉属闽越国，三国时为建安郡辖地。西晋太康二年（281年），析建安郡南部地区增设晋安郡，泉州属晋安郡。南朝末年晋安郡改称为丰州。隋开皇九年（589年）又把丰州改称为泉州，至此才出现"泉州"之名。不过，那时泉州州治设在今天的福州市，辖境包括今福州及闽江流域的大部分地区。入唐以后，随着福建南部社会经济的发展和海外贸易的繁荣，泉州的名称和辖地屡有更改。唐初，分泉州南部设置武荣州。唐景云二年（711年）改旧泉州为闽州，而以武荣州为泉州，州治设在今南安县的丰州。唐开元六年（718年），州治才移到今天的泉州。元和六年（811年）泉州从中州升为上州。

　　同时，为了适应海外贸易发展的需要，泉州城也在不断扩建，唐代的泉州子城，周围只几里，设有四门，将晋江水直接引至城下，方便了水上交通。到五代，由于工商业的发达和对外贸易的发展，旧子城已不够用，王延彬首先扩大西门城。乾隆年间编修的《晋江县志》称王延彬当泉州刺史的时候，他的妹妹到西禅寺（在泉州）当尼姑，王延彬把城池向西拓展，将整个西禅寺包进城中。到了南唐保大四年（946年），泉州割据者留从效又进行一次大规模的扩建。通过扩建，新建的罗城范围大增，城门从4个增加为7个，每个城门都有水关，可以通江通海运载陶器等到番国贸易换回金银。五代末，陈洪进第三次扩城，使它向东北突出，形似葫芦，俗号葫芦城，又号鲤鱼城。自此以后，泉州城郭大体定型。由于初筑城时，广泛种植刺桐树，因此，唐末泉州已有刺桐城的别名。经过五代扩建，泉州不仅城墙扩大，刺桐树增多，而且由于贸易商人的传播，扬名海外，所以宋元以后，外国商贾都把泉州城称为"刺桐城"，把泉州港称为"刺桐港"。

唐代开始，信奉伊斯兰教的阿拉伯人也纷纷到泉州，有些甚至定居下来。侨居泉州的阿拉伯人，大都信奉伊斯兰教。据明代何乔远在《闽书·方域志》中记载，唐武德（618—626）中，有阿拉伯伊斯兰教创始者穆罕默德的门徒4人来中国：一个在广州传教，一个在扬州传教，另两个名叫沙谒储和我高仕的在泉州传教。沙谒储和我高仕后来死在泉州，葬于东门外灵山。1965年，在泉州郊区出土的一方古体阿拉伯文墓碑石，经初步辨认，可以确定该墓系侯赛因·本·穆罕穆德·色拉退的坟墓，逝世于我国唐永徽年间。那时伊斯兰教刚创立，他们来华一般只会在阿拉伯人中传教。可见，早在7世纪中叶，泉州已是阿拉伯人聚居的地方。南汉是五代十国时期割据在两广地区的政权，南汉开国君主刘隐的祖父刘安仁，原籍河南上蔡，后迁移到闽中，因为常常往来于东南亚一带进行海上贸易，所以定居在泉州马铺，死后也埋葬在该地。据著名史学家陈寅恪、日本学者藤田丰八等考证，南汉国主先世为大食商人，而唐宋番客中刘姓多为伊斯兰教徒，自称上蔡人却属于伪托。唐时泉州成为穆斯林聚居之地，也一定程度上说明了泉州港海外贸易发展的繁荣。因而公元9世纪中叶时，阿拉伯地理学者伊本·胡尔达兹比（或称伊本·考尔大贝）著《道程及郡国志》一书，讲到当时中国4个贸易港口，其中就有泉州。到五代十国时期，长期担任泉州刺史的王延彬多方招徕外商，大力发展海外贸易。在当政者的支持下，泉州海外贸易更加发展，至宋代泉州遂成为世界著名的贸易港。

泉州海外贸易的繁盛、各国商人杂处的景象在唐诗中得到生动描述。大历年间（766—779）诗人包何在《送泉州李使君之任》中写道："傍海皆荒服，分符重汉臣。云山百越路，市井十洲人。执玉来朝远，还珠入贡频。连年不见雪，到处即行春。"这是一首赠送友人到泉州赴任的诗，其中"市井十洲人"一句，极为形象地描绘了泉州外国商人云集，各国使臣从这里上岸贸易、朝贡的繁华场景，被公认为唐代福建海外贸易兴盛的写照之一。[1]

1　但也有学者认为该诗作于唐初，泉州即福州，是写福州的景象。参见廖大珂：《福建海外交通史》，福建人民出版社2002年版，第26页。该诗一说为唐张循之作。

梯航万国：海洋福建的蓬勃发展

苍官影里三洲路，涨海声中万国商；海舟以福建为上；梯航万国，此其都会。……四海舶商，诸番琛贡，皆于是乎集。这里是福建的航海时代。

　　泉州市舶司遗址石碑，中国唯一保存下来的古海关遗址，仍在倾听海的声音，仍在述说着多年前辉煌的福建航海时代。

泉州港：宋元中国的世界海洋商贸中心

两宋时期，泉州港云帆遮天，船舶穿梭忙碌。城南贸易集中地区车水马龙，中外商贾熙熙攘攘。商船货舱，以及政府管理的舶司仓库里堆满了外来的香料和奇珍异宝。至元时，泉州港繁荣达到鼎盛，一时梯航万国，海外航线和商贸货物之多真实反映了东方第一大港的辉煌。

据南宋赵汝适《诸蕃志》记载，泉州赴海外航线，主要有3条。一是西南航线。向西南方向行驶，从泉州出发经广州、西沙群岛，抵达占城、真腊（中南半岛古国）、渤泥（今属加里曼丹岛）、阇婆（今印度尼西亚爪哇岛或苏门答腊岛，或兼称二岛）、三佛齐（印度尼西亚苏门答腊古国），然后再向西可达天竺、大食等地。占城在今越南中部，宋元时期是当时的海上交通枢纽，泉州与占城的海上交通频繁，占城出产象牙、香料、黄蜡、乌满木、白藤、吉贝、花布、丝绫布、孔雀、犀角、红鹦鹉等。福建商人运去脑麝、檀香、草席、凉伞、绢扇、漆器、瓷器、铝、锡、糖、酒、金银首饰、色布等与占城交换。从占城出发，再往南，是真腊。真腊是宋元时期中南半岛的大国，在现在柬埔寨的位置。泉州到真腊的贸易航线一直到元代都很繁盛，元代地理学家周达观在《真腊风土记》中对当地的风土人情有详细的记述。从真腊出发，通过泰国湾，即到达印度尼西亚群岛诸国，主要有三佛齐、阇婆、渤泥等。三佛齐是宋代的东南亚强国，阇婆和渤泥，也都是当时和泉州联系密切的贸易国家。离开南海贸易圈，通过马六甲海峡，就进入西印度洋和阿拉伯海，前往大食和非洲东海岸。西南航线是两宋时期泉州对外交通的最重要的一条线路。二是东南航线。从泉州出发，向东南航行，抵达麻逸（今属印度尼西亚）、三屿（今属菲律宾）等地。三是东北航线。从泉州出发，向东北方向航行，抵达高丽和日本。宋朝与高丽贸易的主要港口是明州，福建商人多取道明州再前往高丽。从泉州到日本的海上交通，也是先从泉州到明州，然后横渡东海，先到肥前的值嘉岛（今五岛），再转航筑前的博多（今九州福冈）。如果初夏出发，从明州到博多港大致只要五到七天。泉州通往北方的贸易航线与其他几条航线不同的一点在于，从泉州出发前往南洋的贸易都是趁冬季北风出海，第二年夏季趁南风归航。而通往北方的航程，却是夏季趁南风北上，冬季就北风而回。

据《宋史》《诸蕃志》等记载，宋元时期泉州港的出口产品非常丰富，包括陶瓷器、丝绸、绢帛、铜、铅、锡、金、银、铁器、漆器、糖、酒、茶叶、朱砂、樟脑、荔枝等60多种，其中以丝织品和瓷器为主要输出物品。进口方面呈商品逐渐增多之势，既有供统治阶级享用的奢侈品，如乳香、珠贝、玳瑁、犀角、象牙、珍珠、玛瑙等，也有生产和生活资料，如棉花、贝纱、吉贝布、人参、胡椒、豆蔻、椰子、白砂糖等。

南宋时，有一名叫雅各·德安科纳的意大利商人，用了一年多时间，不远万里来到泉州，被泉州繁华壮观的景象所震惊。他在多年之后对泉州仍然念念不忘，于是把自己在泉州的所见所闻写成《光明之城》一书。从这本书里可以多方面看到泉州当年的繁华盛况：这是一个很大的港口，整个江面充满了一艘艘令人惊奇的货船，至少有15000艘船，有的来自阿拉伯，有的来自大印度，有的来自锡兰，有的来自小爪哇；中国的商船也是人们能够想象出的最大的船只，有的有6层桅杆，4层甲板，12张大帆，可以装载1000多人；这是一个无比繁华的商业城市，街道上挤满了潮水般的人流与车辆，成千上万的货车、马车不停地穿来穿去；刺桐（宋元时期泉州称刺桐）城中的人口多到没有人能够知道他们的数目，在城里，人们还可以听到上百种不同的口音；这里的商店数目比世界上任何城市的商店都多，商店里有各种各样的商品，如香料、丝绸、珠宝、酒以及油膏等；当时所有的商人都免交各种额外的税收，商人可以从港口出入而不用交税，因为政府所征收的城市税和居住税以及供各国商人休憩的场所获得的利润，足以超过免收关税而受到的损失。

为了解决语言不通造成的交流障碍，当时泉州设有专门的学院，叫作"蕃学"，教外国人学习中文，也教中国人学习外文，人们可以在这里学到各国语言，这里还有专门的翻译人员。大量的国外商人移居或者暂居在泉州，泉州为此专门在一些区域建造了很多房子供给这些外国人居住，这样的地方叫作"蕃坊"。当时的泉州不但开放包容商业往来，同样包容尊重不同的文化和信仰。据雅各在《光明之城》中所述，这个城市是一个民族的大杂烩，据说有30多个民族。一起生活在刺桐的各个民族、各种教派等所有人都被允许按照自己的信仰来行事。行走在街头的时候，甚至觉得这仿佛不是中国的一个城市，而是整个世界的一个城市。甚至在短短100米的街道上，可以见到各种不同宗教的寺庙，真可谓是奇观！而且，外国人在泉州，不仅能经商，而且能当官，著名的阿拉伯商人蒲寿庚就被委任过泉州提举市舶一职。

在宋末元初，广州港遭到了严重破坏，元朝政府大力经营泉州港。泉州港逐渐取代了广州的位置，成为中国对外贸易的中心。此外，元代泉州地区社会经济的发展，科学技术的进步，也是其得以繁荣的重要原因。在元代，泉州的农业已经向商品化迈进，可以为港口直接提供外销货源。泉州的丝织品和瓷器名扬海内外，在泉州生产的"刺桐缎"比杭州、北京所织造的更优良，畅销国内外市场。各省还会向泉州运入大量的纺织品，经泉州港转运，向海外销售。泉州的瓷器生产在元代也得以继续发展，烧制规模和制作工艺都有较大进步。元代经泉州港出口的商品，除纺织品和瓷器外，尚有金属制品、食品、药材、杂货等，进出口贸易的规模是宋代所不及的。元代泉州港是中外贸易的集散中心，相较宋代海外贸易范围扩大了近一倍，对外贸易往来达到了近百个国家和地区。元时意大利著名旅行家马可·波罗感叹泉州港是世界上最大良港之一。

元末战乱直接导致了泉州港的衰落。从1323年到1368年间，泉州社会秩序不定，海上贸易不通，并且这一时期泉州、安溪、仙游等地连续的起义、战乱使泉州社会生产的正常秩序无法维持。元顺帝至正十七年（1357年），以赛甫丁和阿迷里丁为首的"亦思巴奚"兵变引起的长期混乱和杀戮直到至正二十六年（1366

年）元将陈友定入闽才平息。元末的兵乱是泉州衰落的直接原因，这场动乱波及了闽东和闽南的广大地区，泉州的社会经济遭到严重的破坏，许多富裕的商人带着他们的资金、贸易关系和贸易资源移居到其他地方，繁荣了近400年的泉州港从巅峰跌落下来，走上了逐渐衰落的道路。

泉州港虽然衰落了，但泉州人血脉里流淌的善于经商的基因与拼搏进取的精神，以及开放包容的经商之道，仍然传承至今，使得今天的泉州再次崛起，成为沿海最富有的城市之一。2021年7月25日，"泉州：宋元中国的世界海洋商贸中心"成功列入世界遗产名录。泉州作为宋元时期海洋商贸中心的地位得到了世界承认，这是泉州的骄傲，也是我们中国人的骄傲！与国内其他遗产地不同的是，此次泉州入选世遗项目是由22处代表性古迹遗址组成的。这一系列的遗址分布在泉州各地，相当于整座泉州城都被认定为世界遗产了，这也是罕见的！这22处遗址遍布泉州，很多都与宋元时期的泉州商贸活动相关联，向世人讲述着一个个海洋商贸的故事，也向后人展示泉州曾经的辉煌！

泉州市舶司：福建最早的海上贸易主管机构

泉州市舶司遗址是中国唯一保存下来的古海关遗址，它是宋元时期"东方第一大港"泉州港海外交通和贸易繁荣鼎盛的见证，也是泉州港作为海上丝绸之路起点的铁证。

北宋元祐二年（1087年），朝廷设福建市舶司于泉州。这是泉州最早出现的以海上贸易管理为主的政府机构。市舶司专掌番货海舶征榷贸易之事，以"来远人，通远物"。通俗地说，就是海舶检查、缉私、办理海舶出入手续，管理进口、出口货物，抽收货税，接待和管理外国来华使节、商人等，相当于承担着船舶管理、货物监管、征税缉私、招徕迎送等现代海关、商务、港务等职能。泉州的市舶司初设时，因当时泉州属福建路，故称福建路市舶司（简称为泉州市舶司），与属广南东路的广州市舶司、属两浙路的杭州市舶司、明州（今宁波）市舶司并称"三路市舶司"。

南宋时，都城临安与泉州相近，泉州市舶司海外贸易日益繁盛。至南宋乾道二年（1166年），朝廷诏罢两浙路的杭州市舶司、明州市舶司，泉州市舶司与广州市舶司成为当时南宋仅有的两个市舶司。在南宋的官方文献中，或称"广、福市舶司"，或称"泉、广市舶司"。当时南宋朝廷每年财政收入大约为4500万缗，泉州市舶司的年收入有百万之巨，也就是说，泉州市舶司的年收入占南宋全部财政收入的1／45左右。

元仿南宋旧制设立市舶司，并规定有关市舶的法则。有元一代，设置市舶司的地方不止一处，元初设立4处，最多时达到了7处，但泉州始终占据最重要地

泉州宋市舶司遗址

位。至元十四年（1277年）元朝政府在泉州港设置了市舶司，恢复海外贸易。元代，泉州海外贸易空前繁荣，泉州港在南宋的基础上进一步发展，成为"梯航万国""舶商云集"的世界级大港。熟悉海上交通的阿拉伯人蒲寿庚被委任提举泉州市舶司后，广招番商往来泉州贸易，总揽泉州的海上交通贸易大权达几十年之久。从南宋开始直至元朝的200多年中，泉州港的对外贸易已超过广州而跃居当时中国最大的贸易港口，诸多外人著述中皆有记当时泉州的繁荣景象，时人眼中泉州实为"东方第一大港"。

泉州市舶司对海外贸易实行严格管理，国内外商人从泉州港出海或登陆，必须先赴市舶司登记，凡从海外运货抵港，先经市舶司抽分博买，否则没收船货并治罪。私自与海商贸易者，也要治罪。市舶抽买所得，细色物货运往京城，部分粗色物货就地出卖。市舶收入绝大部分直接归于朝廷，故宋元时期朝廷对市舶贸易非常重视。市舶司的主要职能大略有五项。一是船舶管理。宋代规定，凡经营海内外贸易的国内商船，必须在指定的港口领取"公凭"或"公据"，才可发舶，如违制犯法，船货要没收入官。船舶出港前，市舶司官员应会同转运司官员上船检查，按"公凭"所开列的货物品种、数量进行核对，验明没有夹带违禁品，才准启航。放行时要派员随船出港，防止出港舞弊，官员目视船舶离港后才可回归。元时，多因袭宋法并颁布市舶法则严格管理。二是货物监管。一方面，监管禁止出口货物。宋时禁止出口的货物主要是铜钱、兵器和可制造兵器的物资以及一部分书籍。元代禁止出口的货物比宋代多，执行也更严。另一方面，监管进出口货物。宋元时期，与泉州有海上交通的国家和地区众多，进口商品以香料、药物为主。出口货物方面，由中国输出的商品，主要有纺织品、瓷器等。三是舶货征榷。征榷是宋元时期市舶司的主要职责，征榷的内容包括抽解、博买、禁榷。抽解即征收关税，因为征收实物税，以十分为率进行征税，所以又叫抽分。舶货分粗细两色，按不同税率抽税。博买则是在抽解之外的部分，又按粗细两类，对一些获利较大的舶货，由政府指定市舶司按一定比例以官价（一般低于实际市场价）强制性予以收购，然后才准舶商私卖。因此博买又称和买或官市。

禁榷货物，即由官方机构专营的货物，是政府对舶货实行专买专卖的一项政策。四是查缉走私。宋元时期，对"透漏""漏舶""渗泄""走泄"等海外贸易经营者逃避或试图减少应纳舶税的行为，朝廷制定严厉罚没规章。泉州市舶司依靠当地驻军的力量查缉走私。五是招徕迎送。北宋政和年间（1111—1118），泉州市舶司设来远驿，并制定犒请馈送办法，指定专门人员接待各国使臣。诸番国贡使抵达港口时，市舶司必派官员迎接，用轿子或马匹迎送。同时，对于到泉州的外商，市舶司也行使管理监督之权责。元末战乱，泉州的海外贸易和社会经济受到严重破坏，泉州市舶司也衰微下去。

朱元璋建立明朝后又两年，即公元1370年，实行"海禁"政策，仅在广州、泉州、宁波三地设市舶司，其中泉州港仅接纳琉球一地舶贡，不再像宋元时期那样开放自由贸易。至明成化八年（1472年），泉州市舶司迁往福州，自此泉州不再设有市舶司。

福建海商：开洋裕国扬帆海上丝绸之路

福建是个山地众多的省份，被称为"八山一水一分田"。境内的武夷山、戴云山等高山大岭，使得福建省陆路交通自古以来就十分困难。正因为内陆交通不便，生存极为不易，福建人就"向海而生"，出海走世界，渐渐形成敢闯敢拼的冒险精神，海纳百川的广阔胸襟，吃苦耐劳的勤奋品质。宋元时期，有着这种海洋精神的闽商先辈们出海谋生，书写传奇，扬起海上丝绸之路起点的风帆。

北宋元丰年间（1078—1085），中国第一部海上贸易管理法规《元丰市舶条例》出台，确立了"开洋裕国"的国策，给中国各区域的经济带来了深刻的变化。在全国的经济格局里，福建的优势日渐凸显。据北宋官员、著名诗人苏轼在《论高丽进奉状》记载，福建路很多人以海商为业，其中海商既有福建本土海商，亦有海外来闽商人。在《宋史》中，可以看到闽商遍及东南亚的行商路线，更重要的是，可以看到闽商在中国与其他国家的政治外交及文化交往方面的重要作用。闽商经常充当政府的外交使者，完成政府的外交使命，或者在政府层面的文化交流中起到中介的作用。海外商人，如大量来自阿拉伯半岛、印度洋沿岸、东南亚国家的商人，以福建为家且逐渐"华化"。

宋元时期福建海商兴盛得益于当时积极开放的海外贸易政策。两宋对于海外贸易都很重视，大力鼓励民间商人和海外商人的贸易。特别是南宋时期，面积只有北宋的2/3，户口减少，开支却超过北宋。这时候，海外贸易就成了统治者的救命稻草。南宋绍兴年间（1131—1162），宋政府曾下诏明文指出"市舶之利最厚"，如果管理得当，所得足以百万计，而且利于宽松民力。正是因为对海外贸易的重视，两宋统治者颁行了一系列有利于对外贸易的政策。首先是积极招徕外商，对促进海外贸易有积极贡献的外商和华商予以官职。早在北宋初年宋太宗在位期间就曾经派遣内侍前往海外诸国，携带诏书金帛等，"于所至处赐之"，"勾招进奉"。其后，宋政府还出台招揽外商的奖励政策。泉州的纲首（负责纲运的商人首脑）蔡景芳、大食商人蒲罗辛都曾经因为招商有功且能贩入各种海外宝货补官承信郎。在这类商人中，最典型的当属泉州的蒲氏家族。其中，蒲寿庚不仅以善贾往来海上，致产巨万，家僮数千，"擅番舶利者三十年"，在东南沿海对外贸易中无人能比，还在宋、元两朝都曾执掌过泉州市舶司，成为宋元交替之际的风云人物。

宋廷还注意尊重各国的宗教信仰，并对外商的经商活动提供种种便利。北宋政和五年（1115年），泉州设置来远驿接待外国的使节和商旅。当中外商船启航或入港之时，泉州市舶司的官员和地方长官都会到九日山祈风，祝航行能一帆风顺，平安抵达，并举行慰问送别的宴席。曾提举泉州市舶司的宋代福建人林之奇记载，祈风仪式为每年两次，夏季在四月，冬季在十月到十二月。现泉州九日山上仍存宋祈风时刻11段，共记录祈风12次。这是研究宋代祈风制度的珍贵史料，也是中外友好交流的历史见证。

阿拉伯商人在泉州海上贸易的繁荣中扮演了重要角色。公元7世纪阿拉伯帝国崛起，这个横跨亚、欧、非三大洲的大帝国在数百年的时间里，都是"执世界通商的牛耳者"。阿拉伯人继承了波斯人留下的贸易传统，以印度洋为基地，纷纷前往各地进行贸易。阿拉伯商人为当时中国海外贸易的繁荣提供了充足的货源。泉州市舶司建立后，海商贸易管理逐渐规范，阿拉伯商人和货物开始不断进入泉州，泉州港的海外贸易进入了一个长期稳定的发展时期。宋代统治者为到泉州通商的阿拉伯人专门设计居住的"蕃坊"。在这些侨商的聚居区，他们与中国人杂处，甚至建立了学校，有所谓的"蕃学"之称。桑原骘藏在《蒲寿庚考》中记载，宋代阿拉伯人到泉州贸易者众多，侨居分布在各港埠，有的到城内与华人杂处。泉州"蕃坊"在州城之南，地临晋江，便于出海。当时，大量的阿拉伯人在泉州经商，很多人死后就葬在泉州，据考古发现，泉州出土200多方阿拉伯墓碑，石碑上面的石刻是研究中阿文化交流的珍贵资料。

元代同样重视海外贸易，进一步推动泉州港发展成为梯航万国的东方第一大港。元初忽必烈诏谕蒲寿庚等人，允许沿海各处海商往来贸易。至元三十年（1293年），元代统治者明确规定各处市舶"悉依泉州例"，在抽分之外，取三十分之一为税。对于从事海外贸易的人，包括其家属，元朝廷也给予了"所在州县，并予免除杂役"的优待。这些对低等船员的优待，在宋代是未见的。正是由于元朝的大力经营，泉州港迅速臻于极盛，"刺桐城"之名响彻海内外。

至元二十六年（1289年），元王朝建立了从泉州到杭州的15个海道水站，每站有船只5艘，士兵200名，专供运输外国货物和商贩奇货，并且能防御海盗。而从浙西到京城大都，10天就能到达。这条线路使得海上贸易的货物能够自泉州发船，上下接递，安全迅速地运送至大都。到至元二十九年（1292年），元廷在福建设立行中书省，行省中心就在泉州，可见依靠海外贸易，泉州在当时有何等重要的政治地位。

福建船：海舟以福建为上

福建背山面海，海岸线颇长，又多曲折，形成许多天然港湾。这个地理特点促进了海上航运的发展，而海上交通离不开造船。至唐代时，中国的海船因船身巨大、结构坚固、容载量多、抗风力强等优势，为各国海商所乐用。当时中国较大的造船厂有20多处，其中南方的有扬、泉、福、广、交诸州，泉、福正是福建泉州、福州。《唐会要》卷八十七记载，当时福建所造的海船，一艘能容载数千石，可见唐代福建的造船业已有相当规模了。

宋代，指南针的发明和应用极大地推动了航海事业的发展。如《诸蕃志》所记，渺茫无际，天水一色，舟舶来往，唯以指南针为则。昼夜认真守视，毫厘之差，生死系矣。宋元政府积极开放的海外贸易政策的施行、海内外商贸基地泉州港等交通枢纽的繁荣都需要航海事业的基础工具船舶来实现，同时这些因素，也促成福建的造船业较之汉唐更为发达。对此，中外史籍上都有记述。《三朝北盟会编》记载"海舟以福建为上"，《太平寰宇记·福建路·泉州》中把"海舶"列为泉州的土产之一。

1959年在泉州涂门外法石村的乌墨山沃、鸡母沃等处，发现了宋元时期的船舶遗物。此后，在泉州南门外申公亭附近，以及惠安、南安、晋江沿海一带，都发现了大量宋元时期的造船遗迹。尤其是1974年和1982年在泉州湾后渚港和法石港出土的古船，为宋元福建造船业的兴盛提供更加有力的实物证据。据考古研究，泉州宋船在船型设计、船身设置、航运设备、连接工艺等多方面都站在了当时造船业的最高位置，是名副其实的海舟之上品。

从船型设计上来讲，福建海船全用巨木制成，上平如衡，下侧如刃。这种尖底设计的船稳定性极好，有如不倒翁，十分有利于抗风击浪穿越大洋。宋元福建

泉州后渚港出土的宋代沉船

海船在龙骨和肋骨的设计上也充分考虑到航行环境。后渚古船的龙骨是由两段粗大坚实的松木结合而成，贯穿整个船身底部，增大了船的纵向强度。而在隔舱板与船壳板交接处，都附贴着用粗大且具有耐磨功能的樟木制成的肋骨。这些肋骨与底部的龙骨组成一个坚固的立体三脚架，增强了船体的横向强度。尤其值得一提的是，后渚古船船身中点以前的肋骨，都装在隔舱壁之后，而中点以后的肋骨又都装在隔舱壁之前。这种既考虑船体横向强度，又照顾结构整齐的做法，同近代船舶设计理念异曲同工。此外，在船壳板设计方面，后渚古船船底两边壳板各外扩成心级阶梯状，使海船的回复力矩增大，有利于抗御横向波浪的冲击。另外船体还设计了体外龙骨，其与尖底造型和四阶外壳板构成一个完整的防摇系统，使海船更加稳定。

从船身设置方面讲，多重船壳板和水密隔舱的设置，非常有效地促进了船体在大海巨浪的冲击下，仍然保持坚固和平稳。马可·波罗在其游记中指出："当一艘船航行了一年或一年以上需要修理时，通常是将一层板再覆盖在原来的底板上，形成第三层板子……以后如果还要修理的话，依照旧样进行，直到累计达六层板子为止。"[1] 马氏此言为后渚港宋代古船所证实。该船船底用二重板叠合，舷侧则用三重板叠合。福建海船船体之所以为多重板，是因为尖底造型的船壳弯曲多、弧度大，采用此建造模式不仅取材和施工（包括维修）较容易，而且使船壳坚固耐波，经得起狂涛巨浪的冲击，有利于远航。此外，多重板船壳还有防海蛆侵蚀和抗礁石撞碰的功能。水密隔舱的设置，在中国可以上溯到唐代甚至更久，在宋元时期的福建海船得到广泛、创新的应用。后渚古船由12道隔舱壁将全船分成13个舱，除舱壁近龙骨处留有小小的能调节海船稳定和船首船尾吃水深浅作用的"过水眼"外，所有的舱壁结合严密，水密程度很高。水密隔舱设置不仅有助于增强船舶的抗沉性，而且多隔舱也便于货物分类装卸。水密隔舱技术经13世纪的马可·波罗等人介绍传入西方，至18世纪在世界范围广泛应用。

从航运设备方面讲，关于福建海船的船上设备，徐兢在《宣和奉使高丽图经》中有较为详细的描述。结合他的叙述和考古发现，可以清楚看到，宋元泉州海船已配有正、副木石锚锭，正、副大小可升降方向舵，以及用来测量水线的装置等较为完备的航运设备。而在国外，方向舵的使用是在400年后。桨的使用在宋元泉州商客海船上也很普遍。被摩洛哥游历家伊本·白图泰称作"艟克"的大海船上"约有二十只大如桅杆的大桨"。当海面风平浪静时，海船依靠划桨前行。据伊本·白图泰介绍，这样设备精良的海船，只有泉州和广州能够制造。另外，宋元福建海船以多桅多帆著称。马可·波罗在其游记中记载，进出刺桐港的大海船最常见的是"四桅十二帆"和"四桅四帆"类型。后渚港和法石港出土的两艘宋船也皆为多桅形制。这些桅杆，可拆装，主帆可转动，可升降，又有三角帆或四角帆辅助，在各种复杂多变的海况条件下航行，也能应付自如。且四桅船舶中的二桅可以竖起也可以倒放，所以并不显得笨重和受限。相比之下，当时外国航船的船桅多不可动。

1　马可·波罗：《马可·波罗游记》，梁生智译，中国文史出版社1998年版，第225页。

从连接工艺方面讲，泉州湾出土的两艘福建海船的连接工艺十分精巧。龙骨与艉柱的接连采用了直角榫合的工艺技术，具有美观坚固双重效果；船板上下左右之间都用榫接，并用铁钉加固，缝隙间都涂塞用麻丝、竹茹和桐油灰捣成的舱料，使船体联结成坚固的整体，并有防渗漏功能；在木船的不同部位使用方、圆、扁不同形状的铁钉，采用"参""吊""锔"等方法钉合，有效加强钉合部位乃至整个船体的强度；在钉合时还用钉送把铁钉送进木板深处，再用桐油灰将钉头密封，减少海水对铁钉的锈蚀，同时提高船体的水密性。

福建人"向海而生"的拼搏精神，指南针、水密舱等航海和造船技术的普及与应用，铸就了宋元时期福建海外贸易的400年辉煌。英国人李约瑟曾说过，没有中国在航海技术上的指南针、水密舱等的影响，就没有欧洲人的世界大航海。

妈祖信仰：福建海洋文化的民俗烙印

妈祖，又称天妃、天后、天上圣母、娘妈等等，是中国东南沿海船工、海员、旅客、商人和渔民共同信奉的神祇。据有关资料记载，北宋雍熙四年（987年）妈祖"升天"为神后，当地渔民为其立香火祠一座。此后，经南宋、元、明、清各朝，妈祖信仰越传越广，历朝历代朝廷多次赐封尊号。

妈祖的出生年代、出生地点、家世出身等，历来均有不同看法。大多数学者认为，其生于宋太祖建隆元年（960年）之说较为可信。妈祖信仰发源地的湄洲屿民众，也是把妈祖神诞定为建隆元年农历三月二十三日，1985年还举行了纪念妈祖诞生1025年的盛大祭典；妈祖的出生地点，大多认为是在莆田湄洲屿，也有一些学者认为生于莆田贤良港；关于妈祖的出身，多数学者都把她说成是莆田林氏之后裔。综合各种传说，妈祖的出身更像是一个巫女，因其神事活动在湄洲屿及附近地区有广泛的影响，死后被神化为民间奉祀祈愿求助的对象。至于其名为

"默"或"默娘",以及都巡检林愿之女的身份等身世信息,很多是后世传说演化而来。

妈祖信仰之所以具有强大的影响力,归根到底是社会条件所造成。湄洲屿在今莆田县湄洲湾口,东南两面为台湾海峡,西为崹洲湾,北面约隔5公里的水道与西埔半岛相对,面积不大,人口不多。妈祖信仰的兴起主要是由于当时湄洲屿的社会生活条件,迫切要求出现一个人们感觉到无能为力时的救助力量。因为妈祖生前的活动和传说使得妈祖被人们认定为比其他神和巫更有用、更可信赖,能给人们信心和力量,因此死后被认为其灵魂也是强有力的,威力甚至比生前更广大,所以被尊为"神女"或"龙女",奉祀于庙,继续成为祈祷求助的对象。妈祖护海的传说,对于冒险出海作业的渔民及其家属来说具有很大吸引力和很强的依赖性。每每海上遇险但最终逢凶化吉的现象就正好作为妈祖具有支配海上事件神力的证明。传说中的能力,加上事实中的证明,关于妈祖的传说,不断演化、

泉州蟳埔渔村妈祖绕境仪式

扩大影响，给了向海而生的民众们极大的信心。祭祀妈祖的香火也越来越兴旺起来，然后妈祖信仰又传播到湄洲岛外的地方去。

妈祖宫庙也伴随着妈祖信仰的产生与发展而建立。根据民间传说，北宋雍熙四年（987年），妈祖在福建莆田县湄洲屿卧牛山"升天"为神，百姓出于对海上航行庇护和保佑渔民生活的需求，为其立庙于该屿。咸平二年（999年），莆田平海澳创建行祠。至元祐元年（1086年），莆田县兴化平原、木兰溪畔立圣墩妈祖庙。之后，妈祖庙在兴化军莆田县、仙游县的沿海地区发展起来。元符元年（1098年），仙游县枫亭建妈祖庙。宣和五年（1123年），朝廷御赐"顺济"庙额。妈祖信仰得到官方的认可，成为航海保护神。南宋建炎年间（1127—1130），涵江顺济宫、白塘浮屿宫建成。绍兴二十七年（1157年），莆田江口创建妈祖庙。绍兴三十年，莆田名宦陈俊卿在家乡白湖舍宅建庙。庆元二年（1196年），泉州在浯浦建顺济庙。庆元三年，晋江东石建妈祖庙。嘉定十三年（1220年），晋江庄头建妈祖庙。咸淳六年（1270年），惠安创建沙格宫。景炎二年（1277年），晋江金井创建妈祖庙。

南宋以后，省外浙江、广东、江苏等地妈祖庙开始创建。元朝统治者蔑视南人，打压南方男性水神，提高女神妈祖地位。至元间（1264—1294），福清县海口镇创建妈祖庙。大德元年（1297年），莆田清浦创建天妃庙。延祐四年（1317年），福建连江县城及钦平下里伏沙创建天妃庙。至顺二年（1331年），福建漳州已建妈祖庙。除了沿海各地继续广建妈祖庙外，省内外内陆地区也开始兴建妈祖庙。

自宣和五年赐"顺济"庙额后，宋代皇帝多次赐封妈祖，南宋淳熙年间（1174—1189）的最后封号是"灵惠昭应崇福善利夫人"。妈祖的神格，由神女上升为"夫人"。在此之后到南宋末景定三年（1262年），妈祖得到宋代最后一次授封止，共赐封号十多次，除了褒词增多之外，神格由"夫人"升格为"妃"。此后妈祖神名都带有"妃"字，如"助顺妃""显卫妃""英烈妃""善庆妃"等等。

妈祖信仰在元代以后，随着海上运输业和贸易、渔业等行业的发展得到进一步发展。海上交通离不开妈祖的积极影响，往来船只每遇风浪必祷告妈祖保佑。于是，妈祖的神迹越传越广。泉州的海外诸番宣慰使、福建道市舶提举蒲师文将妈祖为海上交通所彰显的神迹，一一上奏朝廷。皇帝遂敕封妈祖为护国明著天妃。妈祖从此由"妃"升格为"天妃"。之后，元朝皇帝又先后加封妈祖"护国、庇民明著天妃""护国、庇民、广济明著天妃""护国、庇民、广济、福惠明著天妃"等称号，并赐庙额曰"灵慈"，敕命重臣到各地天妃宫致祭。

妈祖从一个民女死后被神化，以狭小的岛民信仰为起点，经过约300年的传播，至元代已经变成为福建沿海一带至于广东、浙江及周边，甚至于关联内地等广大地区最受民众信仰的江海保护神了。元以后，湄洲神女的影响仍在不断扩大，影响不限于莆田，也不限于福建，并且跟随闯海的中国人走向世界各地。

泉州清净寺：伊斯兰教传入中国的典型建筑之一

位于泉州市鲤城区涂门街中段的泉州清净寺，是一座始建时间约为宋代，于元、明重修的伊斯兰教建筑，现存古建筑主要有奉天坛、寺门楼、明善堂等，是我国现存最早的有典型古阿拉伯伊斯兰独特建筑风格的清真寺。

泉州伊斯兰教清真寺的名称，历史上根据该寺门楼后墙上的阿文石刻内容及相关历史文献，又称为"圣友寺"或"麒麟寺"。同时，由于"清净"是回教寺在泉州涂门街的专称，所以又称清净寺。清净寺在北宋时期泉州南罗城的护城外壕八卦沟之南，这与"外人居城外"的法令相符。清净寺的位置恰好是宋元时期货物与人员进出城的必经之地，后来以清净寺为伊斯兰教信仰中心，在泉州郡城外东南片区逐渐形成"蕃坊"，聚集了大量的伊斯兰商人。

关于清净寺的始建年代，主流有"北宋始建"和"南宋始建"两种观点。支撑北宋始建的观点，主要依据是朱熹《朱文公文集》卷九十八《傅公行状》记载傅公（绍兴年间泉州判官傅自得）任泉州通判时，曾在寄给朋友的一封信中称，有外国人建"层楼"于郡学的前面，遭当地士子反对，向官府控诉。其中"层楼"即指泉州清净寺，结合清净寺阿拉伯文石碑记载，清净寺始建于宋真宗大中祥符二年（1009年），据此，可将清净寺的历史追溯至北宋时期。同时也可看出，宋时，有"法不宜城居"等条例的限制，大批海外舶商和穆斯林只能落脚在当时的泉州城外南部靠近出海港口的地方，清净寺所在的涂门街，还被称为"半蒲街"，可见宋代航海来泉州经商的外国人之多。支撑南宋始建观点的主要证据是《重立清净寺碑》等的记载，清净寺于南宋绍兴元年（1131年）建于泉州南城，但学界对吴鉴其文是否由后人作伪仍有争议。

在建筑形式上，清净寺仍保持着中世纪时代伊斯兰教建筑的形式：比如尖拱形大门和较小的若干尖拱形石门，属于当时西亚的流行建筑形式；又比如阿拉

泉州清净寺

伯语铭文饰，是伊斯兰教装饰中独特的装饰手法；再比如大门及大殿的石墙用长石条、正方形顶头，常见于伊朗一带的砖墙上寺门楼样式。虽然涂门街清真寺的建筑形式，基本上是西亚中古时期的外国形式，但其建筑形式并非"纯外国式"的，其中仍可见中国传统建筑的特点。清净寺在入口大门内的三层穹隆顶建筑采用的是我国传统建筑方法"藻井"式的变体；第二层穹隆顶使用了三段白花岗石板，以半圆形的形态饰以龟纹图案，下方以垫石砌之，属于我国木构建筑的常见形式；门楣上的雀替等个别建筑细节采用的也是中国建筑风格。因此可以说，建筑形式上，泉州清净寺基本是阿拉伯式样，但某些部分有中国的特点，这体现了伊斯兰教与中国传统的相结合。

清净寺的建造与兴盛，与伊斯兰教的传入和泉州优越的地理位置密不可分。伊斯兰教自唐时传入泉州，至宋时发展渐盛，一方面是由于该教通过伊斯兰教徒的经商活动开展传教，以迁移扩散的形式传入泉州，具有强大的扩散力和传播力；另一方面，古伊斯兰教红海（波斯湾）—阿拉伯海—印度半岛—孟加拉湾—马六甲海峡—南海—东海—泉州港的传播路径，与海上丝绸之路的发展兴盛密不可分。同时，泉州具有背山向海的地理位置特点：福建背山，地势西北高而多山区，陆上交通较不发达，与中原文化发源地相对较远，更易于伊斯兰教的传播；泉州向海，是我国东南沿海海岸线由东西向转向南北向的转折点，拥有位于南海印度洋、日本朝鲜地区贸易和世界性的海上贸易圈优越的地理位置。泉州港又是优良的不冻港，水深岸线曲折、港阔风浪较少，随着我国航海技术的发展，进一步促进了伊斯兰教的传播。

宋元时期，海上丝绸之路进一步延伸，宗教政策也奉行信仰自由。北宋元祐二年（1087年）在泉州设置福建市舶司，泉州的域外阿拉伯穆斯林商人不断增加，极大促进了泉州伊斯兰教的发展，教徒对于伊斯兰教寺的需求也更大，泉州清净寺应运而生。泉州清净寺体现了宋元时期伊斯兰教通过海上丝绸之路传入中国，并通过商人和传教士的活动，与中国传统文化密切结合并影响深远的事实，这是无可争议的。

海上丝绸之路的繁荣昌盛，不仅带动了泉州港的海上贸易，也加快了经济发展，更传播了伊斯兰文化。1961年，国务院颁布的第一批全国重点文物保护单位中，清净寺位列其中之一。在2020年的申遗项目"泉州：宋元中国的世界海洋商贸中心"中，清净寺位列22个遗产点之一。作为泉州辉煌的海洋交通交流历史的见证，泉州清净寺一方面体现了伊斯兰教自唐传入中国后该寺的宗教价值，另一方面体现了古代海上丝绸之路的重要文化交流成果。

六胜塔与万寿塔：古泉州港灯塔性的地标

六胜塔，别名石湖塔，位于泉州石狮蚶江镇泉州湾入海口石湖半岛金钗山，始建于北宋政和年间（1111—1118），由僧人祖慧、宗什等主持修建。南宋景炎二年

石狮市石湖六胜塔

（1277年），六胜塔被元军所毁，元顺帝至元二年（1336年），地方士绅为方便出入石湖港的船只辨认方向而捐资重建该塔，于元至元五年（1339年）建成。

六胜塔的建造形式与当地多台风、地震等自然灾害的特点密不可分。六胜塔是一栋花岗岩石砌仿木结构阁楼式空心建筑，塔通高36.06米，占地面积425平方米，由下至上依次由须弥座、塔身、塔盖、塔刹组成。塔座是相互叠加的双层须弥座，结构层层上拔有层次感，使塔重心位于下方，更好地防风抗震。塔身采用逐层收分方式，用"一顺多丁"的砌筑方法，进一步增强坚固性。此外，"墩接柱"的设计产生的石柱缝隙能够缓冲地震能量冲击；八边形的形制对地基的压力较平均，有利于分散地震波；其缓平的外壁角度也能削弱风力，抗震防风。六胜塔在明万历三十二年（1604年）泉州海域八级地震中安然无恙，其坚固性可见一斑。

六胜塔与众不同在于，每层塔的横梁上均刻有建造者的姓名、建造时间。如底层南面拱门门额右侧刻"至元丙子腊月立""檀樾锦江凌恢甫建"，可知始建年代与始建者；第五层刻"岁次己卯三月"，可知六胜塔的建成时间。六胜塔借鉴泉州开元寺东西双塔的建造样式，与东西双塔一样均有外壁、回廊、塔心，不同的是中空似井、各层转角石柱作圆形仰莲盆式等。六胜塔既参照福建传统阁楼式空心石塔的外观，又继承了其他地方塔心柱式构造，吸收了宋代阁楼式塔的建造特点，在设计、技术、工艺等方面堪称我国阁楼式空心石塔经典。

万寿塔，又称关锁塔，姑嫂塔，位于泉州东南郊的石狮永宁镇塔山村宝盖山顶。因宝盖山海拔209.6米，为泉州沿海一带的最高点，可以作为修设航标的基址，南宋绍兴年间的僧人介殊认为此地风水重要，可作关锁水口镇塔之用，故募缘兴建此塔。万寿塔始建于南宋绍兴元年（1131年），历时31年建成，是闽南沿海最早且基座最高的石塔。塔顶点灯，航船时，白天可见塔影，夜间可见灯火，以作航标塔之用。当时，航海商舶皆以万寿塔为航标驶入泉州湾，归乡之人远见万寿塔，可知家乡在望，归期在即。

万寿塔通高22.86米，占地面积约388平方米，是一座石砌五层八角仿木楼阁

泉州石狮万寿塔

式塔。塔结构为单边筒式，石构空心，八角五层，塔身层层向上缩小，每层之间作迭涩出檐，仅各层转角之柱顶设一栌斗。各层塔外有回廊，入门右壁有台阶可旋登至塔顶。塔第二层西面门额上刻有"万寿宝塔"四字，故称"万寿塔"。乾隆二十四年（1759），此处修建文昌阁，与万寿塔形成古代泉州一大胜景"关锁烟霞"，登塔远眺，海天风物，一览无遗。

万寿塔又称"关锁塔"，因背靠泉州湾，面临台湾海峡，有"镇南疆而控东溟之势"。又因沿海的永宁港长期作为军事用途，可登塔瞭敌，有"关锁水口镇塔"之意。而"姑嫂塔"之称的来源，则与民间传说相关。一是"商人妇"成望夫石说，二是姑嫂盼亲归说，三是南洋"望夫山"说。第一种说法主要来源于《闽书》记载，大意是姑嫂二人远眺出海经商的家人归来，但商人久久未回，姑嫂二人苦苦等待，等成了"望夫石"，但此说与近代民间流传的说法并不一致。第二种说法是近代至今广泛流传于民间的记载和口头传说，版本变体较多，许多细节上有出入但大致内容相似。相传古时泉州一家人家境窘迫，阿兄出海谋生，姑嫂爬宝盖山望夫（兄），嫌山不够高，又每日每人搬一块石头到山顶垫脚，日积月累叠起一座高塔。姑嫂又写了一封家书绑在风筝上，剪下头发接成风筝线，家书随风飘至南洋，几经辗转落入阿兄处，阿兄因落魄无为不敢回信。阿兄有所成后驾船归来，看到宝盖山上的新塔，误以为迷路，姑嫂在山上挥舞头巾等物为阿兄指路，但海上大风浪掀翻航船，阿兄落海而亡，姑嫂得知遂跳海身亡。第三种版本在南洋发生，流传较少，在此不展开叙述。第二种版本流传之广，代表了泉州沿海人民最广泛的认同，且与姑嫂塔的象征性意义紧密相关，从另一个侧面体现了彼时泉州商人海外贸易之频繁，出海前往南洋谋生的人不在少数，也表达了家人祈盼亲人平安归来的心情。

六胜塔与万寿塔，既是宋元以来泉州港商船往来的航标，又是泉州海上丝绸之路发展的独特见证。2006年，两塔被确定为全国重点文物保护单位。作为曾担负着重要海运海防功能的六胜塔与万寿塔，历经千年仍耸立在泉州沿海，随着福建沿海贸易的发展，成为泉州这一海上丝绸之路起点的地标性建筑。

晋江草庵：世界上现存完好的摩尼教遗迹之一

摩尼教，在我国又称明教、魔教、牟尼教等，由公元3世纪波斯人摩尼所创，该教崇尚光明、清净，反对黑暗、压迫。摩尼教约在公元6世纪到7世纪间从新疆一带传入回纥（回鹘）成为国教。因回纥士兵平定安史之乱有功，唐政府同意在长安建造大云光明寺，并在荆、洪、越、洛阳、太原等地建有摩尼寺，摩尼教以此为契机不断扩大影响。唐会昌年间，政府下令禁止摩尼教，至宋、明禁令更甚，摩尼教逐渐式微。

摩尼教在泉州的传播，从《闽书》记载可以看出。由于唐会昌灭佛，牵连明教，当时明教的呼禄法师，自北往南来闽传播摩尼教。南唐徐铉《稽神录》记载有泉州摩尼教徒在杨某家中治鬼一事，可见虽然唐武宗灭佛波及摩尼教，但由于福建当时远离中央政权，彼时仍有摩尼教活动。综合摩尼教传入中国并进入福建的路径，以及现存遗址遗物反映的摩尼教教徒活动内容，可以推测摩尼教是由陆

泉州晋江市华表山南麓的草庵，是我国仅存的摩尼教寺庙，也是世界唯一完好保存的摩尼教遗迹

路传入泉州的。这一说法得到许多学者的认同。

但也有学者提出疑问，认为泉州作为海外交通贸易的港口，摩尼教是否可能经海上传来？王国维在《摩尼教流行中国考》中推测福建的摩尼教"可能"是从海上传入的。虽然对于摩尼教是从海上传入的推测，并无明确的证据。但摩尼教的宗教活动及民间对摩尼光佛的信仰，对泉州商人出海行船的庇佑有一定的心理作用。无论摩尼教是通过何种方式传入泉州，晋江草庵的兴衰见证了泉州摩尼教的兴衰，这是毋庸置疑的。

位于泉州晋江罗山苏内村华表山麓的晋江草庵，被誉为"世界上现存最完好的摩尼教遗址之一"。晋江草庵约始建于宋绍兴年间（1131—1162），1979年至1982年，考古人员先后在晋江草庵寺前和晋江磁灶大树威古窑址发掘出内壁刻"明教会"的褐釉碗及类似的褐釉碗、刻有"明"字的残片等。据古窑址年代推断，上述文物烧制年代不晚于北宋政和年间（1111—1118）。可见当时已有相当规模的摩尼教徒活动。结合陆游对当时秀才、官吏、士兵等都在进行"左道"摩尼教（明教）活动的描述，可知南宋时期，福建摩尼教是十分兴盛的。那么，草庵在宋代可能就是摩尼教的寺院。

草庵依华表山麓而建，造型简朴，现存遗址为元顺帝至元五年（1339年）所建。虽称"草庵"，但该建筑由石料建成，以石构单檐歇山式建造，屋檐下用横梁单排华拱承托屋盖，三开间，进深三四米，面积约62平方米。庵前部有一石亭，正中门楣镌刻"草庵"二字。寺内由山势隆结的一堵巨石作为正壁，岩壁上凿有一尊浮雕摩尼光佛像，高约1.54米、宽约0.83米，以18道放射状光轮为背景，周围刻有直径近2米的环形佛龛。佛像神态庄严慈祥，面相圆润丰满，衣着雕刻简朴流畅，结跏趺坐于莲花座，面部呈青草石色、手部粉红色、身体灰白色。在摩尼石像圆龛左右上方，各有一碑记，其中右面碑记镌刻有"至元五年戌月四日记"字样。结合晋江归入元朝的时间，该碑记载的时间应为顺帝至元五年。草庵右侧有一块天然巨石，镌刻有"梧涧"二字。草庵前的右下方数十步处，有一块石刻，雕着摩尼教的咒语："劝念：清净光明，大力智慧，无上至真，摩尼光佛。正统乙丑年九月十三日，住山弟子明书立"。从上述记载可看出，明英宗正统十年（1445年），仍有摩尼教信徒。据传，明代洪天馨曾在草庵讲学。即使在清代，仍有一些摩尼教徒在草庵附近活动，通过签诗供信徒求卜，加速了摩尼教与民间宗教，特别是道教、佛教的同化。1932年10月，寺庵下方增建"意空楼"三楹，弘一法师书写"意空楼"三字作为额匾，在此寄宿三月余撰注律经，其间著《重兴草庵记》。

虽然随着宋、明对摩尼教打压政策更加严厉，晋江草庵附近的摩尼教徒活动逐渐转入秘密，和道教、佛教等结合，并更加民间化，但摩尼教在晋江一带仍未完全消亡。不论摩尼教经陆路或海路传来，都体现了泉州作为海上丝绸之路的起点海纳百川的文化特征，进一步提高了泉州作为世界文明汇聚地、"世界宗教博览会"的国际声望。晋江草庵是世界现存唯一的摩尼教寺院遗址，其中的摩尼佛像亦为目前世界仅存的一尊摩尼教石雕佛像，展示了摩尼教的"终极形态"。1961年，草庵被列为福建省重点文物保护单位。1979年，瑞典隆德大学召开的首届国际摩尼教学术会议以草庵摩尼光佛作为吉祥图案，世界摩尼教研究会以其作为会徽。1991年2月6日，联合国教科文组织"海上丝绸之路"考察团前往草庵考察，看到保存完好的摩尼光佛石雕像后，认为这是海上丝绸之路考察活动的最大发现、最大成就。1996年，草庵成为国务院公布的第四批全国重点文物保护单位。晋江草庵的历史文化价值，可见一斑。

洛阳桥与安平桥：闽中桥梁甲天下

宋时的泉州，曾一度掀起造桥热潮。在洛阳桥兴造之前，泉州的石桥建造活动在地方志书中鲜有记载。宋以前，泉州仅有少数跨度不大的"架木为梁"的桥或三四座小型石桥。洛阳桥（又称万安桥）的兴建，创造了"筏形基础""种砺固基"等建桥技术，类似技术在建桥过程中广为运用并日臻完善。同时，南宋时期泉州港作为海外贸易大港，对建造各类跨海、跨江桥以便利交通的需求也日趋紧迫，因此建桥活动日益频繁兴盛，速度和技术较之前都有所突破，至南宋绍兴年间达到顶峰。有宋一代，泉州有据可查的桥梁多达149座，其中117座建于南宋，南宋年间大中型石梁桥70余座，5里左右的长桥就有四五座，最著名的当属安平桥。《晋江县志》记载："泉之属，巨桥有二：一为万安；一为安平。"洛阳桥和安平桥，因造桥技巧之高超，以及对泉州港海上贸易之促进等，博得了"闽中桥梁甲天下"之美誉。

洛阳桥，位于泉州市的洛阳江入海尾闾上，始建于北宋皇祐五年（1053年）至嘉祐四年（1059年）间。洛阳桥是我国第一座濒临海湾的江上桥梁，建造中首创了"筏形基础"的新型桥基，发明了利用牡蛎加固桥基、桥墩，利用潮汐架设石梁的方法等。该桥系花岗岩石筑造，其工程规模巨大，工艺技术高超，被誉为

洛阳桥

"海内第一桥"。

其实，南宋时泉州作为世界性的大港口，"入海口水阔五里"的洛阳江已是交通要道。当时，"万安桥未建，旧设渡口（海渡）渡人，每岁遇飓风大作"，沉舟（被溺）而死者无数，可见建桥之紧迫。洛阳桥的建造，是对世界桥梁科学的一大贡献。当时的洛阳江，江阔水深、波涛汹涌、潮狂流急，桥基屡建屡毁，建桥难上加难，造桥工匠发挥无穷的智慧，创造了建桥史上的三大奇迹。一是筏形基础：创造船筏式桥墩分开水势，沿着桥梁的轴线向江底满抛大石块，并向两侧展开相当宽度，形成一条横跨江底的大石堤，以"睡木沉基法"将松木纵横结成网状，退潮时放置在桥墩处，再在其上堆石，随着重量的增加，筏形基础挤压淤泥而下沉。现代桥工的"筏形基础"方法运用还不到100年，而我国桥工在宋时就已运用，可算一大贡献。二是浮运架桥法：利用潮汛涨落，采用浮运架桥法，利用退潮将每条长11米，宽1米，厚1米，重约20吨的石板装在船上，待涨潮时，利用浮力将大石板安装在桥墩上。三是殖蛎固基法：巧妙利用牡蛎繁殖迅速、附着力强的特性，把桥基和桥墩胶合凝结成牢固的整体，这是一种微妙的海洋"生物工程"，体现了高超的筑桥技艺和智慧力量。当然，洛阳桥之所以能较好地连接，有较长的寿命，也离不开它的设计、材料性质和地理位置等。首先洛阳桥石材扎实。石墩大、石梁粗，江底石堤宽且厚，石材千年不变质不变形，使桥的基、墩、梁之间产生了一种极大的连接力，压重大、整体性好，可以很好地对付水流的冲刷和浪潮的打击。其次，洛阳桥缓冲较好。洛阳桥地处内港，此处不仅风浪较小，集雨面积也只有约400平方公里，雨量较分散，桥的东西两处都有个巨大的缓冲区，纵使山洪暴涨或大海潮涌进，也都有暂时可容回旋的余地。洛阳桥初建时有47个孔道，总过水面约在500米以上，每墩的距离约有10米，墩的两端又都有排洪劈浪的尖端的设计，水流进出方便，对桥的冲击不大。最后，洛阳桥多次修葺。根据《泉州府志》及历代修桥碑文记载，洛阳桥修建至今，历时900多年，先后修理和重建达17次之多。

主持修建洛阳桥者是泉州郡守蔡襄。现存桥南的蔡襄祠内，有一块碑，上载刻文可知，洛阳桥的建造耗时6年多，桥长3600尺，47孔，桥宽15尺，造桥经费募捐而来，负责造桥的人约15名。新中国成立后，洛阳桥历经修整，面目一新，现桥长800余米，砌出水面的船形桥墩46座，桥面宽7米，桥栏高1.05米，桥上附属文物及建筑有亭、塔、祠、庙、庵、碑等。亭2座：一为中亭，内有修桥碑石12座及摩岩2方；一为西川甘雨亭，原为祈雨之地，内有"天下第一桥"横额。佛塔5座，全为石构，有4种形式，筑于桥旁扶栏外。石刻武士像4尊，分别立于桥的南北两端，均戴盔披甲，手持长剑。纪念建筑物3座：一为蔡忠惠公祠，内有蔡书《万安桥记》碑1座等；二为昭惠庙，内有"永镇万安"匾额，所奉祀者可能为"镇海之神"；三为真身庵，系造桥和尚义波所住茅舍。有关洛阳桥修建的碑记26座。1961年，洛阳桥被列入国家重点文物保护单位。

安平桥（俗称"五里桥"）位于晋江市安海镇和南安市水头镇之间的海湾上，始建于南宋绍兴八年（1138年），公元1151年至1152年间建成，是世界最长的古代梁式石桥，也是我国现存最长的海港大石桥。

安平桥的得名，系因安海古时称"安平"，又因桥长五里，称"五里桥"。实际上，安海镇的安海港在唐代就是泉州地区对外交通的重要港口，绍兴八年（1138年），僧祖派首倡修石桥，安海镇乡贤黄护与僧智渊各施钱万缗为之倡。工程进展尚未过半，因祖派与黄护过世而停滞。绍兴二十一年（1151年）太守赵公令衿卒成之。建造安平桥，有"僧祖派等人建"和"郡守赵令衿成之"两个阶段。赵令衿《石井镇安平桥记》记载了安平桥"实古今之殊胜，东南未有也"。1905年的黄河大桥建成之前，安平桥被誉为中国历史上最长的桥梁，有"天下无桥长此桥"之誉。

安平桥桥身以花岗石砌筑，桥基采用抛填筏形基础，原桥长约2400米，桥面为密铺石板梁，宽3至3.8米，高约2.1米，有以条石堆砌而成的300多座桥墩，有长方形、船形、半船形等多种式样。桥两侧的水中有4座对称的方形石塔和1座圆塔。在安平桥入口处，距桥东面250米有一座高22米、六角五层砖木结构白塔1座，桥上有憩亭5座。其中，在桥中的泗水亭（又称"中亭"）保留有历代修桥碑

安平桥

记共16方，亭前石柱上有"世间有佛宗斯佛，天下无桥长此桥"楹联一对，并立有两尊石雕将军塑像。安平桥历经强台风、巨浪、地震等，曾多次重修，虽然因海湾淤积，现在呈现在人们眼前的是一座"陆上桥"，但从中仍可想见其当年之壮阔。1961年3月，安平桥成为国务院第一批公布的国家重点文物保护单位，经过20世纪80年代的维修，安平桥原貌得以恢复。

洛阳桥和安平桥，之所以在泉州海交史上闻名遐迩，不仅因为两座桥，一座工艺高超、一座以长著称，更因为这两座桥的修建对当时泉州港的交通起到了促进作用。洛阳桥是官方主导、全民合力建造大型交通设施的典范，体现了社会各界对商贸活动的推动和贡献。洛阳桥与安平桥等共同连通了便捷的沿海交通干线，在泉州水陆复合运输网络的发展中具有开拓性的里程碑意义，也有力加强了泉州与内地的联系，促进了区域经济交流，提升了泉州的经济竞争力。安平桥作为泉州与我国南部沿海地区的陆运节点，体现出海洋贸易推动下泉州水陆转运系统的发展，大大改善了泉州海外贸易重要口岸安海的交通状况，使安海成为"通天下之商船，贾胡与民互市"的繁华国际港口。其建成既展示了宋元时期泉州多元社会结构对海洋贸易的贡献，又反映了海洋贸易给泉州社会带来的经济繁荣和财富积累。2020年，"泉州：宋元中国的世界海洋商贸中心"遗产点简介中，22处代表性古迹遗址就包括洛阳桥和安平桥。

南外宗正司：参与泉州海上贸易的南宋宗室

南外宗正司，是南宋年间管辖泉、漳两郡赵宋宗室的官署名称，其宗室成员在泉州的活动，对当时泉州的经济社会发展及海外贸易有一定的积极影响。

为了加强皇族事务管理，宋朝于景祐三年（1036年）设置大宗正司，又于崇宁三年（1104年）在商丘和洛阳两地设立"南外宗正司"和"西外宗正司"。

"靖康之难"使宋朝失去半壁江山，南外宗正司宗室成员一路从河南迁至江苏再到福建。之所以选择福建，是由于在南宋朝廷偏安江南的情形下，福建是大后方，素有"富郡""乐郡"之称的泉州又是对外贸易的主要港口，因此最终西外宗正司迁于福州，南外宗正司迁于泉州。

南外宗正司移置泉州的确切时间，有"建炎初""建炎三年"说，"绍兴元年""绍兴三年"说等多种说法，综合上述说法，大概是建炎年初开始，有宗人入泉处理相关事务，至绍兴年间最终在泉州设立南外宗正司。南外宗正司位于泉州西街旧肃清门外的水陆寺（后为梨园剧团驻地），建筑富丽堂皇，司内设有睦宗院、惩劝所、自新斋、芙蓉堂、天宝池、忠厚坊等，还设置有宗学作为宗室子弟学府。南外宗正司最高官员叫"知南外宗正司事"，简称"宗正""知宗""知正"，由宗室武臣充任，自绍兴三十二年（1162年）起，改由宗室文臣

南外宗正司遗址

充任。机构成员还设知宗正司事一员、丞一员、簿一员、主管一员等。最初入泉的宗室成员仅300余人，随着他们在泉州的扎根繁衍，至绍定六年（1233年）达数千人。

南外宗正司入泉的百余年间，正是泉州港大发展时期。随着宋廷南迁，在政策上向泉州倾斜，南外宗正司成员在泉州的活动，与泉州的海洋贸易发展关系密切。学界对南外宗正司的评价褒贬不一。有学者认为，南宋泉州港的衰落，是由于南外宗正司成员"挟势为暴"。[1]甚至发生过宗室下海为盗劫掠番舶而被捕斩首之事。不可否认的是，由于"皆仰食县官"，依靠地方财政，南外宗正司的设立，确实增加了泉州人民赋税的负担，长年累月的积累会对泉州发展产生一定负面影响，但其并非导致泉州港逐渐衰落的直接原因。南宋泉州港一度衰落的原因，主要在于地方官员横征暴敛，如以"检视货品"为由公行贪污；同时也由于驻扎泉州的数千殿前司左翼军军纪不整，不仅荒废训练，还目无法纪，随意搜刮民财；此外，还有土地兼并严重和财富不均等原因。

应当辩证地看到，南外宗正司宗室成员中，有多人任泉州知州、市舶和宗正，对泉州有过贡献。宋代宗室担任市舶官员的现象比较突出，自绍熙元年至咸淳三年（1190—1267）的70多年中，提举福建（泉州）市舶的宗室官员，有革除港口弊政、发展海外贸易的赵崇度，有以发展海外贸易著称，并著有古代海外贸易经典名著《诸蕃志》的赵汝适，有当其市舶属官"以例进"舶来货品于其前时，下令"笞而却之"的赵彦侯，有被誉为"清吏"的赵孟传，有建造晋江安海安平桥（五里桥）的知州赵令衿，有罢泉州弊政，发仓赈济灾民，整饬左翼军海防的赵必愿等。

除了担任市舶司官员外，南外宗正司宗室成员也参与海外商业活动。天禧五年（1021年）8月，李焘在《续资治通鉴长编》中记载，当时的枢密院规定，允许皇亲置船自由贸易，并受到优惠。南宋以后，宗室子弟往往出入市井，与商人合伙贸易，在当时的文献中多有记载。不仅在文献中，在泉州湾后渚宋

1　吴幼雄：《论南外宗正司的历史作用》，《泉州师专学报（社会科学版）》1995年第1期。

代海船出土的木牌签中，也出现"南家"牌签。因朝廷议事或行文时，常将南外宗正司简称为"南外"，泉州居民或南外宗正司所属官吏，也尊称其为"南家"。上述牌签证明该海船主要货物归南外宗正司所有，结合与其他有关牌签统筹考察，可信该海船系以南外宗正司为船主，联合所属宗支房派集团经商的回舶。

南宋末年，由于蒲寿庚降元，在城内尽杀南外宗子及士大夫3000余人，皇族幸存者逃至远郊邻县，四处避难，规模宏大的南外宗正司及睦宗院等建筑，毁之一炬。至明代，南外宗正司在泉州的遗址先后被改为织染局、水陆寺。如今，南外宗正司的相关建筑早已湮没，当年繁华景象已然不复，仅从泉州湾出土的宋代海船木牌签中的"南家"牌签及史料中可见南外宗正司对泉州经济社会和海外贸易发展的部分推动作用。虽然南外宗正司的设立增加了当地的负担，也有部分人欺行霸市、行不轨之事，但不可否认的是，在入泉宗室子弟中，不乏举业成就突出之人。他们从中原地区带来先进生产工具，带来罗、绢、纱、绫等新产品，传入织、绣、彩、绘、染色、印花等先进技术，以及先进文化。由于宗室成员对香料、珠宝的需求，也刺激了此方面的消费，从另一个角度说也推动了泉州港的兴盛。同时，在泉宗人积极参与九日山祈风活动及海外贸易，并参与泉州府文庙、安平桥等地方设施的修建活动，推动了泉州地域文化的发展与转变，促进了泉州海外贸易的繁荣。

福建瓷器：海上丝绸之路上的瓷国明珠

宋元时期，泉州港梯航万国，海外贸易兴盛，输出海外最主要的产品之一便是瓷器。泉州海上交通畅通无阻，与海外各国联系非常广泛，东至朝鲜、日本，南通南海诸国，西达印度、巴基斯坦、波斯和东非等地。泉州是海上丝绸之路起点，也同样是"陶瓷之路"起点。摩洛哥著名旅行家伊本·白图泰在他的游记中称赞中国瓷器是"最好的瓷器"。

泉州及附近沿海地区本身就有生产瓷器的优越条件。以泉州为中心的广大地区瓷土非常丰富，质地优良，而且从整个福建地区来说，生产瓷器的历史是十分悠久的。宋代以前青瓷生产已经开始，考古资料显示，泉州地区发现的19处青瓷窑址，即晋江9处、惠安6处、南安3处、同安1处，都在沿海地区。宋时，福建北部地区有浦城、松溪、政和、崇安、建阳、建瓯等，东部地区有屏南、宁德、罗源、连江、闽侯等，西部地区有将乐、泰宁、建宁、宁化、长汀、漳平、龙岩、永定，中部地区的闽清、龙溪、大田等，南部地区有德化、南安、永春、安溪、晋江、惠安、同安、厦门等皆可产瓷器。因宋元政府皆鼓励海外贸易并在泉州设市舶司管理海外贸易，且瓷器是外人认为物美价廉的产品，因而至南宋时期，沿海地区陶瓷生产的速度明显加快。不仅如此，福建邻省，如浙江、江西、广东等省陶瓷业的发展速度也大大加快，甚至北方的耀州窑、磁州窑的产品，也经过长途运输到达沿海港口，输出海外。

东门窑青釉刻花双耳瓶（宋元）

晚唐、五代时期，福建邻近的越窑、婺窑、江西景德镇的黄泥头窑、白虎湾窑等生产瓷器已很有名，但从考古资料看，这些瓷器还没有作为贸易商品运到泉州来。随着泉州在全国海外贸易中的地位日益加强，泉州及其周围陶瓷业逐渐发展起来，德化窑的青瓷和青白瓷渐渐崭露头角。

南宋至元代是泉州海外交通的繁盛阶段，陶瓷生产在这一时期也发展到高峰。泉州港优越的条件，使附近地区甚至更远地区的陶瓷制品源源不断地运来。泉州发现了两宋时期至元代的窑址133处，即德化33处，南安47处，安溪23处，永春6处，晋江12处，同安6处，厦门3处，惠安1处，泉州2处，产品以青瓷和青白瓷为主。

晋江磁灶窑系南朝晚期即有生产瓷器，规模很小，产品质地松软粗糙，施青釉，釉色不翠绿、灰黄色，只在器物上半部挂釉。器物有钵、罐、盘口壶等，比较单调。晚唐、五代时期有所发展，大器较多，质地粗松厚重，胎色为灰白色，少量为浅灰色，器物上的青釉分青黄色和青褐色等。

磁灶窑制瓷区域南面濒临泉州港，它的作坊距海很近，产品不需要长途运输，可以直接上船。从产品来看，磁灶窑是粗瓷，着眼于实用，价格低廉，船民和普通居民都用得起。在陶瓷大发展的宋元时期，它具有强大的竞争能力，大量

宋磁灶窑陶罐

输出海外。

宋元时期德化瓷系也适应泉州海外贸易发展需要蓬勃发展起来。德化瓷系以德化县为中心，窑址遍及德化、南安、同安、泉州、厦门、安溪、永春等沿海广大地区。这些地区生产出来的瓷器通过内河水路运输或陆上运输到泉州都很方便。德化窑以生产青白瓷为主，少有青瓷、黑瓷，外销产品有军持、盒、瓶、飞凤碗、莲瓣纹碗、墩仔式碗、执壶、钵、弦纹洗、高足杯等。1976年发掘出的一条窑炉，长达57.1米，分为17间窑室，其中出土6000多件标本，品种丰富多彩，有的盒盖印有"长寿新船"文字。

同安窑系是宋元时期兴起的一个巨大的、有独特风格的青瓷体系。该体系瓷器生产地域分布在以泉州为中心的沿海地区，有同安的汀溪窑、新民乡窑，连江的浦口窑，莆田的庄边窑、西天尾窑，安溪的桂窑，南安的东田窑，厦门的周窑、垄子尾窑，永春的玉美窑等。这个瓷系的窑址最先在同安汀溪水库区域发现。这个瓷系生产的瓷器质地较粗，有以刀锋深深地刻出的花卉装饰，用平行线条排列起来的画花，还有整齐排列或呈三角形排列的锥刺点纹。同安窑系的兴起是在南宋，尤其是元朝这段时间生产数量大，之后就渐渐衰落了。

建阳窑系以生产黑瓷为主，北宋时开始生产，早期有黑瓷、青瓷，黑瓷始终占主要地位。它生产的黑瓷兔毫盏驰名全国，并上贡到宫廷供皇帝使用。黑瓷在南宋至元代发展很快，规模也最大，福建的德化、光泽、泉州、崇安、松溪、浦城、连江、闽侯、南平、宁德、厦门、福清等地均有生产。

在福建出产的众多瓷器中，德化瓷器最受外国人欢迎。德化是中国三大古瓷都之一，烧制技艺传承千年。意大利人马可·波罗在他的游记中称赞泉州附近的德化"制造碗及瓷器，既多且美"，且"除此港外，他港皆不制此物"。现意大利博物馆珍藏的"马可·波罗瓷"就是马可·波罗从中国带回的德化瓷器。

瓷器成为福建对外贸易中的大宗，既促进了对外物质、文化交流，也极大地刺激了宋元时期福建手工业的发展和经济商品化进程，对福建经济社会发展产生了重要影响。

闽台交流：福建移民开发台湾

宋元时期，福建社会经济的发展取得了令人瞩目的成就，一跃成为国内先进区域。日益繁荣的海外贸易，造船航海技术的突破，为克服台湾海峡阻碍，进一步发展闽台交通和贸易提供了物质基础和有利条件，闽台关系揭开了新的一页。

入宋以后，福建对流求（古代文献中台湾地区名称有流求、夷洲、北港等）的贸易规模急剧扩大。北宋嘉祐四年（1059年），在福建做官的仙游人蔡襄就已指出，福建荔枝销往日本、流求、大食等地，获利甚多。由此可见，北宋初年台湾已成为福建商品的重要市场。到南宋后期，澎湖成为闽台各地商人辐辏和商品转运之地，城外贸易商船经常数十艘。当时福建商人往来于闽台航线，赴台贸易，受到当地人民的热情欢迎。北宋初年，流求人为招徕和接待来自福建的客商，设立专门的馆驿以安置之。闽台区域市场业已形成，并趋于稳定，台湾也出现了专门经营对闽贸易的商人。从商品交换形态上看，也从低级的"以货易货"发展到货币交换。近年澎湖各岛，均有发现"宋墟"，并出土有宋代瓷片及钱币等物。

福建人移居台湾地区始于南宋，作为闽台交流桥梁的澎湖因交通较便利率先成为福建移民的垦殖地。南宋后期，泉州地区很多百姓到澎湖从事农业开发和渔业活动，当然也有不少人从事商业贸易。除澎湖之外，福建人也移居台湾本岛。此外，也有福建沿海居民因出海贸易或捕捞作业，被风吹或被海流带到台湾而定居下来的。

南宋时，由于泉州移民澎湖甚多，泉州地方政府还派兵戍守，保护居民及农作物的安全。开始时政府仅在东南风季节临时派水师前往守备，后来知州汪大猷在岛上建筑营房，采取屯田的方式，由水师永久驻防。泉州地方政府还一度将澎湖划入晋江县的行政管辖区。澎湖正式被划入福建的海防和行政管辖范围后，闽台海上交通、两岸的关系越来越密切。

随着两岸交流的频繁，福建先进的生产技术源源不断地输入台湾，促进了当地经济社会的发展。台湾少数民族与大陆交往日益频繁。当时大陆农具更为先进，台湾少数民族频至福建沿海劫掠，其实主要原因就是"喜铁器"，不遗余力以获得铁。

元朝建立后锐意开拓海外领地。随着闽台交流日益密切，台湾愈发引人注目。元朝廷曾两度欲遣兵征台，但两次遣兵均属侦察窥伺性质，未展开大规模的军事行动。

至元时期（1264—1294），由于福建沿海人口不断移入，澎湖的居民成分发生改变，闽南籍的移民成为澎湖的主要人口。元政府因此在澎湖设立永久性的海防机构澎湖巡检司，并加强对岛上居民的管理，开征赋税。

元代台湾本岛社会经济虽仍远远落后于大陆，但受大陆文化的长期熏染，亦有很大的进步。台湾当地人从宋时的原始状态，演变为知尊卑，序长幼的礼仪状态；从穿着就地取材，制裁不一，过渡到"以花布为衫"；从"无他奇货"，发展到以粮食和土特产与福建商人交换各种日用品。这些都折射出福建文化的影响，也反映出两岸人民相互了解，关系愈加紧密，并为明清时期福建人大量入台、从事开发打下了基础。

九日山祈风通远：石刻铭记的海洋精神

泉州是宋代中国的主要出海口，在当地诸寺庙中，南安县九日山下的延福寺与航海有相当关系。宋代，延福寺陪祀的通远王成为当地民众重要的崇拜对象。

泉州通远王信仰由来已久，其神主为永春山中的修仙人，死后，人们建庙祭

九日山石刻

祀。传说唐咸通中，南安延福寺僧人采木于乐山附近，有一老人为其指明佳木产处，并许诺护送。僧人采木后，将木弃于涧边，一夕山洪暴涨，木材顺流而下，一直流到数百里外的出海口九日山处。僧人认为这是乐山之神保佑的结果，为其建庙立祠。这一神话故事与运输有一定关系，于是，人们将乐山老人当作运输之神来祭祀。

乐山老人在泉州影响日益广泛，后被朝廷封为护海神通远王，赐庙额"昭惠"，其后渐加至"善利广福显济"。

宋代泉州人远航海外，经常要到延福寺通远王处祈风。泉州市舶司每年都要于夏、冬二季在延福寺举行祈报二祀。有时，市舶司官员将其祈报文刻于延福寺的山上，这就形成了延福寺的祈风石刻。这些祈风文字都是献给通远王的。据《闽中金石略》记载，在九日山上，有10处宋代的祈风石刻，其中有刻曰："舶司岁两祈风于通远王庙"。可见，泉州市舶司祈风于通远王，已基本形成为一项制度。现存最早的祈风石刻，是南宋淳熙元年（1174年）虞仲房等人的祈风题名。九日山最后一处宋代的祈风石刻，镌于南宋咸淳二年（1266年），此时已接近南宋的灭亡，由此可知，南宋泉州市舶司祭祀通远王的习俗至少延续到宋末。

通远王信仰属于民间崇拜，但其长期和佛教共存，二者之间的关系引人瞩目。通远王寄身于佛寺，但是，人们对他的祭祀，却承袭传统祭祀制度，用了许多猪、鸡之类的活物，置佛教禁律于不顾。有意思的是，这一制度居然从唐代一直延续到宋代。直到南宋初年，才有佛教界的慧遂禅师主张在庙宇内禁止杀生，要求把民间以杀死牲畜献祭的方式，变为佛教以香烛为主的祭祀方式。为了平衡人们的心理，他为通远王举办佛教中最隆重的水陆大会。慧遂禅师的做法，是解决民间信仰与佛教的仪式冲突的一种方法，而其实质是让民间信仰接受佛教的仪式。民众习惯于以自己的习俗祭祀神明，但慧遂让通远王吃素，百姓对通远王自然会产生隔阂，对通远王敬而远之。而水陆大会等礼敬方式需要很多钱，对普通民众来说也是一种负担，这一定程度上抑制了通远王信仰的发展。因此，延福寺的海神通远王信仰的地位在南宋时期逐渐被另一位航海保护神"湄洲神女"妈祖替代。随着妈祖信仰的逐渐演化和扩散，官府也不再主持祭祀通远王的仪式。这或许也就是九日山祈风石刻能见到的最晚石刻为南宋末的原因吧。

铜钱外流：宋代货币的国际流通

宋元时期，海上丝绸之路贸易达到鼎盛，中国货币成为域外国家和地区广泛使用的流通货币，货币国际化程度达到了历史最高水平。宋元时期中国货币在域外流通过程中，承担了国际结算货币职能、他国流通货币职能、可兑换货币职能、财富贮藏职能。由于宋代采铜能力提高，铜钱的铸造量有了较大的增加，至神宗元丰年间（1078—1085）达到顶峰，每年为500多万贯，是盛唐时期的20倍。铜钱外流的数目也远超过了唐代，流出的方向首先是北方的辽、金、西夏等少数民族统治地区。其次，随着对外贸易的发展，铜钱还不断流向海外。

宋人从海外进口香药宝货等物品，除用丝、绢、瓷器等偿付外，还要输出金、银、铜钱。特别是在南宋，因海外贸易日益发达，且海舶的载重量远过于陆

淳化元宝双佛币

上的驼、马，所以流出的铜钱数尤多，主要流向日本、越南和东南亚地区，甚至还有远至东非沿海国家。虽然南宋政府一再禁止，还是无法完全遏制铜钱的外流。宋钱流入日本甚多，高丽也有宋钱的输入。

东南亚也是流入宋朝铜钱的主要地区。来往阇婆国（今印度尼西亚爪哇岛或苏门答腊岛，或兼称二岛）的商人经常暗地里载运铜钱。交趾也大量套购宋朝铜钱，其国内甚至规定宋钱许入不许出。新加坡附近、爪哇的考古发掘都有宋钱出土。宋代铜钱还流于印度、阿拉伯、非洲等地，甚至远至波斯湾的霍尔木兹岛也发现了宋代铜钱。

宋代铜钱的外流途径主要有三种。一是回赐。在朝贡贸易的回赐中铜钱是很受欢迎的商品。铜钱只是回赐物品的一小类，总体数量并不大，但有时也达到上万缗的数量。回赐处于宋政府的直接控制之下，由于宋政府的严格控制，铜钱由此外流数量不多。二是博买。宋朝前期，博买也造成了一定数量的铜钱外流。市舶司建立之初，曾以金银、缗钱、铅锡、杂色帛、瓷器与番商交易，但嘉定年间（1208—1224）取消了金银、缗钱等的博买。在博买行为中，宋政府是主体，因而博买中的铜钱外流能受到政府的控制。三是走私。铜钱走私是铜钱外流最大、最主要的途径。铜钱走私遍及沿海各地，其中有很多经由市舶司管辖的商贸中流出，在市舶司管理不及的地方有更多贩运铜钱现象。走私贩钱的方式多种多样，有藏于船底的，也有应检之船不靠岸，用小船至二三十里外输送铜钱，还有在境内将铜钱熔铸成铜器，再运到海外的做法。

铜钱走私活动兴盛的主要原因是利润丰厚，铜钱一贯之数可以易番货百贯之物，海商为求厚利，逃避关检。这样的高额利润使宋政府的禁令显得苍白无力。官商勾结是走私兴盛的另一个重要原因，也使铜钱外流成了不治之症。有的海商是地方豪强，称霸一方，公然犯法，使地方官不得不依附于他。有的市舶官接受海商贿赂，或出资与海商贸易，分享利润。正因走私利润大，商人甘冒风险，官商又互相勾结使得铜钱外流之势不可阻挡。

宋代铜钱的大量外流根本原因在于海外市场对铜钱的巨大需求，而高额的利润也正来源于国内价值与国际价值的巨大差异。高丽、日本、交趾由于受中国文化的影响，都以铜钱为本位货币，且其铸钱的形式、工艺、铸文均与中国相同，皆为圆形方孔钱。然而由于手工业发展水平所限，这些国家的钱在质量、数量上都存在严重不足，人们都厌弃本国钱而追求质优价稳的宋钱，这就是宋钱流向这些国家的根本原因。宋钱流入以上国家后均充当本位货币，甚至喧宾夺主，占流通中的主导地位。这3个国家都是宋钱外流巨大而稳定的市场。

东南亚地区盛产香药、象牙、犀角等宝货，阿拉伯和宋朝与其有大量的贸易来往。在国际贸易中大宗贸易一般都用金银等重金属货币交易，东南亚各个国家也大多以金银币为本位币。据赵汝适《诸蕃志》载，三佛齐没有自制缗钱，通常以金银贸易他国物品。但金银等贵金属货币只限于一次性的大宗贸易，即宋、阿拉伯等外商从当地商人集中收购货物时支付，而当地商人仍需到各个地方与入山采宝货的百姓交易。这种情况下，宋制铜钱就是非常方便实用的支付货币了。中国宋朝时期，东南亚诸国大多以农立国，手工业不发达，商品经济远远落后于宋朝，国内市场不发达，居民日常生活的交换需求细小零碎。而东南亚各国赖以大宗出口的香药宝货也并未形成规模种植，都来自百姓在生产之隙入山采集。本地商人与居民之间的交易是十分散碎的。正是以上诸种状况才决定了金银等贵金属很难担当这种利尽锱铢的民间贸易媒介。成色稳定、形制统一、携带便利而且信誉良好购买力强的宋钱就十分受欢迎。小小铜钱使百货流通，经济活跃，因而东南亚各国都视之为"镇国之宝"，无论华商还是外商，往往冒险私贩铜钱，进而出现了东南亚诸国喜爱宋朝铜钱，百货以宋钱为交易媒介的局面。

海外对宋朝铜钱存在的巨大的需求，使宋钱的外流形成了无法阻止的趋势。宋钱的大量外流，对宋朝社会经济造成了多方面的影响，特别是加重了宋代的"钱荒"和会子折兑等现象。不过，铜钱的大量外流也从一个侧面反映了宋代海外贸易的繁荣。

宋元制盐：闽盐制盐法的滥觞

福建制盐业历史悠久，从20世纪50年代在福建出土的文物中有煎盐器具，证明在仰韶时期（前5000—前3000）福建已有煎煮海盐。至唐代，福建制盐业已有相当规模。唐时福建制盐地为长乐、连江、长溪、晋江、南安五县，生产方法为淋卤煎盐。宋代福建产盐区为长乐县、长溪县、罗源县、晋江县、惠安县、同安县、漳州府属龙溪县（今龙海市）和漳浦县。

宋代福建的盐利收入有两大类，一是盐课收入，二是专卖收入。盐课是政府对盐亭盐丁所征收的赋税。盐丁所产食盐在纳税之余，最初亦由官府统一收购出卖。其后私贩兴起，盐户不愿官卖，纷纷将盐私卖给商贩。官府亦课其税收，称为浮盐钱。

宋代的盐法实行民制、官收、官运、官卖的办法，其销售形式可分为"官鬻"和"通商"两种。前者直接由国家实行食盐专卖，后者指国家把盐售与商人，在指定区域内自由运销，其实质也是一种专卖形式。福建则两种销售形式同时存在。宋初福、泉、漳、化下四州行"产盐法"，剑、建、汀、邵上四州行"官般法"。"产盐法"强制百姓计产输钱于官，然后由官府抑配食盐，各地没有定制，但必须保证相当的盐利，而且买盐钱必须随夏秋二税一起征纳。所谓"官般法"是由官府统一向产地收购，统一搬运到销售地后，再统一卖给商贩转卖给百姓。这种由官收、官运、官卖的食盐，估价极高，通常达到每斤40文，因此"官般法"实行不久，百姓纷纷转食私盐，民间私盐蜂起。

"官般法"至熙宁年间已经弊端百出、无法实行。熙宁十年（1077年），在福建路塞周辅建议下改行钞法。所谓钞法就是商人用钱向官府买钞，官府发券允许商贩赴产盐地盐场领盐，任其运卖。同时，政府立法用严刑禁止私贩。至崇宁年间（1102—1106）蔡京当权，又更变钞法，规定商人赴场买盐必须使用盐引，凡是产盐附近地区准许商人赴场输钱，限定斤数发给短引，允许运卖旁近州县；凡是在远距盐场的地方销售，必须在榷货务买钞，发给长引至盐场领盐，并规定短引使用一季，长引一年缴销。

蔡京的钞法实行以后，由于商贩自由运卖，福、泉、漳、化的产盐法立即暴露弊端。淳熙八年（1181年）宋廷命陈岘措置恢复钞法，但亦只实行一年，地方就纷纷上言钞法敷扰害民，宋廷只得诏福建转运司诸州盐纲依旧"官般官卖"。由于官盐价格远远高于私盐，上四州地方政府纷纷采取抑配的办法销售。

据南宋程大昌《演繁露》记载，晒卤成盐现象在唐初已被发现，但时人并未认识到其中的生产价值，仅以祥瑞视之。程大昌作了试验，将盐化为卤水，然后暴晒成盐，从而实证了晒卤成盐现象。程大昌曾在孝宗、光宗时（1163—1194）担任过浙东宪臣、泉州知府、建宁知府以及明州知府等职，他的认知想必对东南各地的海盐制法有一定的启发和影响。另据福建省古代地方志书有关记载，创晒盐法者为莆田人陈应功。不管晒盐法是谁率先发现，至少到南宋时，晒盐法已在福建盐法中确实可见。晒盐法的最大特点是省去煎煮卤水这一复杂操作过程，让卤水经日光暴晒，在自然力的作用下，结晶成盐。晒盐法不需要柴薪，减少了程序，提高了出盐效率，宋时一人一日晒盐可达200斤。据梁克家《三山志》中记述的有关《福清盐埕经》的内容，除了晒盐法外，煮盐生产中的取卤、验卤、管道输送等关键技术，也都始创于宋代。

元代对食盐实行专卖，政府严禁私贩食盐或伪造盐引。福建7处盐场所产食盐在延祐元年（1314年）以前，全部由官府卖盐引于客商，盐商凭盐引赴各场领盐，然后按政府指定地域兴贩。据《元典章》记载，至顺元年（1330年）前福建盐民已普遍应用晒盐技术。晒盐法大大降低了成本，技术的进步再加上产能扩大，使得盐价大幅下降。据何乔远《闽书》所记，至明中期，盐价"极高不过钱二文"，约是宋时最低价的二分之一。

宋元时期，福建制盐技术的改进与创新，促进了盐业的大发展，福建自此一直是全国重要的产盐区之一。

中外药物交流：海路上的中医药贸易

宋元时期福建地区繁荣鼎盛的海外交通贸易大环境，为中外交流搭建了广阔的平台，当时泉州港众多中外来往货物中，药物交流也很兴盛。

泉州港中外药物交流时间长、形式多样。早在唐代，泉州港已成为中外药物交流的重要港口，当时阿拉伯商人通过海路，将香料等物运来，同时把肉桂、大黄等药材运往阿拉伯地区。五代时，许多外来药物经泉州港输入中国。在宋元两朝400多年里，泉州港中外药物交流几乎得到不间断的持续发展，并在宋末元初达

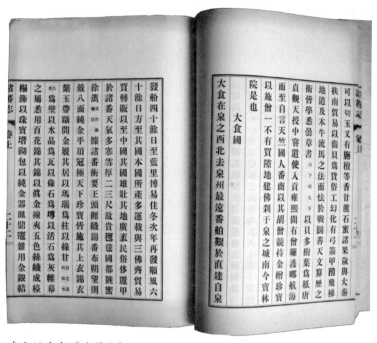

清代活字本《诸蕃志》

到鼎盛。

在交流形式上，既有官方参与，又有民间往来。官方交流大体可分为"朝贡""赐与"和博买两种基本形式。"朝贡""赐与"的药物类似于中外友好交往的附带礼品一样，量不大。当"朝贡"与"赐与"这种政府贸易形式难以满足需要时，朝廷往往派人到海外或通过市舶司以博买方式加以解决。当然，宋元时期中外药物交流的主渠道是民间贸易，无论是南宋赵汝适的《诸蕃志》，还是元末汪大渊的《岛夷志略》，都有大量关于民间药物交流记载。1974年泉州湾后渚港出土的南宋古船就装载大量外来药物，这是泉州商人到海外大量采购药物的实证。

宋元时期，经泉州港与中国进行药物交流的国家或地区，不仅数量不断增多，而且地域亦不断扩大。据《诸蕃志》《岛夷志略》等书记载，当时中外药物交流地域范围从宋代的朝鲜、日本、东南亚、印度半岛、马来半岛、阿拉伯半岛等，扩大到元代的非洲北部及东岸沿海地区。

伴随着交流地区日益扩大，中外药物交流数量亦不断增大。据《宋史·食货志》记载，南宋建炎四年（1130年），朝廷在泉州仅抽买乳香一项就达86780多斤；《宋会要辑稿》记载绍兴二十五年（1155年），占城（今越南中部）运进泉州的商品中，仅香药一项就有沉香等7种共63334斤，玳瑁60多斤；1974年泉州湾后渚港出土的南宋海船，单降真香、檀香、沉香等香药木，重达4000多斤（未经脱水）。

据赵汝适《诸蕃志》所记，宋元时期经泉州港输入中国的外来药很多，其中以香药为大宗，有脑子（即龙脑）、乳香（又名熏陆香）、没药（书中作末药）、血碣（当作竭）、金颜香（又名金银香）、笃耨香、苏合香油、安息香、沉香（又名沉水香）、笺香（又名多栈香、煎香）、速暂香、水银、石决明等等。与前代比较，宋元药物输入不仅品种大为增加，而且像玳瑁、降真香这样的传统奢侈品，在宋代也被收入药学著作以作药用，成为宋元中外药物交流的新成员。经泉州港输往海外的药物主要有大黄、黄连、川芎、白芷、樟脑、干良姜、绿矾、白矾、硼砂、砒霜及部分宋代已入中药的转口外来药计近百种。

以泉州港为核心的宋元中外药物交流，在中外医药学发展史上占有重要的地位，对相关各国医药事业的发展都有着积极的影响。作为承载医学知识的特殊商品，中药输出促进当地医药事业的发展，增进海外各国对中医药的认识，也带动了中国医学的海外传播。如川芎乃宋代治疗头疼风眩的首选良药，这一单方验药受到盛产胡椒的东南亚各地欢迎。因此，地处今印度尼西亚爪哇岛的苏吉丹成为中药川芎的采购大户；又如砒霜，在金鸡纳霜（奎宁）传入东方之前，是治疗疟疾的名药。爪哇岛上疟疾肆行，因此也需要从中国输入砒霜。此外，中国的麝香被认为"对治疗头部各种寒性疾病均有效"而大量输入阿拉伯地区；大黄是中国输往阿拉伯地区的传统道地药材，被当地认为具有"强肝健胃以及促进其他内脏功能""治疗急性腹泻、痢疾和慢性发烧"诸方面的医疗功效。

借助于中医较为系统的理论指导，以及善于吸收借鉴的特性，不少宋元进口药物成为中国传统医药的有机组成部分。明代徐用诚的《本草发挥》、王纶的《本草集要》、李时珍的《本草纲目》，清代汪昂的《本草备要》、吴仪洛的《本草从新》、吴其浚的《植物名实图考》等，都收录有进口药物。中华人民共和国成立后，大部分进口药物被编入1963年、1977年颁布的《中华人民共和国药典》。此外，用进口药物配制的著名成药"苏合香丸""至宝丹""紫雪丹"等，在今天临床上仍被广泛采用。

宋元时期福建海外商贸产品中大量的中医药来往记录，是中国海外贸易繁荣的见证，同样也是中药实力和辉煌的见证。

宋元水师：中国海防海御理念的萌发

宋初福州即有水军三营，北宋中期分别改名为保四、雄略、全捷。从宋代水师的历史来看，宋代初年对水军并不看重。

南宋时水师受到重视。绍兴年间（1131—1162），福建造海船以教习水战，自成一军，专隶于朝廷，无事时散之于沿江州郡，有事则聚而用之。当时福建水师主要驻延祥寨、荻芦寨，驻地在福州附近。据梁克家《三山志》的记载，荻芦寨位于连江县境的荻芦门，后迁闽县方山渡北岸，即名为"南屿"的地方。而延祥寨水军设置于侯官县的延祥寺附近，绍兴二十六年（1156年），朝廷分延祥寨水师一半去泉州驻扎。当时福建水师在作战前后有向湄洲神女祈祷的习俗。嘉定年间（1208—1224），曾有大股海盗入侵泉州一带。南宋理学家真德秀指挥泉州的水师清剿海寇，多次获胜。为了鼓舞士气，在平定海寇前后，真德秀多次向海神祈祷。

泉州出土宋船模型

南宋靠海的区域有三路，即两浙路、福建路、广南路。这三路都有水师，不过，两浙路沿海多浅港，所以，民间所用，多为中小船只；福建海域港阔水深，一向使用大船，故而南宋水师的大船大多来自福建与广南。在福建与广南二路里，广南人口较少，全路不过百万余人，经济力量有限，而福建有泉州等著名的东方大港，所以，宋代的大型战舰主要来自福建。

宋朝为了抵御金兵南下，多调用福建水师为防御之用。建炎三年（1129年）冬，金兵攻克临安，在明州避难的宋高宗赵构，便计划乘船下海，以避其锋芒。宋、金两国在长江之上发生过多次大战，如韩世忠与金兀术的黄天荡之战、虞允文与金主亮的采石之战，宋朝都出动了许多大型海船。当时海船以福建为上，故而其中当有不少船只是从福建调发的。据《三山志》等史书记载，南宋时期福州地区就已有专门建修海船的海船户。可见，调发福建海船应该是一种常态化机制。

南宋时调用福建海船不仅用于作战，也用于货物的运输。南宋立都临安以后，与福建一水可通，福建的财物大量从海路运往临安。总的来看，南宋时期福建水师的活动范围很广，上至长江、下至广南。

两宋时期的水军船只种类很多。据徐兢《宣和奉使高丽图经·客船》记载，有长达十余丈的客船，有规制宏大的战舰，有灵巧迅捷的斗舰，有疾驰如飞、传递信息的游艇，有头低尾高、前小后大、冲锋陷阵的海鹘。

忽必烈建立元朝后，大举进攻南宋王朝。但由于中国南方多水，而蒙古军又是一支"长于陆战，而短于水战"的军队，故其一时之间难以攻灭南宋政权。鉴于此，忽必烈开始大练水军，广造战船。至南宋咸淳九年（1273年），元军攻破襄樊之时，已拥有水军7万，战船数千艘。而元朝与南宋的最后一战"崖山之战"也发生于海上。

元朝继承了唐、宋较为开放的海外贸易政策，海船的应用与发展得以继续，海船户和海船调发等政策在南宋时的基础上继续发展。元朝很重视发展水军，并建造有"四桅远洋海船"以期向海外扩张。至元十一年（1274年）、至元十八年（1281年）元军两次渡海东征日本，这两次东征虽然均以海上飓风而告失败，但却促进了元政府对海防重视的加强。元朝虽然对日本的东征以失败告终，但是发展海上力量征服世界的国策却并未因此而改变。

总之，在明朝以前，中国古代的海洋文明始终呈现出一股蓬勃向上的发展之势。但在海防方面，至宋元时期仍然只是作为陆防的一个补充层面，并未引起足够的重视。虽然中国自春秋时期即有海战发生，唐朝时期也已出现"海防"这一概念，但由于自始至终中国沿海一带并未真正受到来自海外异族的威胁，故在明朝建立之前，中国的沿海防御并未经历过严峻的考验，因此真正意义上的"海防防御"也并未诞生。

澎湖巡检司：中国中央政权在台湾地区首次设置的官署

澎湖巡检司是元、明时期设置于澎湖列岛的官署。在中国历史上，这是中央政权最早管理台湾、澎湖的行政机构。

唐宋以降，内地屡遭战乱，百姓流离失所。尤其是宋朝南渡，政府偏安江南，沿海百姓渡海求生的人越来越多。随着大陆人民不断迁居澎湖，宋元政府注意并开始了对澎湖的管理。南宋乾道年间（1165—1173）政府已派兵到澎湖巡防。当时海上有沙洲数万亩，称为"平湖"。时有毗舍邪人侵入平湖，割尽人民所种的作物。后来，为保护当地百姓的利益，泉州知州汪大猷在平湖建造房屋，派军民屯戍。这里所说的"平湖"，就是澎湖。赵汝适的《诸蕃志》也有记载：泉州有海岛曰澎湖，隶属于晋江县。从这些记载中可以看出，当时澎湖已有不少居民，并在那里定居，而且已经从事粮食和经济作物的种植。宋朝政府在澎湖戍兵防守。

到了元朝，到澎湖的汉人更多，他们已在此地建造茅屋，过着定居的生活，不仅到海上捕捞鱼虾，而且在岛上种植胡麻、绿豆，放养成群的山羊，形成男子耕、渔、牧，女子纺织的聚落社会。大陆汉人开拓澎湖之后，开始向台湾本岛发展。据到过台湾的元代著名地理学家汪大渊所著《岛夷志略》记载，当时台湾东部高山峻岭，林木葱郁，西部平原土地肥沃，种植黄豆、黍子。大陆商人将瓷器等货物运到台湾与当地居民交换硫黄、黄蜡等。

元世祖忽必烈至元年间（1264—1294），元政府对澎湖的关注、澎湖与内陆的交往渐趋频繁，为进一步经营台湾，元政府在澎湖设立了巡检司，隶属于福建行省泉州路，是县级衙门底下的基层组织。

澎湖巡检司是元代在海疆地区设置巡检司的典型。元帝国在远离州县府衙、统治力量薄弱的偏僻港湾、滩涂盐场和海岛设置巡检司，将其作为海疆治理的重要机构，其职责稍不同于内陆地区的巡检司，主要在于征剿海寇、打击海上走私以及维护海疆地区社会稳定等。

澎湖巡检司位于远离大陆海岸100多公里、顺风亦需两日海上航程的澎湖列岛，彰显元代海疆管辖的外向扩展性，这和元政府奉行积极开拓的海洋政策有着密切关联。通过海路将江南的粮食等物资运输至大都城，可以供应元朝的财政开支，而为了维系这个漕粮海运体系，海洋秩序的稳定、海疆治理的成功就具有特殊的重要意义。

"柁师指点说流求"：明代以前对台湾的认知与交往

南宋绍兴二十九年（1159年），诗人陆游在宁德县任职。他有一次乘海船出行，在路过福州洋面时，于微茫的烟霭中望见流求国。后来，他在一首诗中写道："常忆航巨海，银山卷涛头。一日新雨霁，微茫见流求。"在另一首诗中他写道："行年三十忆南游，稳驾沧溟万斛舟。常记早秋雷雨霁，柁师指点说流求。"看来这段经历给他留下了比较深刻的印象。

流求为古代东海大岛，始见于《隋书》的记载。明代以前的文献中也常见

"流求"一名，有时写作琉球、瑠求等。19世纪末荷兰学者施列格在其《古流求国考证》一文中详证隋代的流求即为台湾。日本学者村瓒次郎在《关于唐代以前之福建及台湾》中的观点与施列格相同。台湾著名学者方豪先生也主张"流求"即为"台湾"的古称。也有人认为隋代的流求指的是今日的冲绳群岛，或者包括台湾岛、冲绳群岛。目前一般认为流求在明代以前指的是台湾。而陆游在福州洋面上泛海远眺，看到的就是祖国宝岛台湾。

台湾在东汉三国时期被称为夷洲。三国孙吴时期，孙权以水军立国，重视造船业的发展，建立了一支规模很大的船队，并以东南沿海为基地，开展大规模航海远征活动。吴黄龙二年（230年），孙权派遣将军卫温、诸葛直率领甲士万人乘船航海，寻找夷洲、澶洲，因澶洲地方遥远，难以找寻，所以这支舰队最后只到达了夷洲。到达夷洲后，由于疾疫流行，水土不服，士众疾疫死者十有八九，遂从夷洲带回了数千人。时任丹阳太守沈莹有可能通过到过夷洲的官兵和由官兵带回的夷洲人，详细地了解夷洲的情况，写出《临海水土志》，留下了有关台湾情况最早的记述。该志对台湾的方位、气候、风土人情作了比较详尽的记述。书中关于台湾丰富的动植物资料的记载，对于研究我国古代农业发展史亦十分珍贵。

流求之名，始见于隋代。唐初魏徵等编写的《隋书·东夷传》记载流求国位于海岛之中，在建安郡的东边，到达其地需要航行5天。隋大业元年（605年），东南沿海的水师将领何蛮等发现在春季和秋季，当天气晴好风平浪静的时候，向东远望，依稀有数千里的地方被烟雾笼罩。大业三年（607年），隋炀帝派遣羽骑尉朱宽航海求访异俗，何蛮等向朱宽提起了他的发现，朱宽与何蛮遂一起前去探寻，到了流求国，因言语不通，带了一名当地人回来。大业四年（608年），隋炀帝令朱宽再次到流求，宣谕慰抚，被流求国所拒绝。大业六年（610年），隋炀帝派武贲郎将陈棱、朝请大夫张镇州从福建、广东交界（当时称义安）的沿海一带出发，带领舰队往击流求，俘获数万流求国民而返。因航海有功，陈棱被提拔为从二品散官右光禄大夫，张镇州被提拔为正三品金紫光禄大夫。据地方志记载，这些被俘虏来的流求百姓一部分被安置在了福建福清。并设置了化北里与化南里管辖。当代学者徐晓望认为这两个里的名字中都有一个"化"字，意思是用中原习俗教化异乡人。台湾人在当时被当作夷人，所以要"化"之。他进而指出《三山志》中写到的福清县崇德乡的"归化北里""安夷北里""安夷南里"，孝义乡的"归化南里"，都位于福清半岛，与台湾隔海相望，都是安置自流求来的"夷人"的地方。

唐代关于流求的记载不多，《新唐书·地理志》写道：从泉州清源郡出发，乘舟向正东方向海行，经两日到澎湖列岛的高华屿，又两日到龟壁屿，又航行一日到流求国。连横《台湾通史》还记载，唐代中叶，汾水（今属山西）人、元和进士施肩吾带领其族人迁居澎湖。他的《题澎湖屿》一诗，写的就是澎湖鬼市盐水的景象。

宋代，梁克家《三山志》中曾记载，在天气晴好的时候，从福清昭灵庙东望，极远处能看到碧绿如拳头大小的一块地方，就是琉球国。每当风暴来临，福州沿海的渔船借大风一天一夜就能到达琉球国界。南宋时期，泉州知州真德秀在其奏疏中也提到过流求，他说从泉州永宁出发，经一天一夜航海可到澎湖，澎湖人遇夜不敢举烟，主要是怕流求国人望见来骚扰。如其所述，流求国就在澎湖附近。

元朝称台湾为瑠求。据《元史》记载，瑠求在漳州、泉州、莆田、福州四州界内，与澎湖诸岛相对，天气晴朗时，远望隐约若烟若雾，方圆不知几千里。元世祖至元二十八年（1291年）九月，海船副万户杨祥请示朝廷，愿率6000军队前往招降，若拒不降服，就武力讨伐。朝廷接受了他的提议。后又有自幼生长于福建的书生吴志斗上书，称熟悉海道，愿意先往招降，同时了解水势地利。十月，元朝廷任命杨祥任宣抚使，给金符，吴志斗任礼部员外郎，阮坚任兵部员外郎，给银符，出使瑠求。至元二十九年三月，他们从澎湖出发，但此行没有到达瑠求。元成宗元贞三年（1297年），即大德元年，福建行省平章政事高兴上奏说，行省由福州徙治泉州，离瑠求很近，可随时侦察消息，若招降或讨伐，不必调动他处兵力，愿意就近一试。九月间，高兴派遣张浩、张进赴瑠求，生擒130余人而还；第二年正月，又将所俘瑠求人放回，要他们效顺，但无下文。

元代朝廷两次较大规模前往瑠求的尝试都无果而终。大概从明初开始，流求（琉球）的名字被使用在冲绳群岛，专指进行朝贡贸易的中山诸国。台湾反而被称为"小琉球"，后来又改称鸡笼、东番、北港等地名，最后才被称为台湾。

蒲寿庚家族：宋元之际擅番舶之利的巨商

南宋以后，泉州港的海外贸易进一步发展，先后有大食、三佛齐等数十个国家和地区的商人到泉州贸易，数量超过了北宋。泉州的海商群体也迅速成长，不但活动频繁，经常航行到海外各国，而且势力雄厚，往往在当时的海外贸易中居于主导地位。蒲寿庚家族就是其中的佼佼者。

蒲寿庚家族是阿拉伯人的后裔。蒲寿庚的祖上最初从阿拉伯地区徙居占城（今越南中部），是占城的大商人，经常往来于占城与广州，从事海上贸易，因为厌倦了海上往返贸易的奔波和危险，随后就定居广州，总管广州番商贸易。蒲家在广州富甲一方。12世纪末年，名将岳飞的孙子岳珂随父亲岳霖居广州，幼年时常跟随父亲到蒲姓番商处做客，他在所著的《桯史》中记载：蒲姓居处金碧辉煌，豪华无比，楼高100多尺，站在上面可以尽览广州美景。蒲姓家吃的食品遍撒香料，许多香料的名字都叫不上来；蒲姓家喜欢干净；平日诵经祈福，但不摆佛像。居所之后有一塔，每年四五月，番船前来贸易时，番商会登至塔顶，祈求南风。从岳珂的描述来看，蒲姓家在广州的经济地位很高。历史学家白寿彝据此认为蒲姓不只是一个富甲一时的巨商，而且是一个在巨商中拥有权威的番长，他的居所，就是番长司所在，礼拜堂和传呼礼拜的塔，都是番长司中设备的一部分。虽然岳珂的记载中没有提及该蒲姓家族与蒲寿庚有何关系，但后世学者大多认为，蒲寿庚的祖上即出自该家族。

大约在13世纪初，广州蒲家的海外贸易经营遇到很大困难，渐趋没落。恰逢此时泉州地方政府制定优惠政策，积极招徕国内外商人到泉州港发展，因而在嘉定十年（1217年），蒲寿庚的父亲蒲开宗举家迁往泉州。当时的泉州，经过北宋时期的发展和南宋王朝的政策支持，已逐渐成为当时对外贸易最主要的港口之一，有许多国家的各种香料，大量地从这里源源不断地登岸。据南宋赵彦卫《云麓漫钞》所记，从泉州市舶司进口香料的国家有30多个。据《宋会要辑稿》记载：绍兴二十五年（1155）从占城国进口泉州的香料，就有沉香等63000余斤。香料本来就是蒲寿庚家族世代经营的一个产业，所以到泉州以后，蒲开宗继续从事以运贩大宗香料为主的海外贸易。他选择了由泉州港中心港口后渚通往泉州城的必经之道法石，作为大本营。蒲开宗到泉州，又正值泉州数任知州游九功、真德秀等，市舶使谢采伯、李韶等都相对清廉，尽力清除市舶之弊发展海外贸易的时机，所以他充分利用家族与海外诸国的广泛联系，帮助官府大量招徕番商，拓展香料贸易。因对促进对外贸易、增加官府收入有功，绍定六年（1233年），南宋政府授予蒲开宗"承节郎"的官衔。既赚了钱又做了官的蒲开宗积极参与当地公共事务，他先后于绍定六年重修倪公祠，淳祐三年（1243年）修龙津桥，淳祐六年修长溪桥，这些都详细记载在地方志中。龙津桥、长溪桥，都位于泉州晋江四十一都（今泉州市洛江区河市镇），地处洛阳江上游。洛阳江口的乌屿是宋元时期泉州港中外商舶停靠的一个口岸，涨潮时，海水由洛阳江上溯，可达今下河市村，乌屿与下河市之间可乘潮通舟。蒲开宗出资修建龙津桥和长溪桥，一方面赞襄地方公益事业，以更好地融入当地社会，另一方面也是为了改善海陆交通条件，更加便利自己所从事的海外贸易事业。

蒲开宗有两个儿子，老大蒲寿宬，老二蒲寿庚。按照性情禀赋和开拓家族事业的考虑，蒲开宗把家族生意交给蒲寿庚继承。大约于淳祐后期（1249—1252），蒲寿庚继承了父业，在他手中，蒲氏家族的海外贸易事业有了更大的发展。蒲寿庚事业发展的一大转折是协助南宋官府平定海盗。南宋时，从泉州前往南海的航路，沿途遍布珊瑚礁和小岛，再加上为躲避风涛，来往泉州贸易的商船大多都要紧贴岸边航行，而礁石海岸线上遍布易于强盗藏身的出入口。当时海盗十分猖獗，很多商人都因为在海上受到海盗的侵扰而损失惨重。《泉州府志·纪兵》载，南宋时期泉州发生海寇犯泉事件多起。海盗活动也对蒲寿庚家族的商业贸易造成了很大困扰和损失。1274年，海寇偷袭泉州，在官兵无法抵抗海盗猛烈进攻的情况下，蒲寿庚与哥哥蒲寿宬自发组织起来抵抗海盗。他以自己家的庞大商船为基础，在官兵的配合下多次击退海盗的进攻，并使泉州在一段时间内出现了较为安定的经商局面。朝廷为了表彰蒲寿庚，于景炎元年（1276年）授予他福建广东招抚使统领海防，又兼提举市舶司。蒲寿庚掌握了军事、民政和市舶的实权，成为泉州亦官亦商的地方实力派。蒲寿庚担任泉州市舶使后，在打击海盗、保障贸易航路畅通的同时，利用自己在海商中的影响力和掌握的庞大航海船队，进一步扩大了泉州对外贸易。1973年，考古工作者在泉州后渚港发掘出一艘南宋远洋货船，载重量200多吨。这艘船上载有大量的名贵香料降真香、檀香、沉香、乳香、龙涎香等。继后渚宋船的发掘之

蒲寿庚塑像

后，1982年，有关单位在蒲寿庚的居住地法石试掘了一艘南宋海船。据估算，该船长度有23米，载重量约100吨。据考古学家推测，这两艘船应该是蒲氏家族的货船。从船的吨位和货物来看，香料贸易仍是蒲寿庚的重要产业。

宋元之际，蒲寿庚成为元、宋竞相争取的对象。由于元军善于陆战而短于海战，听闻蒲寿庚熟悉海上情况，拥有大量海船，所以至元十三年（1276年）2月，在元军攻陷临安前夕，元军统帅伯颜曾派人到泉州招降蒲寿庚，未能成功。同年，元军攻占南宋都城临安（今杭州），俘5岁的南宋皇帝恭宗。陆秀夫、文天祥和张世杰等人拥立新皇帝，成立小朝廷。继位的宋端宗为了笼络蒲寿庚，任命他为广东福建招抚使，总领海外贸易事务。随后，南宋皇族逃亡泉州，意"欲作都泉州"。但蒲寿庚此时已有降元之意，先后拒绝张世杰等人进入泉州城内、借船400艘的要求。在泉州城内，蒲寿庚尽杀泉州南外宗室3000余人。12月，元朝大将董文炳率部抵泉时，才做了几个月宋朝招抚使的蒲寿庚投降元朝。

降元之后，蒲寿庚建议发展海外贸易，这对于急于补充财力、树立王朝海内外威信的元朝来说尤为需要，因而得到了元世祖忽必烈的嘉许。至元十四年（1277年），元世祖下令恢复泉州市舶司，令忙古䚟负责市舶司事务。至元十五年（1278年）三月，元世祖任命唆都、蒲寿庚行中书省事于福州，镇抚濒海诸郡。同年八月，元世祖再次下诏给行中书省唆都、蒲寿庚等，进一步明确鼓励和支持海外贸易。忽必烈虽然任命忙古䚟领市舶司事务，命令唆都、蒲寿庚共同负责招谕海外诸番事务，但因为忙古䚟、唆都等并不熟悉海外交通和海上贸易，所以海外贸易实际上还是由蒲寿庚主持。据《元史·世祖本纪》载，至元十五年，也就是元世祖诏唆都、蒲寿庚诏谕南海诸国的当年，元朝派遣蒲寿庚之子蒲师文奉诏出使占城等南海诸国抚宣诸夷，蒲师文的副手是蒲寿庚的得力部将孙胜夫、尤永贤。此后，元朝政府几次重大的诏谕活动都从泉州港启航，且主要由泉州当局负责，并有蒲氏亲信参加。如至元十六年（1279年）十月，孙胜夫陪同唆都出使占城，至元十七年，尤永贤奉命诏谕盖南毗。蒲寿庚主持元初泉州海外贸易期间，在市舶司管理、降低番舶税率、吸引诸番国前来中国互市、繁荣海上贸易等方面都起到了重大作用。蒲寿庚主持下的泉州市舶司工作走在全国前列，元政府曾制定颁发"市舶则法二十二条"，明文规定各地市舶司悉依泉州例取税。蒲寿庚也积极与东南亚、西南亚通商贸易，并通过波斯湾将货物转销欧洲，有效地促进了泉州海上贸易和社会经济快速发展。南宋末年赵汝适所写《诸蕃志》所记述的泉州与海外交往国家有58个，而到了元代中后期汪大渊所写的《岛夷志略》中记述的国家和地区增至近百个，说明元代海外贸易的范围比南宋扩大了许多。

蒲寿庚降元以后对泉州海外贸易的另一大贡献是积极促成元世祖对女神妈祖的加封。泉州港繁盛的海外贸易使得始于北宋的妈祖信仰早已在当地海商中盛行。至元十五年（1278年）八月，元世祖忽必烈正式下诏封妈祖为"护国明著灵惠协正善庆显济天妃"。这次敕封，应该与半年前被提拔为"行中书省事于福州、镇抚濒海诸郡"的蒲寿庚积极奏请有关。至元十八年（1281年），新任"正奉大夫、宣慰使、左副都元帅兼福建道市舶提举"的蒲师文，奏请敕封妈祖为"护国明著天妃"。忽必烈再次下诏书给予册封。元世祖这两次册封，开启了元代加封妈祖之先河。此后，几乎历代皇帝都有加封，祭祀仪式也越来越隆重，妈祖（天妃）庙遍布沿海及运河两岸。元代对妈祖的敕封，代表了官方对妈祖信仰的肯定和认可，与其外贸、军事等密切相关，对于保护海道、发展海上贸易都有重要意义。

莆寿庚有三个儿子，其中以蒲师文最为有名。至元十五年，蒲师文以正奉大夫、工部尚书、福建提举市舶等官职，奉诏祭祀天妃，已如前述。而后，他又奉诏通道外国，抚宣诸夷。大德元年（1297年），元政府开平海省于泉州，蒲师文为平海省平章政事。蒲寿庚的孙子蒲宗谟，也曾任平章政事。蒲寿庚的女婿佛莲也拥有巨额财富。据宋末元初人周密记载，蒲寿庚的女婿巴林（在波斯湾西部）人佛莲，侨居泉州，从事海外贸易，每次能出动80艘海船进行贸易。至元三十年（1293年）佛莲去世后，因为家无男丁，按照宋元的官方规定，家产被官府没收，其中有珍珠130石，其他财产不计其数。

蒲寿庚及其家族，在宋元之际使泉州港免遭战火毁灭，使中国的海外贸易得以继续发展，提升了泉州的行政地位、军事地位和对外交通与贸易地位，为泉州港在元代成为世界最大的商港奠定了基础。

大航海时代：海洋福建的货通天下

海者，闽人之田也。

——顾炎武：《天下郡国利病书》

凡福之绸丝、漳之纱绢、泉之蓝、福延之铁、福漳之橘、福兴之荔枝、泉漳之糖、顺昌之纸……其航大海而去者，尤不可计，皆衣被天下。

——王世懋：《闽部疏》

随着美洲和通往东印度的航线的发现，交往扩大了，工场手工业和整个生产运动有了巨大的发展。从那里输入的新产品，特别是进入流通的大量金银完全改变了阶级之间的相互关系，并且沉重地打击了封建土地所有制和劳动者；冒险者的远征，殖民地的开拓，首先是当时市场已经可能扩大为而且日益扩大为世界市场，——所有这一切产生了历史发展的一个新阶段。

——马克思、恩格斯：《德意志意识形态》

海洋之利：明清"禁海"与"开海"争论

元末明初，朱元璋统一南方以后，逃亡海岛的方国珍、张士诚等残余势力逃入海上，经常纠集倭寇在沿海进行骚扰，倭患日趋严重。为了解决倭寇问题，朱元璋于洪武二年（1369年）派出使者宣谕日本，但未达目的。明太祖深恐"海疆不靖"，于洪武四年（1371年）十二月就福建兴化卫指挥李兴等私自遣人出海经商事发布诏谕，宣布"禁濒海民不得私出海"，拉开了海禁序幕，并规定马、牛、军需等海外畅销货物严禁出海。洪武七年（1374年）九月，明廷宣布罢泉州、广州及浙江明州三市舶司，对外贸易基本停止。洪武十四年（1381年）十月，明廷颁令"禁濒海民私通海外诸国"。洪武十七年（1384年）正月，朝廷命信国公汤和巡视福建、浙江沿海，为防倭寇下令禁民下海捕鱼。洪武二十年（1387年），明朝为防倭而封海，撤除澎湖巡检司，迁岛上全部居民于漳泉一带。洪武二十一年（1388年），因沿海建卫所，除嘉禾和浯屿（因有建中左和金门两所）外，沿海岛屿居民全部迫迁内地。开发已久的澎湖列岛、南日岛、湄洲岛、海坛岛、小练山、鼓浪屿、大嶝岛、马祖列岛等一系列岛屿被放弃，沦为荒地。"迁海"政策给海岛居民带来巨大灾难，大批在海岛生活的渔民失业，乃至无家可归，民生困苦。海坛岛居民在迁徙时，有许多人葬身海中。洪武二十七年（1394年），为彻底取缔海外贸易，明廷又一律禁止民间使用海外各种产物及买卖舶来的番香、番货等。洪武三十年（1397年）四月，明廷再次发布命令，禁止中国人下海通番。据载，洪武年间（1368—1398）共发布六次禁海令，海禁政策步步升级，乃至规定"片板不许下海"，逐渐转变成为阻碍中国与海外世界相互联系的闭关措施。

朱元璋的禁海政策为后世所继承，成为明王朝基本国策之一。明成祖虽有官方的下西洋之举，但在永乐二年（1404年）正月明文规定禁民下海，下令"禁民间海船。原有海船者悉改为平头船，所在有司防其出入"。永乐三年（1405年）八月，朝廷令福建市舶提举司免征关税放行，对外洋仅限于朝贡贸易，福建市舶司仅负责琉球朝贡贸易。永乐二十二年（1424年）七月，朱高炽即位，朝内因反对郑和下西洋一派占上风，故其下令在福建等处安泊之船，俱回南京，郑和船队被封，修造"下番海船，悉行停止"。宣德八年（1433年）八月，朝廷敕漳州卫官员，重申严通番之禁，但违反海禁出洋的民间海商活动日趋频繁。

景泰元年（1450年），福建巡海按察司佥事董应轸上报朝廷，仍有大批人不顾朝廷禁令，泛海通番。景泰四年（1453年），漳州知府谢迁执行海禁令，将管区内违式巨舶全行拆毁。16世纪初，倭寇在沿海地区日益肆虐。正德十二年（1517年），广州港关闭，海舶悉行禁止。嘉靖二年（1523年），因日本争贡事件，朝议沸腾，明朝对日本闭绝贡路，实行更加严厉的海禁政策。嘉靖十二年（1533年），明世宗下令"一切违禁大船，尽数毁之。自后沿海军民，私与贼市，其邻舍不举者连坐"。厉行海禁政策造成统治者最不希望的3个后果：一是"走私"泛滥；二是"倭寇"更盛；三是海商壮大。

面对闽浙沿海十分活跃的走私贸易，嘉靖二十六年（1547年），因福清冯淑等人泛海通番，明朝廷派遣右副都御史朱纨巡抚浙江，兼管福建福、兴、建宁、漳、泉等处海道提督军务。朱纨到任后，起用福建海道副使柯乔、都司卢镗，并在沿海部署抗击海寇，严禁通番，切断了闽浙世家大族的通番之利和走海为生的沿海居民的生计，从而导致社会各阶层的不满。闽浙豪门巨室串联朝中官员，群起攻之，弹劾朱纨。尤其是嘉靖二十八年（1549年）爆发走马溪事件，朝廷将朱纨免职捕问，迫使朱纨饮药自尽。朱纨死后，朝廷罢浙江巡抚而不设，海禁大弛，走私贸易更加活跃，至此，明朝海禁政策破产。朱纨事件最直接的影响就是嘉靖倭乱的发生和葡萄牙占据澳门。倭乱发生后，朝廷罢市舶司，关闭了所有对外贸易港口，断绝海上交通，停止一切对外贸易。一些有识之士看到了这一点，明白"海禁"与海寇之间的关系，极力主张开放"海禁"，以根除海寇。其中，福建巡抚谭纶积极倡导开海，请求朝廷允许福建商民在近海与外通商。

明朝政府面对倭寇之乱屡打不绝的现实，认识到福建巡抚许孚远在奏疏中说的市通则寇转而为商，市禁则商转而为寇的问题，开始调整严禁民间私人海外贸易的政策。隆庆元年（1567年），明穆宗接受福建巡抚都御史涂泽民"请开市舶，易私贩为公贩"的奏议，部分开放海禁，在月港"准贩东西二洋"，史称"隆庆开关"。但这只是政策和制度上的局部和有限度的调整，一旦有风吹草动，仍随时实行海禁。天启三年（1623年），福建巡抚南居益下令沿海戒严，禁止与盘踞澎湖的荷兰人贸易。天启四年，朝廷再行海禁，一年后重开。崇祯元年（1628年），海寇活动猖獗，崇祯帝下令禁止私人出海贸易，海禁顿严。此后至明末，因海警不绝，禁海政策时松时紧。

清代沿袭了明朝海禁政策。清朝初年也面临海上的不稳定因素，为了困顿据守台湾的郑氏集团，顺治十二年（1655年），清廷下令沿海省份不许片帆入海。顺治十八年（1661年），清廷下令大规模"迁界"，强行将江、浙、闽、粤等省沿海居民内迁30里至50里，设界防守，严禁逾越。至冬，福建沿海近海30里内居民被强行迁往内地，涉及福、兴、漳、泉4府，福宁1州，因内迁而荒芜耕地达21571顷。康熙二年（1663年），清闽浙总督李率泰命令各迁界之地逢山开沟筑墙，称"界沟""界墙"。每隔5里，置炮台、烟墩；每二三十里设一营盘，派兵把守，平民百姓，凡逾界者杀无赦。因大规模迁界，沿海数千里荒芜，数百万居民颠沛流离。康熙十七年（1678年）十二月，朝廷在福建沿海重行"迁界"，自耿精忠叛乱时回到故土的大批居民再次背井离乡。沿海千余里，荒凉如故。随着局势稳定，一些地方官员如福建总督范承谟、姚启圣，江苏巡抚慕天颜，福建巡抚吴兴祚，广东巡抚李士祯等先后上疏，要求废除海禁，准民出海贸易，其中以康熙十五年（1676年）慕天颜的《请开海禁疏》最具代表性。康熙二十年（1681年）三藩之乱平定。康熙二十二年（1683年），清朝平定台湾。康熙二十三年（1684年）七月，内阁大学士席柱向康熙报告其在福建、广东调查沿海居民情况。九月，康熙下旨解除海禁，宣布允许百姓制造装载500担以下船只，往海上捕鱼。清朝分别设立闽海关、粤海关、浙海关、江海关作为管理对外贸易和征收关税的机构。

面对日益严重的海寇活动和西方势力在东南亚海域的潜在威胁，康熙五十一年（1712年）二月，朝廷下令福建等沿海地区禁用双桅捕鱼船，不准渔民越省行走。康熙五十五年（1716年）十月，康熙帝召见大臣，提出禁海问题，次年正式实行禁海，即南洋禁海令，福建海外贸易进入低潮。为此，许多官员纷纷上奏，主张开海贸易。雍正二年（1724年）在闽粤担任过地方官的蓝鼎元写下《论南洋事宜疏》，疾呼大开海禁。雍正四年（1726年）十月，福建巡抚毛文铨上书雍正皇帝，请求开海，指出闽省海关因西、南洋禁止，所收征银大不如前，税课几乎无收。雍正五年（1727年），总督高其倬上书要求开洋。雍正帝担心闽粤地区因洋禁而引发海患，同意废除南洋禁海令，随即开放粤、闽、江、浙四口通商口岸，成立厦门洋行，并设洋行经理，一切外省洋船收泊、进口等事宜，均归洋行保结处理。乾隆二十二年（1757年），乾隆帝南巡到苏州，目睹洋商船只络绎不绝，引起警觉，以海防重地应规范外商活动为理由，谕令关闭江、浙、闽三海关，由粤海关行商垄断对外商贸易事务。乾隆二十四年（1759年），清廷为了加强对外贸易的管理而专门制定《防范外夷规条》五条。此后，嘉庆十四年（1809年），颁布《民夷交易章程》六条，道光十一年（1831年）和道光十五年先后颁布《防范夷人章程》八条和新规八条。道光二十二年（1842年），《中英南京条约》签订，福州、厦门被列为通商口岸。咸丰八年（1858年），清朝同西方列强签订《天津条约》，开放台湾。此后，随着一系列不平等条约的签订，中国逐步沦为半殖民地半封建社会，门户被打开，海禁已无法实施。清光绪十九年（1893年），清政府正式废除海禁。

从明朝建立至鸦片战争爆发，禁海政策一直是明清两朝的基本国策，其间虽张弛交替，只是在范围和程度上有变化，前后历时近500年。其根本原因在于防范反抗力量与海外势力相结合，以巩固和加强封建政权。而中国历代重农抑商政策和自给自足的封建经济，以及对"天朝上国""华夷秩序"和中华文化的自诩则是经济和思想上的根源。

明清禁海政策改变了宋元以来海洋贸易的鼓励和开放政策，转而实施海上退守防御政策，对后世产生深远影响。伟大的革命先行者孙中山在游历各国、考察兴衰后认为，国家的兴衰同海权有着十分密切的关系，敏锐地指出："自世界大势变迁，国力之盛衰强弱，常在海而不在陆，其海上权力优胜者，其国力常占优胜。"[1] 近代中国有海无防，西方列强一步步侵略使中国逐步成为半殖民地半封建社会，国家蒙辱、人民蒙难、文明蒙尘，中华民族遭受了前所未有的劫难。历史昭示了"向海而兴，背海而衰；禁海几亡，开海则强"的发展规律。

明代海防体系：明代卫所制度建设

元末明初，倭寇开始侵扰中国沿海地区，他们焚杀掳掠，无恶不作，对沿海的治安构成相当大的威胁。明太祖朱元璋一方面利用明王朝现有的军事力量抵制倭寇侵袭，一方面开始建立一套严密的沿海海防体系。朱元璋采纳了谋士刘基"奏立军卫法"的建议，"自京师达于郡县，皆立卫所"。军卫法规定：在中央设前、后、中、左、右五军都督府，作为最高军事机关；在地方，设都指挥使司，简称都司，都指挥使为地方最高军事长官。都使之下的府、县二级遍设卫所，一县设所，一府设卫。卫设卫指挥使为统领，所设千户、百户为统领。根据军事需要，在沿海港口险要之处设水寨、巡检司、营堡、烽堠。为便于指挥，各卫分统于都指挥使司，各都指挥使司又分统于中央五军都督府。卫所平时分驻各地，征战时由朝廷任命的总兵统领，发给印信，战事结束，将还印信，军回卫所。

1　中国社会科学院近代史研究所中华民国史研究室等编：《孙中山全集》第2卷，中华书局1982年版，第564页。

为施行"军卫法"，朱元璋诏谕各沿海行省，按统一部署的海防防御体系，将沿海地区划分为辽东、山东、直隶、浙江、福建、广东和北平七个大战略区，各设都指挥使一名。其中，福建、浙江和渤海地区为国家的重点设防地区。

在福建，朝廷为了加强统治，采取了整顿军备、大规模驻军的方式。从洪武元年（1368年）至洪武二十四年（1391年），朝廷在福建陆续设置两个都指挥使司，即驻福州的福建都指挥使司、驻建宁府城的福建行都指挥使司。它们都属于省级机构，其长官为都指挥使。在一个省内设两个省级军事管理机构，这是不多见的，反映了明代对福建军事的重视。从各自任务来看，建宁府行都指挥使司主要针对山区陈友定余部，而福州都指挥使司是为了对付沿海的倭寇。

洪武元年，刚入闽的明军就奉命在福建布政司（含福州府治）和在泉州、漳州、兴化三府的治所建卫，整修城垣，编配军士戍守。这是明朝廷在沿海设置的第一批军卫。洪武八年（1375年），明朝廷在福州城郊兴建左卫和右卫。洪武二十年（1387年），朱元璋"命江夏侯周德兴往福建，以福、兴、漳、泉四府民户三丁取一为缘海卫所戍兵，以防倭寇""凡选丁壮万五千余人，筑城一十六，

塔头城址。在厦门思明区黄厝村塔头社营内山，为明初巡检司城，旁有同治年间孙开华题刻的"驻军处"

增置巡检司四十有五，分隶诸卫以为防御"。[1] 督建期间，朱元璋又派对筑城有经验的汤和行视闽粤筑城及增兵情况。洪武二十一年（1388年）冬，已基本竣工的福建沿海卫指挥使司有福宁、镇东、平海、永宁、镇海5个；千户所有大金、定海、梅花、万安、莆禧、崇武、福全、金门、高浦、六鳌、铜山、玄钟[2] 共12个。同期建造的还有福州中卫，45个巡检司、约200个烽堠。不久，又增设了中左和南诏两个守御千户所。经过一番调整，福建都指挥使司总共统率福州左卫、福州中卫、福州右卫、兴化卫、泉州卫、漳州卫、福宁卫、镇东卫、平海卫、永宁卫和镇海卫等11卫14个千户所；福建行都指挥使司统率建宁左卫、建宁右卫、延平卫、邵武卫和汀州卫等5个卫5个千户所。沿海各府县还兴建一些小型城堡和山寨，使之成为卫所有城、巡司有寨、烽堠星罗棋布、筑城互为犄角的防御体系。

闽浙沿海，山岬、岛屿众多，是大陆对海防御的天然屏障。但由于这些岬岛孤悬海外，常常为海贼或倭寇所利用，而卫所之军多是可望而不可即。根据汤和、周德兴的建议，朱元璋令在沿海岛屿、突出部兴建水寨，使之成为战船的瞭望台和前进基地。洪武二十年（1387年），周德兴奉命来福建督建卫所时，在泉州府的浯屿、兴化府的南日岛、福宁州的烽火门筑建水寨。景泰三年（1452年），又在福州府的小埕、漳州府铜山筑建水寨。至此，福建沿海的四府一州各有一座水寨。每座水寨由附近的沿海卫所派兵戍守，拥有各种船只组成的船队，每年出巡两次。按照明朝制度的规定，水寨的官兵由沿海卫所抽调。各卫拨出指挥一员，总管所部水军，名为卫总，其上有把总，节制水寨。成化年间（1465—1487）定制，沿海卫所军分为三班轮流到水寨值勤。普通官兵，每年一轮，每年分三次轮换。由于把总的位置十分重要，规定五年才能更换。

总的来看，明初福建的卫所、水寨星罗棋布，有效地抵制了倭寇的入侵。海防构建由海上的战船巡逻，陆上的报警和巡检以及卫所的城防筑垒组成，海陆结

1　《明太祖实录》卷一八一。

2　驻闽海军军事编纂室编著：《福建海防史》，厦门大学出版社1990年版，第49页。

合，互为补充，共同构成海上、海岸、内地三道防线，海防体系日趋完善。海禁作为实施海防战略的重要措施，并配以擒拿倭寇的重赏条令，激励海防将士奋勇杀敌。海禁、海防相辅相成，达到统治者预期的目的。所以终洪武之世至宣德年间，福建海疆晏然。

但到明正统以后，多是国君昏庸，奸臣、宦官弄权，吏治渐趋腐败，军政颓坏，武备废弛，战船十不存一，屯田并于豪强，甚至营房亦有人侵占；水寨迁设于内港，水寨原址竟被倭寇占为剽掠沿海的基地；卫所的兵额消耗了过半，巡司或仅存空寨；将弁多贪污腐化，军无纪律，对外不堪作战。同时，倭寇活动渐少，福建沿海卫、所亦渐废败。嘉靖年间，倭寇活动再起，如入无人之境。戚继光扫平倭寇之后，重建沿海五大水寨，训练福建水师，相继平定吴平等海盗。由于闽、粤交界的南澳岛往往被海盗占为活动据点，明廷将其划归福建卫所管辖，设置南澳游兵，辖于漳州诏安的玄钟所。其后，还在澎湖岛设置澎湖游兵，以控制台湾海峡。晚明，福建水师力量依然强大，其巡逻范围包括整个台湾海峡，而以福建沿海为主。

明初还在许多距城较远的要冲设置巡检司，由州、县指挥。沿海设司尤多，北起福州府的水澳司，南至漳州府的金石司，计40余个司。其中，闽安镇和官母屿设司最早，都在洪武二年（1369年）；绝大多数系洪武二十年（1387年）设。此后，只有松山司于嘉靖中被裁，东沈赤山司于正德末内迁，水澳、小屿二司于嘉靖中内迁。其余终明之世未变。

明清易代，明代卫所制度被八旗、绿营兵制度所取代，军事制度发生变化。从清顺治十四年（1657年）开始，福建卫所陆续裁撤。顺治十四年，福建裁镇海卫及福泉、崇武、高浦等十三所。顺治十八年（1661年），福建裁延平、邵武等五卫和将乐、永安二所。康熙三年（1664年），福建裁福宁卫和梅花、万安等三所，康熙五年（1666年）又裁福州左卫、福州右卫、福州中卫等九卫和大金、定海二所，康熙七年（1668年）裁漳州卫。至此，福建卫所全被裁撤。

大国之航：郑和七下西洋与福建

明成祖朱棣即皇帝位后，经过之前30多年的励精图治，明朝国力已逐步强盛起来。作为雄才大略的君主，明成祖为恢复和扩大明政府在海外各国的威望和影响、发展朝贡贸易，决定派内官郑和率领舟师出使西洋。

郑和（1371或1375—1433或1435），明代著名航海家，本姓马，小字三保（亦作"三宝"），云南昆阳（今昆明市晋宁区）人，回族。郑和于明初入宫为宦官，侍奉燕王府。其因燕王起兵时有功，被赐姓郑，任内官监太监，时称三保太监。永乐三年（1405年），成祖遣郑和与副使王景弘（福建漳平县人）"将士卒二万七千八百余人，多赍金币。造大舶，修四十四丈、广十八丈者六十二"[1]，历访西洋诸国，至永乐五年（1407年）返国。以后郑和又屡次航海，前后28年，7次出洋，遍访30多个国家和地区。

郑和下西洋的船队经30多个国家和地区，最远曾达非洲东岸和红海海口，从长乐太平港启航，航线从西太平洋穿越印度洋，是中国古代规模最大、船只和海员最多、时间最久的海上航行。当时明朝在航海技术、船队规模、航程之远、持续时间、涉及领域等均领先于同一时期的西方，创造了世界航海史上的奇迹。

郑和下西洋的航海活动与福建有着密切联系。福建是郑和下西洋航海活动的基地。根据文献和碑刻记载，郑和船队七下西洋，每次出洋或归来，都在福建驻留，短则两三个月，长则一年之久。当时航海下西洋全仰季风而行，帆船在冬季趁东北风而去，夏季迎西南风而返。福建地处东海航线与南海航线的交汇处，历来是前往东南亚与印度洋的必经地，闽江口的长乐县太平港具有深水港、避风港、候风港、江防等优势。该港港面辽阔，风浪平静，两岸山峰夹峙，可避狂风

1　张廷玉等撰：《明史》卷三百四，中华书局1974年版，第7767页。

巨浪，太平港口出海又十分方便，它距闽江口五虎门60里水路，大船可以溯潮而出大江，顺潮而达五虎门。郑和根据先人经验，掌握了在太平洋和印度洋航行的规律，船队从江苏太仓港起锚，经苏州刘家河（今江苏太仓浏河镇）出长江口，泛海至福州外港，而后驻舟长乐太平港。每次出洋都选在十月以前到达太平港，以等候东北信风，便出五虎门。长乐太平港是郑和船队主要驻泊地。郑和选择在太平港停泊的目的，除等候风信外，还休整、增补舟师、杂役，武装官兵，检查维修船舶，补充给养，做好最后的一系列准备工作。泉州港也是郑和远洋伺风出航的基地，郑和多次往湄洲岛、泉州、南安等地祷神祈风、朝拜等。

福建商品经济繁荣，物资丰裕，先进的造船航海技术为郑和下西洋提供了充足的人力物力等资源。在郑和下西洋的船队中，有宝船、马船、粮船、坐船、战船、水船等类型船舶。其中主力船型是宝船，也是由福建建造的福船，船长约138米，宽约56米，性能优良，耐风涛，且御火。福建航海人才济济，航海经验丰富。郑和航海的队伍中有不少福建人：其一为招募大批福建水手随同出洋，其二是调集驻福建卫所的军弁随舰出洋。明初福建卫所有3万多兵员，他们轮番下西洋，是郑和部属的主力之一。此外，其余各类技术人员也多有参加远航者，一些商人冒充水手、兵弁混迹船队出洋，流寓东南亚各国，成为这些国家的华侨。郑和每次出使所带大批珍奇及中国瓷器、丝绸等名产，其中有不少货物在福建置办，因此刺激了福建商品经济发展。

郑和出使执行明朝"用夏变夷"的外交政策，确立明朝对这些国家的宗主国地位。郑和每到一地，都以瓷器、丝绸、铜铁器和金银等物，换取当地特产，与各国友好往来，"导以礼义，变其夷习"。每次返回时，海外各国也派贡使随船队到中国，其中有不少人在福建沿海登岸，或滞留贸易，或上京朝贡。郑和船队归来时，福州、泉州等地云集不少外国人。福州、泉州等地成为当时发展对外友好关系的窗口，推动福建与南洋、西洋诸国的经济贸易和文化交流。据《明成祖实录》记载，永乐二十一年（1423年），西洋古里、忽鲁谟斯、锡兰等国，"遣使千二百人贡方物至京"。这些使者中有不少人从泉州港或太平港登岸，受到福建市舶司和地方官员的热情接待，然后由福州地方官员派员沿驿道护送到南京或北京。他们回国时，亦由兵部发给火牌，由礼部护送到福州出港，有的则再随郑和船队出航时回国。明政府对于来访的国王给予更高的礼遇。如永乐十八年（1420年），古麻剌朗国（今马六甲南）国王干剌义亦敦奔率妻子随明政府使者张谦访问中国，明成祖以接待勃泥国王的礼节接待来者，他们一行还受到福建地方官员的热情欢迎。次年四月，干剌义亦敦奔回国经福建时病逝，葬于福州。明成祖深为哀悼，赐谥"康靖"，其墓遂被称为"康靖王墓"。和平交往、互通有无构成明政府对外交往的基本理念。

郑和下西洋作为一次伟大的航海活动，为世界大航海时代先声，具有深远的历史影响。它以不可辩驳的史实向世界宣告了中国海洋文明的高度发展。郑和下西洋对中国海商原有的航路加以贯通，并将原本零散的贸易点加以整合，开辟和打通了西太平洋、印度洋和东非一带的海上航线，是世界早期全球化的尝试，对人类文明的发展与交流作出不可磨灭的贡献。郑和的船队在东南亚和印度洋各个贸易区建立了四大交通中心站和航海贸易基地。这四个贸易中心是占城、苏门答腊、古里（今印度西岸卡利卡特）和锡兰的别罗山。而马来半岛和阿拉伯半岛是西太平洋和印度洋沿岸两个主要的贸易区，郑和下西洋时，分别在这两个地区的满剌加和忽鲁谟斯（今伊朗霍尔木兹海峡格什姆岛等地）建立了航海贸易基地，并以此为据点开展与阿拉伯人的频繁互动。同时，郑和也以这些贸易与交通中心点发展出秩序井然的海上贸易线：一是以占城新港为据点，分别向渤泥与西南的中南半岛和马来半岛等地出发；二是以苏门答腊为据点，一支北航榜葛剌（故地在今孟加拉国及印度西孟加拉邦一带），一支西航锡兰山，一支前往印度半岛西南海岸各国及其邻国；三是以古里为据点，北航波斯湾直达忽鲁谟斯，或绕阿拉伯半岛，经祖法儿、阿丹，深入红海到天方国，或者经波斯湾、亚丁湾、沿索马里沿岸到非洲东岸诸国。当大航海时代到来时，葡萄牙、西班牙等欧洲殖民者到达东南亚、阿拉伯一带区域，便是通过接收郑和开辟的海上贸易网，迅速地入主这一区域开展贸易活动的。郑和下西洋成为世界史、世界海洋发展史、世界文化交流史的重要内容。

郑和下西洋开创了华侨开发东南亚的新时期。从此以福建为主的中国东南沿海开始了较大规模的海洋移民活动，随之带来技术交换、物产交换、文化交流。郑和下西洋也促进了中国与海外诸国的友好往来，增强了中国人民与海外各国人民的友谊，为中国人了解世界、开阔视野，起到了十分重要的作用。尤其是跟随郑和下西洋的马欢、费信、巩珍分别撰写了《瀛涯胜览》《星槎胜览》《西洋番国志》，对船队所到过的国家和地区的历史沿革、山川地理、民间习俗、物产气候和宗教文化都作了详尽的介绍，并对中国往东南亚诸国的航路也作了准确的描述，这些都为后人的航海、对外交通起到了重要的作用。

王景弘：明代福建的航海家、外交家

王景弘（？—1464），民间称王三保、王三宝、王总兵、王三品，明洪武年间，入宫为宦官，侍奉燕王朱棣。

建文年间（1399—1402），王景弘随朱棣起兵，助朱棣夺取帝位，得朱棣赏识。永乐三年（1405年），奉成祖命，以副使身份协助正使郑和，率62艘巨型海船、27800余名官兵和水手组成庞大船队出使西洋，历时两年多，于永乐五年（1407年）九月回到南京。永乐五年十一月，王景弘与郑和再次率船队出使西洋，并送各国使臣回国；随带中国丝绸、瓷器等物赏赐各国。船队经过锡兰山时，还专程到立佛寺进香布施，立碑纪念。永乐七年（1409年）七月，船队回到南京。

永乐七年九月，王景弘与郑和受命第三次出使西洋。永乐十年（1412年），王景弘受命，到闽、浙沿海招募大批水手和造船工匠，在太仓、长乐、福州、泉州等地督练水师、监造海船、修建天妃宫。永乐十一年（1413年），成祖北上，到北京建新都。王景弘随太子朱高炽在南京监国，兼管招募舟师、监造海船等事务，为郑和第四、五次出使西洋做准备。

永乐十九年（1421年）正月，王景弘和郑和受命第六次出使西洋，并护送郑和第五次出使西洋时随船来中国访问的17个国家和地区的使节回国，同时将锦、绫、纱、罗、绮、绢等物分赐给各国国王。沿途苏门答腊、满刺加、榜葛刺等16个国家又共遣使1200人，带各国贡物随船队到中国。

永乐末年，王景弘在激烈的皇位之争中，因拥立太子朱高炽有功，被擢升为正使太监。洪熙元年（1425年），王景弘受任南京守备。同年八月，王景弘与郑和一起选用下西洋官兵1万余人，修造南京大报恩寺等宫庙；宣德四年（1429年）四月，开始督造船只，操练水兵，准备再下西洋。宣德五年（1430年）六月，王景弘受命以正使太监身份与郑和一起率船队第七次出使西洋。宣德七年（1432年）三月郑和卒后，王景弘成为船队的实际指挥者，率船队顺利完成下西洋的任务，西洋十余国派使臣随船队，到北京朝贡。

宣德九年（1434年）六月，王景弘受命以正使身份率船队出使南洋诸国。船队先到苏门答腊，后到爪哇。回国时，苏门答腊国王遣其弟哈尼者罕随船队到北京朝贡。正统元年（1436年）二月，明英宗命王景弘停罢采买营造，不再使洋。王景弘晚年潜心整理航海资料，撰有《赴西洋水程》等航海著作流传于世。

王景弘是使团中仅次于郑和的第二号人物，精通航海技术，熟悉沿海情况，负责航海路线的选择、船队的管理和突发事件的处理。王景弘作为福建人，在征用海船、选拔船工、指导舟师出洋探险上发挥独特的作用。

王景弘是明代福建伟大的航海家，也是明初在发展中国与海外诸国睦邻友好关系方面卓有建树的外交活动家之一。王景弘先后6次出使西洋，历经30多个国家、60多个地区，遍及东南亚、南亚、中亚、东非。据史界考查，每次使洋，船队都随带金银、丝绸、铜铁及各种工艺品与外国交流，发展中国与亚非国家间的通商关系，开辟海上丝绸之路，促进中国与亚洲各国间的经济、文化和科技交流，增进友谊。

东南亚和台湾流传着不少有关王景弘的传说。迄今在东南亚各地留存有三宝宫、三宝洞、三宝井等纪念遗址。相传，王景弘还救过文莱国王，在今文莱王国首都斯里巴加湾市的中心地区还保留一条为纪念王景弘而命名的"王总兵路"。1945年抗日战争胜利后，为纪念航海家王景弘，国民政府将接收原日本侵占的南沙群岛中的辛科威岛命名为"景宏岛"（即景弘岛）。

王景弘作为下西洋使团的使臣，作为航海技术方面的统领，与郑和一起指挥庞大的船队，在艰难复杂的海洋环境中，完成数次远航的任务，体现了敢为天下先的开拓精神，乘风破浪不畏艰险的拼搏精神，对国家和民族忠心耿耿的爱国主义精神。

木质帆船时代的领航者：明清福船制造

明代，福建造船航海技术在宋元的基础上又有新的提高。官营和民营造船业遍布于滨海区域和内河流域。福州、兴化、泉州、漳州、福宁等滨海各地则是官、私营造船业的中心地区，所造海船之工艺先进，装备精良，在全国居于领先地位。福船以建造于福建而得名，但不局限于福建所造，其因性能优良，载誉海内外。"福船"的称谓最早出现在著于明万历四十一年（1613年）的《海防纂要》中，是一种广义的具有相似特征的海洋木帆船的统称，在实际用途上则有货船、战船、册封舟等类别。

福船、广船和沙船是当时中国航海木帆船的三大船型，其制式各有特点，并各有适航的水域。其中，沙船底平，无法破深水大浪，因而适合在比南海浅的黄海和渤海航行。而福船和广船虽同为尖底船，亦有不同。广船下窄上宽，状若两翼，在里海则稳，在外海则动摇，并且主要用铁力木建造，虽坚固，但材料的奇缺限制了它的发展，使它无法大量装备船队。"福船耐风涛，且御火"[1]，大多有

1　张廷玉等撰：《明史》卷九十二，中华书局1974年版，第2268页。

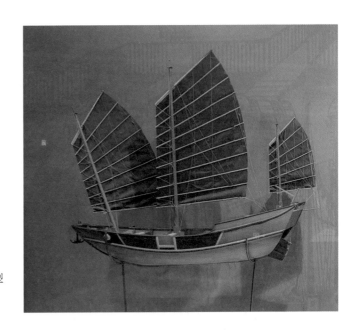

远洋尖底船（福船）模型

着底形尖削、平艄上昂、船舷外倾、尾舵深插、甲板梁拱大易排水等特征，保证了它抗击风浪、远航外海的能力，也使其成为郑和下西洋的首选。

郑和下西洋船队的宝船均由朝廷下令督办，在全国各地建造，"太祖于新江口设船四百。永乐初，命福建都司造海船百三十七，又命江、楚、两浙及镇江诸府卫造海风船"[1]。另据《龙江船厂志》记载："洪武、永乐时，起取浙江、江西、湖广、福建、南直隶（今江苏）滨江府、县居民四百余户，来京（南京）造船。"[2] 可见，郑和下西洋会集了全国各地的造船精英。

郑和船队驻泊福建时，长乐太平港也成为官方的造船基地。据陈寿祺《重纂福建通志》记载，永乐七年（1409年），太监郑和自福建航海通西南夷，造巨舰于长乐，郑和下西洋船队很多船都造于长乐。福建的造船能力在郑和下西洋的过程中得到了充分的历练，无论是官营还是私营的造船厂的技术都有了进一步的提高。漳州、泉州、福州各地涌现出一批各具特色的优秀造船专家，"漳匠善制造，凡船之坚致赖之；福匠善守成，凡船之格式赖之"。各地工匠各有所长、相

1　张廷玉等撰：《明史》卷九十二，中华书局1974年版，第2268页。

2　李昭祥撰：《龙江船厂志》，王亮功校点，江苏古籍出版社1999年版，第92页。

互分工、相互交流，不断促进福建地区造船技术的提高，这也是明代福建地区造船业日趋专业化、配套化且造船工艺日臻成熟的一个重要原因。明代福建的船厂中已分出坞作、篷帆、木作、铁作、捻缝等作坊，说明福建造船业已经开始进入专业分工阶段。

福船是郑和下西洋的主力船型，而作为旗舰的宝船也是福船船型。明代福船的新发展，突出体现在船舶体积的增大上。据《明史·郑和传》记载，郑和船队大船"修四十四丈、广十八丈"。郑和宝船九桅十二帆，长约138米，宽约56米。郑和船舰的制造都是采用当时先进的干船坞造船法，为船只的高质量提供了技术保证。

福船在风帆的设计上相当有特色。桅帆总体设计上采用纵帆形布局、硬帆式结构。大中型船配有多桅多帆，多沿船纵向中线或稍偏交错排列竖立，桅杆不设固定横桁，不用牵索：帆篷由布、蒲草制作或竹篾编织而成，以坚实的顶横桁向下张挂，帆篷面带撑条（又称帆竹），以固帆展平，提高风效。帆索经滑轮系于顶横桁，帆篷升降方便自如，适应海上风云突变，调戗转脚灵活，能有效利用多面来风，还便于水手援帆竹为梯级，沿桅杆攀登到桅顶作业或上望斗。在船两舷和尾部，设长橹，入水深，多人摆摇，推进效率比较高，不仅在无风时可保持相当航速，而且橹在船外的涉水面积小，适应在狭窄港湾或拥挤水域航行。在装置与属具上，舵采用可升降式，根据需要调整舵叶入水深度或将舵叶提升出水面。船在深水区航行，遇大风浪或乱流时，将舵叶下缘降到船底线以下，可使舵效不受影响；在浅水区航行或锚泊时则可将舵提升到高位，不致搁浅伤舵。平衡舵是继承宋代的发明，而明代又出现了开孔舵，既能保持舵效，又使操舵比较轻便。带爪木杆石碇（锚）与带横棒多爪铁锚等，普遍用在海船上，此外还有特大型铁锚，这些在世界造船史上都是领先的。[1]

福船以其领先世界的技术水平和优越的远洋能力闻名于世。郑和下西洋携带了大量的财宝和贸易品出洋，返程时船队满载黄金、珠宝、香料和珍禽异兽

---

1 参见苏文菁：《福建海洋文明发展史》，中华书局2010年版，第154页。

而归，高大坚固而且容量大的福船无疑是最好的交通工具。福船在以郑和下西洋为背景的历史舞台上淋漓尽致地展现夺目的光芒。日本东北大学教授寺田隆信在其所著《郑和——联结中国与伊斯兰世界的航海家》一书中，不仅盛赞中国的传统造船技术，而且将郑和船队与其后欧洲船队作对比。书中写道："造船技术的优劣，是一个国家生产技术水平的反映。像以上所说的那样，15世纪初的中国，以高超的传统造船技术，建造了难以置信的巨大船舶，接连不断地把它们送入大海之中。对此，所谓'大航海时代'的航海，不仅迟于郑和之后五、六十年，而且所乘船舶的尺度、性能，船队的规模，无论哪一样都远不及郑和船队"[1]。

福船在明代被誉为"海战利器"，是明清两朝水师的主要战船。福船良好的抗风暴能力和海上作战自卫能力强有力地保障海上航行的安全。福船在明代被誉为"海战利器"，是明清两代水师的主要战船。因此，明清造船业相对发达。福船良好的抗风暴能力和海上作战自卫能力强有力地保障了海上航行的安全。大福船吃水4米，是深海优良战舰。据《明史》记载："大福船亦然，能容百人。底尖上阔，首昂尾高，柁楼三重，帆桅二，傍护以板，上设木女墙及炮床。中为四层：最下实土石；次寝息所；次左右六门，中置水柜，扬帆炊爨皆在是；最上如露台，穴梯而登，傍设翼板，可凭以战。矢石火器皆俯发，可顺风行。"[2]福船的船体狭长，吃水较深，使用传统的密封隔舱，安全可靠，适于破浪远航。福船还以坚固著称，既用于航海运输，也用于海上作战，在明军与倭寇作战中显示了强大的威力。

明代抗倭名将戚继光就深入了解和运用福船在海战中的优势，在熟悉各类福船、沙船性能的基础上组建了一支混合舰队。在他的水师舰队中，装备有功能各异的大小战船。戚继光曾说："倭舟甚小，一入里海，大福、海苍不能入，必用

1　寺田隆信：《郑和——联结中国与伊斯兰世界的航海家》，庄景辉译，海洋出版社1988年版，第134—135页。

2　张廷玉等撰：《明史》卷九十二，中华书局1974年版，第2268—2269页。

苍船逐之，冲敌便捷，温人谓之苍山铁也。"[1]大福船用于正面对抗，小福船用于周旋突击，海战时大小兼用，相互配合，往往能达到克敌制胜的目的，多种船型密切配合组成了坚固的海上防卫力量。明万历二十六年（1598年）十一月，中朝两国水师同日本水师在朝鲜半岛露梁以西海域进行的一场大规模海战，中朝联军就是依靠福船的力量打败日本水师的。明末的郑芝龙与郑成功父子更是充分利用了福船商战两用的特点，经略海洋。清顺治十八年（1661年）3月，郑成功率领部挥师东渡打败荷兰殖民者、收复台湾时，泉州、厦门一带所建造的福船在海战中发挥了巨大的作用。

明中后期，福建造船业开始走下坡路。明清两朝政府厉行海禁，下令滨海四省寸板片帆不准下海，为了限制民间海上贸易，嘉靖时期下令沿海各地的船只由尖头船改为平头船，船阔限制为五六尺，并规定不可以制造超过两桅的海船，福船逐步趋向小型化。古代帆船桅的数量代表船的性能，桅高桅多与驭风性能、动力、船速、吨位密切相关。而双桅船的载重量则只能在500石以下，这一影响持续了300余年。海禁政策导致海上经贸活动的衰落，特别是远洋航运备受西方航运业的排挤，日渐衰落。造船业失去了根本的经济动力，福船制造开始停滞不前，船体日趋于小型化。清代前中期，福建制造的帆船逐渐落后于西方国家的船舶。清乾隆十三年（1748年），朝廷又禁止福建古仔船的建造，因其规模和航速超过清朝的水师营船，这意味着造船技术革新也在禁止之列。

鸦片战争时期，中国兵船仍是双桅（或三桅）双层甲板木质帆船，而西方新式的甲板船与飞剪帆船，甚至火轮船，纵横世界称雄海上，使中国传统的出洋木帆船，不论在质量还是技术上都处于下风。从19世纪后半叶开始，在更为先进的铁甲船面前，木质帆船逐步走向了衰落。福船逐步丧失了领航世界的地位与优势。

在木质帆船时代，福船是海船的集大成者、代表者和领航者。在欧洲文献中，"中国帆船"是一个专用词。大航海时代最早到达东方的葡萄牙人称"中

1　张廷玉等撰：《明史》卷九十二，中华书局1974年版，第2269页。

国帆船"为junco，其后衍化为荷兰文的jonk、法文的jonque、英文的junk。日文将英文的junk翻译为"戎克船"。[1]这些词的发音皆源于福建闽南方言对船的读音chun。日本殖民统治台湾时期，更是把往来于台湾海峡的帆船都称为"戎克船"。可见，福船是中国海洋帆船最重要的组成部分，福船成为木质帆船时代的领航者，并借着闽商的活动在全球产生深刻的影响。

美国科技史学家罗伯特·K.G.坦普尔指出："我们可以很有把握地指出，中国人是历史上最伟大的水手。历史上，差不多在2000年时间里，他们在造船和航海技术上一直在全世界遥遥领先，而其他国家都相形见绌。当西方最后赶上中国时，也是因为他们以这样或那样的方式采用了中国的发明。长期以来，欧洲的船在各方面都难以想象地比中国船逊色。欧洲人造的船没有舵，没有浮板，没有水密舱，只有单一的桅杆和方形帆；所有这些使得船听从风的摆布，这在今天看来是十分可笑的，甚至到公元19世纪这种情况仍没有什么改变。"[2]"如果没有从中国引进船尾舵、罗盘、多重桅杆等改进航海和导航的技术，欧洲绝不会有导致地理大发现的航行，哥伦布也不可能远航到美洲，欧洲人也就不可能建立那些殖民帝国。"[3]这种评价对以福船为代表的中国造船技术对世界文明的影响是不为过的。

航海针路和牵星过洋：明清福建航海技术的进步

在宋元航海技术的基础上，明代福建海外交通的发达及郑和下西洋的壮举促进航海技术的进步，牵星术和航海图在航海实践中进一步发展完善。明代福建的

---

1 许路：《福船：领航中国的风帆时代》，《中国国家地理》2009年第4期《福建专辑》（上）。

2 罗伯特·K.G.坦普尔：《中国：发明与发现的国度——中国科学技术史精华》，陈养正、陈小慧、李耕耕等译，21世纪出版社1995年版，第375页。

3 罗伯特·K.G.坦普尔：《中国：发明与发现的国度——中国科学技术史精华》，陈养正、陈小慧、李耕耕等译，21世纪出版社1995年版，第12页。

航海技术取得许多成就，使之在全国保持了领先地位。具有丰富航海经验的福建人是同一时代最优秀的造船工匠和远洋水手，漳州人是其中的翘楚。

明代，福建人的航海活动已广泛使用海图和航路指南，建立了具有航迹推算与修正意义的针路系统，并在此基础上绘制了航海图，以供航海之用。明代晚期茅元仪收入《武备志》的《自宝船厂开船从龙江关出水直抵外国诸番图》（俗称《郑和航海图》）便是世界海图中的佼佼者。它集航用海图与航路指南于一身，不但标明从福建到海外各国的地理位置，而且对航线沿途的导航物和碍航物，如山峰、岛礁、浅滩、水道、港口标志等，以及正确的定位与航行方法，均有提示。特别值得注意的是，该图使用具有航迹推算与修正技术的针路系统，即它不是以往那种两点之间单一航向的简单针路，而是内涵复杂、航向多变、连续不断、聚散有致，并叠加沿途航区的地文、水文、气象、天文等诸自然因素的综合针路。在航海中，使用这种海图，只要依图作业，"视为准则""更数起止，记算无差，必达其所"。郑和每次下西洋总是"始则预行福建、广、浙，选取驾船民梢中有经惯下海者称为火长，用作船师。乃以针经图式付与领执，专一料理"。[1] 由此可见，在福建的航海者中，已广泛使用这种类型的海图。

明代，指南针的应用技术更臻成熟，出现了专门记录详细针路的书籍。自宋代发明航海罗盘后，它在航海中的使用日益广泛，到元代以后则出现了针路，明代航海越来越依赖于用指南针导航，技术也趋于完备。随着指南针的广泛应用和对海外国家更多的了解，明代还出现了针谱、罗经针簿一类记载各条航线的详细针路的专书。如《郑开阳杂著》《筹海图编》《日本一鉴》等书依据《渡海方程》《四海指南》等，著录了福建往日本针路，《安南图志》则记载福建往越南的针路，《东西洋考》亦比较全面地记载了东西洋的针路。流传至今的明代海道针经《顺风相送》对福建各港口往海外诸国的针路记载尤为详尽。可见，明代福建的航海家已普遍使用指南针，根据针簿来导航。针簿与航海图配合使用，可以使航海更加安全可靠。

1　巩珍：《西洋番国志》自序，向达校注，华文出版社2017年版，第5—6页。

在天文导航方面，元代中国的航海家就已引进阿拉伯的牵星板和牵星术，明代进一步将之与中国传统的量天尺观测技术融为一体，形成中西合璧的过洋牵星术系统。航海中对天体高度的测量也从用肉眼观察星斗以辨方向，发展到用仪器测量天体、定船舶位置的新阶段。附在《郑和航海图》中的"锡兰山回苏门答剌""龙涎屿往锡兰""忽鲁谟斯回古里国"等4幅过洋牵星图例反映了明代最新的天文航海法。

总之，郑和下西洋时，船队进一步把牵星术与导航罗盘的应用结合起来，提高了测定船位和航向的精确度，并且能够以海洋科学知识和航海图为依据，运用航海罗盘、计程仪、测深仪等航海仪器，绘制海图记录针路，按照海图、针路簿记载来保证船舶的航行路线。这一壮举总结了闽人的航海经验，深化了对天候、洋流规律的把握，反过来又指导了闽人的航海活动，并为之提供了切实可靠的依据。

清代的航海技术基本沿用明代，没有显著进步。而当时的西方人，航海罗盘远比中国船精良，已使用标有经纬度的航海图，利用三角原理来测定船舶位置，并配置了象限仪、气压表、望远镜等先进仪器。相比之下，福建的航海技术已大大落后于西方，所以清朝中叶以后，一些远航的福建商船往往雇请西方人来导航。总之，清代福建的造船航海技术，同前代相比，表现明显的停滞性，虽然它在全国来说，仍属先进之列，但已远远落后于西方。这是导致清朝后期福建远洋航运衰退的一个重要原因。

掌海外诸番朝贡市易：明清福建市舶司与朝贡贸易

明立国之初，明太祖朱元璋沿袭宋元之制，重视市舶之利，在江苏太仓黄渡镇设立市舶提举司（以下简称市舶司），管理海外诸国朝贡和贸易事务。为扩大新政权影响，洪武二年（1369年），朱元璋派出大批使者分赴海外诸国，劝说各国放弃与旧元的关系，转而承认新建立的朱明政权，对海外诸国多方怀柔笼络，招徕海外朝贡，以保持东南沿海的安宁。

洪武三年（1370年）二月，因地近京师，朱元璋诏罢太仓黄渡市舶司。随即明朝施行禁海政策，由官府控制和垄断的"朝贡贸易"成了唯一合法的对外贸易方式。洪武七年（1374年）正月，为管理"朝贡贸易"，应吏部之请，朝廷设广州、泉州、宁波三个市舶司，并规定"宁波通日本，泉州通琉球，广州通占城、暹罗、西洋诸国"[1]。市舶司掌海外诸番朝贡市易事宜，官员设置有提举一人，从五品；副提举二人，从六品；其属吏目一人，从九品。明朝廷对朝贡贸易做了严格规定，如贡朝、贡品、来华贡道、随从数等都有明确规定，不得违反。洪武七年九月，由于倭寇猖獗及番商假冒贡使行诈，明廷宣布废置市舶司。洪武十六年（1383年），明朝实行"勘合贸易"（即发给各个朝贡国家勘合文册，船进港时核对，凡没有"勘合"的番船，便不许来华朝贡）。总之，洪武时期，明太祖三令五申禁海，对海外朝贡严加限制，明王朝与海外大多数国家的关系中断。

明成祖朱棣继位后，社会经济得到恢复和发展，为加强与海外诸国的交流，遣使海外招徕入贡和贸易。永乐元年（1403年）八月，明廷恢复设置浙江、福建、广东三市舶司。永乐三年（1405年）九月，明政府修会同馆于京师，又在广州设怀远驿，在泉州设来远驿，在宁波设安远驿，由市舶司掌管接待各国贡使及其随员。永乐六年（1408年）正月，明成祖又设交趾云屯市舶司，以接待中南半岛国家的使节。永乐时期，明廷在安南先后共设立3所市舶司，不过不久即废撤。明成祖推行积极的朝贡贸易政策，允许各国自由入贡，放宽对贡使所携货物的限制，允许私市活动，派遣郑和出使西洋，促进中国与海外各国关系的发展。据《明史》记载明朝时来华朝贡的国家达150多个。

福建与琉球的贸易往来也达到鼎盛。当时，泉州虽是官方规定的与琉球交往的口岸，但由于福州与琉球交通更为方便，成为实际上的中琉交通的主要港口。鉴于此，成化十年（1474年），明朝廷将福建市舶司从泉州迁到福州。福州港开

1　张廷玉等撰：《明史》卷八十一，中华书局1974年版，第1980页。

位于泉州古城南部晋江沿岸的市舶司遗址

始兴盛，泉州港日趋衰落。

明中叶之后，随着国力的下降，财政拮据，厚往薄来、花费巨大的朝贡贸易越来越难以维持，而私人海外贸易日益活跃，迅速冲击着朝贡贸易。尤其自郑和下西洋终止之后，海外朝贡逐渐走向衰落，海外诸国入明的朝贡贸易，亦出现"贡使渐稀"的局面。正德年间（1506—1521）始行的抽分制，使明廷在海外贸易中有了真正的税收，是朝贡贸易进一步衰落的转折点。作为朝贡贸易的管理机构，福建市舶司事务简省，往往被视为闲置机构，经费也日渐拮据。嘉靖元年（1522年），因倭寇猖獗和浙江市舶司日本争贡事件，明廷罢去浙江、福建市舶司，唯存广东市舶司，不久亦废止。直到嘉靖三十九年（1560年）正月，福建市舶司得到恢复。嘉靖四十四年（1565年），福建市舶司复禁。隆庆元年（1567

年），朝廷宽弛海禁，开放漳州月港，"准贩东西二洋"，引税、饷税均由海防同知负责征收。福建市舶司已形同虚设。自此，私人海外贸易取代朝贡贸易成为明代对外贸易的主流。

明万历八年（1580年），朝廷裁革福建市舶司，其职事以福州府同知兼领，但市舶司并未就此退出历史舞台。万历二十六年（1598年），朝廷将设在月港的海防馆改为督饷馆，初期其税务官由海防同知担任，其主要职责是管理月港中国商人赴东西洋贸易，征收税费，后改为由各府选派佐官一人，每年更替，轮流督饷。督饷馆是一个较市舶司更适应现实经济状况的管理机构，开启了后世海关制度的先河。万历二十七年（1599年），明神宗大权天下关税，分遣太监领浙江、福建、广东市舶司，舶税遂归其委官征收，而督饷馆则成为闲置机构，市舶司职能兼掌海船舶货征榷之权。万历三十四年（1606年），明神宗下令"诸税咸归有司"，舶税征收重新归督饷馆，改由地方政府管理。至此，福建市舶司和市舶制度正式退出历史舞台。崇祯六年（1633年），明政府关闭"洋市"，督饷馆随之撤销。终明之世，朝廷未明令废除朝贡贸易，但其已名存实亡，到天启、崇祯年间，继续来华朝贡的国家只有朝鲜、琉球、暹罗。

望海谋生：明代福建海上民间贸易

福建背山面海，地瘠民稠，至宋之后人多地少的矛盾愈发突出。明张燮在《东西洋考》中写道："顾海滨一带，田尽斥卤，耕者无所望岁，只有视渊若陵，久成习惯。富家征货，固得捆载归来，贫者为佣，亦博升米自给。一旦戒严，不得下水，断其生活"[1]。顾炎武在《天下郡国利病书》中指出，"海者，闽人之田也"，精辟地概括了福建人与海的关系。可见，历史上有识之士，即主张

1　转引自谢国桢选编：《明代社会经济史料选编》（下），福建人民出版社2004年版，第53页。

发展海上贸易，以解决福建人稠地稀、人民生活艰难的问题。

明初厉行海禁，朝廷将一切违禁出海的民间海外贸易视为走私贸易，从事走私贸易者被视为海贼、海盗（海寇）。沿海民众纷纷走海谋生，冒禁出洋市贩。洪武年间，福建"海滨民众，生理无路"，边海之民，皆以船为家，以海为田，以贩番为命，进行走私贸易活动。永乐年间，海禁政策有所松弛，郑和下西洋创一时盛举，私人海外贸易在暗中渐有发展。明成化、弘治年间（1465—1505），沿海豪门巨室乘巨舰贸易海外者越来越多。明中叶以后，走私活动与日俱增。嘉靖时，下海通番之人遍布沿海各地，走私商舶往来海上，走私活动的规模也越来越大。走私船各认所主，承揽货物，装载而还，各自买卖，嘉靖后则成群结队，他们依附雄强者为船头，成群分党，纷泊各港，形成众多的武装贸易集团。嘉靖二十三年（1544年）十二月至嘉靖二十六年（1547年）三月的两年多里，仅私自到日本贸易而为风吹漂入朝鲜并被解送回国的福建人就达1000人以上。嘉靖二十六年，朱纨巡抚浙闽，对走私活动进行严厉镇压。继之，朱纨在走马溪大败国际海盗集团，杀其96人，俘获甚众，走私活动一时收敛。但不久朱纨遭弹劾而自杀，海禁松弛，走私贸易复活，且更加炽盛。东南海域每岁孟夏以后，大舶数百艘，乘风挂帆，蔽大洋而下。谢肇淛在《五杂组》中，生动描述了明代海外贸易私商活动："海上操舟者，初不过取捷径，往来贸易耳。久之渐习，遂之夷国，东则朝鲜，东南则琉球、吕宋，南则安南、占城，西南则满剌迦、暹罗，彼此互市，若比邻然。又久之，遂至日本矣。夏去秋来，率以为常。所得不赀，什九起家。于是射利愚民辐辏竞趋，以为奇货"[1]。

当时的走私商人主要有两种：一种是官僚、地主、巨商，即所谓的"豪门巨室"组成的海外贸易集团。豪门势族虽不直接经营海上贸易，却"出母钱资之通（番）者"，并加以庇护。故漳泉一带的违禁通番之人多倚著姓宦族，方其番船之泊近郊也，张挂旗子，人亦不可谁何。另一种是许多中小商人，即所谓的"散商"。此外还有更多的破产贫苦农民、渔民、小手工业者、失意文人等也加入他

1　谢肇淛：《五杂组》，张秉国校笺，山东人民出版社2018年版，第121—122页。

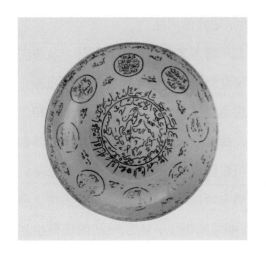

明漳州窑阿拉伯文瓷盘

们的行列。他们从事走私贸易的形式也多种多样。此外，还有的人利用朝贡贸易，以海外诸国贡使及通事的身份，导引海外诸国入明朝贡，从中图利。明朝的官员和官兵也往往私造海舟，以朝廷干办为名，擅自下番。

明代从事海上走私的商人，为躲避官府的剿捕，在海上漂泊不定，活动范围很广，流动性很大。他们顺风汛航行，当南风汛时，由广东至福建、浙江，而直达江洋；北风汛时，则由浙江下福建、广东，或漂洋而去海外诸国，沿途或与民货易，或上岸剽掠，亦寇亦商。因此一些港汉曲折、政府难以驾驭的港湾岛屿就成为他们活动的据点。他们在这里造船置货，纠党入番，回航后与来自各地的商人贸易番货。沿海百姓也为重利所诱，纷纷效仿。

从事海外走私贸易最为活跃的地方是福、兴、漳、泉四郡，"闽之福、兴、泉、漳，襟山带海，田不足耕，非市舶无以助衣食；其民恬波涛而轻生死，亦其习使然，而漳为甚"[1]。漳州是最早的私人海外贸易中心。当时福建走私贸易港口如"漳之诏安有梅岭，龙溪海沧、月港，泉之晋江有安梅（海），福宁有铜山。各海澳僻远，贼之窝响，船主、喇哈、火头、舵公皆出焉"[2]，其中最重要的是月

1　转引自福建省地方志编纂委员会编：《福建省志·闽台关系志》，福建人民出版社2008年版，第27页。

2　转引自廖大珂：《福建海外交通史》，福建人民出版社2002年版，第221页。

港、安平港和梅岭港。明嘉靖时期，月港是东南违禁通番的主要地区之一。"隆庆开关"后，月港海上贸易繁荣，成为中外走私商人云集的港口。当时著名的海寇商人严山老、许西池、谢和、王清溪，以及洪迪珍、张维等都是月港海商。安平港地处泉州附近，与泉州港和后渚港相比，更便利于走私贸易，是一个在前代海外贸易基础上发展起来的走私贸易港。诏安梅岭位于闽粤之交，是海外商舶由粤趋闽的中继站，亦是走私贸易的交接之地和海寇往来的必由之地。面对声势浩大、不可遏止的走私贸易活动，朝贡贸易趋于衰落，又经历嘉靖年间倭寇骚扰沿海的大动乱时代，明朝统治者只好改变政策。隆庆元年（1567年），明穆宗接受福建巡抚涂泽民的建议，在月港部分开禁，"准贩东西二洋"，准许私人申请文引，缴纳税饷，出海贸易。月港由走私贸易港口转变为合法的民间私商对外贸易的商港。漳州月港与马尼拉的大帆船贸易迅速发展起来。福建海外贸易进入了新的发展阶段。

明政府开放海禁后，大批海商放弃了走私贸易和亦寇亦商的活动方式，转为向当局申请文引，缴纳饷税，合法地出海贸易。民间海外贸易蓬勃发展，欣欣向荣，成为福建对外贸易的主体。但到万历末年，月港由盛转衰，民间海外贸易急剧走向衰落，月港日趋萧条。造成这一变化的主要原因是明朝统治者对海商的横征暴敛，以及对海商活动施加种种限制。同时，西方殖民者东来扩张，实行垄断贸易政策，以及为达到垄断而在海上进行劫掠的海盗行径，对福建民间海外贸易也起到破坏作用。西方殖民者的侵略和骚扰是福建民间海外贸易走向衰落的重要原因。

明中叶以后，月港商人对外通商的成功，引起福建其他港口商人的羡慕。万历年间（1573—1620），福建其他沿海地区的商人"八仙过海，各显神通"，悄悄进行走私出海贸易。其中福州外港的兴起引人注目，闽江口一带一度成为海商走私活动的中心，最为活跃的地方是从福清海口至松下一带，"村村以接济为利"。其次是长乐之广石、闽县之琅岐，省城之河口南台，商民内外勾结，"线索相通，铳械、火药、米谷、绸缎，或托兵船，或托粪船，或托荡船，使人不疑，虽关津不得而稽"[1]。明末，福建海外贸易从一口开放扩张到多口开放，福州等港口继月港之后成为中国对外贸易重要港口之一。

明末，从美洲输往吕宋的白银数量锐减，东亚的贸易重心转向日本，福建商人与日本直接贸易悄悄发展起来。清初王胜时说："闻往时，闽中巨室皆擅海舶之利，西至欧逻巴，东至日本之吕宋、长岐，每一舶至，则钱货充牣。先朝禁通日本，然东之利倍蓰于西。海舶出海时，先向西洋行，行既远乃复折而入东洋。嗜利走死，习以为常。以是富甲天下。"[2]由于距日本较近，福州逐渐成为与日本贸易的主要口岸，福建对外贸易重心从菲律宾马尼拉转到日本的长崎。天启五年（1625年），福州巡抚南居益说："闻闽越、三吴之人，住于倭岛者不知几千百家，与倭婚媾长子孙，名曰唐市。"[3]随着寓居日本的福建人逐渐增多，崇祯元年（1628年），在漳州商人的倡议和资助下，明僧觉海在日本长崎岩原乡建福济寺，俗名漳州寺。翌年，福州商人在长崎建立崇福寺，俗名福州寺。明末，以福清商人为核心的福州商人在当地取得了很大影响。从此，福清商人在与日本贸易中占据重要地位。

明天启二年（1622年），荷兰窃据台湾南部。次年，西班牙占据台湾北部的鸡笼与淡水。荷兰人想利用台湾的优越地位建立对中国贸易的霸权，同时切断葡萄牙、西班牙对中国的贸易线路。因而，荷兰人入侵澎湖，随后侵占台湾作为基地，不断派出海盗船袭击福建沿海。而此时，朝廷重新实行海禁，引发激烈的海盗活动。在动乱的局势中，郑芝龙海商集团趁势崛起，采取亦盗亦商的武装贸易方式与荷兰殖民者既合作又斗争，逐步发展壮大起来，在相当程度上控制了台湾海峡的对外贸易，成为东亚海上一股不可小看的势力。

明中叶以后，西方殖民者相继东来，接续原来中国在东南亚沿海的商业网络，改变了传统的海上贸易形态，促使中国原有的朝贡贸易走向衰落，私人海外贸易活动活跃，把中国以及亚洲的贸易与整个世界贸易紧密联系起来。同时国内

1　转引自廖大珂：《福建海外交通史》，福建人民出版社2002年版，第250页。

2　谢国桢选编：《明代社会经济史料选编》（下），福建人民出版社2004年版，第71页。

3　李国祥、杨昶主编：《明实录类纂·经济史料卷》，武汉出版社1993年版，第954页。

商业资本的活动，迅速地把中国江南一带的生产，融入整个世界资本主义贸易体系中去。大量的中国商品通过福建海商运到海外，同等数值的白银通过福建海商从海外运到福建，从而使中国进入白银时代。海外贸易的兴盛繁荣给福建注入变化的动力，晚明的福建商品经济有相当发展，并逐步改变了福建经济的面貌。

以舟楫为万国之津梁：福建与琉球贸易往来

琉球位于福建东南海上，为一个岛国。琉球古时分为中山、山南、山北，其中以中山国最大，后其吞并山南、山北二国，统一琉球。明代之前，琉球与中国的关系并不很密切。明洪武五年（1372年）正月，明太祖遣行人杨载持诏谕琉球。同年十二月，当明使杨载返国时，琉球国中山王察度遣其弟泰期奉表入贡，与明朝建立正式的朝贡关系。明朝封琉球察度为中山王，并赐以王印，加强了中山王在东亚的地位。洪武十三年（1380年）和洪武十六年（1383年），山南王及山北王也相继派遣使臣来明朝入贡。尔后琉球诸王以种种名义接连来朝，明朝廷亦频频遣使前往册封、赍赐，双方的关系迅速发展起来。洪武二十五年（1392年），朱元璋为加强中琉之间的朝贡贸易关系，赐琉球"闽人三十六姓善操舟者，令往来朝贡"，推动福建与琉球的经济往来。明永乐元年（1403年）朱棣登帝位，琉球奉表庆贺，并贡方物且传送察度王逝世之讣告。次年，朱棣派遣行人时中诏至琉球谕祭故王察度，册封世子武宁为中山王，此为中国册封琉球之始。自此，每位琉球国王嗣位，皆请命册封，朝廷即钦命正、副使分乘2艘册封船由福州港出发册封。明、清两代统治者大都应其所请，派遣大型册封使团，远渡重洋赴琉球册封，形成一种固定制度。这一传统持续了500多年。光绪五年（1879年），日本强行吞并琉球，并改名为日本冲绳县。从明永乐二年（1404年）由行人时中首次出使算起，到清同治五年（1866年）由翰林院编修赵新、于光甲最后一次出使止，中国政府共23次出使琉球进行册封，派出正、副使共43名，其中明代15次、27人，清代8次、16人。其中先后有4批为福州人。

历任册封使对造舟亲自督办，务求船只坚固、考究。造舟往往经时累岁，颇费周折，需要调动福州、泉州、漳州善造舟者齐集建造。册封使择吉日出海前，通常琉球国方面会派遣迎封船前来，提供熟悉海道线路的水手，协助渡海。启船之日，福建地方官设宴饯行。沿途供奉福建地方俗神妈祖天妃、临水夫人、陈文龙、海龙王等，祈求一路平安。除册封使在琉球参加册封大典仪式及在各地游历外，随使人员亦与当地各界民众进行经济、文化、艺术、生产技术等方面的交流。

明政府对入贡国实行定点制，规定贡道由福建入境，指定福建为接待琉球国使团和明中央政府派出琉球册封使的官方口岸，接待琉球使团由福建市舶司负责。洪武三年（1370年），福建市舶司设于泉州，并建"来远驿"，掌管琉球朝贡贸易事务，包括接纳、转运贡品，招待贡使，代表政府赏赐、回赠物品，并负责护送使团入福州后再进京。

由于琉球来华贡船直驶福州比泉州方便，同时从事琉球朝贡贸易的，不少是洪武、永乐年间移居琉球的福州河口人，因此琉球来华贡船多在福州河口停泊。明成化十年（1474年），福建市舶司从泉州移到福州，分别设"来远驿"和"贡厂"于水部门外和河口，用以接待琉球贡使，存放贡品。福建市舶司设有官牙24名。这些牙人，由官方给印信文簿。

明代琉球入贡的贡期也不固定，随贡船附载的货物，于贡使一行赴京后，在地方官员的监督下，由官牙人会同行匠验看货色，评估货价，然后介绍给商人交易。琉球人回国需要采购的货物，也必须通过官牙人代办。

据日本学者赤岭诚纪《大航海时代的琉球》一书统计，从明洪武五年（1372年）至清光绪五年（1879年），琉球使团来华达884次之多，其中明代537次、清代347次。除了朝贡贸易外，琉球使团来华还担负着贺天寿圣节、庆贺登极、贺元旦、请封、迎封、谢恩、进香、接贡、报丧、护送官生、护送中国难民、接官生回国、报倭警、护送册封琉球使回国、上书陈情乞求援兵等任务。明朝与琉球的关系是中国对外关系史上的一段佳话。中琉封贡关系的发展演变从另一侧面反映了福建海外交通的变化。

在前人航海的基础上，福建往琉球、福州往琉球的针路分别记载在《顺风相送》《指南正法》两种海道针经上。福建通琉球的航路主要有3条，最为出名、也最为便捷的是第一条航路：福州—那霸。这是明清两代的使者的册封之路，也是中琉双方朝贡贸易的官方之路。根据琉球册封记录来看，大致这条航路从福州闽江口五虎门，或梅花千户所，或定海千户所放洋，过东引或东沙（马祖群岛）后，即以小琉球山、鸡笼屿、花瓶屿、彭加山、黄尾屿、赤屿、姑米山、马齿山等诸岛屿一线，而入那霸港。[1]第二条是从漳州港出发。漳州是海商偷渡至琉球的最佳出发地。"福建市舶专隶福州，惟琉球入贡，一关白之，而航海商贩尽由漳泉"[2]。第三条航路是从泉州港出发，从晋江入海，向东航行，过湄洲岛，与从漳州港出发的航道在乌坵上会合。两条航路会合后继续向东航行，经"东墙"（即今平潭县北之东痒岛）、富贵角、鸡笼山、花瓶屿、彭佳山、钓鱼岛、黄尾屿、赤尾屿、姑米山、麻山、马齿山，至琉球那霸港。[3]

福建与琉球之间的经济文化交流很频繁。无论是琉球进贡使团，还是中国册封使团，输往琉球的货物贸易都在福建置办。而琉球进贡使团到闽后，朝廷仅允许其中的25人晋京，余者数百人皆在福建安顿。其置办的货物种类繁多，数量极大，主要有纺织品、瓷器、药材、纸张、茶叶等，带动了福州手工业和转手贸易的发展。朝廷御赐的海舟和用赐币购买的福船成为琉球人重要的交通工具。它们在琉球造船业起步初期承担了绝大部分的远洋活动，为琉球日后造船业的发展提供了优秀借鉴范例。正是航海造船技术的输入，使琉球从一个货殖不通的海岛小国，一跃发展成为"以舟楫为万国之津梁"的海上商业国家，成为太平洋重要的海上贸易中转站。

1　参见苏文菁：《福建海洋文明发展史》，中华书局2010年版，第159页。
2　谢国桢选编：《明代社会经济史料选编》（中），福建人民出版社1980年版，第133页。
3　中共泉州市委宣传部编：《闽南文化研究》，中央文献出版社2003年版。

琉球渐染华风："闽人三十六姓"移居琉球

明代以前，福州、兴化、泉州、漳州沿海从事海外贸易的人中有相当一部分人移居琉球。明洪武二十五年（1392年），为了便于琉球来明朝贡，应琉球王的请求，明太祖朱元璋决定"赐闽人三十六姓善操舟者，令往来朝贡"，史称"闽人三十六姓使琉球"。这是有史以来第一次由政府组织的较大规模的中国移民移居海外的活动。从此，每次出使琉球，就有一批闽人远离故乡。当然，闽人使琉球的过程中绝不是一两次的封赐就能完成。闽人移民琉球是一个长时间的过程。移除了明朝的赐姓外，闽人因其他各种原因移居琉球者也很多。

"闽人三十六姓"到琉球后，琉球国王"即令三十六姓择土以居之，号其地曰唐营（俗称久米村），亦称营中"[1]。这是明代迁居琉球三十六姓的居住地。"闽人三十六姓"的居住地久米村，自然成为琉球文化中心和中国先进文化及技术向琉球传播的基地。

"闽人三十六姓"对琉球的对外关系发展和国家治理起了非常重大的作用。在中琉关系密切的时代，久米村的闽人及其后裔在琉球享有很高的政治待遇，"赐闽人三十六姓，知书者授大夫长史以为贡谢之司，司海者授通事总管为指南之备"[2]，"子孙秀者读书南雍，归即为通事，累升长史大夫"[3]。他们在琉球多担任对外关系及航海贸易有关的正议大夫、长史、通事、火长等，有的还担任琉球国相。

由于地缘血缘的关系，琉球"闽人三十六姓"后代有不少被派遣回中国学习，然后回到琉球传播中国先进的文化和技术。琉球土著原无文字、姓氏，定居

1　转引自谢必震：《中国与琉球》，厦门大学出版社1996年版，第43页。
2　李国祥主编：《明实录类纂·涉外史料卷》，武汉出版社1996年版，第535页。
3　转引自谢必震：《中国与琉球》，厦门大学出版社1996年版，第44页。

在琉球的"闽人三十六姓"中有一部分是知识分子，带去了"四书""五经"并设立了孔庙，在当地开馆设学，并举行科举考试。除孔子庙外，天妃宫是琉球最具代表性的中式建筑，也是福建移民的信仰产物。琉球的妈祖庙有久米村的上天妃宫、那霸的下天妃宫和久米岛天后宫。琉球的天妃宫至今仍保留完好，宫内香火鼎盛，游人如织。琉球孔子庙、天妃宫和那霸天使馆分别象征以儒家为代表的中原黄土文明和福建海洋文明在琉球的扎根。通过这种渠道，中华文化，特别是语言文字和政治制度传播到了琉球，促进了当地的发展。

闽人的到来为琉球引进了先进的农业生产工具，以及新的粮食、蔬菜品种和栽培技术，促进了琉球社会生产力发展。夏子阳《使琉球录》载：琉球"波菱、山药、东瓜、薯、瓠之属，皆闽中种"。番薯的引入，解决了琉球因土地贫瘠而

柔远驿始建于明成化年间。现今的柔远驿是1992年重新修建的

造成的粮食供应不足的矛盾。此外，琉球的制糖、纺织、酿酒技术也受到了福建的影响。而"闽人三十六姓"移居琉球，最大的贡献是将先进的航海造船技术传播到琉球。

琉球来华留学官生在福州上岸，先在福州等地学习汉语，然后入京到国子监太学学习。来华的自费留学生则主要在福州学习各种文化知识和技能。当时行业中流行拜师收徒，福建的师傅们对琉球学生都能大胆接纳，把精湛的技艺完整地传授给他们。这些留学人员从福建等地引进了粮食、蔬菜品种及栽培技术、生产工具，把纺织、历法、制瓷、制茶、制糖、酿酒、制墨、冶铜、烟花制作等方面技术带回琉球，再传习他人。这些留学生就成为琉球开行业先河的宗师。一些留学生在福州长期生活后，也把福建的民间习俗带回琉球。琉球国的上巳节、端午节、中元节、中秋节、祭灶等行事多与福建的相仿。不少琉球服饰式样也仿制福建。闽菜烹饪技术流行于琉球宫廷和上流社会。琉球民间的橘饼、黄米糕、千重糕、山东粉等食品及豆芽炒豆腐等菜肴也与福州地区百姓家的做法一样。汉语言在琉球广泛流行，琉球方言中至今仍有许多与福建方言发音相同。琉球的音乐、戏曲、歌舞也通过留学生从福建传入。琉球的漆器源自福州，当时琉球书法、绘画的作者有不少是福建大师的高足。琉球国一代鸿儒程顺则在福州自费学习儒家经典，回国后为发展琉球教育做出突出贡献。其他著名的留学生有书法大师郑周、被誉为中山王国第一才子的蔡文溥，集政治家、科学家于一身的国相蔡温，史学巨匠郑秉哲，提倡公学第一人蔡世昌，爱国者蔡大鼎、林世功等。他们都是留学生中的佼佼者，为闽琉友谊和文化传播做出突出贡献。福州现存的大量文物遗迹见证了这段中外友好交往的历史，其中以柔远驿和琉球墓最为有名。

"闽人三十六姓"到琉球使中国先进的文化和生产技术得以传到琉球，使原先落后的琉球渐染华风，风俗得以改变，文教兴盛，被誉为"风俗淳美""易而为衣冠礼仪之乡"[1]。

---

1 转引自谢必震：《中国与琉球》，厦门大学出版社1996年版，第47页。

保卫海疆：明嘉靖倭患和福建沿海抗击倭寇斗争

元末明初，日本处于南北朝时代，在国内战争中溃败的武士流亡海岛，勾结海商和失业流民，组成海盗集团，经常在中国沿海进行武装掠夺和骚扰，史称"倭寇"。倭寇一开始窜犯中国北部沿海，后来逐次南移，洪武三年（1370年）和五年就曾两次侵扰福建沿海。明初，明太祖厉行海禁，派信国公汤和、江夏侯周德兴等将领在东南沿海筑城设卫，整饬海防，造船御寇，故未成大患。15世纪后期，日本进入战国时代，封建主和寺院大地主为了扩充实力，弥补内战损失，怂恿和支持海盗活动，倭寇渐趋猖獗。明世宗嘉靖年间，内政日益腐败，沿海卫所形同虚设，倭寇又侵扰闽、浙，肆意横行。倭寇乘机与中国少数奸商、海盗勾结，不断窜犯东南沿海地区，烧杀掳掠，无恶不作，给人民带来深重灾难，成了明朝的严重祸患。从嘉靖中叶到隆庆年间，前后20余年，中国东南沿海有数十万人被杀，数十座城市被攻占。倭寇侵扰重点先是浙江与南直隶，福建军队多被调往江、浙，随后倭寇侵扰逐渐转向福建。福建是受害最为严重的地区之一。

嘉靖二十六年（1547年），由于入侵浙闽的倭寇出没无常，当地守军不相统属，难以抵御，明廷命朱纨为浙江巡抚，兼提督浙闽海防军务。他统一部署两省海防事宜，征调战船扼守要地，禁止商船下海，严立保甲制度，严惩勾结倭寇的内贼，孤立倭寇。倭寇大举侵扰中国，始于嘉靖三十一年（1552年）四月。《明世宗实录》载，漳、泉海贼勾引倭奴万余人，驾船千余艘，自浙江舟山、象山等处登岸，流劫台、温、宁、绍间，攻陷城寨，杀掳居民无数。嘉靖三十一年到嘉靖三十五年（1556年），倭寇入侵的重点是浙江，但福建也遭受倭寇的骚扰。嘉靖三十一年以后，明世宗复先后命王忬和张经总督浙闽军务。他们重用俞大猷、汤克宽，释放柯乔、卢镗等人，编练水师，请调援兵，水陆密切配合，在浙江一带沿海有效地抗击倭寇。嘉靖三十四年（1555年），张经在浙江后塘湾、王江泾等地大破倭贼，斩敌1900余人。张经在担任总督期间，前后共俘斩敌寇达5000多人，立下赫赫战功，史称"东南战功第一"。

嘉靖三十四年开始，福建的倭患日趋严重。倭寇从浙江南窜，蹂躏福宁州（州治在今霞浦）沿海，继而南移进犯福州、兴化（今莆田）、泉州一带，受祸最重的是福清海口。嘉靖三十六年（1557年）四月，在福宁州一带活动的倭寇从宁德航海南下，突然出现在福州城下，福州大震。福建巡抚阮鹗束手无策，竟然派人与倭寇谈判，发生历史上极为罕见的巡抚贿赂强盗事件。嘉靖三十七年（1558年），倭寇侵入福建，攻陷福清、惠安，进犯同安、长乐、漳州、泉州各地。次年，倭寇又攻福宁、连江、罗源，劫掠各乡，随后进攻福州，未得逞，转破福安。至嘉靖四十一年（1562年），倭寇在福建等地活动已达10年，福建沿海城市如福州、兴化、泉州都受到多次围攻，宁德、福安、永福、福清、永春、安溪、南安、南靖等县城被攻克。倭寇所到之处，烧杀抢掠，无恶不作，民众的生命财产遭受极大损失。

在福建倭患日益炽烈的形势下，福建巡抚游霄得请调浙军入闽。此时，浙江方面的倭寇活动已处于低潮，总督胡宗宪命参将戚继光率部6000人从浙江入闽剿倭。嘉靖四十一年，戚继光在宁德横屿、福清牛田、莆田林墩打了3个胜仗，歼灭倭寇7000余人，戚家军的威名从此在福建广泛流传。由于盛暑远征，士兵水土不服，戚继光于冬季撤兵回浙江休整。戚继光回浙不久，倭寇又来福建骚扰。嘉靖四十一年底，倭寇分南北二路入侵福建。北路从福宁州登陆，从闽东深入闽北，攻克寿宁、政和两县，大肆屠城。倭寇的主力在南路。嘉靖四十一年十一月，倭寇4000余人突然围攻兴化城。兴化战役就此展开。倭寇陷兴化府城，城中被焚劫一空，又占领平海卫。此为倭寇践踏东南以来首次府城被占。福建官军向明廷告急。明朝政府再次起用俞大猷为福建总兵，率兵救援。俞大猷招募漳州农民武装，作为俞家军的主力。嘉靖四十二年（1563年）三月，戚继光再次率兵万余人进入福建抗倭，在连江马鼻获得大捷。四月，俞大猷、戚继光两军和广东总兵刘显的援军会师兴化，在福建巡抚谭纶指挥下，向倭寇的巢穴平海卫进攻。俞大猷担任右翼，刘显担任左翼，戚继光担任中军。经过激烈战斗，此役共斩杀倭寇2200多人，救还被掳男女2300余人，兴化府城随即被收复。

嘉靖四十二年十月，俞大猷调任广东，戚继光升任福建总兵，兼守浙江金华、温州二府。十一月，倭寇纠集2.7万余人大举入侵，同时侵扰福宁、连江、兴化、惠安、晋江等地，其中从日本新到的百余艘倭船从莆田、仙游交界的东沙登陆，会同原漏网的残倭共万余人，于七日进围仙游县城，蜂聚四门营垒。知县陈大有、典史陈贤带领兵民据城固守。谭纶、戚继光即率师前往解围。为防倭陷城和四处剽掠，谭纶、戚继光即派部分兵力携带火器，夜缒入城，协助守御，并分兵遏阻要冲，余部屯驻距城10余公里的俞潭浦和沙园，待轮换的浙兵到后，并力歼敌。正当城危之际，轮调的浙兵赶到，谭、戚遂于二十六日挥师从东、南直

戚继光雕像

捣倭垒。攻城的倭贼惊呼"戚虎至矣！"急往西、北奔窜。官军乘势掩杀，擒斩千余人，夺回被掳男女3000余人。余倭万余人南窜惠安、晋江等地。嘉靖四十三年（1564年）正月，南窜的倭贼攻安平，闻戚军将至，便继续南逃。二月初五，戚军追至同安王仓坪，斩倭百余人，倭众坠崖死者无数。余倭溃逃南去，占据漳浦蔡丕（一作坡）岭。岭上地如锅底，四周悬崖陡壁。二十六日，戚军分五哨，缘崖而上，将其包围。倭在岭上蔗林中设伏。官军纵火焚蔗林，烧死倭寇千人以上，擒杀数百人。逃脱的残倭千余人夺船下海，南窜广东。蔡丕岭之役，是明朝结束福建倭患的最后一次较大战役。至此，侵犯福建的倭寇大部被荡平。此后，俞大猷、戚继光分别率军横扫流窜广东、福建沿海的残倭，至嘉靖四十五年，东南沿海的倭患基本消除。

从嘉靖三十四年（1555年）起，福建遭受严重倭患达七八年之久，先后被攻陷的有府城、县城12座，卫城所城9座，沿海主要城镇大多遭到围攻，军民被杀被掳10余万人，房舍被焚数万间，财物被掠无数，繁华的沿海地区变得残破萧条。在与倭寇斗争中涌现出不少抗倭名将，如张经（福建侯官人）、俞大猷（福建泉州人）、戚继光等，他们为保卫海疆和保护百姓生命财产作出了重大贡献。福建军民在这场抗倭战争中，同仇敌忾，浴血奋战，前后歼倭数万人，为抗击外来侵略，保卫海疆写下了光辉的篇章。

"天子南库"：漳州月港的兴盛

月港又名月泉港，在漳州城东南，九龙江经由这里注入海洋，它"外通海潮，内接淡水，其形如月，故名"，是漳州平原的主要出海口。从月港出海，一潮至圭屿，一潮半至中左所（厦门）。月港及其周围地区地多斥卤，平野可耕的土地十之二三而已，居民只得向海洋发展，从事海上贸易。月港航道狭浅，巨舶进出困难，并非天然深水良港。然而这里江海交汇，海岸曲折，港汊交错，岛屿星罗，港外也有众多的岛屿，如海门岛、浯屿等，便于海舶隐蔽、寄泊。加上它"僻处海隅，俗如化外"，明朝统治力量薄弱，难以有效实施海禁，很适合海商从事走私活动的要求，便乘运崛起，成为中外走私商人云集的港口。

早在宣德年间（1426—1435），漳州海商就无视明王朝的禁令，泛海通番，非常活跃。宣德八年（1433年），明廷专门下敕，命令漳州卫同知石宣等人"严通番之禁"。明中叶后，漳泉地区的一些无地可耕的"游业奇民"、富户豪门，亦热衷于海外贸易，"盖富家以货，贫人以佣，输中华之产，骋彼远国，易其方物以归，博利可十倍，故民乐之"，月港的走私贸易迅速兴起。景泰时（1450—1457），月港"民多货番为盗"，参加走私的人越来越多。成化、弘治间，月港已是"人烟辐辏，商贾咸聚"的巨镇，呈现了"风回帆转，宝贿填舟，家家赛神，钟鼓响答，东北巨贾，竞鹜争持，以舶主上中之产，转盼逢辰，容致巨万"[1]的繁华景象，号称"闽南一大都会"。

正德、嘉靖之际（1506—1566），月港走私贸易进一步发展，闽人通番，皆自漳州月港出洋，各国商船联翩而至。正德十二年（1517年），葡萄牙商船在广东被逐后，转到月港附近停泊。不久，西班牙、日本及东南亚各国的商船也潜泊漳州私与为市，月港成为中外海商私市贸易的中心。嘉靖二十年（1541年），葡萄牙商人留居漳州达500人之多。繁荣活跃的走私活动再度引起明朝政府的注意，政府加强了对月港的管理。嘉靖九年（1530年）福建巡抚都御史胡琏把巡海道移驻漳州以加强弹压，并在海沧置安边馆，每年由各郡选择别驾一员以镇其地。嘉靖二十七年（1548年），朱纨为福建巡抚，厉行海禁政策，立保甲、严接济。嘉靖三十年（1551年），明政府在月港建靖海馆，由通判往来巡缉。至嘉靖四十二年（1563年），福建巡抚谭纶更靖海馆为海防馆，设海防同知管理。尽管海防机构步步升级，但月港海商仍然结党成风，造船出海私相贸易。于是，明政府在嘉靖四十五年（1566年）析龙溪县之靖海馆及漳浦县部分地置海澄县，有"海疆澄

1　转引自谢国桢选编：《明代社会经济史料选编》（下），福建人民出版社2004年版，第67页。

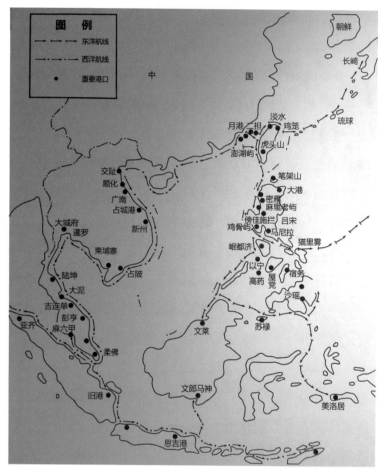

明代月港东西洋航线、主要港口示意图（泉州博物馆图）

"静"之意。隆庆元年（1567年），明政府在月港部分开禁，开设"洋市"，准许私人申请文引，缴纳税饷，出海贸易。月港由走私贸易港口转变为合法的民间私商对外贸易的商港。月港私人贸易呈现了一片欣欣向荣的景象，有居民数万家，方物之珍，家贮户藏，而东连日本，西接琉球，南通佛郎等国，被人称为闽南一大都会。

至万历年间（1573—1620），月港的繁荣达到顶峰。漳籍御史周起元描述当时的情况时说："我穆庙时除贩夷之律，于是五方之贾，熙熙水国，刳舻舳，分市东西路。其捆载珍奇，故异物不足述，而所贸金钱，岁无虑数十万，公私并赖，其殆天子之南库也。"[1] 私人海外贸易进入了全盛阶段，月港成为中外海商进出海洋的基地和进出口商品的集散地。从这里启航的"洋船多以百计，少亦不下六七十只，列艘云集，且高且深"[2]。返航的海舶载来了琳琅满目的海外产品。

明《东西洋考》详细记载了当时与月港贸易的国家。当时，海外交通航线大抵以婆罗洲东北部的文莱为界，文莱以西为"西洋"，其范围大约为今之中南半岛、马来半岛、苏门答腊、爪哇以及南婆罗洲一带；文莱以东为"东洋"，其范围约为今之菲律宾群岛、马鲁古群岛、苏禄群岛以及北婆罗洲一带。明代漳州月港在西洋方面与交趾、占城、暹罗、大泥、柬埔寨、旧港、马六甲、爪哇等20多个国家和地区开展贸易，东洋方面与吕宋、苏禄、文莱、日本等10多个国家和地区开展贸易。当时从月港出口的货物除丝织品、瓷器、糖果之外，还有铁、纸、布、竹器、药材、茶、酒、漆器等。其中，以生丝及纺织品、瓷器、食糖最为大宗。

明代正德年间葡萄牙人抵达广东沿海之后，西方国家商人相继来到东方，环球贸易体系建立。当时西方国家对日用商品需求旺盛，但他们生产的日用品的质量和价格都比不上中国。尤其是新航路开辟之后，东方商品进入西方市场的数量便以几何级增加。与中国人贸易成为西方商人最为重要的生意。东西方贸易不再是传统的奢侈品贸易，而是以日用品贸易为主。于是，海外商人源源不断运白银来购买中国商品，大量白银流入中国，月港成为海外白银的主要接收地。据梁方仲估计，自万历元年至崇祯十七年（1573—1644），从海外输入中国的白银达1亿银元以上。[3]

为了征收商税，加强对海外贸易的管理，明朝廷在月港设督饷馆，其职责除了发放商引、征收饷税外，还负责对进出口商船实行检验和监督。月港商税的征收有三种，即水饷、陆饷、加增饷。从漳州督饷馆每年征收的进口税额，也可看出月港对外贸易的迅速增长：隆庆年间（1567—1572）税饷3000两，万历三年

1　周起元：《东西洋考序》。

2　张燮：《东西洋考》卷七。

3　梁方仲：《梁方仲经济史论文集》，中华书局1989年版，第178—179页。

（1575年）税饷6000两，万历四年（1576年）税饷10000两，万历十三年（1585年）税饷20000两，万历二十二年（1594年）税饷29000两，万历四十一年（1613年）税饷35000两。仅仅几十年间，月港的税饷便翻了几倍，而且不包括走私船在内的一些收入。万历四十一年，福建省的税银是5万余两，漳州的税入就占了一半还多，超过了传统的农业税收。月港贸易不仅增加政府财政收入，而且带动附近地区的发展，许多城镇成为手工业、商业发达的地区，明代漳州府共有72个市镇，市镇数量大幅度增长。

万历末年，由于封建官吏的强取豪夺、西方殖民者和海外私人武装的侵扰，月港由盛转衰。天启四年（1624年）荷兰人窃据台湾之后，更横行于台湾海峡，封锁九龙江口，"自天启六年以后，海寇横行，大为洋舶之梗，几无孑遗，饷额屡缩，自是不复给引"[1]。清初，月港完全让位给厦门港。月港兴盛了150多年，是比同期的泉州港和福州港更为繁荣的港口，闻名东南亚的著名贸易中心，在世界海上交通史和中国海上贸易史上都占有重要的地位。

西方东进：葡萄牙人首入福建

葡萄牙是最早同福建交往的西方国家之一。明朝人根据东南亚伊斯兰教徒的称呼，称葡萄牙为"佛郎机"。

明弘治十一年（1498年），达·伽马首航到达印度西海岸的古里，标志葡萄牙海洋势力东进亚洲的开始。正德六年（1511年），葡萄牙占领满剌加（即马六甲），从那里获得不少有关中国的知识，并利用满剌加为明朝贡国的关系，以进贡为名，开始对中国作试探性的远征。葡萄牙以满剌加作为基地向东扩张，目的很明确，就是为了和中国通商。葡萄牙国王曾要求前往马六甲的舰队司令必须弄

1　转引自廖大珂：《福建海外交通史》，福建人民出版社2002年版，第251页。

明白中国与马六甲的交往信息。正德九年（1514年），葡萄牙人阿尔瓦雷斯乘坐中国帆船于6月抵达广东珠江口的屯门岛（Tamao，即伶仃岛），在那里竖起刻有葡萄牙王国纹章的石柱。从此，葡萄牙人频频来到广东沿海，把屯门作为活动的据点，企图打开中国的贸易大门。葡萄牙人曾向明政府要求获得通商权利，被拒绝。不甘心的葡萄牙人随后以广东屯门海澳为据点，与中国海商进行私人贸易。福建商人是他们最早遭遇的中国人。

正德十二年（1517年），葡萄牙驻满剌加总督派遣马斯卡林纳率领一支舰队，雇用熟悉往琉球航路和琉球语言的漳州人，北上探求琉球群岛，因气候所阻，船到漳州后便不能前进，遂留在了漳州。这是葡萄牙人首次抵闽。当时葡萄牙人一方面要求进贡明朝，另一方面却依仗船坚炮利，在广东沿海干着掠卖人口等海盗活动，引起广东民众的愤怒。正德十六年（1521年），刚即位的嘉靖帝下令驱逐广东屯门的葡萄牙人，并阻绝安南、满剌加诸番舶，"有司自是将安

浯屿——16世纪葡萄牙人曾强占这里

南、满剌加诸番舶尽行阻绝，皆往漳州府海面地方，私自驻扎，于是利归于闽，而广之市井皆萧然矣"[1]。葡萄牙人在闽浙一带进行走私贸易，海上走私集团首领许栋、王直、李光头等从葡萄牙人手中买下从非洲、东南亚、欧洲带来的货物以及先进的火器，葡萄牙人则购买中国的生丝、丝绸、瓷器、棉布、粮食，其每年交易额达300万葡元，绝大部分以日本银锭支付。浙江双屿港成为中外海盗商人的巢穴和东亚国际贸易走私港。

当时，为防止倭患，明政府加强沿海海防，厉行海禁。嘉靖十五年（1536年），明朝廷针对月港地区重申海禁，并在这一带推行保甲制度，设置沿海巡司，带领民兵巡逻海疆，力图扼杀沿海的私人海上贸易。由于沿海人民广泛地卷入海上贸易，朝廷有关禁令虽然颁布多次，福建沿海私人海上贸易却越来越盛，"佛郎机船载货舶浯屿，漳、泉贾人往贸易焉。巡海使者柯乔发兵攻夷船，而贩者不止"[2]。嘉靖二十一年（1542年），明朝政府从浙江、福建分别派遣陆军和海军进剿双屿港。此后，葡萄牙人的船只群涌至福建沿海。嘉靖二十三年（1544年），葡萄牙人强占九龙江口的浯屿。他们从满剌加一带运来胡椒、苏木、象牙、苏油、沉香、束香、檀香、乳香。在这短暂的贸易中，福建沿海居民和官吏在高价格和高贿赂的诱惑下，为其提供日用品和商品，甚至为其船舰充当导航者。嘉靖二十六年（1547年），葡萄牙商人住在浯屿的人数达到500多人。

葡萄牙人在福建和浙江勾连沿海居民大肆进行私贩活动，甚至纠结倭寇骚扰劫掠东南海疆，引起明政府的恐慌。嘉靖二十七年（1548年），闽浙巡抚朱纨于九山洋打败葡萄牙等海盗，摧毁了葡萄牙的临时居留地和中国海商的据点，使他们无法立足于浙江。葡萄牙人遂纠合海盗许栋、李光头等窜至福建沿海活动。同年九月，朱纨催令福建备倭都指挥使卢镗率明军主力回师福建，与海道副使柯乔会合，发兵攻击浯屿，不克。明政府将受葡萄牙人贿赂的浯屿指挥丁桐及去任海道副使姚翔凤治罪。

---

1 邓开颂、黄启臣编：《澳门港史资料汇编（1553—1986）》，广东人民出版社1991年版，第84页。

2 张燮：《东西洋考》卷七。

嘉靖二十八年（1549年），恃险困守3个月的葡萄牙人及其同伙不得不放弃浯屿。部分不愿离去的葡萄牙人伙同海寇进犯诏安，在走马溪与明官兵发生冲突。明军擒、斩葡人239人，抓获海寇头目李光头等96人。朱纨不经朝廷命令将李光头等96人"便宜诛之"。被俘虏的30名葡萄牙人经由泉州被解往福州，在福州居留一年后，有的被流放到广西，有的逃到澳门。此为闻名中外的"走马溪之役"。此役后，葡萄牙人不得已离开闽浙，重新回到广东沿海，寻找与中国打交道的新途径。

葡萄牙殖民者东来入闽，对福建的海外交通和贸易产生了很大影响。福建原先与东南亚直接贸易，在葡萄牙占领马六甲以后，变成了以欧洲国家为中介的贸易，福建海商进入印度洋的航路被阻断，活动区域转移至西太平洋海域，尤其是以菲律宾为主的东洋地区。同时，出于海盗的本性，他们经常在海上狙击劫掠中国商船，并控制中国与东亚、西亚的贸易，实行垄断贸易政策，阻碍了福建海上贸易的发展。但葡萄牙对东方贸易的巨大利润和对东方领土的占领，不断刺激着其近邻西班牙、荷兰等在远东扩张，它们相继来到福建。

海上丝银之路：福建—菲律宾—美洲的"大帆船贸易"

葡萄牙人之后来到东方的是西班牙人。1519年至1522年的麦哲伦环球航行开辟了绕南美洲跨太平洋到东方的航路，西班牙人随即派武装船队与葡萄牙争夺摩鹿加岛，失败后，西班牙将其经营重点转向吕宋（即菲律宾）。1564年，在西班牙国王和墨西哥总督的支持下，黎牙实备率领远征队，从墨西哥进入吕宋。次年4月，远征队在宿务登陆，建立西班牙的第一个殖民点。6月，西班牙"圣·巴布洛"号大帆船满载亚洲香料和货物，返回墨西哥海岸阿卡普尔科。从此，马尼拉与阿卡普尔科的大帆船贸易开通。

西班牙人在吕宋还发现福建在地理上与吕宋十分接近，中国的各种货物几乎都来自漳州月港，无论从地理位置还是从贸易利益方面考虑，与福建通商都是一个最佳的选择。西班牙人决定利用地理位置上的优势把福建作为"进入伟大中国的立足点和跳板"。隆庆五年（1571年），西班牙以武力占领了马尼拉，将其作为经营东方的据点，迅速把贸易方向对准了富饶的中国。为了打开对中国的贸易，马尼拉的总督从当地土著手中赎出50名因船只失事而被虏为奴隶的中国人，并将他们送回中国。于是，去当地贸易的福建商人越来越多。明万历三年（1575年），福建巡抚刘尧海派遣把总王望高率兵抵吕宋，追寻海盗林凤。菲律宾总督拉维札列斯认为这是了解福建的好机会，在马尼拉会见了王望高，交还许多被海盗掳掠的百姓，并答应协助生擒林凤。作为回报，王望高答应西班牙派遣使节赴闽商讨互市事宜。同年6月12日，西班牙方面派遣修士拉达和马任率使团随王望高船队来福建，7月5日，他们到达中左所（今厦门）。拉达等人在赴福州途中受到福建地方官员的热情接待。7月17日，拉达等人抵福州，向福建巡抚刘尧海呈交了有关信件，向中国政府提出要求——像葡萄牙人在澳门那样，在福建开辟一个港口，让西班牙人自由通商和传教，但遭到拒绝。8月22日，拉达离开福州。后因中国方面闻知林凤从吕宋逃到海上，加上西班牙新任总督桑德对中国官员态度粗暴，西班牙与福建的官方交往受挫。

在贸易往来方面，隆庆元年（1567年），明政府在漳州月港开放海禁，福建到吕宋贸易的船只更多。据威廉·舒尔茨的估计，每年来到马尼拉的正常船数从20艘到60艘不等，1574年有6艘，1580年达40~50艘，在这个世纪后30年到40年一般是这个数，但1616年仅有7艘，而1631年却有50艘，5年后有30艘。[1] 商船数目波动很大，主要是因为"每年到达艘数的多少是取决于马尼拉买卖赢利的机会，航程的安危，以及中国当地的情况"。在各国驶往马尼拉的商船中，中国商船占压倒性优势。明中后期到达马尼拉的中国商船多数是从月港启航的。当时中国的丝绸、瓷器物美价廉，在国际市场上具有很好的销路和很强的竞争力，而西属拉

---

1 参见廖大珂：《福建海外交通史》，福建人民出版社2002年版，第608页。

明清漳州港海外交通图

丁美洲产银丰富，白银在中国有较高的购买力。福建漳、泉商人运到马尼拉的丝绸、瓷器等中国商品，由西班牙商船载运往墨西哥进行贸易，然后运回墨西哥银元购买中国商品，从而赚取高额利润。据菲律宾总督摩加在1609年的报告，西班牙人对中国的贸易很感兴趣，因为他们回程可获利10倍。于是，在高额利润的刺激下，形成以漳州月港为起点，马尼拉为中点，阿卡普尔科为终点的贸易航路，开辟了福建（漳州月港）—菲律宾（马尼拉）—美洲（墨西哥阿卡普尔科）的海上丝绸之路（亦称海上丝银之路）。从漳州月港启航开往马尼拉的中国商船满载着生丝、丝织品、棉布、瓷器等各种中国商品，经西班牙商人从吕宋运到墨西哥的阿卡普尔科港转贩美洲各国，史称"大帆船贸易"。

这条大帆船贸易航路一直持续到1815年，最后一艘大帆船"麦哲伦"号开出阿卡普尔科港，驶向菲律宾。大帆船贸易持续了200多年，其历时之长是世界历史上少见的。大帆船贸易航路的开辟，使中国与拉丁美洲建立起前所未有的经济文化交流关系，福建在中拉交流中发挥了关键的作用。在这条航线上，福建通过与菲律宾的大帆船贸易，以及菲律宾与墨西哥的中转贸易，与美洲国家建立贸易往来和文化交流。

大帆船贸易是一种具有近代意义的跨越洲际的远程贸易，其最终的表现形式是中国丝绸与墨西哥白银的交换。在大帆船贸易中，90%的中国货物是生丝和丝织品。生丝输入美洲，为墨西哥新兴的普埃布拉丝织工业提供了廉价的原料，促进当地丝织工业的发展。丝绸大量输入美洲，刺激中国国内丝织工业和其他民族手工业的发展，促进福建沿海城市如漳州、厦门的兴起。

在大帆船贸易时期，美洲的各种农作物，如番薯、玉米、烟草、马铃薯、向日葵等沿着这条航路传入福建，对福建农业生产格局产生了深远影响。与此同时，中国的柑橘、樱桃、茶叶、罗望子等也先后移植到美洲，对促进拉丁美洲的农业发展和作物品种的多样化起到一定的作用。

这条海上丝绸之路也是文化传播的通道，促进了福建与美洲之间的文化交流。丝绸和瓷器把东方古典情趣，通过菲律宾与墨西哥的贸易通道，传入美洲和西班牙。在墨西哥和西班牙等地刮起了中国漳州的"马尼拉披肩"的风潮。欧洲上流社会妇女阶层将"马尼拉披肩"视为女性与爱的象征。除了披肩之外，中国姑娘做的一种长裙成为许多墨西哥姑娘喜爱的服饰，被称为"中国姑娘裙"。

同样，由墨西哥传入福建的西班牙银元，不仅仅是一种可流通的货币，也是中外交流的见证。最能直接体现福建与美洲，以及经由美洲与西班牙的文化交流，莫过于在这条航路上来往的西班牙多明我会与方济各会传教士所扮演的文化沟通者的角色。在闽传教士及其与美洲、西班牙的书信来往，导致美洲和西班牙国王介入当时的礼仪之争，以及由此导致西班牙语的中国历史书籍的问世，使西班牙及其征服的美洲大陆，对中国有了更多的了解。

番薯、烟草等美洲作物的引进与传播：
第二个"粮食生产的革命"

在大帆船贸易时期，福建（漳州月港）—菲律宾（马尼拉）—美洲（墨西哥阿卡普尔科）的海上丝绸之路贸易往来兴盛。美洲的各种农作物，如番薯、玉米、烟草、马铃薯、向日葵等沿着这条航路先传到吕宋，然后传入福建，乃至全国。福建是最早引进番薯、玉米、花生和烟草的省份之一。番薯、玉米、花生、烟草等美洲作物的引进与传播，改变了中国以稻、稷、麦、菽等作物为主的传统种植状况，促进了中国经济结构的转变。有学者认为，美洲农作物输入中国，使中国农业生产进入一个新的阶段，是中国第二个"粮食生产的革命"。

番薯的引进与传播。番薯原产于中美洲，哥伦布初见西班牙女王时，曾将由"新大陆"带回的番薯献给女王。嘉靖四十四年（1565年），西班牙人占据吕宋，将番薯作为压舱物带到吕宋。西班牙在当时设立了相当严格的边防检查制度，不准出口物种，因此番薯等作物不允许带出境。在大帆船航线上行走的福建商人很快认识了这一植物，便想方设法引回国内。明何乔远《闽书》记载："万历中，闽人得之外国，瘠土砂砾之地皆可以种，用以支岁，有益贫下。……度闽海而南，有吕宋国。……以通商故，闽人多贾吕宋焉。其国有朱薯，被野连山而是，不待种植，夷人率取食之。……夷人虽蔓生不訾省，然齐而不与中国人。中国人截取其蔓咫许，挟小盖中以来，于是，入吾闽十余年矣"[1]。

现代学者中，梁方仲最早提出番薯是由福建人从吕宋引进的，大约明万历年间传入福建。相关学者对这一问题众说不一。据考，番薯通过多条渠道传入中国，时间约在16世纪末叶，至少有三种可能的途径：一是葡萄牙人从美洲传到今

---

1 何乔远：《闽书》（第五册），福建人民出版社1995年版，第4436—4437页。

缅甸，再传入云南；二是葡萄牙人传至交趾，东莞人陈益或者吴川人林怀兰再传入广东；三是西班牙人从美洲传到吕宋，长乐人陈振龙再传入福建（关于番薯的引进者说法不一，有漳州商人、同安商人等说法）。云南、广东、福建这三线的传入几乎是同时进行，齐头并进的，互不关联，其中林怀兰带回来的是番薯，陈益和陈振龙带回来的均是番薯藤。而陈振龙这一线的传入，史料记载更为明确翔实，且经过后世研究者多次考证评述，知名度与影响力也因之更高。

流传很广的《金薯传习录》为清代陈世元所撰，是一部引种、推广、种植和传播甘薯的农业科学史料汇编，是一部珍贵的科学史文献。该书对番薯的引进、试种及传播情况记载甚详：福建长乐人陈振龙在吕宋经商多年，发现该国朱薯遍野，生熟可食，当地人"随地掘取""以佐谷食"。番薯极易引种，尺许薯藤便可"随栽随活"，且广种耐瘠，产量高。陈振龙想到家乡福建"土瘠民贫。……朱薯功同五谷，利益民生"，便决心把它引回家乡。他先是"得其藤数尺"，并"得岛夷传受法则"。陈振龙想尽办法成功避过层层关卡，将番薯藤带回福建长乐家中，"即在本屋后门纱帽池边隙地试栽，甫及四月，启土开掘，子母钩连，小者如臂，大者如拳，味同梨枣，食可充饥，且生熟煨煮均随其便，南北东西各得其宜"。[1]万历二十一年（1593年），闽中大旱，五谷少收，陈振龙促其子陈经纶上书福建巡抚金学曾，申报吕宋朱薯可以救荒，"令试为种时，大有收获，可充谷食之半。自是硗确之地遍行栽播"[2]，从而使闽中民众度过了饥荒。

此后，番薯在全省各地推广，在沿海地区尤受欢迎。明清之际，福建沿海迅速推广番薯种植，北至福宁府，南到漳州府，番薯成为沿海各地农民的主食；番薯向内地传播，在人口较多的汀州府也广泛种植。至清代中叶，福建沿海诸府与闽西、闽中山区的民众，都以番薯为主要食物。番薯的引入，使福建沿海数十万亩含沙土地都成为产粮地，养活了众多的人口，沿海的饥荒得到缓解。番薯可制

1　陈世元：《金薯传习录》，农业出版社编辑部编：《金薯传习录·种薯谱合刊》，农业出版社1982年版，第17—20页。

2　陈世元：《金薯传习录》，农业出版社编辑部编：《金薯传习录·种薯谱合刊》，农业出版社1982年版，第11页。

成多种产品。清代福建人将地瓜刨丝晒干，称之为"地瓜米"，所种番薯，每亩晒干二三担，又或酿为酒，名地瓜烧，或榨为油，名地瓜油，或磨为粉，名地瓜粉，或锉为丝，名地瓜丝。连城人又切厚片蜜制成殷红色，匣缄馈远。闽人感激金学曾推广朱薯之德，将朱薯改称金薯，并在福清县建立报功祠。清道光十四年（1834年），福州人何则贤亦在乌石山建"先薯祠"，后祠废，现存"先薯亭"建于1957年。

番薯很快从福建传到江西、浙江等地。到了乾隆年间，番薯栽培技术传遍全国。番薯的广泛种植反过来改良了土壤，使沿海盐碱地变成了小麦与水稻可耕种的土地。番薯的引入不仅开发了新的耕地，还可以与小麦、玉米等其他作物进行混种和间隔种植，丰富了中国耕作制度的内容，提高了土地利用率，增加了粮食的亩产，很大程度上缓解了中国严峻的粮食问题。著名农学家徐光启曾将番薯的好处总结为"十三胜"，指出"农人之家，不可一岁不种。此实杂植中第一品，亦救荒第一义也"[1]。

玉米的引进与传播。玉米又称玉蜀黍、包谷、珍珠米等，同番薯一样原产于美洲，大约在明末清初从吕宋传入福建，至清代乾隆初年才传入长江流域。玉米是与番薯相当的旱地作物。明清时期，福建沿海种植玉米不多，西部山区主要是棚民喜种玉米。在福建产粮区，玉米种植不盛，只在汀州府境内种植较多。

清乾隆年间曾在福州府与福宁府做官的李拔在任上大力推广玉米："查有包稻一种，闽中名为番豆。种植不难，收获亦易。虽斜坡陡山，但得薄土即可播种。夏间成熟，取以为米、为面、为酒，无所不可。"[2]玉米和番薯一样，同样具有耐旱的特点，而其独特的优势在于：玉米更适宜气候凉爽的山区种植，番薯更适宜气候温热的区域。东南各省属于南方，番薯和玉米都可种植，但在高凉的山区，玉米更为适宜。玉米从福建传入长江流域，又遍及全国，渐渐成为劳动人民的主粮之一。玉米因其抗旱高产的特点，受到民众的信赖。

1　徐光启：《农政全书》（上册），陈焕良、罗文华校注，岳麓书社2002年版，第424—425页。

2　转引自徐晓望主编：《福建通史》第四卷，福建人民出版社2006年版，第518页。

花生的引进与传播。福建是全国栽培花生最早的省份之一，关于花生的引进，资料记载说法不一。一说是明万历年间由国外传入。清乾隆时赵学敏撰《本草纲目拾遗》中载："万历《仙居县志》：落花生原出福建，近得其种植之。"又据清康熙三十九年（1700年）编修的《漳浦县志》载："落花生……明末才有此种。"漳浦县最早种植。另一说是清初名僧隐元从日本引进的。据乾隆《福清县志》记载："落花生，出外国，昔年无之。蔓生园中，花谢时其心中有丝垂入地结实，故名。一房可二三粒，味甚香美。康熙初年，僧隐元往扶桑觅种寄回。小可以压油。"[1] 江浙皖等省的一些地方种植花生均引自福建（明万历浙江《仙居县志》、清顺治江苏《松江府志》、康熙苏州府《长洲县志》、康熙皖南《休宁县志》等，均载花生引自福建）。

花生适种于沙地，而福建沿海多沙地，咸丰《邵武县志》说："落花生，蔓生，土内结实，荚白而皱。向产福州、兴化，今郡中多种之。"花生传入后，很快传播于闽东南沿海地区。清乾隆时期（1736—1795），沿海的福清、长乐至漳浦等县已种植，同时出现"碾而撞之"的油坊，压榨花生油出售。当时漳州等地的压榨花生油作坊已较多，花生油成为这些地方的主要食用油之一。随着花生生产和榨油业的发展，至清末光绪时期，内陆各县也均有种植。兴化府、龙岩州、台湾府，都以出产花生闻名。

烟草的引进与传播。烟草原产于美洲高原地区。1492年哥伦布向西环球航行，探索通往印度和中国的海上航道，当船队经过圣萨尔瓦多岛时，见到许多当地人一口口喷着烟雾。当哥伦布第二次航行时，命名了"多巴哥岛"，把吸食的短草也称为"多巴哥"，英文"tabacco"，中文译为"淡巴菰""淡肉果"。哥伦布和他的水手率先将烟叶和吸烟习惯带回西班牙，西班牙人将它传入吕宋。

关于烟草的引进，我国最早研究烟草问题的吴晗教授在《谈烟草》一文指出，烟草传入中国有三条路：从交趾传入广东，从吕宋传入闽广，从朝鲜传入东北。这三条路中，从吕宋传入漳州是最重要的。明清时期的文献大多说烟草是漳

1　转引自徐晓望主编：《福建通史》第四卷，福建人民出版社2006年版，第518页。

州人从吕宋引进的。明代《海澄县志》记载："淡巴菰，种出东洋，近多莳之者。茎叶皆如牡菊而高大，花如蒲公英，有子如车前子。取叶洒酒阴干之。细切如丝，燃少许置管中，吸其烟，令人微醉，云可辟瘴。"[1] 这段文字不仅详细介绍了烟草的使用特点，而且还介绍了漳州的烟草是由东洋传入的。明代的东洋包括漳州以东的各地区、国家，如吕宋、渤泥等。明万历年间到吕宋经商的漳州人，把烟种携回月港，先在石码镇种植。烟草具有辟瘴气、毒头虱之功用，且吸后容易上瘾，于是一时被传为良药而种植。烟草开始在漳州的石码、长泰和龙溪县种植，后来逐渐扩种到漳属各县，并流传省内外各地。根据《露书》记载，到明万历三十九年（1611年），福建所产烟叶"反多于吕宋，载入其国出售"。明天启四年（1624年），福建烟丝以"色微黄、质细"闻名天下。

由于烟草的商品属性明显，利润高于粮食与蔬菜，农民把相当部分的烟草作为商品出售，加快了烟草商品化的进程。烟草种植面积迅速扩大。清乾隆年间，福建省晒烟种植已达36个县，并有多处是闻名天下的晒烟种植区，如闽南的石码、长泰，闽西的永定、上杭，闽北的浦城、沙县，闽东的福鼎等。到了清代前期，闽南形成以石码为中心的乌厚烟产区，闽西形成以永定、上杭、连城为中心的条丝烟产区。永定条丝烟、浦城页丝烟、沙县夏茂烟、平和晒黄烟等的烟丝品质最佳，永定所产的条丝烟还被乾隆赐为烟魁，定为贡品。福建烟丝由此更是身价百倍，名扬海内。

伴随着闽商经营烟草生意的足迹，福建的吸烟习俗逐渐传到北方，方以智的《物理小识》说："万历末有携至漳、泉者，马氏造之曰淡肉果。渐传至九边。皆衔长管而火点吞吐之，有醉仆者。崇祯时严禁之，不止。"[2] 北方寒冷，士兵靠吸烟取暖，所以吸烟在北方流行很快。

明末，漳泉、莆仙、永定等地已初步形成烟草市场。人们通过赶圩的方式，以烟换物，或者换取货币，交易量较小。清初，烟禁逐渐松弛，福建烟市日渐繁

1　转引自徐晓望主编：《福建通史》第四卷，福建人民出版社2006年版，第241页。

2　转引自谢国桢选编：《明代社会经济史料选编》（下），福建人民出版社2004年版，第4页。

荣。到清代，福建晒烟的品质和跨省经销已是"甲于天下，货于吴、于越、于广、于汉，其利亦较田数倍"。随着烟丝加工业的发展，烟丝经营活动增加，一些专门从事烟丝经营的烟铺、烟行、烟庄、贩运商、经纪人应运而生。烟铺多为前店后坊，兼营南北杂货和日用杂货。烟行多由经营农副土产品的牙行发展而成。在烟丝市场贸易比较集中而又活跃的城镇，形成烟草贸易集散中心，福州、漳州、泉州、浦城等地成为烟商趋聚之所。清初，郑成功军队远征台湾时，石码、长泰等地以当地所产的乌厚烟供应军队，成为大陆成品烟销售台湾的开端。清中叶，福建省烟丝加工贸易进入黄金时期。清光绪年间，福州已成为福建烟丝产运销中心之一。光绪二十二年（1896年），石码烟丝试销东南亚获得成功，短短几年之内，便畅销新加坡、马来西亚等东南亚地区。

随着商品经济的发展，福建烟丝加工业逐渐从农业中分离出来，成为相对独立的手工业。烟草迅速成为一个利润较高的重要产业，福建"建烟"因其质量高及加工方法先进，长期在国内保持优势地位。"建烟"之名享誉天下，"建烟"制造业也随着闽商传播四方，对明清时期的商品经济产生重大影响。

南中国海航海贸易的"海洋王者"：郑氏海商集团

明中叶以前，福建海商大多数还是各船认各主，承揽货物载运而归，各自买卖，未尝为群。到嘉靖时，为对抗官府缉捕，走私贸易海商各自成群，依附雄强者，以为船头，逐渐结成拥有武装的贸易集团，有的甚至亦商亦盗。在明末动乱的局势中，郑芝龙海商集团趁势崛起。历经郑芝龙、郑成功、郑经三代人经营缔造，郑氏集团以海岛为基地和海外各国广泛通商，从纯粹的经济集团发展为重商的小政权式的大型海商集团，拥有上千艘海船和庞大的武装，掌握了中国东南沿海的制海权。

郑芝龙，小名一官，泉州南安县石井人，年轻时性情荡逸，不喜读书，有臂力，好拳棒。明天启元年（1621年），郑芝龙到达广东香山澳跟随从事海上贸易的母舅黄程。当时的香山澳为葡萄牙人所据，是中外贸易的中心。郑芝龙到香山澳后，参加了一些海上贸易活动，并广为接触中外商人，学会了葡萄牙语，积累了从事航海贸易的经验。天启三年（1623年），黄程派遣郑芝龙搭附海商李旦（泉州人）的海船到日本贸易，从此依附李旦。经过多年实践和发展，郑芝龙成立了独立的海商集团。

郑芝龙善于谋略。天启六年至七年，闽南发生严重旱灾，郑芝龙招抚泉州饥民数万人赴台拓垦，每人分发三两白银，每三人领牛一头，耕种纳税，开始经营台湾。他一面发展走私贸易，一面招兵买马。他劫掠富家，受到贫苦农民、渔民的支持，势力逐渐庞大，到崇祯年间成为当时中国最大的海商集团。如董应举所说："郑芝龙之初起也，不过数十船耳，至丙寅〔天启六年，1626年〕而一百二十只，丁卯〔天启七年，1627年〕遂至七百，今（崇祯初年）并诸种贼计之，船且千矣。"[1] 此间，郑氏武装劫掠闽广，在金厦树旗招兵，旬日之间，从者数千人。但郑氏武装也有严明的纪律，"不许掳妇女、屠人民、纵火焚烧、榨艾稻谷"[2]，所到地方，但令"报水"，未尝杀人。有彻贫者，且以钱米与之，对官兵不赶尽杀绝。又《兵科抄出两广总督李题》说：郑氏武装"狡黠异常，习于海战，其徒党皆内地恶少，杂以番倭剽悍，三万余人矣。其船器则皆制自外番，艨艟高大坚致，入水不没，遇礁不破，器械犀利，铳炮一发，数十里当之立碎"[3]。郑氏海商集团成为一支强大的海上武装力量。

天启末年，国内外局势开始恶化，明朝帝王穷奢极欲，不理朝政，财政亏空，已经无力消除隐患，只好招抚郑芝龙。崇祯元年（1628年），郑芝龙接受福

1　转引自福建师大郑成功史料编辑组编：《郑成功史料选编》，福建教育出版社1982年版，第25页。

2　江日昇：《台湾外记》，福建人民出版社1983年版，第15页。

3　国立中央研究院历史语言研究所编：《明清史料（乙编）》第7本，商务印书馆1936年版，第615页。

建巡抚熊文灿的招抚，率部降明，授游击将军，三年升都督。从此，郑芝龙获得了明政府的政治和军事支持，至崇祯八年（1635年）在明朝廷的支持下，先后消灭了李魁奇、杨六、杨七、钟斌和刘香等海寇集团，统一了沿海各商武装力量，并垄断了东南各省海上贸易大权。

郑芝龙海商集团和当时东来的荷兰、葡萄牙商人都有往来，到东南亚、日本等进行贸易。郑氏海商集团的强大对荷兰东印度公司产生威胁。崇祯六年（1633年）六月，荷兰船舰突袭厦门港，郑芝龙的水师被烧毁船只10余艘。九月，郑芝龙组织150艘战船在金门岛的料罗湾包围了荷兰人的联合舰队，取得胜利。料罗湾海战大捷是争夺制海权的战役，摧毁了荷兰人在南中国海建立航海贸易霸权的企图，福建奏报称闽粤自有红夷以来，数十年来，此捷创闻。崇祯十三年（1640年），郑芝龙和荷兰人达成海上航行以及对日贸易协定。此后，南中国海所有船舶没有郑氏令旗，不得私下往来，郑芝龙以此富可敌国，自筑城于安平。郑芝龙的通商范围广及东洋、南洋各地，每年贸易总额达392万~456万两白银，利润总额234万~269万两。郑氏海商集团"一门声势，赫奕东南"。

清顺治四年（1647年），清兵入闽，郑芝龙降清，被挟持北上软禁在北京，至顺治十八年（1661年）为清廷所杀。其事业由其子郑成功继承。郑芝龙降清后，其子郑成功以安平为据点，起兵反清，并吞并属于郑氏的郑彩、郑联部属，占领漳、泉、厦、金等地，继承了郑氏家业。他遥奉南明政权为正朔，以"忠君报国，中兴明室"为己任，坚持抗清斗争，兵势日盛。郑成功在厦门坚持抗清斗争的同时，增设码头，积极发展对外贸易，以商利养军。郑氏的航海贸易活动盛极一时。即使在清朝厉行海禁期间，郑成功与内地的联系不仅没有被切断，反而乘机垄断了海外贸易，"凡中国各货，海外皆仰资郑氏。于是通洋之利，惟郑氏独操之，财用益饶"[1]。

在顺治三年（1646年）至顺治十五年（1658年）之间，郑成功占领福建沿海大部，以厦门为基地，维持着一支庞大的贸易船队，南向取粮于惠、潮，中向取

---

[1] 黄叔璥：《台海使槎录》（一），商务印书馆1936年版，第77页。

货于泉、漳，北向取材于福、温，因此货物源源不断，对外则从厦门直航日本和东南亚各国，或者从事海上三角贸易，即从厦门将中国货物运销东南亚，再北上将东南亚商品转运日本，换取所需的物品，然后返回厦门。郑成功对外贸易的范围很广，从日本的长崎至琉球、东京（越南北部）、广南，以及东南亚各地，包括柬埔寨、暹罗、爪哇、西里伯和吕宋等，其中尤以与日本、东京、暹罗等的贸易最为密切。郑氏海商运往日本的大宗商品主要是生丝、丝织品、砂糖和鹿皮。

郑成功经营的海外贸易，主要是以郑氏政权名义经营的官营商业，是直接为其军事政治斗争服务的。它由"户官"具体负责管理，采取五大商的组织形式。所谓五大商，是指设于杭州及其附近各地之金、木、水、火、土等陆五商，与设在厦门及其附近各地之仁、义、礼、智、信等海五商的机构。海陆十大商采取了分工合作的经营方式，即由陆五商先行领取公款，采购丝货和各地土产，交替达交海五商后，再向郑氏国库结账，并提领下次的购货款。海五商接收货物后，就装运出洋贸易，将货出售后将货款交与郑氏公库。除官营方式以外，亦有一种是领取郑氏资本，或单独经营，或通过内地走私商人接济从事贩运的海外贸易商。

顺治十八年（1661年），郑成功挥师渡海，收复台湾，赶走荷兰殖民者。他在台湾推行"通洋裕国"政策，开发对日本等国贸易。每年郑成功的船队出入日本长崎港，"府藏日盈"。康熙元年（1662年）郑成功病逝，其子郑经在台湾继续拓展对外贸易。康熙二年（1663年），清军在荷兰舰队的协助下攻占金门和厦门，郑经退守台湾。郑经继续贯彻其父的各项举措，重视且善于经营海上贸易。到17世纪60年代末，郑氏集团已重新建立起远东国际水域的海上贸易霸权地位。

为了把台湾建成繁盛的贸易中心，郑经派人到万丹邀请英国商人前来台湾贸易。康熙八年（1669年），郑经政权与英国东印度公司缔结通商协议，其主要内容是郑氏政权承认英国人在辖区内有居住、航行、贸易的自由。但要英国东印度公司缴纳所输入、售出货物款项3%的关税，而英国人可以从台湾装运鹿皮、糖及台湾岛之其他一切货物至日本、马尼拉或任何其他地方。通商条约签订后，英国商船相继运载火药、枪炮、胡椒、生铁、棉布等台湾所需要的物品来台贸易。

康熙十四年（1675年）"三藩之乱"时，郑经乘机重新占领厦门后，英国东印度公司又在厦门设立了商馆，并签订了郑英协约的补充条款，这是该公司"第一次在中国（大陆）建立立足点"。郑氏与英国的贸易大致维持到康熙二十年（1681年）。当郑氏势力再次从厦门撤回台湾，郑经去世，英国东印度公司感到继续贸易无望，命令撤回厦门和台湾的商馆。

随着"三藩之乱"被平息，郑经逐渐放弃了在大陆的据点。康熙十九年（1680年），郑经退回台湾。次年，郑经病逝，从而使郑氏集团再次陷入内乱，郑经长子郑克臧被杀，冯锡范等人拥立年仅12岁的郑克塽登位。另一方面，为了消灭心中大患，清政府对郑氏集团不断进行打压，在沿海地区实行迁界禁海政策，导致郑氏集团与内地沟通的门户日渐缩小，加上西方海商参与东南亚市场的竞争，郑氏海商集团的对外贸易开始走下坡路。海商集团统治者日渐沉迷于奢侈的享受，内部的争权夺利影响到海商贸易，与清廷抗衡的经济资本被逐渐削弱。康熙二十二年（1683年），施琅率军攻灭台湾郑氏政权。

金瓯终合的伟业：台湾的收复和统一

清顺治十八年（1661年）正月过节时，原先在台湾为荷兰人当通事的何斌（原郑芝龙部属）潜渡到思明州，力劝郑成功出兵收复台湾，详细介绍了台湾岛内各方面的情况，特别是荷兰殖民军在台的兵力部署情况，并献上台湾防务海图。何斌献计使郑成功明了荷兰人在台湾的虚实，从而增强了郑成功克复台湾的信心。郑成功再次调集属下，做出东征台湾的战略决策，决定收复被荷兰殖民者侵占的台湾。二月初一，郑成功在厦门誓师，其后调集的部队开始集中于金门。

三月，郑成功率官兵出征，派镇守澎湖游击洪暄为引港官，传令舰队在料罗湾集中。郑成功的复台大军分首程队伍和二程队伍，首程队伍由13镇组成，加上郑成功的亲随卫队，约有士兵11700人，加上舵工、水手及勤杂人员，整个队伍约为25000人。三月二十三日郑军首程队伍分乘数百艘船只，从金门料罗湾出发，横渡台湾海峡，直捣澎湖、台湾。次日，大军驶抵澎湖，郑成功令部将陈广等驻守澎湖。四月初一黎明，大军抵鹿耳门港外，中午，乘潮水大涨直趋禾寮港，舰队在何斌的引导下顺航道进入鹿耳门港。军队迅速登陆，占据要冲，包围赤嵌城（荷兰人称普罗文查城），并控制赤嵌城与台湾城（荷兰人称热兰遮城）之间的海面，把荷兰守军围困在两个互相隔绝的据点里。在郑军的重重围困下，普罗文查城中的荷兰人水源断绝，粮食、弹药也难以维持，荷军代司令被迫同意交城投降。于是，荷兰军队只剩台湾城一座孤城。郑成功在台湾的初战告捷。

随即，郑成功主力部队又攻入了大员市区，迅速形成了对台湾城的包围进攻。郑成功率军一到台湾，即将在澎湖拟好的信函送到荷兰殖民当局的长官揆一手中，义正词严地指出"该岛一直是属于中国的。在中国人不需要时，可以允许

郑成功像

荷兰人暂时借居；现在中国人需要这块土地，来自远方的荷兰客人，自应把它归还原主"[1]，荷兰人"继续占领他人之土地是不正当的"，要求他们交出城堡，离开台湾。四月二十七日郑军向台湾城发动了猛烈进攻，但未得手。郑成功调整部署，留下部分军队继续围困台湾城，将大部分军队分派各地，驻扎屯垦。五月初，郑军的二程部队5000余人抵达台湾，进一步加强了对台湾城的围攻。

八月二十三日从巴达维亚开来的荷军支援舰队配合台湾城守军向郑军水师发动了一次攻击，结果被郑军痛击，损失惨重。台湾岛内的各族民众也纷纷拿起武器痛击荷兰殖民者，配合郑军，断绝殖民者的水源、粮食。经过几个月的围攻，台湾城内的荷军军粮得不到补给，加之巴达维亚派来的援军又被打败，疾病流行，士气低落。清康熙元年（1662年），荷东印度公司在台湾的最后一任长官揆一走投无路，在投降书上签字，退出台湾。至此，荷兰人在台湾的殖民统治宣告结束。郑成功也因此成为中华民族的杰出英雄。

然而，郑成功收复台湾，并以台湾为基地反清复明，一直使清廷如鲠在喉。在三藩之乱平定之后，清康熙帝筹谋收复台湾，福建总督姚启圣力主统一台湾，并提出了武力统一台湾的计划。

康熙二十年（1681年）正月，郑经在台湾病死，冯锡范与郑经诸弟发动政变，杀死郑克臧，扶郑克塽继位。台湾诸臣杀死精明能干的郑克臧而扶植年幼的郑克塽，使政局动荡，政权已不稳固。清廷的众臣都看出这是一次平定台湾的好机会。康熙皇帝下决心以武力统一台湾，并应姚启圣与李光地之请，派施琅出任福建水师提督。

康熙二十二年（1683年）六月，施琅发兵，"自铜山开船，大小五百余号，姚总督拨陆兵三千随征"。双方接战后，施琅的先锋旗舰一度被郑军围攻，施琅亲自赴援，也受到郑军猛烈的炮火攻击。施琅的眼睛被击伤，侍卫被打死。幸亏先锋蓝理率船来救，击退郑军。据《清实录》载，施琅的战果是："焚杀伪将军

1　厦门大学郑成功历史调查研究组编：《郑成功收复台湾史料选编》，福建人民出版社1982年版，第153页。

沈诚等大小贼目七十余员、贼兵三千余名"。施琅整顿全军后大举进攻。双方在澎湖水域会战。施琅兵分三路，分头进入澎湖港，并亲率80余艘船策应。大战开始后，"自辰至申，我师奋不顾身……击沉大小贼船一百九十四只，焚杀伪官三百余员，贼兵一万二千有奇。刘国轩力不能支，乘快船从吼门潜遁。伪将军杨德等一百六十五员，率贼兵四千八百余名，倒戈投降"。

康熙二十二年（1683年）八月，施琅到达台湾，台湾的明郑部队在刘国轩的率领下全部投降。于是，清廷终于完成了统一东南的大业。台湾居民与大陆之间的关系更加紧密，两岸一衣带水，同根同心。

施琅墓园

同源同根，闽台一家亲：明清时期福建人移居开发台湾

福建与台湾一水之隔，远古时期大陆与台湾曾连成一体。明清时期，福建人口大增，田地不足耕耘，沿海民众因生活所迫，向海岛开垦荒地，移居台、澎人数增多。明代，移居台湾者可分为明初至天启年间、荷兰人占领时期和郑成功收复台湾三个时期。入台的福建移民大都是泉、漳府属的汉人，路线大都是从厦门出发，经金门、澎湖而至台湾的安平（台南）和北港（嘉义）。闽人大规模移居台湾主要在明末和清代，这一时期出现多次移民高潮。

明初，澎湖已有不少大陆移民，以渔民为主。永乐、宣德年间，郑和下西洋，因避风到达台湾。宣德五年（1430年），郑和从福建率船队第七次下西洋，曾到台湾汲水，并教民掘井、"植姜冈山"。明中期，台、澎地区成为大陆海盗商人的根据地。澎湖与台湾西部海岸的北港烟火相望。福建渔民经常在台澎海域捕鱼。他们为避风、取水或修理渔具而登岸，有的便定居下来。福建人在台湾西海岸建立村庄，半耕半渔或弃渔垦荒。他们与早期住民和睦相处，甚至"与当地妇女成婚"，共同开发台湾。

万历年间（1573—1620），福建巡抚黄承玄在《条议海防事宜疏》中说："至于濒海之民，以渔为业，其采捕于澎湖、北港之间者，岁无虑数十百艘"[1]。还有福建海商与台海岛屿百姓进行易货贸易。陈第《东番记》载："漳、泉之惠民，充龙、烈屿诸澳，往往译其语，与贸易，以玛瑙、瓷器、布、盐、铜簪环之类，易其鹿脯及皮角"[2]。天启年间（1621—1627），以福建漳州海澄县人颜思齐和泉州南安县人郑芝龙为首，在福建沿海建立了海上武装集团，从事福建、台

1　转引自林国平、邱季端主编：《福建移民史》，方志出版社2005年版，第149页。

2　转引自福建省地方志编纂委员会编：《福建省志·闽台关系志》，福建人民出版社2008年版，第278页。

湾沿海的海上贸易。为控制航道和便于海上贸易，颜思齐率领部下来到台湾，筑寨屯垦，镇抚番社，吸引许多闽粤沿海地区的民众入台。天启四年（1624年），颜思齐率福建漳州、泉州两府各县移民往台湾，占据了北港一带，并设立"佐谋""督造""主饷""监守""先锋"等官职，建立了局部性的行政机构，对当地军民实行管理。受其影响，福建沿海民众纷纷前往台湾定居，出现了第一次移民潮。颜思齐也被后人誉为"开台王"。

荷兰人占领台湾期间，大陆战火连绵，福建沿海人民冒险到台湾谋生。每年有渔船三四百艘，约有6000~10000人从祖国大陆来到台湾从事渔业。一部分船只从事商业活动，或者亦渔亦商。在大陆与台湾的船只、人员往来中，福建占近90%。台湾的农业也有所进步，荷兰从大陆招来农民种植稻谷和甘蔗的做法在17世纪30年代后半期已初见成效，尤其是蔗糖、稻米产量剧增。崇祯年间，福建大旱，饥民遍野，郑芝龙协助福建巡抚熊文灿，将数万饥民用海舶载至台湾，人给银3两，3人给牛1头。因而在台的福建移民大大增加。当时漳泉民众"赴之若归市"。在台南赤嵌附近形成了一个约有2.5万名壮丁的居民区，全岛约有4.5万~5.7万汉人。[1] 这是台湾历史上第一次大规模的移民活动。

清康熙元年（1662年），郑成功率大军收复台湾。这次移民以军队为主体，包括眷属在内共约3万人。后来，郑经又领一部分军队到台湾。还有一部分人受清初迁界影响，冒险越界潜出，到达台湾。郑氏领台是闽人进入台湾的一个重要时期，出现第二次闽人移民台湾的高潮，新增汉人为5.6万~5.8万人，使台湾的汉族移民总数增至10万~12万人，与早期住民的人数差不多。沈云《台湾郑氏始末》称："（郑氏）招沿海居民之不愿内徙者数十万人东渡，以实台地。"郑成功因而被尊称为台湾的开拓之祖。

郑成功驱荷复台后，为保护当地高山族和汉族的现耕物业，颁布垦殖条令，

---

[1] 陈孔立：《清代台湾移民社会研究》，厦门大学出版社1990年版，第88页。关于此时期台湾汉人的人数，学者说法不一：日本中村孝志先生认为有20000人，山崎繁树先生认为有30000户、100000人；黄及时认为，"在第十七世纪中叶，移民数至少有十万"。杨彦杰根据纳税人口与实际人口的比例估算出1661年在台大陆移民的人数为35000人。

采取寓兵于农的政策，发布命令，留勇卫、侍卫两旅，以守安平镇、承天府两处。其余诸镇，按镇分地，按地开荒。同时规定文、武官照原给额各6个月俸役银，付之开垦。成千上万的郑军将士放下干戈，扶起犁锄，由原来能征惯战的精兵，变成开发台湾原野的集体移民。与此同时，郑氏派人到漳泉各地，招抚数万难民到台湾垦荒，采取鼓励政策，取得显著的成绩，田园总面积比荷据时期增加了二三倍。为了灌溉田园，郑氏时还修筑、开凿了不少的陂、潭等水利设施。福建移民还带去先进的生产技术，有力地促进了台湾的开发。在明郑政权的大力经营下，台湾迅速得到了开发：台湾西部平原乃至中部半山区，已是"烟火相接，开辟荒土，尽为膏腴"；南部地区开发较早，至清康熙统一台湾时，已成为台湾最为繁华之地。在收复台湾及进行全岛性的建置与经营开发中，其领导者与参与者大多为福建人。

清代大陆与台湾贸易不断发展，促使台湾市场进一步繁荣。图为台南天后宫前的市场情景

清康熙二十二年（1683年）统一台湾后，台湾重归中央政权管辖，大陆人口向台湾流动开始了新时期。清廷将郑氏官兵及部分百姓迁回大陆，台湾人口减少很多。康熙二十二年至雍正十年（1732年），朝廷担心台湾移民过多容易引起动乱，故对移居台湾者严格查验。康熙六十年（1721年）清廷又规定，赴台者不得携眷（包括文、武官员），因而造成台湾人口性别比例失调，男多女少。当时有识之士如蓝鼎元、吴达礼、鄂尔泰等人曾向雍正皇帝建议，家属在大陆者应允许赴台团聚，赴台人员准许携带眷属。雍正朱批"限以定数，不许过额"，始有松动。雍正十年（1732年）至光绪元年（1875年），清廷设立官渡，准许携眷入台，光绪元年以后，完全开禁。闽人入台路线，官渡商船规定有三条：厦门经澎湖至鹿耳门，福州南台至淡水八里坌，晋江蚶江至鹿港。

由于清政府长期对台湾实行封锁和半封锁政策，台湾大片未开发的沃土和优越的自然条件，强烈地吸引着大陆沿海许多失去生计的百姓，偷渡入台的大陆移民接踵而至。据吴士功《题准台民搬眷过台疏》说：自乾隆二十三年（1758年）十二月至二十四年十月不到一年里，福建沿海"共盘获偷渡民人二十五案，老幼男妇九百九十九名口"。未被截获的移民人数要多于此数的数倍甚至数十倍。乾隆二十八年（1763年）台湾人口增至660400人，乾隆四十七年（1782年）又增至912920人。乾隆五十四年（1789年），清政府取消了海禁，大陆向台湾移民出现了新的浪潮，到嘉庆十六年（1811年）台湾人口多达1901833人。[1] 光绪元年（1875年），清政府解除居民渡台的禁令，设招垦局，往台湾者免费乘船，并予口粮与耕牛、农具、种子，以鼓励移民开发台湾东部地区。光绪年间（1875—1908），台湾人口已增至300余万。台湾人口之所以高速增长，闽粤移民是主要因素。台湾的移民绝大部分是福建沿海民众，其中以漳、泉二府民为最多。大陆移民进入台湾以后，以明郑时代台南地区为中心，分别向北、向南移动，主要分布于台湾西海岸平原地带及东部宜兰平原等地。

1　参见福建省地方志编纂委员会编：《福建省志·闽台关系志》，福建人民出版社2008年版，第3页。

大陆移民高潮促使台湾岛内人口激增，大大改变了其地广人稀、劳力严重缺乏的局面，而且大陆先进的生产工具及经营方式，使台湾开发得到了长足的发展。刚统一台湾时，清廷只设一府三县管理台湾，管辖不过百余里，政令仅及于"府治（今台南）周围百余里之地，凤山、诸罗皆恶瘴地，流移开垦之众极远不过斗六门"。经过移民艰苦努力，台湾的开发进展极为迅速，康熙四十三年（1704年），北路扩展至斗六门以北，四十九年（1710年），渐过半线（彰化）、大肚溪以北，乃至日南、后垅、竹堑（新竹）、南嵌，直至淡水、台北平原；南路下淡水溪东岸流域也得到垦辟。康熙年间移民开垦极盛。至乾隆年间，台湾开发逐渐扩展到丘陵地带或肥力较差、交通不便之地。嘉庆以后，主要开拓东部宜兰平原、花莲港流域及中部埔里社盆地等地区。

随着人口的迅速增加和土地的大量开发，清政府又陆续多次增加、调整了台湾的行政机构。至同治末年，台湾行政建置为一道、一府、四县、三厅。一道即分巡台湾兵备道，一府为台湾府，四县为台湾县、凤山县、嘉义县和彰化县，三厅为淡水厅、澎湖厅及噶玛兰厅。清政府委任的台湾各级官员大多是从福建各府县选派赴任。在台湾经营、设治过程中，福建地方官员和福建民众起了很大作用。

经过200多年的经营与开发，至清同治年间台湾已发展成为"南洋之枢纽""七省之藩篱"，其交通、海防地位日益重要，引起了当时西方列强及日本的觊觎之心。为进一步加强建设，巩固海防，关于台湾建省设治的问题便提上了清廷的议事日程。清光绪十一年（1885年），中法战争结束，清政府决定台湾正式建省。在台湾建省的过程中，福建地方官员起了直接的推动作用，如沈葆桢、丁日昌、岑毓英、张兆栋、刘铭传等不仅积极为台湾建行省事宜筹谋划策，而且在开发台湾经济、加强闽台商贸，加强台湾海防、抗击日本侵略等方面也做了积极的努力。

"黄檗文化"：隐元赴日弘法传播中华文化

明清之际，福建与日本之间的交往主要是民间往来。明中叶以后，漳州月港私人海外贸易兴盛，一批商人不顾朝廷禁令，私造海船走贩东、西洋。明末清初，福建与日本交通贸易更加频繁，大批中国商人及水手移民日本，一批福建遗臣、士大夫、文人也流寓日本。清朝统一台湾后，继续与日本保持密切的贸易关系。因中日海上贸易的兴盛，明末清初的日本长崎港形成一定规模的长崎华人华侨社区。

随着流寓日本的福建侨民日益增多，在侨居地建立寺庙亦应运而起。明泰昌元年（1620年），福建侨民在长崎建造兴福寺（俗称南京寺）。崇祯元年（1628年），僧人觉海率了然、觉意两位僧人到日，主持漳州侨民在日本长崎修建福济寺（俗称漳州寺）。明崇祯二年（1629年），福州华侨在长崎筹资创建崇福寺（俗称福州寺）。长崎崇福寺内佛像、佛具都出自中国名匠之手，愿额、柱联均为中国僧人所题，山门斗拱式建筑则是典型的华南建筑风格。以上寺庙所有住持都由中国僧侣充任。因而漳州、福州等地名刹僧人不断赴日，其中影响最大的是清初的黄檗僧隐元禅师东渡日本弘扬黄檗禅风和中华文化。

福清黄檗山万福禅寺是佛教历史上著名寺院之一，始建于唐贞元年间（785—805），因寺内多植黄檗（即黄柏）而得名。明代后期，万历皇帝赐给万福寺"藏经六百七十八函，帑金三百两，敕书一道，寺额、紫伽黎钵盂、锡杖"，这一事件轰动一时，"万里海邦，莫不骇瞩"。[1] 此后，许多名师移驻万福寺。万福寺因此成为南方禅宗的重要据点。明崇祯三年（1630年），佛教大师

---

[1] 福清县志编纂委员会、福清县宗教局整理：《黄檗山寺志》，福建省地图出版社1989年版，第34—35页。

密云圆悟驻跸万佛寺。崇祯六年（1633年），圆悟亲传弟子费隐通容出任黄檗山万福寺住持。崇祯七年，闽籍隐元禅师获得费隐通容处传承。崇祯十年（1637年），隐元出任黄檗万福寺住持。他两度主持福清黄檗山万福寺，前后十多年，大振临济宗风，被誉为黄檗中兴之主。

隐元（1592—1673），俗姓林，名隆琦，字隐元，福清灵得里人，明泰昌元年（1620年）投福清黄檗山鉴源禅师剃度出家。隐元学习刻苦，精研佛教大乘经典《楞严经》和《涅槃经》，严持戒律，勤奋修禅定，有很深的造诣。后他周游各地，历访名师，在佛教界的声望日隆。对于教禅关系，隐元力主最终要落实到禅行上，对于净土信仰，则坚持禅宗的唯心净土说，向当时逐渐盛行的念佛求生净土之风作出必要的让步。隐元特别推重《禅林宝训》一书，命弟子重刻印行，

隐元画像

并广为弘扬，以加强禅僧的道德修养。明末清初，隐元禅师的《语录》远传日本，仰慕他的日本僧人千方百计将他请至日本弘法。

清顺治十一年（1654年），应日本长崎兴福寺僧人逸然性融之请，隐元率弟子等30余人东渡传法。同年7月到达长崎，当地兴福、福济、崇福"唐三寺"竞相延请其说法，日本其他各大寺院也纷纷请他前往说法。日本知名禅僧也来问道。顺治十二年（1655年），应日僧龙溪之请，隐元到达摄津（今大阪）普门寺演讲，引起很大轰动，皈依他门下的僧徒日益增多。顺治十三年（1656年）十月，隐元先后参访京都妙心寺、南禅寺和东福寺。顺治十五年（1658年），隐元率弟子到京都，受到很高的礼遇。他为所到寺院僧侣题写大量赞偈法语，努力弘扬黄檗禅风。同年9月，隐元一行到达江户（今东京）谒见将军德川家纲，获赐赠袈裟和黄金，备受礼遇。在这期间，他受到幕府重臣酒井忠胜、稻叶正则等人的信敬，并为他们施戒。从此，隐元在日本的名声日著，愈来愈多的求法问道者前来拜访。后日本天皇决定在京都宇治赐地建寺供养隐元禅师。顺治十八年（1661年）新寺建成，其建筑、雕刻仿照福清黄檗山万福寺，并与日式建筑风格有机融合。为了不忘本源，隐元将新寺仍命名为黄檗山万福寺，后即以此寺为基地传禅，弘扬佛法，重振黄檗宗风，由此开创日本佛教黄檗宗。隐元为日本黄檗宗的初祖。黄檗宗逐渐发展成为日本佛教的一大宗派，在最盛时有寺院1100所，33个塔头，僧俗信徒最盛时达2500万人，约占日本全国人口的五分之一。

随隐元到日本的弟子、工匠、画师多为闽南人。随着日本黄檗宗的日益兴盛，随他一起传入日本的以寺院建筑为中心的中国建筑技术、建筑形式，音乐特别是福建南音，以及民间医学、福清万福寺的素食烹调、僧人会餐方式等，也在日本流传开来。隐元还将中国的素食烹饪食材及烹饪技艺也传播到日本。比如，在日本家喻户晓、日常餐桌中常见的"隐元豆"（即扁豆和四季豆）、西瓜、莲蓬、竹笋等食材，以及观赏用植物——孟宗竹。明代闽浙地区寺庙中常见的素食菜肴经过黄檗山僧众的加工，形成了现在日本京都地区闻名遐迩的"普茶料理"。

隐元博学多才，除了精通佛学外，还精于医药、诗文，尤擅书法。东渡日本时，他特地从家乡福建引进乌龙茶，将其移栽于寺庙内，并留下了《种茶》《试茶》等茶诗。隐元对万福寺自产的福建乌龙茶十分得意，并在万福寺召开了雪中煮茶会，邀请日中友人到此观摩。隐元与众僧人化雪水、煮新茗、吟汉诗、究禅理这一活动就是对福建茶文化在日本最好的示范和传播。闽南沏茶方法和中式煎茶习俗也慢慢地从僧侣群体流传向社会。在隐元的带领下，日本兴起了收集福建器物、模仿闽人生活、发展日本煎茶文化的风潮。从此，在日本本土的铁茶道创立不久之后，产生了日本第二个茶道类别"煎茶道"，成为日本饮茶文化中的重要组成部分。隐元因此被日本奉为茶道的中兴祖师。煎茶道在文人墨客间十分流行，为日本茶文化中的文士茶。这些传播与交流极大地丰富了日本的饮食文化。总之，隐元东渡弘法，在日本广泛传播了建筑、雕塑、书画印刻、雕版印刷、医学、音乐、烹饪技术等中国文化，对日本的思想文化产生积极影响。日本人因此也把以黄檗宗为代表的这一时期文化，称为"黄檗文化"。

隐元大量著书立说，有《普照国师语录》《太和集》《松堂集》《弘戒法仪》等，并订有《黄檗清规》。隐元在日本备受尊崇，康熙十二年（1673年），日本后水尾上皇特授其大光普照国师的尊号。以后的日本天皇相继追谥他为"佛慈广鉴国师""径山首出国师""觉性圆明国师""真空大师"等。

开海设关：闽海关设立，中国"海关"命名之始

康熙二十三年（1684年），清廷宣布解除海禁，并决定在闽、粤两省先行创设海关。闽海关直接隶属中央管辖，为福建海关的总称。福建是清代最早设立海关的省份。"海关"二字首次进入人们的视野，作为清朝海外贸易政策的执行工具。这是中国历史上对外贸易管理机构以"海关"命名之始。

　　闽海关置有南台（福州）、厦门两衙署，分别于康熙二十三年（1684年）和康熙二十四年正式对外办公，负责来往商船，负责征收进出口关税。闽海关直隶清廷，初由户部派满汉官员各1人督理，分驻南台和厦门，两年一易，康熙二十八年（1689年）改为一年一易，康熙二十九年后专用满员1人，多驻厦门。雍正元年（1723年），闽海关业务改由福建巡抚兼理。雍正六年，闽海关设子口33处。雍正七年，恢复由中央直派海关监督制，时因厦门地方偏僻，耳目难周，南台近在省会，为沿海口岸适中地，故闽海关监督常驻福州南台。乾隆元年（1736年），闽海关事务改由闽浙总督兼理。乾隆三年（1738年），福州驻防将军（镇闽将

闽海关税务司官邸，始建于清光绪三年（1877年），1926年重建，为两层砖石混凝土建筑

军）被授命"兼管闽海关事"。乾隆十一年，经清廷确认，闽海关设有厦门、南台、泉州、铜山（东山）、宁德、涵江6个总口及分口等31处。至此，福建海关体系渐臻完备。

开海禁设海关后，福建一些主要港口的对外贸易恢复和发展较快，与此同时，各港口的实际地位也发生了极大变化。位于闽江下游、河海交汇地的福州，凭借城市自身的政治地位，加之闽北丰富的林产资源，自明以降始终是福建官方和民间的重要造船中心，这极大促进了当地对外贸易的发展和港口的繁荣。到康熙四十二年（1703年），福州南台遂"为海口之大镇，百货会集之所"。厦门作为地处海隅的岛屿，拥有着优良深水港湾，为中国东南海疆的重要港口，"厦为漳郡之咽喉""泉郡之名区，海滨之要地"。这些都印证了厦门港的重要区位优势，它可辐射四方并汇集各地货物，"骎骎乎可比一大都会矣"。厦门港的繁荣壮大，使之一跃成为福建最大的对外交通和贸易港。此外，隶属福建管辖的台湾，在这一时期不少的沿海口岸也随之兴起繁荣起来。

清廷对海关实行的是以财政收入为目的的定额税制，即由清政府确定税收年定额，所收不足定额者唯监督是问，并以渎职罪革职；所欠银两以家产追赔，超过定额者留地方自行支配。雍正三年（1725年）后，闽海关税收定额包括正额和盈余额，每年在18万两左右，全部上缴户部，其中厦门口占10万两以上，因而有"闽海关第一口岸"之称。

闽海关设立后，福建海外贸易迅速发展。康熙二十四年（1685年），清政府曾命令福州和厦门的官员调集13艘商船前往日本贸易。据统计，开海禁后的40年间，福建赴日本贸易的商船共640艘，其中从福州发船的有219艘，厦门发船的有170艘，台湾则为130艘。福建与东南亚诸国的贸易也繁荣起来。赴东南亚诸国的贸易船只日益增多，贸易的范围也十分广泛，有噶剌巴、三宝垅、暹罗、柔佛、六坤、宋居胜、丁家卢、宿雾、柬埔寨、安南、吕宋诸国。其出洋货物则有漳州丝绸纱绢、永春瓷器及各处所出雨伞、木屐、布匹、纸扎等。康熙五十六年

（1717年），康熙皇帝下令禁止南洋贸易，福建海外贸易进入低潮，其间出洋商船明显减少。雍正五年（1727年）清廷同意废除南洋禁海令，随即开放粤、闽、江、浙四口通商口岸，但只有厦门允许外国船停靠。乾隆二十二年（1757年），乾隆帝谕令关闭江、浙、闽三海关，由粤海关行商垄断对外商贸易事务。此时，到厦门贸易的只有吕宋商船了。嘉庆年间，更由于沿海海盗猖獗，外国不法商人在沿海走私活动也趋于频繁，清政府执行更加严厉的海禁政策。海关贸易也就受到严格限制了。

清道光二十二年（1842年），清廷因在鸦片战争中失败而与英国签订不平等的《南京条约》。《南京条约》开"五口通商"，福建的福州和厦门居其二。开埠后，外国人纷纷在福州、厦门两地开设洋行，控制福建对外贸易经营权。从此，洋货长驱直入，海关成了帝国主义进行经济侵略的门户。

清咸丰四年（1854年），英、美、法等三国驻上海领事借口上海小刀会起义妨碍正常贸易，迫使清政府承认江海关的外国领事监督制度。咸丰五年至六年，英国驻福州领事屡次照会福州将军和闽浙总督，要求仿江海关制度在福州设立外人管理的海关。咸丰八年（1858年），《天津条约》签订，规定"任凭总理大臣邀请英（美法）人帮办税务"，前江海关税务监督、英国人李泰国被清政府委派为首任海关总税务司。

咸丰十一年（1861年）和同治元年（1862年），福州和厦门先后成立由英（外）国人控制的海关税务司署，称洋关（或新关），原有闽海关改称"常关"，以示区别。洋关负责管理轮船，征收关税；常关只管理民船和内地贸易。时闽海关事务由福州将军兼管，在各口派驻海关委员督理常关事务，厦门口海关委员由佐领或协领兼任。闽海关税务司公署设于福州仓前山泛船浦，另在长乐营前设立办事处，监督进出口货物的起卸。法国人华德任第一任闽海关税务司。关辖区自泉州府海湾至北关海湾止。厦门关税务司公署关辖区为泉州府海湾以南地区，原闽海关厦门口改为厦门常税总关。其业务范围与闽海常税总关同。洋关的设立标志着中国海关和对外贸易的管理权落入帝国主义列强手中。

光绪二十四年（1898年），清政府主动开放福建省福宁府三都澳，三都澳被正式辟为对外通商口岸，并于次年5月8日成立了福海关，成为当时福建省三大海关之一。福海关设立后，先后有13个国家的21家公司到此开办洋行，一时商贾云集。福海关在行政和财务上由闽海关税务司兼管，并在其关区内的东冲口设立东冲常税总关，管理闽东各处常关分支卡。

按《辛丑条约》规定，清政府被迫偿付巨额赔款，因海关关税不足用以抵押，条约规定将洋关50里内的常关划归洋关管辖，福州、厦门、三都皆如是办理。50里外常关在全省只剩泉州、涵江、铜山、沙埕等4个。这样，中国关税自主权丧失殆尽。进出口贸易成为近代帝国主义掠夺中国资源和向中国市场倾销商品的一种手段。

厦门港的兴起："过驳平台似巨龙，万吨货轮来回畅"

厦门因有众多的白鹭栖息岛上，而被称为"鹭岛"。厦门港的形成发展，经历了一个漫长的历史过程。唐代中叶开始，随着中原人口大量入闽，厦门岛上居民逐渐增多。唐大中元年（847年），唐王朝在厦门岛正式设立行政管理机构嘉禾里，隶属清源郡南安县管辖。政府行政管理机构的设立，是厦门港萌生的重要标志之一。当时厦门本岛的筼筜港湾内已形成了渡口，是人们靠泊渔船和过渡的地方。到了宋元时期，厦门港得到了进一步的发展。厦门港邻近泉州港，是泉州港与南洋通航的必经之地，同时又是漳州月港入海的咽喉。自宋至明，泉州港和漳州月港的先后兴起，使厦门成为一个著名的转口贸易港口。

明朝隆庆、万历年间，正当著名的漳州月港列艘云集之际，厦门就作为其外港，出海的商船必须在这里盘验，后来因故改在位于厦门岛西南的圭屿。由于地理的变迁，航运不便和外贸量的增大，昔日繁荣的漳州月港已无法承担这一重任。厦门港水深港阔、少雾少淤、避风条件良好，是一个天然良港。随着海舶的不断增大，与月港相比，厦门港更具优势。于是，僻处海岛、拥有深水良港的厦门，成为中国商人和荷兰人走私冒险的乐园。

厦门在地理上与台湾相距最近，是外贸理想的中转站。因为条件优越，厦门港自然而然地取代了漳州月港而成为闽南地区的重要港口。至明崇祯六年（1633年），"洋舶弗集于澄，监税归于厦岛"。这标志着厦门港取代月港，成为重要商港。厦门港的兴盛还与郑成功的活动分不开。郑成功占领厦门以后，十分重视发展对外贸易。清顺治七年至十八年（1650—1661），厦门港是郑成功海路"五商"通台湾、日本、吕宋及南洋各地的中心。每年从厦门前往日本、南洋各地的商船有七八十艘，贸易额达250万两白银左右。郑成功之所以能"养兵十余万……战舰以数千计"，而"财用不匮者，以有通洋之利也"。

康熙元年（1662年），清政府占领厦门后，为防备沿海民众接济退守台湾的郑氏集团，对大陆东南地区实行严厉的海禁政策，造成贸易往来曾一度中断的局

19世纪的厦门太古码头

面。清朝统一台湾以后，于康熙二十三年（1684年）开放海禁，二十四年（1685年）使厦门成为通商口岸，设立了厦门海关。从此，厦门港的海外贸易终于有了合法的地位，翻开新的篇章。厦门港上承郑氏开创的海外航运贸易的基业，下得清政府给予的优惠政策，外有良好的通商条件（尤其与南洋已建立了密切的贸易关系），内控全闽海船越省出洋之大权。

清康熙二十三年（1684年）到道光二十年（1840年）间，国内相对稳定，外部也大致保持着一个和平的国际环境，沿海航运，始终是比较顺利地向前发展的。这为厦门港的发展创造了良好的环境。当然，在发展的过程中不无波折起伏，从纵向看，这一时期大致可分为5个阶段：

第一阶段，从康熙二十三年开禁至康熙五十六年（1717年）迅速发展时期。海禁一开，"番船往来，商贾翔集，物产靡至"，海运很快便兴盛起来。厦门港所在的漳泉一带，"人置渔舟，家有商船。惟商船可以航海，凡使节往来（闽台）咸籍之"。在这一阶段，厦门与南洋的交通有较快的发展。当时清朝政府对厦门港的政策是，不仅允许番船入口贸易，而且准许国内之洋船往南洋贸易。在当时的所谓东西洋航线上，"无处不有厦门的绿头船"。又据康熙五十五年地方当局报告，厦门贸易已达空前的繁盛。

第二阶段，从康熙五十六年（1717年）至雍正五年（1727年）海外贸易受阻阶段。康熙五十六年，康熙下令，凡商船照旧令往东洋贸易外，其南洋吕宋、噶喇吧等处，不许前往贸易，但外国夹板船，照旧准来贸易，次年又令澳门夷船往南洋及内地商船往安南，不在禁例。这次禁海是禁内不禁外，禁南洋不禁东洋，最受其影响的是广东和福建，而福建省最受影响的则是厦门港。不过，厦门港虽受到此次禁令影响，但闽南商民仍利用种种借口，继续与暹罗或巴达维亚通航。雍正四年（1726年）底东北季风开始时，有21艘船舶从厦门启航开往南洋，翌年，其中12艘满载着11800石稻米及其他货物返回。这说明，厦门港与南洋的贸易依然维持着，只是规模与兴盛时不可同日而语。

第三阶段，雍正五年（1727年）至乾隆二十二年（1757年）开禁后最为兴盛的时期。由于雍正五年以前的禁令对闽、广造成的不利影响已经对地方经济产生了破坏作用，地方官员一再要求中央政府解禁。如雍正四年，福建总督高其倬在奏折中指出："闽省福、兴、漳、泉、汀五府……惟开洋一途，借贸易之赢余，佐耕耘之不足，贫富均有裨益。"根据地方官的反映和实际情况，清政府于雍正五年宣布解禁。解禁当年的东北汛风时厦门到南洋的船舶增加到25艘。雍正六年，清政府再度规定厦门港为福建出洋总口，所有从福建出航的洋船必须由厦门出口并在厦门港装船。乾隆初年，为鼓励进口大米，朝廷给予船商优惠政策，致使出洋商船大增，乾隆十九年达到70艘。次年，入港商船多达75艘。这一数字已3倍于解禁当年。厦门港埠盛况空前，百货汇聚，商贾辐辏，"港中舳舻罗列，多至万计"。与广州港海外贸易以外商为主不同，厦门港海外贸易历来以本省商人为主。

第四阶段，从乾隆二十二年（1757年）至四十九年（1784年），海外贸易略有下降的时期。乾隆二十二年，乾隆皇帝颁布只许广州港一口对外贸易的敕令，并把厦门港的地方关税提高到广州港的同等水平，以阻止西方商人转到厦门港贸易。其后，清廷又颁布了一道敕令，凡是以前定期到厦门港的东南亚船舶，均准许进入厦门。由于康熙五十一年以后西方船只很少到厦门港，东南亚国家船只到厦贸易又不属禁止之例，对本国洋船也毫无影响，故洋船还是照常从厦门港装载货物出洋。地方官员在其奏折中不断提到洋船的动态并积极鼓励他们从海外多运稻谷回国。也就是说，厦门港仍保持其作为法定的福建对外贸易总口的地位。

第五阶段，从乾隆四十九年（1784年）至（1840年）鸦片战争前夕，海外贸易衰落时期。先是乾隆四十九年至五十三年，泉州的晋江、惠安、南安、闽县以及五虎门等处海船可以不必到厦门港挂验后赴台。此后，福建各府海船亦渐渐直接越省航行，甚至远赴南洋群岛，出现了"各船不归正口，私口偷越者多"的现象。其中，漳州府的诏安县，就有数以百计的帆船航行广州、南洋群岛和北方。而"厦门商船日渐稀少矣"。与此同时，清政府限制丝的出口，禁止茶的出口，致使商人失去利润来源，驾船贩洋者日减。道光十二、十三年（1832年、1833年），在地方官的劝说下，厦门港才有一两艘中小型商船通贩外国。而大多数船商改走国内航线，从事往来广州港的洋货贩运和国内南北洋货运。从航运的角度看，鸦片战争前夕的厦门依然称得上是"斯大小帆樯之集凑，远近贸易之都会"。直到道光十九年（1839年），厦门港"岁往台湾及南北洋贸易者，以万计"。

鸦片战争前，厦门港的国际航线有东洋、东南洋、南洋和西南洋四条。东洋航线的贸易国家有朝鲜、日本、琉球，东南洋航线有吕宋、班爱、呐哗哗、猫里雾、文莱、古里闷、文郎、马神、旧港、丁机宜等，南洋航线有越南、占城、暹罗、六昆、赤仔、宋居劳、噶喇吧、麻刺甲，西南洋航线有大呢、柬埔寨、荷兰、英吉利、千丝腊、柔佛、彭亨、法兰西、亚齐等。在这些航线上，厦门洋船的主要贸易国是日本、吕宋、苏禄、越南、暹罗、英国等国家。

厦门洋船载运出洋的货物主要是漳之丝绸、纱绢，永春窑之瓷器，以及各处所出的雨伞、木屐、布匹、纸扎等物。这些东西大都是"内地贱菲无足轻重之物，载至蕃境，皆同珍贝，是以沿海居民，造作小巧技艺，以及女红针线，皆洋船行销，岁收诸岛银钱货物百十万入我中土"。在这些出洋货物中，丝货曾占有重要地位。

然而，乾隆二十四年（1759年），清政府以"江浙等省丝价日昂"，"不无私贩出洋之弊"为由，下令沿海各地严禁丝及丝织品出口。五年后虽被迫"开禁"，但一要限额出口，二是仍然禁止头等湖丝、绸匹等项出口。于是"内地贩洋商船亦多停驾不开"。

茶叶原来也是重要的出口商品，嘉庆二十二年（1817年）清政府也将其作为禁止出口的货物，谕令皖、浙、闽三省巡抚严饬所属。此外，铁器等也严禁从厦门出洋。

从外洋进口的货物主要是米谷、海参、铅、锡、苏木、番银、燕窝、槟榔等。这些货物大都来自南洋。在外洋进口货物中，米、谷曾是最主要的货种。康熙六十一年（1722年），浙、闽、粤发生米荒，清政府为解决民食不足，已设想从暹罗进口大米。雍正五年（1727年），厦门、暹罗间有大米贸易。一直到嘉庆十二年（1807年）以后，大米进口转经新加坡，由英国、美国商船运抵中国，厦门港的大米进口贸易才相对衰落。

清代海禁一开，厦门作为南北交通要道的重要地位日益突出，沿海运输日益频繁，厦门港在内贸运输中也具有特殊地位和特殊作用。在各种有利条件的促进下，厦门"服贾者以贩海为利数，视汪洋巨浸如衽席，北至宁波、上海、天津、锦州，南至粤东，对渡台湾，一岁往来数次"。因此，无论是港口发展规模，或是航运贸易的发展速度，厦门港都为福建之最。其内贸航线主要有4条：一是北洋航线，通往宁波、上海、胶州、天津，远者至盛京，往返半年以上；二是南方航线，通往漳州、南澳、广东各港；三是对渡台湾航线；四是本省近海各中小港口航线。除对台贸易航线之外，其他国内航线，在清道光年间已逐渐衰退。

总而言之，清代厦门港开禁以来，不仅远洋运输贸易比郑成功时期大有长进，且国内沿海运输贸易也颇为发达。相比之下，与陆向腹地的内河运输相对弱些，是厦门港的一大特征（即陆向腹地弱于海洋腹地，中转功能特别显著）。

海峡经济互动：闽台对渡贸易与郊商

清政府统一台湾后，沿海各省的海禁逐步解除。随即，朝廷内外展开了一场关于台湾弃留问题的讨论。随后，施琅的《请留台湾疏》对台湾在东南四省海疆安全上的重要性作了充分的阐述，坚定了清朝政府把台湾纳入版图的决心。康熙二十三年（1684年）自创设闽海关之后，闽海关监督会同地方官吏，对闽台贸易实行特殊管理。其主要特点就是海峡两岸的经贸往来，须在指定的口岸之间进行。同年，清政府设海防同知于台湾的鹿耳门，准许两岸百姓往来通商，实行台湾凤山县安平镇鹿耳门与厦门之间单口对渡贸易。

清政府首选安平鹿耳门与厦门为对渡口岸，是因为两口岸对渡最方便。安平之鹿耳门港口，位于台湾西海岸南部，为台湾最原始之海港，与福建厦门隔海相望。《厦门志》记载："厦门放洋，至澎湖七更、台湾鹿耳门十一更、北路淡水港十七更、彰化鹿子港十五更、海丰港十四更。"[1] 所有大陆与台湾之间的往来船只，只能沿这一特定的对渡航线运输。自此，闽台对渡贸易拉开了序幕。

对于闽台地区老百姓的对渡贸易活动，清政府采取了主要由海防同知衙门，即泉防厅和台防厅负责办理对渡手续、文武官员会同查验的办法来加强管理。在政府的组织管理下，这一航线异常活跃，商船舳舻相望，络绎于途，商务亦一时甚为繁盛。首任巡台御史黄叔璥在其所著的《台海使槎录》一书中生动描述了康熙末年漳泉海商闽台对渡、贸易南北的情况。

厦门与鹿耳门不仅是闽台之间指定的唯一对渡口岸，浙江、江南等省往台湾贸易之船，也必须到厦门接受盘验，一体护送，由澎而台；返航亦走相同的对渡航线。该办法实行大约100年后，随着台湾中、北部的开发和两岸商业贸易的发展，到中部、北部贸易及采买粮食的商船日多，单口对渡越来越不合时宜，束缚了两岸贸易的正常发展。同时，民间私港异军突起，有的"竟成通津"。官方虽屡经查禁，亦无法阻挡两岸经贸往来的扩展趋势，为此福建及台湾官员屡次要求清政府"明设口岸，以便商民"，清政府不得不正视这一事实。乾隆四十九年（1784年），清廷批准福建泉州府晋江县属之蚶江口与台湾府彰化县属之鹿仔港设口开渡，历史上称为双口对渡贸易。

朝廷在蚶江设正五品海防官署，统辖泉州一府五县（含今厦门）的对台贸易，俗称"泉州分府"，负责商渔挂验、海域巡防、督促"台运"、处理民间诉讼等事务。欲渡台者由官署通判发照，禁止偷渡。厦门商船仍照旧编记栅档出入

1　转引自福建省地方志编纂委员会编：《福建省志·闽台关系志》，福建人民出版社2008年版，第273页。

厦门海关正口

挂验，不准越蚶江渡载。蚶江商船出口，责令蚶江通判验明编号挂验放行；至鹿仔港海口出入船只，令鹿仔港同知查察。同年，清政府诏令蚶江为"泉州总口"，指令蚶江港与台湾鹿仔港对渡，并移福宁州通判于蚶江，专管挂验、巡防及关口征税。泉州附属各港口航行台湾的船舶均要到蚶江关口挂验，方准出海。台湾至漳州的船舶也于此停泊。

清乾隆五十五年（1790年），朝廷又准台湾淡水（厅）八里坌与（福州）五虎门进行港口对渡贸易，并可斜渡到蚶江，历史上称为三口对渡贸易。同年，清廷覆准：五虎门港浅礁多，到口船只因距南台较远（南台大口系闽海关衙署所在地），多系驶进闽安口停泊，令闽安镇税口征税给单。由五虎门出口船只，责成南台税口稽征给单，经过闽安镇口覆验放行。由此，名为五虎门对渡八里坌，实际是福州府属南台口、闽安镇对渡台湾府属淡水八里坌口。闽海关就对渡商民亦作出相应规定。

随着闽台经济的发展，闽台人民便要求进一步放宽海峡两岸之通商政策。清嘉庆十五年（1810年），闽浙总督方维甸奏称："台湾商船向来鹿耳门港口对渡厦门，鹿仔港对渡泉州、蚶江，八里坌港口对渡福州、五虎门，各有指定口岸。然风信靡常，商民并不遵例对渡，往往因牌照不符，勾串丁役，捏报遭风，即可私贩货物，又可免配官谷，弊窦甚多，应行酌改章程"，酌议三口通行。同年5月，清帝谕内阁："著照方维甸所请嗣后准令厦门、蚶江、五虎门船只通行台湾三口，将官谷按船配运"[1]。自嘉庆十五年起，清廷允许闽省厦门、蚶江、五虎门船只通行台湾三口。自此，台湾与大陆的海上交通往来络绎不绝。

道光初年姚莹在《答李信斋论台湾治事书》中言道："台之门户，南路为鹿耳门，北路为鹿港、为八里坌，此为正口也。其私口则凤有东港、打鼓港，嘉有笨港，彰有五条港，淡水有大甲、中港、椿稍、后陇、竹堑、大坨，噶玛兰有乌石港，皆商艘络绎。"[2]已有的正口仍不能满足经贸发展的需要，台湾府各处"私口""皆商艘络绎"。台湾往宁波、上海、天津、广东、澳门的贸易船只，日益增多。道光四年（1824年），闽浙总督兼署福建巡抚孙尔准上奏鹿仔港口港道浅狭，船只出入颇难，请将海丰（五条港）、乌石两港一并增设正口。于是，朝廷增开台湾彰化县的海丰（五条港）、噶玛兰厅的乌石港为闽台贸易正口。

自开设正口后，乌石港仿照澎湖设立尖艚商船之例，由兴化、泉州等处额编小船30只赴噶玛兰贸易，其船只准由内地五虎门及蚶江正口厅员挂验，盖用口

1　张本政主编：《〈清实录〉台湾史资料专辑》，福建人民出版社1993年版，第721—722页。

2　陈庆元主编：《台湾古籍丛编》（第四辑），福建教育出版社2017年版，第563页。

戳，在地设立行保保结，仍将舵水人数货物填注单内，到兰原议由厅查验相符始准入口贸易，兰地亦设立行户认保，返棹时仍将米货填单，归原处挂验入口。至此，清代福建三口与台湾五口之间的对渡航运局面完全形成。以南、中、北三条通商渠道为主流的两地经贸交流盛极一时，每年有数千艘商船往返于闽台之间。

闽台两地商品交易的数量和种类也迅速增加。由于台湾得到了大规模开发，农业经济迅速发展，雍正、乾隆年间（1723—1795），台湾粮食不但能自给，而且还大量输出，闽台经济出现互补的格局。据黄叔璥《台海使槎录》记载：台地"土壤肥沃，不粪种，粪则穗重而仆。种植后听其自生，不事耘锄，惟享坐获，每亩数倍于内地"，"然必晚稻丰稔，始称大有之年，千仓万箱，不但本郡足食，并可资赡内地。居民止知逐利，肩贩舟载，不尽不休"。闽浙总督高其倬亦称："台湾地广民稀，所出之米，一年丰收，足供四五年之用"。台湾盛产的米、糖等物产为福建沿海，特别是闽南地区所需；而台湾所需的日常生活用品、生产工具等须仰赖大陆供应。闽台两地形成台湾生产与供给农副产品、福建生产与供给手工制品的分工格局。

大米作为台湾主要出口商品之一，大量销往福建沿海地区，使台湾有"福建谷仓"之称。厦门成为台湾大米的分配和销售中心，当时台米运往福建一是军粮，二是民食。清廷将台米输往大陆纳入对渡航运内，使运送台米至福建的"台运"成为闽台对渡的一项重要内容。道光年间编修的《厦门志》记载："台湾，内地一大仓储也。当其初辟，地气滋厚，为从古未经开垦之土，三熟、四熟不齐。泉、漳、粤三地民人开垦之，赋其谷曰'正供'，备内地兵糈。然大海非船不载。商船赴台贸易者，照梁头分船之大小，配运内地各厅县兵谷、兵米，曰台运。"[1]

"台运"始于雍正三年（1725年），盛于乾隆、嘉庆年间，到同治年间（1862—1874）结束。对于台米运闽数量，乾隆初年巡台御史张湄等奏称："兵

1　周凯撰，厦门市地方志编纂委员会办公室整理：《厦门志》，鹭江出版社1996年版，第146页。

米、眷米及拨运福、兴、漳、泉平粜之谷，以及商船定例所带之米，则通计不下八、九十万石"[1]。乾隆十二年（1747年），清政府开放福建商民赴台湾贩运米谷，每年数量40万~50万石。台米输闽除合法的商运之外，还有相当一部分是一些商、渔船通过私口及其他违规方式贩运米谷到福建，即走私贩卖，每年走私的数量是相当惊人的。乾隆八年（1743年）清政府的一份敕令记载，每年由台湾运往福建的米谷多达85万~100万石，其中官方配运的和商运的有40万~50万石，另一半则是由民间走私的。台粮运闽作为清代闽台两地经济交流中的一件大事，对闽台两地的经济、政治、民生均产生了重大影响，它不仅缓解了福建的粮食危机，缓和了阶级矛盾，稳定了社会秩序，同时也促进了清代台湾的开发，密切了闽台之间经济上的联系，推动了两岸商贸的发展。

除了大米外，糖是另一种出口货物，在雍正年间（1723—1735），每年有500~700艘糖船从台湾到厦门，主要销往苏州、上海、宁波以及天津等地。雍正至道光（1723—1850年）的100多年间，每年输往福建的台糖近万斤。除米、糖之外，清代前期台湾的花生油、芝麻油、豆油等油类及靛菁等输出量也是相当大的。另外，黄豆、麻、苎、藤、樟脑等土物产也是输往福建的重要贸易物资。从福建运往台湾的主要是日用消费品，以纺织品为大宗，还有日用杂货、建筑材料以及各种土产等。

随着闽台两地贸易的兴盛，商行日增，商人们在贸易中加强了联系与协作。为争取同业商人互相合作，以获取更多利润，商人开始组成带有同业公会性质的商业组织——"行郊"或"郊"。"郊"是闽方言，为"交换、交易"之意，是由各个经营同一贸易业务或同一贸易区域的商行组成的民间商业团体，是一种由官府监督控制的合法贸易组织，是两岸贸易的主要经营者。"郊"往往由数家或数十家商行组成，因此，"郊"是"行"的聚合体；而"行"是"郊"的组成部分。台湾的郊行绝大部分控制在泉、漳移民手中，而且在闽南沿海的重要港埠也相继出现了专门经营台湾生意的郊行。台南因鹿耳门最早与厦门对渡，因而在清

1　转引自连横：《台湾通史》，九州出版社2008年版，第400页。

雍正、乾隆年间即已出现负有盛名的台南"三郊"——北郊、南郊和港郊。台南三郊是台湾当时最具代表性的郊行，以苏万利、金永顺、李胜兴为首。最早出现的是北郊，在乾隆二十年（1755年）前后首先组成，参加者是专营厦门以北各港口贸易的20多家店号。南郊主要负责将货物配运于金、厦、津、泉等地。以金永顺为首的由30余号商行组成的南郊，专营对台湾以南各港口的贸易，经营范围包括泉州、漳州、金门等地，主营台糖、台米及其他农作物的贸易，这些商品有很大一部分运往闽南、福州一带。以李胜兴为首的港郊，由50余家专营糖米出口贸易的商号组成。台南三郊成为当时台湾最大的进出口贸易商业集团。

鹿港、八里岔先后开口后，驶往两港口的商船迅速增加，促进了台湾中、北部商业的进一步发展，逐渐形成了当时的"鹿港八郊"。八大行郊各自经营特定的业务，拥有各自的商业对象，"泉郊主要系与泉州地区贸易，其大宗之进口货为石材、木材、丝布、白布、药材等。厦郊则与厦门、金门、漳州地区贸易，出口较多"[1]。道光、咸丰年间（1821—1861），鹿港八郊发展到相当规模，势力很大。"泉郊所属商号达二百余家……厦郊所属商号有一百余家。"[2]至道光年间（1821—1850），台湾北部也发展起来，当时的北部艋舺泉郊主要从事与泉州的贸易。泉郊输出货物以糖、米、菁、苎麻、木材、大菁为主，输入仍以布帛、陶瓷器、砖石、金银纸、咸鱼为大宗。艋舺北郊则经营着福州及其以北的贸易。另外，在福建沿海的厦门、泉州、漳州也相应设有"布郊""米郊""油郊""匹头郊"等。乾隆以后，单蚶江和台湾通商的大郊行就有20多家，如泉胜、泉泰、谦恭、谦记、谦益、晋丰、勤和、锦瑞等，来往的船只近200艘。郊行从其出现至消亡，在台湾存在了近200年。郊行这种贸易组织的发展，既反映了当时闽台两地贸易的兴盛，又促进了两地贸易规模的扩大。它的存在与运作使台湾与福建市场融为一体，加强了两地的经济贸易联系，推动了台湾社会经济的发展与进步。

1　转引自福建省地方志编纂委员会编：《福建省志·闽台关系志》，福建人民出版社2008年版，第282页。

2　转引自福建省地方志编纂委员会编：《福建省志·闽台关系志》，福建人民出版社2008年版，第282页。

漂洋过海，过番谋生：明清福建人"下南洋"

　　南宋以后，中国经济文化重心南移，封建社会经济发生急剧变化。随着航海业和海上贸易的不断发展，中国与南洋群岛诸国的政治、经济、文化交往日益频繁，福建沿海有一些商人到苏门答腊、爪哇等地经商和定居。到明代，郑和率领庞大船队七下西洋出使南洋群岛诸国，访问了印度支那半岛、马来半岛、南洋群岛以及非洲东部等的30多个国家，促进了彼此间的经济、文化交流。从此有不少福建商人、水手、农民、小手工业者，沿着这条路线到东南亚各地经商和谋生，其中一些人由于经济、政治等方面的原因，在当地定居。这些早期的福建籍移民，成为东南亚华侨的先驱。

　　郑和所率船队到吕宋与苏禄等地后，闽南人移居菲律宾群岛逐渐增多。"吕宋居南海中，去漳州甚近。……先是，闽人以其地近且饶富，商贩者至数万人，往往久居不返，至长子孙"[1]。而后，闽南沿海商人常往来于吕宋与泉州之间。据何乔远《闽书》记载："成化八年（1472年），市舶司移置福州，而比岁人民，往往入番，商吕宋国。"当时，"吕宋为西洋诸番之会……通闽，闽人多往焉，其久贾以数万"。[2] 厦门大学南洋研究所1956年在福建晋江专区华侨史调查中发现，明成化以后，晋江县的陈、黄、柯、蔡、吴、许、李、王等姓氏族谱中，也都记载他们的先人在明代移居吕宋的史实。随郑和的贸易船队去爪哇巴达维亚（今雅加达）、旧港（巨港）、亚齐、马辰、文莱及马六甲等地经商和谋生的人，有的则定居其地，"万历时，为王者闽人也。或言郑和使婆罗，有闽人从

　　1　张廷玉等撰：《明史》卷三百二十三，中华书局1974年版，第8370页。

　　2　转引自福建省地方志编纂委员会编：《福建省志·华侨志》，福建人民出版社1992年版，第9页。

之，因留居其地”[1]。明隆庆元年（1567年），明政府开放月港，开"洋市"，福建沿海商人进一步扩大对外贸易活动。至明中叶，当时到南洋群岛谋生的福建人多数是商人和手工业者，往返比较频繁，带有相当的不稳定性，且规模尚小。到了后期，人数逐渐达到数万人。他们到达侨居地后，又往往聚居一处，于是形成一个个小规模的华侨社会群体，在当地繁衍生息。

明嘉靖年间至鸦片战争前夕是闽籍华侨较大规模出国的阶段。这一时期，福建沿海一带商品经济发展，开始出现资本主义因素的萌芽。与此同时，封建剥削压迫日益严重，广大农民受封建地租、徭役、赋税及高利贷盘剥，失去了赖以为生的土地。特别是清兵入关后，反抗清朝统治的战争延绵不断，大批破产农民、手工业者，成为到处迁徙的"流民"。一些不满清廷统治的福建人逃亡国外。在这段时期内，东南亚福建华侨人数显著增加，而且分布地区也进一步扩展。

自16世纪初起，西方殖民者逐步占领并瓜分了东南亚地区，同时还先后在美洲、非洲、澳洲建立了各自的殖民地。为了掠夺西欧市场所需的原料，他们从闽、粤沿海拐骗、掳掠大批"契约华工"去开发掠夺殖民地的自然资源。一些国家逐步沦为他们开展殖民地贸易的中继站。明正德十四年（1519年），葡萄牙殖民者就已公开在海上掳掠中国东南沿海渔民、船民，运到葡属东印度出卖。

17世纪至19世纪，闽南地区移居菲律宾的最多。根据格雷戈里奥·F.赛义德《菲律宾共和国：历史、政府与文明》统计：1571年西班牙占领马尼拉时，当地只有150名华侨，到1593年猛增至1万名；到1603年整个菲律宾群岛已有华侨3万多名，仅吕宋马尼拉华人居住区内就有华侨近3万名；到1747年已增至4万人。据布莱尔和罗伯逊《菲律宾群岛》（第14卷）统计：1605年即有18艘船载运5530名中国人去菲律宾，1606年又有25艘帆船运去中国人6533名，其中仅从漳州月港起航运往马尼拉的中国移民就有2011名。而《吕宋记略》中也记载"吕宋闽人寄居者，亦不下六、七千家"，还说当地"土虽砂碛，可耕种，产米麦、蔬菜、瓜果，系闽人耕种者多"。当时闽南一带由于亲属、同乡相约南渡谋生的日益增

1　张廷玉等撰：《明史》卷三百二十三，中华书局1974年版，第8378页。

多，他们到达目的地后，又聚居一处，因此菲律宾华侨、华人中祖籍闽南的一直占绝对多数。[1]

明万历四十七年（1619年），荷兰殖民者开始兴建巴达维亚，嗣后便在巴达维亚推行甲必丹制度，以华制华。荷兰殖民者也开始从闽、粤沿海招募华工。到17世纪中叶，为兴建巴达维亚和发展爪哇的蔗糖生产，他们通过华商到盛产甘蔗的闽南地区招募一些善于种蔗制糖的农民和铁匠、木匠、泥水匠。到康熙五十九年（1720年）巴城市内外华侨总数已逾10万。他们在当地推广种植水稻，栽种并收购胡椒，种蔗榨糖，酿酒或经商。[2]

此后，福建华侨逐步扩展到马来半岛的柔佛、马六甲。据1613年伊里狄所绘的满剌加城市图，在满剌加河西北，有中国村（今吉宁仔街至水仙门一带）、漳州门及中国溪地名，即华侨居留地。到鸦片战争爆发前，其又扩展到槟榔屿、森美兰、彭亨、雪兰莪等地垦殖场和矿区。到清道光十六年（1836年），仅新加坡岛上就有近1.4万名华侨，整个马来半岛华侨人数已逾10万。当时婆罗洲的渤泥及暹罗、真腊、安南也有福建人的足迹。到鸦片战争爆发前夕，整个东南亚地区的华侨总数已达100万人以上，除暹罗、真腊、安南外，以祖籍福建的华侨占多数。

1840年鸦片战争后，西方资本主义入侵加剧，国内外社会发生了巨大变化。国内，中国逐步沦为半殖民地半封建社会。在清王朝统治下，土地兼并日益严重，农民失去了土地，再加上连年灾荒，广大劳动人民受到双重压迫，纷纷破产失业。光绪十九年（1893年），清政府正式废除海禁，闽人移民海外产生巨大影响。国外，西方殖民者基本瓜分了东南亚地区，为了开发该地区与拉丁美洲的殖民地，需要大量廉价的劳动力。清政府屈服于西方列强的压力，签订了一系列不平等条约，允许英、法两国可在中国任意招募劳工。福建沿海劳动人民以"契约华工"方式，以空前规模大量移居东南亚地区。"契约华工"成为近代华侨史上中国移民包括闽籍移民的重要成分。这是华侨史上最为悲惨的一幕。苦力贸易高

---

[1] 参见福建省地方志编纂委员会编：《福建省志·华侨志》，福建人民出版社1992年版，第12—13页。

[2] 参见李长傅：《南洋华侨史》，国立暨南大学南洋文化事业部1929年版。

潮过去以后，中国大规模移民海外的趋势并没有减弱，甚至还有所增加。

除"契约华工"之外，这个时期福建移民中，有不少是反清起义的志士及其后代，在反抗斗争失败后逃亡海外谋生的，也有沿海各县的贫苦农民、手工业者被迫大量离乡背井，到异国他乡谋生。仅道光二十一年（1841年）到光绪十六年（1890年），福建出国华侨人数达到40多万人。到达目的地后，他们大多数在殖民主义者经营的大种植园、矿山、建筑工地充当苦力，有的在同乡的小园丘或小商店当帮工、店员、杂役，或者从事零售、搬运等服务性劳动。那些因逃避政治迫害出国的会党成员，有的以家庭为主联合起来经商。当时一些早年定居当地有所积蓄的侨商，开始从经营土特产转为替殖民者收购原料并销售工业用品的"中介商"，有的则经营经济作物种植园、土法采矿、碾米、锯木、岛际及内河航运、城市服务业等。英国学者维克多·布赛尔在《东南亚的中国人》中指出：印尼和马来亚的华侨，特别是爪哇岛最早的中国移民，主要来自闽南，他们多居住

马来西亚槟城华侨花车巡游

在港口城镇和市郊，除"契约华工"外，大多数从事零售商、手工业或荒地种植经济作物；而定居马来半岛的华侨多集中于马六甲、槟榔屿和新加坡，是马来亚的拓荒者和流通商业网的主要构成者。[1] 据统计，近代闽籍华侨出国总数达579.3万余人，其中1841—1890年，出国人数为113.4万人；1891—1930年，出国人数为361.8万余人，为最高潮，净出国人数为116.8万人，出国的闽籍华侨大多数是"契约华工"。[2]

福建华侨在国外大都从事种植、开矿、筑路、工匠、小商贩等职业。他们以自己的勤劳、智慧和勇敢，与侨居国人民一起辛勤开拓，为居住国社会和经济发展做出了重要贡献。印尼苏门答腊东海岸巴眼亚比原是无人居住的荒岛，清同治年间，同安人洪思返、洪思艮等人将其开发成渔业基地。马来半岛第一个橡胶种植园，是福建华侨陈齐贤、林文庆创建的。20世纪初，闽清籍华侨黄乃裳从福州地区招募1072名贫苦农民开发沙捞越的诗巫，将原来地旷人稀的村落建成沙捞越的第二大城市。新加坡开埠初期，从马六甲和闽南沿海移居该岛的大批福建侨商和华工，为当地开发和建设做出了贡献，至今当地仍有一些以福建侨领命名的街道、学校和公园。漳州籍华侨许泗章拿出全部家产，在泰国麟廊府开采锡矿，对当地矿业发展做出贡献。福建省广大华侨与居住国人民同命运、共患难，积极支持和参加当地人民反对帝国主义、反对殖民主义、反对法西斯侵略和争取民族独立的斗争。

东南亚地区是福建华侨比较集中的居住区，他们仍保持着原有的方言、生活方式和民族传统文化、习俗。因此，他们开始逐步形成了以同乡、同族为内聚力的华侨社会群体，形成开发当地经济和抵御外侮的一支独立力量，成为后来东南亚各国"福建帮"同乡社团组织的基础。随着华侨的日益增多，东南亚华侨社会逐渐形成以乡亲与方言群体为中心的八个帮派，其中闽籍华侨就占了三个半帮，即闽南帮（东南亚地区一般称福建帮）、福州帮、兴化帮，以及半个客家帮（其

1　参见福建省地方志编纂委员会编：《福建省志·华侨志》，福建人民出版社1992年版，第19页。

2　转引自林国平、邱季端主编：《福建移民史》，方志出版社2005年版，第226页。

余是广府帮、潮州帮、琼州帮和以上海为中心的三江帮）。闽籍华侨帮派以及相关的地缘性社团，是闽籍华侨社会的核心。这些地缘性社团的主要功能，是联络情谊，协调关系，维护权益，举办公益。各类的华侨社团实际上形成以华侨社会为中心的网络体系。

福建是华侨出国时间最早、人数也最多的省份之一。明代以后，移民海外的福建籍华侨、华人90%以上居住在东南亚地区，其中又以印度尼西亚、马来西亚、新加坡、菲律宾、越南和缅甸较多。清代是中国华侨史的真正开端，"华侨"一词的使用，也开始于19世纪末，此时期出洋的中国人在东南亚等侨居地逐渐形成了华侨社会。他们有着爱国爱乡的优良传统，为侨居国和福建的经济社会发展都做出了重要贡献。

华工出洋："契约华工"的苦力贸易

1840年鸦片战争后，西方资本主义入侵，中国逐步沦为半殖民地半封建社会。清末民初五口通商时期，正是资本主义世界殖民地不断扩大和资源掠夺疯狂进行的时期，福建地区自给自足的封建自然经济遭到严重破坏，社会结构、阶级成分都发生了变化。世界资本主义各国对东南亚地区锡矿的开采、橡胶种植园的开辟，以及俄国西伯利亚铁路的修建、美国中央太平洋铁路的修筑、美洲及澳大利亚金矿的发现，使得对廉价劳动力的需求成倍增长。自从19世纪40年代鸦片战争开始，中国华侨多数以"契约劳工"的形式出国。道光二十五年（1845年），一艘法国船自厦门运中国工人至非洲留尼旺岛，是为中国输出"契约华工"之始。据《国际移民》（*International Migration*）当时的统计，从18世纪到19世纪中期，从中国贩运到世界各地的"苦力"达600多万人，又从鸦片战争以后至20世纪初，形成了所谓"契约华工"出国的高潮，直到20世纪30年代才告结束。据清廷官方估计，这一时期，中国至少又有500万"契约华工"被拐运到世界各地从事苦力劳动。"契约华工"成为华侨史上中国移民的重要成分。

"契约华工"，是指中国劳动者与外国资本家的代理人或华人工头订立契约，到海外出卖劳力，成为失去人身自由的苦力。"契约华工"本是非法的。但是，清咸丰十年（1860年）第二次鸦片战争后，清政府与英、法两国签订《北京条约》规定：清政府准许中国人赴英、法殖民地或外洋做工。清同治五年（1866年），清政府与英、法签订招工章程条约，规定英、法两国可在中国任意招募华工。而清政府为了达到清除乱党的目的，并从外国来华招工中获利，也提倡华工出国。同治七年（1868年），清政府与美国签订的《中美续增条约》（亦称《蒲安臣条约》）规定：大清国与大美国切念人民前往各国，或愿常住入籍，或随时往来，总听其自便，不得禁阻。这就使西方列强拐卖"契约华工"的行径合法化。光绪十九年（1893年），清政府正式废除海禁。此后，西方殖民主义者通过洋行利用"猪仔头"（"猪仔"是殖民者对"契约华工"的侮称）为中介到沿海各地诱拐"契约华工"。道光二十二年（1842年）8月厦门、福州作为通商口岸开放后，英法殖民者通过驻厦门、福州的领事和外商开设的"卖人行"，采取诱拐、绑架等手段，非法从事掳掠贩卖华工的苦力贸易。"契约华工制"也随着帝国主义的入侵兴盛起来。

清道光二十五年（1845年），英国商人兼西班牙、葡萄牙和荷兰三国驻厦门领事德滴首先在厦门开设德记洋行（俗称"大德记卖人行"）；同年另一家英商又开办了"和记洋行"；道光三十年（1850年），西班牙殖民者也在厦门开办了"瑞记洋行"。厦门一度成为各国贩卖"契约华工"最频繁最猖獗的口岸。福州天主教势力盘踞的南台村，是当时贩卖"契约华工"的据点。这些洋行，共同包揽了福建沿海的苦力贸易，它们和香港、澳门、汕头、上海等地的"猪仔馆"串通，派人四处诱拐、绑架农民。有的还利用家族宿怨，挑起乡里械斗，采取武力绑架等办法，把这些乡民骗到"猪仔馆"关押起来。

"契约劳工"没有人身自由，是实际上的奴隶。根据所谓"契约"，他们

前往加拿大的华工

身负的债款，包括船旅费、垫付的利息，在"契约"上写明的"身价钱""安家费"，全部被工头吞没。在服役期间，雇主和工头还通过高价供应生活用品、设赌局、开烟馆苛刻勒索劳工。有的华工连续卖身五六次之多，直到被榨干血汗，老死异国。他们生存环境极差，毫无安全保障。如清咸丰三年（1853年）三月从厦门港开出的一艘载有250名华工的运奴船，到达古巴哈瓦那时只剩下98人，途中死152人，死亡率达60%以上。[1] 自1848年至1853年3月，从厦门运往悉尼的3328名华工到达澳大利亚后，在工头皮鞭驱使下修筑公路，采掘金矿，或下海采珠等，风餐露宿，不得温饱，绝大部分死于劳累贫病。到19世纪末，这些来自厦门的契约工人早已绝迹。[2] 清同治十三年（1874年），清政府派陈兰彬等调查契约华工

---

1 吴凤斌：《契约华工史》，江西人民出版社1988年版，第98—99页。
2 参见林国平、邱季端主编：《福建移民史》，方志出版社2005年版，第225页。

的情况，其写给总理衙门的呈文中谈道：85%以上的华工，都是被殖民者开设的"卖人行"诱骗、拐卖甚至绑架运走的。

福建接近东南亚，从厦门乘船一周左右即可到达。19世纪中叶，厦门的苦力贸易发展到一个疯狂的时期，厦门港成为苦力贸易、华工出洋的主要港口之一。据《国际移民》（卷一）初步统计：从1845年至1853年从厦门运往国外的契约华工总数达12261名，仅1853年一年中从厦门口岸运走的苦力就有5556名。据厦门《关册》统计：1875—1881年从厦门口岸乘船去爪哇的移民就有7898名，又1895年便有1227人从厦门乘船去苏门答腊，这些移民绝大多数来自闽南，他们都是被拐卖到种植园去卖苦力的"契约华工"。1886年至1917年这31年中，每年从厦门去海外的移民人数至少6.5万人，最高的一年竟达12.6万多人。[1] 此期间出国的华工来自福建各地，主要是闽南的漳州、泉州一带的农民。"契约华工"到达的地区主要是东南亚地区、南非、拉丁美洲诸国及美国、澳大利亚等地。

据《秘鲁华工史》介绍，从1845年到1874年这30年间，大约有30万"契约华工"被西方殖民者掠卖到美洲，其中主要是来自福建和广东的华工，他们在英属圭亚那、美国、秘鲁、古巴等地，被迫从事奴隶般的劳动。

自美国独立战争胜利后，由于垦殖、开矿、兴建铁路等需要大量的劳动力，在美国政府与清政府签订的条约保护下，美国资本家明目张胆、千方百计地掠夺中国的廉价劳动力。19世纪下半叶，美国进入"铁路时代"，相继修建了5条横贯大陆的铁路，构成了纵横交错的全国铁路网。华工尤其是福建华工为这些铁路的修建做出了巨大的贡献。

在古巴、秘鲁等地的福建华工，主要从事蔗园、糖寮、咖啡园、牧场、棉田和开采银矿等方面的劳动。甘蔗的种植和榨糖工业在古巴的经济中占有重要的地位。古巴的园主采取各种办法榨取华工的劳动。福建华工到达古巴后，古巴的蔗糖产量从1847年的208599吨增至1868年的749000吨。在秘鲁历史上，把1840

1　参见福建省地方志编纂委员会编：《福建省志·华侨志》，福建人民出版社1992年版，第14、30页；林金枝：《福建契约华工史的几个问题》，《南洋问题研究》1985年第2期。

年至1880年盛产鸟粪的这一时期称为"鸟粪时代"，而这一时期正是大量福建华工到达秘鲁的时期，故开采鸟粪的劳动主要由华工承担。《秘鲁华工史（1849—1874）》一书中就指出：在整个进口移民的时期，这种产出的大部分劳动都是由中国人承担的。福建华工在秘鲁的蔗园和棉田劳动，人数最多时约占劳工总人数的80%。[1]

清光绪二十七年（1901），法国商人魏池在法国驻福州领事高井和福州天主教会的协助下，在福州马江（今马尾）开设"下北顺"（又译为"喇伯顺"）洋行。魏池诱拐1500名华工，其中1000名拟去马大嘎司嘎（即马达加斯加）作官工，500名在海裕呢翁（即留尼旺）近岛作农工事。[2]这批"契约华工"与洋行订有合同10条，规定以3年为期，每月工银10元，每天工作8小时等。当他们在马尾罗星塔码头上船时，发觉受骗，于是起哄走散，法国领事提出交涉，留下一部分华工在当地官员劝说下登船。首批764名华工于同年6月27日乘法国博东公司的轮船，运抵马达加斯加参加修建铁路和从事垦殖劳动。由于这批华工备受工头虐待，因而光绪二十八年（1902年）福州发生了群众要求营救华工回国抗议案。但闽侯知县只抓几个拐骗犯，掩人耳目，主犯魏池在外国势力庇护下，仍继续进行拐卖华工的勾当。[3]

光绪三十一年（1905年）底，魏池趁修滇越铁路及墨西哥招工的机会，在福州附近各县大肆诱拐华工。魏池还在福州永福饭馆设招工所。关押"契约华工"的住所有洋行、祠庙、鸦片馆、饮食店和旅馆，其中以马限洋行关押的"契约华工"最多，达近千人。魏池还将首批招到的福州人王振新等520人，运到墨西哥南下加利福尼亚州罗西里（即圣罗萨利亚）宝流铜矿公司做工。到达墨西哥后，魏池又违约将这批华工送到山台三里野外做苦工，这批人死亡甚众。

从1845年法国殖民者开始从厦门掠卖"契约华工"，到1914年英属马来联邦

---

1 转引自吴巍巍：《舟行天下——福建与欧美》，福建教育出版社2018年版，第139页。

2 转引自林国平、邱季端主编：《福建移民史》，方志出版社2005年版，第225页。

3 参见福建省地方志编纂委员会编：《福建省志·华侨志》，福建人民出版社1992年版，第14—15页。

政府正式宣布废除"契约华工"制为止（直到1932年，荷属印尼的邦加和勿里洞还在继续从香港、汕头、海口等地招募"猪仔"，实际上"猪仔"制度一直延续到第二次世界大战前夕才算结束），"契约华工"的苦力贸易长达几十年之久，每年从厦门被掠卖的"契约华工"，以两三万人计，那么近代福建被掠卖的"契约华工"在150万至200万人之间。福建的契约华工大多是贫苦的农民、手工业者，他们被绑架、诱拐到海外，过着非人的生活，用血和泪为侨居地的繁荣贡献了自己的力量。

"有海水处就有华人，华人到处有妈祖"：妈祖信仰传播海内外

妈祖信仰肇于宋、成于元、兴于明、盛于清、繁荣于近现代，绵延千年而历久弥新。现存有关妈祖最早的文献，当推南宋廖鹏飞所写《圣墩祖庙重建顺济庙记》："世传通天神女也。姓林氏，湄洲屿人。初，以巫祝为世，能预知人祸福；既殁，众为立庙于本屿"，"岁水旱则祷之，疠疫崇则祷之，海寇盘亘则祷之，其应如响。故商舶尤借以指南，得吉卜而济，虽怒涛汹涌，舟亦无恙"。[1]

妈祖，原名林默，生于北宋建隆元年（960年），家居莆田之湄洲湾畔。相传她生有异象，13岁时受道士玄通指点后，能预知气象变化，驱邪救世，救助海上遇难的人，人咸称"通贤灵女"。雍熙四年（987年），林默在莆田湄洲屿"升天"为神，时显灵应，成为福建沿海一带渔民、船工、海商所崇拜的海神之一，俗称"妈祖"。当时福建航海者立神女祠奉祀她，此为妈祖神祖庙。

北宋宣和五年（1123年），宋朝廷以赐"顺济"庙额的方式将妈祖纳入国

---

1 蒋维锬、郑丽航辑纂：《妈祖文献史料汇编（第一辑）·碑记卷》，中国档案出版社2007年版，第1页。

家正祀神的行列，此后历代统治者不断给予赐额、褒封，妈祖成为民间祠神"国家化"的典型代表。从北宋宣和五年直至清同治十一年（1872年），历代皇帝先后敕封妈祖达36次，从北宋宣和四年（1122年）的"顺济夫人"，一直累封到清代的"天后""天上圣母"，地位不断上升，影响也从莆田逐渐扩大到全国，甚至超出国界，成为福建省影响最大的神灵。明代永乐皇帝非常尊崇妈祖，多次褒封妈祖，要求每年遣官致祭。永乐皇帝还亲自撰写了《御制弘仁普济天妃宫之碑》，在南京天妃宫举行隆重的妈祖御祭，由太常寺卿主持，专门编排了御祭乐舞。这是妈祖第一次接受皇帝的御祭，也是真正意义上的国祭。清统治者出于政治考量和对台用兵需要也积极推崇妈祖。清廷对妈祖的褒封次数最多、间隔最密、等级最高，使妈祖神格达到了至高无上的地位。

彰化鹿港天后宫

妈祖信仰最先在南方流行，南宋时逐渐扩大，各地的妈祖庙纷纷建立。元代实行"南粮北调"的政策，由于漕运所使用的舟师水手多为闽浙一带的南方人，在往来于直沽的过程中，逐渐将妈祖信仰带到了天津，然后以此为基地向北方传播。元张仲寿《祭天妃祝文》说"国家由海道岁再饷于京，解缆之日，必告于神而徼福焉"，直接体现了漕运与妈祖信仰传播的联系。元中期，朝廷还"诏滨海州郡，皆置祠庙"，漕运所经之所，妃庙遍布，妈祖备受官员、商人和百姓尊崇。天津等地是妈祖信仰向北传播的重镇。天津是一座由于南北漕运而发展起来的城市，妈祖崇拜在当时（元代）由闽人传入天津，成为天津当地最重要的民间信仰。在天津，妈祖被称为"娘娘"。因此，有了"先有娘娘宫，后有天津卫"的说法。

从妈祖庙的建立与分布态势来看，妈祖信仰在中国沿海与岛屿的传播是与中国航海事业的发展和航行路线密不可分的。它大致上可分为北线、南线和中线三个走向。[1] 纵观中国历史，许多港口开发和对外贸易发展，都与妈祖信仰有关。无论是华北地区的古代码头，还是东南沿海的对外贸易港口，都留下妈祖文化的历史印记。此外，中国沿海甚至是内地的许多城镇对妈祖信仰活动也都是从天后宫发展起来的。沿海许多城镇的历史，就是"以庙成市"的历史，妈祖庙、天后宫是不少城市与乡镇的策源地。

北线传播，指妈祖信仰以福建地区为中心向北方沿海发展。山东有烟台天后宫、蓬莱阁天后宫、庙岛群岛长岛天后宫等。北线在元代北洋漕运为近海航海线，起自江南航海重镇刘家港（今属江苏太仓），止于河北漕运中心直沽（今属天津），这两地的妈祖庙主要有刘家港天后宫和天津当时东、西两座妈祖庙。到明代郑和七次下西洋为远洋航线，其国内的始发港在江苏的南京和刘家港，而开洋港为福建长乐。北线传播的涵盖面亦有河北秦皇岛，山海关及辽宁的大连、旅顺、营口、丹东、锦州等沿海北方地区，以辽宁省为最多，数量至少有30座。松花江、乌苏里江、黑龙江流域都有妈祖的历史足迹，已发现最北端的长白山南麓

1　苏文菁：《福建海洋文明发展史》，中华书局2010年版，第97—98页。

的桓仁满族自治县的天后宫。西北的陕西、甘肃、青海、宁夏、新疆等诸省很少见到正式记载的妈祖庙宇。

南线传播指妈祖信仰以福建地区为中心向南方沿海发展，重点在于广东、香港、澳门等地。广东的地势如同福建，对外贸易、航海交通极为频繁。南宋时，妈祖崇拜便在南海沿岸悄然兴起，莆田人刘克庄于宋嘉熙四年（1240年）出任广东提举时，作《到任谒圣妃庙》："某持节至广，广人祀妃，无异于莆，盖妃之威灵远矣。"[1] 广东妈祖庙甚多，大部分创建于明清时期，新建的集中于澄海、汕头、湛江及陆丰等地。香港的妈祖信仰也颇为盛行。香港的北佛堂天后宫创建于南宋理宗朝，妈祖是香港拥有最多庙宇的神明。澳门的命名源于妈祖阁，现存大小妈祖庙10多座。海南妈祖庙建于明清两朝为多，共有47座，南海上西沙和南沙群岛的几座娘娘庙是已发现的中国最南端的妈祖庙。

中线传播主要指以莆田、泉州为中心横渡台湾海峡向台湾地区发展。与福建隔海相望的台湾，是妈祖信仰传播最兴盛、影响最大的地区，这与明代后期至清代的福建海洋移民有着直接的关系。移民因为要横渡台湾海峡，是需要冒相当大的生命危险的，需要与风浪搏斗的勇气和战胜困难的信心，于是妈祖信仰便成为他们的精神依赖。台湾岛内建设了众多妈祖庙。其中最早是彰化鹿港的妈祖宫（1607年），尊称湄洲妈祖为"开台妈"。清代台湾共兴建了200多座妈祖庙，几乎每一年建一座。因统计对象和方法有异，台湾地区到底有多少座妈祖庙，说法不一。据2005年台湾地区有关部门统计，台澎金马妈祖庙919座。[2] 从台湾影响力较大的妈祖庙分布来看，集中地为台北和西海岸地区。它们从南向北延伸，构成了一条妈祖信仰的中心带。妈祖信仰又以台湾为中心，辐射传播到海外各地。

海外妈祖文化传播始于南宋，发展于元明，鼎盛于清。自南宋起，朝廷例定舟内载海神航行，朝夕拜祈。许多历史文献都记载了宋代对外贸易的盛况和妈祖分灵的故事。福建商人们每次出海之前都会到庙里祷求妈祖保佑，妈祖已经成为

1　蒋维锬、朱合浦主编：《湄洲妈祖志》，方志出版社2011年版，第165页。

2　参见福建省地方志编纂委员会等编：《妈祖文化志·妈祖宫庙与文物史迹卷》，国家图书馆出版社2018年版，第190页。

泰国宋卡保安殿内供奉的妈祖像

宋代航海者心目中最尊崇的神祇。但由于历史久远，史料缺乏，东亚和东南亚各国有关妈祖传播历史文献记载并不多，只有港澳台地区的妈祖传播情况记载比较明确。

元朝实施积极的对外贸易政策，海上丝绸之路的经济交流日益扩大，客观上促进了妈祖文化在海外各国的广泛传播。据《八闽通志》记载：元末，日本流行五山文化，兴化军一批刻书艺人前往东瀛从事刻书业，将妈祖信仰传播到日本。当时福建与朝鲜、越南等国家的贸易比较频繁，而米姑山海域和台湾海峡又经常出现狂风巨浪，海难事故频发，海商们每次出海之前都要到附近妈祖庙祈求妈祖保佑，而商船平安返回后也要到妈祖庙去拜谢。迄今琉球仍存有三座天妃宫，每一座至今都香火旺盛，足见其影响力。不少商家还专程到湄洲祖庙恭请妈祖分灵，供奉在船上，早晚进香，将妈祖作为航海保护神，妈祖文化随着闽商足迹，迅速传播到海外各国。

明朝是中外交流最为频繁的历史时期。明永乐至宣德年间，郑和率领远洋船队，奉旨七下西洋，开辟了多条海上丝绸之路，既扩大了中外经济交流，又促进了海外妈祖文化的广泛传播。据史书记载，郑和航队历经艰难险阻，每当遇险之时总是祈求妈祖庇护。郑和船队从江苏出发，经福建、广东沿海，再往南海诸国访问和经贸交流，每当船到码头，必先祭拜妈祖。郑和每次下西洋从福建放洋时以及出洋顺利归来后，都要举行隆重妈祖祭祀活动。这些活动不仅促进了福建本地妈祖信仰的传播，也使其影响力扩大到世界其他地区。郑和把下西洋的外交成就归功于妈祖神德，一生不遗余力地传播妈祖文化，并在妈祖的故乡湄洲屿、明朝的首都南京、船队出发点江苏太仓和集结地福建长乐等，发动地方官员和当地百姓修建妈祖庙。据《湄洲屿志略》记载，郑和多次亲临或派人到湄洲屿祭拜妈祖活动。特别是永乐七年，郑和两次奉旨前往湄洲祭拜妈祖，并代表永乐皇帝册封妈祖，使妈祖成为名副其实的海上保护神。

另一方面，明代使臣出访也将妈祖作为海上保护神，提高了妈祖的神威，而且扩大了妈祖文化在海外的影响力。明代外交活动频繁，仅出使东南亚各国的外交活动就达26次之多，远涉重洋的使者都把人身安全寄托于妈祖保佑，每次出航前都要到当地天妃宫进行祈祷，恭奉妈祖神像上舟护航。使船到达目的地后，正副使臣要先恭请妈祖神龛登岸，将其安奉在当地行宫，以供当地官民共同瞻拜。使臣完成任务离开时，也是先迎请天妃上船，举止十分虔诚。

明代，海外妈祖文化的传播形式还表现于侨居国的妈祖宫庙修建。自永乐三年，成祖派郑和下西洋以后，妈祖行宫从中国走向世界。明末，妈祖信仰开始在越南境内广泛传播，一些不愿归顺清廷的明朝士人和百姓陆续移居越南境内，并在越南延福县筹资捐建了一座妈祖庙。还有不少中国商人移居东南亚各国，许多华人华侨开始只将随身携带去的妈祖神像安放在当地观音庙、土地庙中合祀，有些华人还在自己家中奉祀妈祖神像。而随着东南亚各国华人华侨的日益增多，一些事业有成的侨商便带头捐资在侨居国捐建天后宫，推动侨居国妈祖文化的传播，并潜移默化地渗透在当地居民之中。如东南亚各国的妈祖庙，不但在建筑风格上吸收了当地寺庙的设计元素，而且也有不少当地百姓参与了天后宫的捐资修建，使妈祖信仰逐渐成为海外华人与侨居国部分百姓的共同文化。

清代，海外妈祖文化传播的广度和深度超越以往任何朝代。海外妈祖文化的传播与对外贸易发展密切相关，清代航海商人把妈祖作为商贸活动的保护神。而海上丝绸之路沿线国家和地区的妈祖文化传播形式，主要是以创建天后宫为主要内容。据各地兴安会馆资料记载：清代马来西亚、印度尼西亚、菲律宾、新加坡、日本、泰国，以及我国港、澳、台地区等，都修建了妈祖庙和天后宫。其中，马来西亚是南洋各国最早传播妈祖文化的国家。据《马来西亚天后宫大观》记载，马来西亚以妈祖为正祀或副祀的会馆、宗祠或庙宇约有200座。鸦片战争爆发后，大批闽商涌入新加坡境内，福州、兴化、晋江、惠安、同安、永春、漳州等地的闽商相继成立了同乡会，各会馆成立后第一件事就是创建天后宫。同时，中国东南沿海各省的海外会馆、商人和企业也集资创建了妈祖庙。其中，较为知名的妈祖庙有：新加坡天福宫，泰国曼谷的"灵慈宫"，马六甲青云亭、宝山亭，槟榔屿的广福宫，西加奴华侨创建的和安宫等。此外，在欧洲、美洲、大洋洲、非洲等华侨居留地也都有妈祖庙宇或祀奉场所。海外各侨居国妈祖庙的大量修建，不但促进了妈祖文化在海外的广泛传播，而且对侨居国文化也产生了积极的影响。

妈祖神像伴随郑和下西洋，伴随闽人使琉球，也伴随广大商人、移民的足迹传播到世界各地，出现了有海水处就有华人，有华人处就有妈祖的世界性文化现象。据统计，全世界共有各种妈祖庙5000多座，分布在46个国家和地区，信徒达3亿多人。[1] 2009年9月，"妈祖信俗"成功入选联合国世界非物质文化遗产名录，成为中国首个信俗类世界遗产。以"立德、行善、大爱"为核心的妈祖精神成为全人类共同的精神文化财富。

---

1 福建省地方志编纂委员会等编：《妈祖文化志·妈祖祭典与民俗卷》，国家图书馆出版社2018年版，第460页。

朱子理学的海外传播：思想火花迸溅四方

朱子理学是南宋大儒朱熹创立的思想学说。朱熹（1130—1200），字元晦，号晦庵，祖籍徽州婺源（今属江西），生于南剑州尤溪（今属福建），定居建阳（今属福建），一生中很长一段时间在闽北从事讲学和著述，先后创办同安县学、武夷精舍、竹林精舍、考亭书院等，著有《易本义》《诗集传》《四书集注》《朱子语类》《朱子大全集》等。朱熹的思想体系博大精深，他以儒家的伦理学说为核心，糅合了佛教、道教及诸子学说，囊括自然、社会、人生等各方面在内的思想体系，朱熹的思想体系集宋代理学之大成，自始至终贯穿着"天理"的主线。《宋元学案》说他的学说"致广大，尽精微，综罗百代"。

朱子学融自然观、认识论、思维学、伦理观、道德观和教育观于一体，而具有强大的生命力和社会张力，朱子学已发展成为世界性的学说，对东方各国和欧美国家都有深远的影响。

宋代以后，中国与东西方各国各地区交往迅速增多。当时比较发达的中国，不仅以大量的物质技术，而且以文化思想名扬海外。12世纪末13世纪初，朱子学传入日本、朝鲜、越南等东亚、东南亚国家。在19世纪中叶以前的数百年间，朱子学成为这些国家思想文化界和政治界、教育界竞相学习的范本，被奉为"国学""官学"。朱子学成为东方文化的表征。直到当代，日本、韩国、新加坡及东南亚诸国仍然很重视从朱子学中吸收思想养分。16世纪，朱子学通过来华的耶稣会士传播到欧洲各国，之后又传播到美国、加拿大等美洲国家。欧美国家的思想家、哲学家和政治家、教育家也从不同角度来吸收和传播朱子学中的不同学术观点，并渗透到经济、政治、教育、文化和社会生活的各个方面，推动着这些国家的启蒙运动和各项革命的发展。朱子学在世界各国的传播和影响，使朱子学成为世界性的学说，为世界各国提供了各个方面的借鉴。

儒学传入日本，是在3世纪末。应神天皇十六年（285年），朝鲜百济学者王仁携带《论语》10卷、《千字文》1卷东渡日本，把儒家典籍与思想传入日本。进入幕府时代以后，日本儒学的传播内容发生了大转向，即宋代朱子理学取代了汉唐儒学。12世纪80年代，朱子学开始传入日本。自12世纪80年代末至17世纪初，是朱子学在日本的早期传播时期。朱子学是通过禅僧传播到日本的，日本禅僧传播朱子学，荣西是第一人。

在日本传播朱子学的不仅有日本僧人，而且还有南宋和元时东渡日本的中国僧人，如中国僧人兰溪道隆法师。此外，还有宋儒、朝儒到日本讲学，并且输入大量理学经典，在日本兴办朱子学教育。日本的幕府将军、朝臣、地方官吏等，都受到了朱子学的影响。如宋末元初流寓日本的中国儒学家李用，在日本讲授程朱理学。又如，朝鲜朱子学者金诚一、许箴之出使日本，将其师李滉创立的退溪学传入日本，对日本思想界产生了深刻的影响。

14至16世纪的日本，是镰仓时代、吉野时代、室町时代，日本封建制度进入大动荡、大改组时期。这时期，佛学思想已不能适应新时代的需要，而朱熹学说正是当时日本统治者所需要的，故在禅僧中出现了一批讲朱子学的人，他们以京都大寺院为中心，研习中国文字和朱子学，并且偏重禅学与朱熹的哲学、认识论等方面的联系。这些禅僧被称为五山时期的"五山僧侣"。"五山僧侣"，推动了五山文学的兴盛、五山版汉籍的印刷和朱子学的传播。到室町时代后期，一些尊信朱子学的学者为避战乱而寄身于地方豪族，朱子学随之发展到地方，于是逐渐打破了昔日的禅僧独占朱子学的局面，并且逐渐形成了博士公卿、萨南、海南三个研究朱子学的学派。

江户时代（1603—1867）的德川幕府为建立一个新的、更加统一的秩序，努力从思想上寻找一个能稳固社会关系的伦理系统，将朱子学奉为官学，作为"德川幕府的公认之学"。从此，儒教开始摆脱佛禅的束缚，走向独立发展的道路；朱子学成为德川幕府的正统思想体系，统治日本200多年，进入鼎盛时期。这时期的日本学者们努力发挥自己创造性的见解，从不同侧面改造、发展朱子学，形成许多不同的朱子学派，如京师学派、海南学派、海西学派、大阪学派、水户学派等。

朝鲜（韩国）是受儒学影响极深的国家。早在秦末汉初时，中国儒学随同汉字传入朝鲜。古代朝鲜通用汉字，随着人员交流往来，儒家经典也陆续传到朝鲜。儒学在朝鲜的三国时代已经得到了官方的正式承认和推行。高丽时，儒学有了长足的发展。高丽还不断派遣留学生入宋学习理学。13世纪初，更加精密的新哲学思想和伦理观念的新儒学——朱子学，开始传到高丽。朱子学在朝鲜的传播途径有五：

一是移民到朝鲜的中国官员、学者的传播。南宋宁宗嘉定十七年（1224年）朱熹曾孙朱潜及其子朱余庆、女婿具存裕、门人叶公济等到达朝鲜全罗道之绫城后，建书院讲学，传播朱子学，成为朝鲜民间朱子学的嚆矢。还有刘荃、程思祖、孔昭等也在朝鲜弘扬程朱理学。

二是高丽朝统治者派遣官员、学者到中国接受朱子学教育，回国后讲学授徒，传播朱子学。1286年，高丽集贤殿大学士安珦广搜理学书籍、临摹朱熹画像而归。归国后，大力整顿教育，亲自在成均馆讲授朱子学，并且掀起排佛运动，为传播朱子学做了大量工作。他在任赞成官期间向朝廷建议努力恢复"国学"，教授"诸生，横经受业者动以数百计"，于是理学教育勃兴，发展迅速。他也成为高丽官方第一位朱子学的传播者。此后，研习朱子学的著名学者有白颐正、辛藏、权溥、禹倬、李齐贤、李穑、郑梦周、吉再等，都是朝鲜朱子学的早期传播者。

三是高丽统治者重视到中国采购理学书籍和其他图书。高丽统治者除了不断派遣学者到中国学习朱子学，回国后传播朱子学外，还重视到中国采购儒书。1312年忠宣王在元大都设立"万卷堂"书库，让中国理学家和朝鲜理学家相互交流；还到中国江南采购图书达10800余卷，一大批宋元理学家的书籍大量流入朝鲜。

四是高丽统治者还仿效元朝，把朱熹《四书集注》、真德秀《大学衍义》等理学著作作为科举考试的依据，以发展理学教育，传播朱子学。狄培瑞指出："在非中国人里，朝鲜人无疑是准备最充分的……它的历史始自朱熹，并能一直追溯到朱熹的弟子直至元代以至高丽朝。新儒学通过同一类型的书院，讲授精心拟定的课程而得到传播。课本主要出自朱熹之手。"

五是元仁宗将原宋廷秘阁所藏的计1700余卷书籍赠给忠肃王，并在负责管理高丽和中国东北地方事务的征东行省中专设"儒学提举司"，向高丽传播中国传统文化，推进理学教育事业发展，这极大地促进了朱子学在朝鲜的传播。

越南陈朝（1226—1400）时儒学地位日益提高。建立陈朝的陈日煚是福建长乐人，佛学造诣很深，但他的儒学修养亦很高，他认识到儒、佛二教在社会生活中各有不同的作用，故主张不仅不能排斥儒家，还要发展儒家。陈太宗在元丰三年（南宋宝祐元年，1253年），创立国学院，并且诏谕天下儒生到国学院讲习"四书""六经"，向全国儒士介绍儒学新流派——包含有"二程"、游酢、杨时等理学家思想的朱子学，并且要求皇子和百官子弟都要上学，都要研读朱子学和"四书""六经"。这样，新儒学即朱子学在13世纪50年代在越南得到了广泛传播。当元军灭南宋时，南宋左丞相陈宜中、吏部尚书陈仲微、参知政事曾渊等逃入越南，还有许多儒者和百姓也逃入越南。这些南宋臣民给越南带来了"二程"、游酢、杨时、朱熹等理学家的理学著作，也给越南送来了许多硕儒名家。

1358年，陈裕宗封朱子学者范师孟为入内行遣知枢密院事，越南历史上第一次出现了执掌大权的朱子学者。这标志着越南朱子学者已经成长为一支重要的政治力量。越南朱子学者进入朝廷，执掌大权，迅速掀起排佛扬儒运动。朱文安、黎文林、黎括、张汉超、阮德达等著名儒学家，倾毕生精力排斥佛学，传播朱子学。

1428年，黎利建立黎氏王朝（1428—1784），越史上称之为后黎朝，朱子学在越南得到长足发展。后黎朝历代帝王都尊孔崇朱，选择朱子学为统治思想，以指导建国治民；重视儒家经典与朱子学著作的输入和翻刻；重视兴办朱子学教育，发展以朱子学为内容的科举考试，培养造就了一大批朱子学大师。朱子学在越南的传播达到全盛。

中泰两国文化交流虽然历史悠久，但是儒学朱子学传入泰国，则是在19世纪，由华侨、华人传入。华侨、华人创建学校，推行华文教育，传播儒学朱子学。据史载，早在阿瑜陀耶王朝时，泰国民间和皇宫中就已经有华文教育的存在。华侨、华人在华人学校里坚持儒家思想教育，学生阅读学习"四书""五经"等儒学经典。华人、华侨社团还加强对儒家典籍等中国传统文化书籍的翻译介绍。于是，儒学朱子学传入泰国。泰国的国教是佛教，但在华人、华侨的努力下，儒家文化在泰国社会中占有重要地位。

法国人知道朱子学大约是从16世纪（明朝万历年间）开始的，是通过传教士了解的。明清之际，朱子理学传到西方主要有三种途径：

第一，通过耶稣会士利玛窦等人对朱子理学的否定和批判，被动地、无意地传到西方。利玛窦的《天主实义》是传播理学最有影响的一部著作。利玛窦的批判是比较温和的，同时在批判中又传播了朱子理学。龙中华抨击朱子理学最为激烈，但是他在批判中反倒成了早期向西方介绍理学的主要人物。莱布尼茨主要就是从龙中华的著作中了解朱熹理学思想的。

第二，通过耶稣会士翻译的"四书"，不自觉地、间接地把朱熹理学传到西方。明末传教士来华后，不仅自己要学习"四书"，为了让西方人更多地了解儒家思想，从16世纪80年代末开始，还持续不断地把"四书"译成西方的文字，从第一部"四书"译稿——罗明坚的《大学》，到17世纪初西方第一部完整的"四书"译本——卫方济《中华帝国六典》的问世，历经一个多世纪。"四书"中体现的朱熹理学思想，正是伴随这个翻译过程传到西方的。明清之际，"四书"译本在西方流传最广、影响最大的是柏应理等人翻译的《中国哲学家孔子》。

第三，通过耶稣会士中象征主义者对朱熹理学的附会迎合，正面地、直接地把理学思想传到西方。象征主义者是儒家思想与基督教思想相容的最激进的拥护者，他们不但对古代儒家思想全盘接受，而且对宋明理学也加以全面肯定，要把朱熹理学解释成对基督教更有补益的思想，并试图证明朱熹理学思想不是无神论与唯物主义。在这些象征主义者中，马若瑟是最活跃的。

无论通过哪一种途径，无论冠以何种学说，明清之际传到西方的朱子理学，都对西方不同时代、不同阵营里的思想家、哲学家产生了影响。其主要表现在对西方怀疑论、偶因论的影响，对法国启蒙运动思想的影响，对莱布尼茨单子论的影响等。

厦门、福州开埠：近代福建最早开放的两个通商口岸

1840年，英国发动了侵华战争，即第一次鸦片战争。1942年8月29日耆英、伊里布与璞鼎查签订《南京条约》（又称《江宁条约》）。根据《南京条约》规定，清政府被迫开放广州、厦门、福州、宁波、上海作为通商口岸，在这开放的五口中，福建占了两口。

厦门开口的时间较早。1843年11月，英王派舰长纪里布为首任驻厦门领事，到厦门设立领事事务所。纪里布到达厦门后，厦门地方政府就在闽海关附近找到一座空房，强令房主出租，但纪里布坚持要在鼓浪屿建造新领馆。面对英国领事的百般刁难，在万般无奈之下，兴泉永道台恒昌不得不在1845年2月把自己的衙署（今厦门市图书馆大院及中山公园南部主景山一带）让出，并招募工匠，按照阿礼国提供的房屋设计图，在衙署原址上动工兴建领事馆。兴泉永道署则暂时迁到户部小衙门。阿礼国仍不满足这样的安排，一意孤行地在今鼓浪屿鹿礁路14号和漳州路15号两处兴建洋楼，同时继续占据厦门岛上的兴泉永道署，直到同治二年（1863年）四月，才归还道署，搬到鼓浪屿新楼办公。

继英国人到达厦门以后，其他国家的殖民者也先后赶来，并且都把目光盯在鼓浪屿上。1844年，美国先派哥伦布到厦门，在鼓浪屿田尾球埔边设立"交通

厦门海关税务司署老办公楼及海关码头

邮政办事处"，代行领事职权。1865年美国人在三和路正式建立领事馆。1860年法国在鼓浪屿田尾海滨建立领事馆。1846年11月，西班牙在鼓浪屿鹿耳礁建立领事馆。直至1865年，鼓浪屿只有英、美、法和西班牙四国正式建有领事馆，派出领事，其中西班牙领事还由别国商人代理。但之后，奥地利、挪威、荷兰、比利时、德国、丹麦、瑞典、葡萄牙、日本也先后在鼓浪屿建立领事馆。到20世纪初，鼓浪屿共有13个国家的领事馆，同时期的上海还只有9个国家的领事馆。

鸦片战争前，中英的合法贸易主要是茶叶贸易。18世纪后期，茶叶已成为英国广大人民的日常生活必需品，茶叶的唯一来源是从中国进口。福建开埠通商之前，武夷山红茶已经在国外市场享有盛誉。英国进口中国红、绿两种茶叶，红茶占绝大比例。1844年7月，福州才正式开埠，是五个通商口岸中开埠最晚的一个。

五口通商后福州港口的繁荣景象

1853年从福州口输出第一批茶叶后，其势头便一发而不可收，出口量迅速飙升。从1854年起直到19世纪80年代，福州对外的茶叶贸易量一直居高不下。1854年，据福州海关统计，出口茶叶650万千克（实际还要多）。1855年，福州茶叶出口量增至1350万千克，1856年增加至1860万千克。1863—1864年，福州出口的茶叶量约2700万千克。据统计，1871—1873年，中国平均每年出口值为11000万元，其中茶叶出口值为5797万元，占52.7%。而福州口岸输出的茶叶价值又占全国茶叶的35%至44%，也就是说，福州仅茶叶出口一项，就占全国出口总值的20%左右。以上这些数字表明，福州在很短的时间内迅速上升为中国最大的红茶贸易口岸，其重要性已不言而喻。到1880年，茶叶出口贸易达到最辉煌时期，福州出口量约

4000万千克。至此，福州已成为中国乃至世界最大的茶叶港口。由于茶叶贸易的急剧提升，福州的国际影响力也日益增强。在19世纪五六十年代，英、法、美等列强先后在福州设立了领事。接着，法国、荷兰、葡萄牙、丹麦、瑞典、挪威、德国等17个国家也先后在福州派驻领事，以保护其在榕城的经济利益。为了垄断对外贸易的巨额税利，1861年7月，英国正式在福州设立海关，关址设在临江的泛船浦，从而实现了它对福州海上贸易长达几十年的管辖权。

鼓浪屿：万国租界

鼓浪屿，原名"圆沙洲"，位于福建省厦门市西南。鼓浪屿从1841年7月起成为英国士兵的临时驻扎地，第二年初开始有传教士登岛。《南京条约》生效后厦门开放为通商口岸，鼓浪屿就成为外国人的寄居地。在英军占领鼓浪屿后，列强竞相争夺鼓浪屿为租地，为把鼓浪屿变为"公共租界"而明争暗斗。

与1841年英国人首次登岛相比，19世纪末的鼓浪屿人口增加了两三倍，随着居住人口的增加，社会治安问题日益突出。针对鼓浪屿出现的新问题，光绪二十三年（1897年）夏天，各国驻厦门领事联合起草了一份《鼓浪屿行政事务改善计划》，报送相关国家驻北京公使审核。4年之后，各国公使与清王朝达成基本共识，由美国驻厦门领事巴詹声于光绪二十七年（1901年）春前往福州拜会闽浙总督，清朝和西方列强于当年举行关于将鼓浪屿设为公共地界的事项的谈判。光绪二十八年（1902年），光绪皇帝在外务部上报的《厦门鼓浪屿公共地界章程》的奏本上御批"允行"。光绪二十九年（1903年）1月鼓浪屿公共租界的工部局成立，5月1日进行行政管理。自此，鼓浪屿正式成为西方各国的公共地界，直至1945年中国政府收回为止。

因此，实际上在厦门存在的租界有两个：位于厦门岛的英国专管租界（英租界）和位于鼓浪屿的公共租界。虽然外国人在厦门的定居、经商和传教活动开始于鸦片战争，可是英租界的正式开辟出现于1861年。对鼓浪屿来说，虽然该岛从19世纪40年代开始作为厦门的主要外来人口居留地，但是一直到1903年鼓浪屿公共租界才开辟。直到20世纪初期厦门英租界主要作为外国人的贸易区域，而鼓浪屿主要作为外国人的居留区域，不少外国侨民白天渡海到英租界去处理业务，晚上再渡海回家休息。日本占领台湾以后，因为茶叶贸易的中心从厦门移到台湾，英租界越来越失去了其重要性，甚至于1930年英国把该租界退还给中国，此时鼓浪屿公共租界变为厦门的唯一外国租界。

在鼓浪屿公共租界的历史上，一共有13个国家在岛上有名义上的领事机构。这些国家岛上领事馆的开馆时间如下：英国（1844年）、美国（办事处设立于

鼓浪屿上的英国领事馆和德国领事馆

1844年，领事馆开馆于1865年）、西班牙（19世纪50年代前后）、法国（1860年）、德国（1870年）、日本（1875年）、荷兰（从1852年英国任其在鼓浪屿的领事）、比利时（1890年），另外5个国家（丹麦、挪威、瑞典、奥匈帝国、葡萄牙）的领事大部分由别国领事代理。

随着人口的不断增加，外国侨民不仅带动了鼓浪屿零售商业快速发展，还带动了一些规模不大、直接为居民日常生活服务的工厂企业的建设。值得一提的是，供上层人士消遣的俱乐部、酒楼、舞场、电影院等新兴娱乐场所也在岛上出现。各国驻厦领事纷纷以鼓浪屿岛为驻地，岛上先后出现十几个国家的领事馆。有些外商甚至在岛上开设洋行、银行等，其中包括著名的英国汇丰银行、美商旗昌洋行等。另一方面，鼓浪屿繁华的经济文化，同样也吸引了大量华侨在岛上买地建房并长居久留。华侨经济逐渐成为鼓浪屿经济的一个重要组成部分。从1875年到1945年的70年间，华侨在厦门开设大量的商号，其中资金较为雄厚的在300家左右。经济的发展不仅带动了厦门交通运输建设的进步，更完善了其城市公共事业。这些都使得鼓浪屿成为厦门甚至闽南沿海一带最繁荣的地方。

"公共租界"时期的鼓浪屿，建筑风格发生了巨大的变化，很多异国的建筑风格都被中国化了，在很多的建筑细节上都可以明显地找寻到中国建筑文化的身影。如鼓浪屿的建筑多以红色为主色调，正是由于红色是对闽南红砖厝这一传统样式的沿袭和发扬。建筑的中西合璧，体现了不同文化在鼓浪屿的交流和发展。根据建造人身份和建筑性质的不同，可将鼓浪屿近代建筑分为三个阶段：1840年以前当地民居时期，1840—1912年殖民地建筑时期，1913—1935年中西合璧时期。

鼓浪屿近代建筑的第一个阶段主要是在1840年以前，虽然经历了宋、元、明、清四个朝代的发展，但其平面布局并没有出现纵横井字状的规整街道，民居星零星散落状分布于岛屿上。民居建筑的风格和闽南的并无明显区别，建筑形制和风格都隐含着闽南地区的风韵和特色。

鼓浪屿建筑的第二个时期是1840—1912年的殖民地建筑时期，也是鼓浪屿建筑开始发展的时期。在这一时期，列强将自己国家的建筑风格带入了鼓浪屿，比如仿英式的欧式建筑，其风格和结构均明显区别于中国本土建筑风格，成为当时鼓浪屿建筑的一个鲜明特征。这一时期的建筑风格呈两极分化，中西建筑风格各自独立呈现，从一个侧面也反映出人们对外来文化入侵的排斥心理。

在第三个时期，鼓浪屿建筑风格纷呈，很多建筑都呈现不同程度的中西风格兼具的特征。在鼓浪屿建造自己别墅的人士有殷祖泽、许春草、黄赐敏、林全诚、黄大辟、许润等，其中绝大部分是华侨。这一时期与前一时期相比，多数建筑不仅装饰上更为本土化，建筑的设计也更为精致宏伟，同时也经历了从"排斥西洋化"到"接受西洋化""融合西洋化"再到"创新西洋化"的一个复杂过程。

鼓浪屿有"万国建筑博物馆"之称，正是由于在鼓浪屿矗立着中西风格交融的历史风貌建筑，既有中国传统的飞檐翘角的庙宇，又有红砖白石的闽南院落平房，还有中西合璧的八卦楼，也有小巧玲珑的日本屋舍，更保留了19世纪欧陆风格的原西方国家的领事馆。中外风格各异的建筑物在此地被完好地汇集、保留，体现出西方建筑风格之间的融合，以及中国与西方的建筑风格的融合。总而言之，100余年鼓浪屿发展的独特历史，使鼓浪屿形成了具有浓厚人文景观、复杂历史情趣、诸多国家风格、中西合璧的杂糅，并成为驰名中外的旅游胜地。

武夷茶：武夷茗香飘四海

"茶之为饮，发乎神农氏。"茶叶最初因其药用价值被巴蜀地区居民利用，后逐渐传入中原。"名山秀水，必产灵芽"，武夷山因其优美独特的自然环境，十分适合茶叶的生长，所以自来武夷茶享誉天下。茶圣陆羽《茶经》高度评价武夷茶："岭南：生福州、建州……往往得之，其味极佳。"唐建中时（780—783）常衮在建州改革建茶制造工艺，"始蒸焙为饼样"。武夷茶开始崭露头角，便被朝廷列为贡品，开始成为帝王臣子、文人墨客竞相追逐、馈赠的佳品。宋代贡茶因气候变冷而由浙江顾渚移至福建建州，产于武夷茶区的北苑贡茶（也称建茶、武夷茶）受到了统治者的推崇，宋徽宗更是专门为其撰写《大观茶论》。因为受到皇帝推崇，加上贡茶极为珍贵，武夷茶遂名扬天下。

明初，太祖朱元璋体恤百姓，下诏罢贡龙凤团茶，改贡散茶。御茶园渐渐荒废，北苑贡茶也因此衰落。御茶园荒废之后，茶叶的生产中心移至"三坑两涧"。但是武夷茶却因为罢造团茶，改制散茶，推动了工艺上的改革和创新，最终促成了红茶工艺和乌龙茶工艺的诞生。清代，武夷茶恢复贡进，再次风靡宫廷。乾隆帝十分嗜爱武夷茶，曾作诗多首赞美武夷茶。清代，武夷茶在国际市场上深受欢迎，也因此推动了武夷山茶叶生产和经营等多个领域的发展。茶商兴起，在茶区建立土庄、茶栈和茶厂，大量收购毛茶，雇请茶师加焙，再进行分工加工，形成规模壮观的茶市。茶商有一定实力后便从茶叶流通领域逐渐向种植领域渗透，最终形成产供销一条龙的经营方式。

武夷茶也在发展中移植台湾，走向世界。

移植洞顶，连接两岸。据史书记载，台湾在300年前就发现了野生茶树。台湾先民早已利用野生山茶焙制茶叶，但台湾现今茶树的品种、栽培和制造技术，却是在200多年前的清嘉庆年间（1796—1820）从福建引进茶种而发展起来的，与野生茶树并无关联。此后，台湾植茶风气不断传播开来。1855年，台湾人林凤池从福建武夷山把36棵乌龙茶苗带到台湾，并种植12株在南投鹿谷乡的洞顶山上，经过精心培育繁殖，建成了一片茶园，所采制之茶清香可口，这就是今天赫赫有名的洞顶乌龙茶。洞顶茶还保存着岩茶的余韵，地理环境的变化并没有改变它的根源。

延续唐风，东渡日本。自宋代开始，武夷山开始盛行斗茶，直至明代废龙凤团兴散茶。在一海之隔的日本，抹茶茶道与宋代的斗茶技艺惊人地相似。有证据表明，日本抹茶茶道正是源于武夷山斗茶。

武夷斗茶与日本抹茶茶道有诸多相同之处，例如："茶宪""点""击拂"等斗茶精华，建盏珍品及其制作工艺、考古资料等，都显示出日本茶道中的建安源流。我们完全有理由相信，日本人从武夷山引进了茶种、制茶技艺，并在吸收宋人茶艺的基础上，形成了日本茶道文化，武夷山正是日本茶道文化的根源所在。这也彰显了具有深厚底蕴和丰富内涵的武夷山茶文化所产生的巨大影响。

扬帆远航，风靡欧美。福建茶经由著名的海上丝绸之路销往西欧。海上丝绸之路由福建东南沿海出发，到达欧洲。今天，西欧许多语言中茶的发音都源于福建地方方言中茶的发音。1610年，荷兰东印度公司最早将武夷红茶输入欧洲，在

制茶作坊。福州开埠后，多个国家在此设立领事馆，福州成为世界最大茶叶港口

豪门贵族中引起强烈反响，英国人甚至将远销而来的中国武夷茶，当作下午休闲时间必喝的美味佳品。

17世纪下半叶，荷兰战败后，海上霸主的地位随之被英国人取代。英国东印度公司的商船沿着早年中国船队开辟的海上航道，首次靠泊厦门沙坡尾港口，大批量地收购武夷山红茶。随后其又不断地从福建的其他港口大批量购买红茶，彻底摆脱了荷兰商家的限制，逐渐垄断了欧洲的武夷山红茶贸易市场。英国人喝下午茶的习惯由贵族豪门走入民间，逐渐改变了英国人的饮食习惯，形成社会风气和新的民俗。正山小种红茶很快被作为与咖啡、可乐并列的三大饮品之一，风靡欧洲。

顺治十七年（1660年），英国商人在厦门贩运福建茶叶，用厦门方言称茶为Tay和Tea。康熙年间，英国开始直接从厦门购运茶叶，贸易量与日俱增。康熙二十三年（1684年），清政府停止海禁，开放对外贸易；同时在福建设立闽海关，分驻福州、厦门两地，厦门为正口。闽海关的设立，加强了清政府对海外贸易的管理。康熙二十八年（1689年），厦门有用茶箱装置的茶叶150担输往英国，福建开始与英国进行茶叶直接贸易。康熙三十五年（1696年），伦敦与厦门之间有船舶往来，当年"那骚号"船装运出口茶叶600桶，3个月后又有"屈兰波耳号"船运出茶叶500桶。康熙三十八年（1699年），输往英国上等茶叶160担，每担值银25两。[1]

1745年9月12日，在距离瑞典港口不到1公里的海面上，一艘"哥德堡号"的大型商船触礁沉没。打捞发现船上载有红绿茶共2183箱，另外还有100多件的半箱和近百件的散装、罐装或盒装茶叶，均来自中国福建。有学者描述说，在鸦片战争爆发以前，武夷红茶已经取代生丝成为大清国最大宗的出口商品，每年为大清国带来1000多万两银圆的贸易总值，占了英国从大清国输入货物的一半以上。从武夷山正山小种红茶英文名字"BOHEA TEA"（武夷茶）及后来冠名为"CHINA BLACK TEA"（中国红茶），也可看出武夷红茶发展的历

---

1 引自侯厚培：《华茶贸易史》，载《国际贸易导报》一卷二号，1930年。

史轨迹。

1773年12月16日，一群化装成印第安人的当地居民，在波士顿港口英国商船上，将342箱茶叶倒入大海。而这批茶叶，就是来自中国福建的武夷山红茶。"波士顿倾茶事件"成为美国独立战争的导火索。

万里茶路，远销俄国。1638年，一位俄国贵族从蒙古商人手中换得武夷茶作为礼物送给了沙皇。沙皇品尝之后如获至宝，于是，俄国上流社会中刮起了一股武夷茶的清风。不同于英国等一些国家，俄语茶的发音更像中原地区茶叶的发音"cha"。同样是饮用武夷茶，为什么发音却有不同的来源呢？这要归于一条著名的"万里茶路"和武夷山著名的下梅茶市。

清朝，武夷山一个产茶量并不大的小镇——下梅却因茶闻名，它是一条非常重要的商路"晋商万里茶路"的起点。据记载，最早来武夷山贩茶的，是山西榆次的常氏。晋商常氏武夷山贩茶的第一站便是下梅村。在下梅采购好茶叶之后，常氏带着茶叶北上，最终来到中俄边境的恰克图，把茶叶销往俄国。同英国一样，当时的俄国也掀起武夷茶热。

随着俄国对茶叶需求的增大，从事这项贸易的晋商多了起来。为了保证货源和质量，他们在下梅当地选择合作者，下梅邹氏与晋商精诚合作100多年。邹氏在晋商的诚信精神、以义制利以及毅力、智慧和谋略的鼓舞、激励下，也在下梅建立起"诚信经营，致富履义"的商德。在晋商与邹氏的努力下，下梅这个偏于武夷山东隅的茶庄集市小镇，连接起一条通往中俄边界贸易城恰克图的茶贸易之路。然而，鸦片战争后，由于清政府被迫开放5个通商口岸，武夷岩茶只要顺闽江而下就可出口。于是，武夷山地区的茶市中心便从下梅转移到赤石，盛极一时的下梅慢慢走向衰落。赤石成为崇安水上重要的码头，武夷茶从这里起航扬帆，进入闽江，尔后进入福州港口运向世界各地。

福厦开埠，盛极一时。五口通商后福州、厦门两口岸开放，对武夷茶发展极为有利。自此，武夷茶多从福州出口，销售国外，"武夷价格独翔，夷人不敢捆载"。福建茶叶成为对外贸易的主要商品，特别是19世纪七八十年代是福建茶叶

照片摄于1890年的福州，留下了中国茶馆早期吸收西方经营方式而生发变革的印记。比如这种评茶室，所有盛茶的玻璃瓶上都有编号，茶客可以闻香气，辨茶色，挑出心仪茶品

的黄金时期。

五口通商初期，武夷茶商仍遵循老习惯，继续将一部分武夷茶南运到广州出口，还有一部分北运到上海出口，但是路途遥远，运费昂贵。福州则离武夷山要近得多，当时有调查发现运往福州的茶叶价钱要比广州低30%。因此，英国资产阶级一直想开辟福州茶市。1850年，英国商人康普登来福州收购武夷茶255担，托运至英国。1853年太平军攻占南京，切断了武夷茶陆运到广州和上海的通道。美国旗昌洋行派人到武夷山收购茶叶千担，并循着闽江运到福州，获取巨利。接着英国怡和洋行、宝顺洋行跟随而来，群起效仿。到1855年已有5家洋行"在福州抢购茶叶，竞争日剧"，福州由是成为驰名世界的茶叶集散地。1861年，福州正式设关，福州茶叶出口进一步发展。到1865年，福州口岸茶叶出口量达55.7万担，1878年出口80多万担，约占全国出口总量的三分之一，其中武夷茶占全国出口

总量的十分之一。1880年建茶输出竟达80.1万担，创福建茶输出最高纪录。1880年，武夷山出口青茶20万斤，平均值35万元，出口红茶15万斤，价值15万元，茶叶出口值占福建省第一。

五口通商后，厦门口岸国际贸易蒸蒸日上。不过厦门茶市的开辟比福州晚几年，输出量也比福州少得多。厦门港输出的茶叶主要是乌龙茶，闽北及闽南各县所产乌龙茶（80%来自崇安和安溪），主要由厦门出口。1869—1881年间，每年有三四千吨乌龙茶从厦门出口。亚罗《中国商业手册》记载，19世纪六七十年代，厦门地区出产大量乌龙茶，1874—1875年出口有750万磅以上。1877年厦门口岸出口茶叶竟达9万担之多，创当时出口乌龙茶最高纪录。之后，厦门口岸出口茶叶步入衰落时期，1878年始降为5.8万担。至1899年，厦门口岸茶叶输出量仅为9640担，1907年下跌为5190担。

近代三都澳也曾一跃成为中国海上茶叶之路的起点，出口茶量最高峰时曾占全国出口茶叶的30%，占全省出口总量的60%，其中，坦洋工夫茶一度成为红茶贸易的代表性商品。从清咸丰到光绪的几十年间，远近茶商在坦洋设立的茶行达36家，许多茶商、茶农纷纷在此定居置业。同治五年（1866年），清政府破例把茶税局设在坦洋村。至1881年，坦洋村产茶多达7万箱，约合4.2万担，远销荷兰、英国、法国、俄罗斯、日本等20多个国家和地区。

19世纪末20世纪初，茶叶在英国市场价格下跌，同时由于印度、锡兰、日本茶叶的兴起，闽茶难以与其竞争，以致出口量大为下降。光绪十八年（1892年）红茶出口约36.1万担，茶砖约8万担；光绪二十四年（1898年）下降为约26.9万担，茶砖约3.6万担；光绪二十七年（1901年）再下降为约25.3万担，茶砖约3.5万担。[1]

五口通商之后，闽北茶叶成为福建主要大宗出口商品之一。闽北茶叶贸易在清代鼎盛的原因包括：乌龙茶和红茶在武夷山问世；海外交通方便，五口通商

---

[1] 邹尔光译：《闽海关十年报》，载中国人民政治协商会议福建省委员会文史资料研究委员会编：《福建文史资料》第十辑，1985年，第107页。

后厦门和福州两个港口开放，闽北茶叶由内河向闽江可直接从福州出口；清代对茶叶贸易不设茶引制度；官府所定税率较低；等等。20世纪初，福建茶叶出口跌入低谷，几乎被挤出国际市场。茶叶贸易走向衰落的原因包括政府作用、商业信息、交通及通信条件以及生产方式落后，品质难以保证，厘金赋税沉重，洋商掌握茶叶外销贸易主动权，等等。

漳州窑：驰航万里的外销瓷

漳州地区的窑业自古就十分繁荣。在新石器时代遗址中便采集到黑陶器，青铜时代遗址中普遍出土一种釉陶器，有的学者称之为"原始瓷"。此后至唐代，漳州地区考古发现的资料较少。至宋元时期，漳州地区持续、大规模地建窑烧瓷，成为当时我国重要的外销瓷产地之一。明清时期，漳州的窑业继续保持大发展态势。考古调查和发掘发现这一时期存在着众多的窑址，分布在平和县的南胜、五寨、霞寨、官峰、九峰，南靖县的金山、仙师公、荆都、下东溪，漳浦县的澎水，云霄的高田，华安县的上东溪、碴头、下垅、官畲等。这些窑场生产的瓷器以外销为目的，为我国明清时期外销瓷的主要产地之一。其产品以青花瓷器为主，兼烧青瓷、白瓷、青白瓷、白釉米色瓷、酱釉瓷、黑釉瓷、五彩瓷、素三彩瓷等，品种丰富多样。器型有盘、碗、杯、碟、盅、罐、炉、瓶、觚、绣墩、塑像及象生瓷。这些窑场大体可分为两大窑群，即以平和窑为中心和以东溪窑为中心的窑场。

漳州月港是古代福建四大商港之一，它的兴衰对漳州窑业的发展有着重要的影响。漳州窑业的兴盛和月港的崛起分不开，同时，漳州窑业的兴盛又促使月港的海上贸易进一步发展。漳州窑外销瓷的鼎盛时期是在明万历年间，而这个时间段正是月港的鼎盛时期。到了清代，漳州窑外销瓷的数量就已大幅度减少，而

明漳州窑青花开光海船花卉纹瓷盘

这个时间段正是郑成功在厦门建立郑氏政权、月港走向衰落的时期。漳州窑是随着月港海外贸易的发展，作为外销瓷应运而生的。漳州窑瓷器随着海商经漳州月港—吕宋（菲律宾）马尼拉—墨西哥阿卡普尔科港这条大三角航线，下南洋、通欧美，走入海外千家万户，它们又被称为"砂足器""吴须付染""吴须赤绘""汕头器""交趾瓷""华南三彩"等。今天，我们仍可以从漳州窑瓷器的遗存中感受明清时期漳州窑瓷器海外贸易的繁荣兴盛。

漳州窑瓷器在欧洲的遗存。

中国与葡萄牙之间的贸易接触开始于明正德九年（1514年），当时贸易活动只能在远离港口的海岛上进行。16世纪30至40年代，葡萄牙在浙江、福建沿海设立据点，这使得他们在地理上更接近漳州窑，从而解释了葡萄牙商船上漳州窑瓷器的存在。在南非葡萄牙"圣冈萨罗号"沉船（1630年沉没）幸存者营地的考古遗存中发现了少量漳州窑青花盘碎片；1625年沉没于马来西亚东海岸的万历沉船，是迄今为止发现的载运漳州窑瓷器最多的葡萄牙商船；葡萄牙修建于东非海岸的耶稣堡也发掘出了漳州窑瓷器。里斯本桑托斯宫的"瓷器屋顶"中有3件漳州窑瓷盘。

1567年，明政府宣布在漳州月港部分解除海禁之时，西班牙人在马尼拉建立了立足点，并开辟了向东横渡太平洋到达墨西哥阿卡普尔科的大帆船贸易航线。在马尼拉定居下来的西班牙商人开始积极参与新开放的漳州月港至菲律宾的商品贸易。大量丝绸产品以及瓷器从月港运到马尼拉，用来交换秘鲁和墨西哥的白银。西班牙沉船和殖民地的考古发现表明，漳州窑瓷器主要是运往西班牙殖民地，而不是西班牙国内。从马尼拉—阿卡普尔科航线上的3艘沉船打捞到的瓷片，为漳州窑瓷器的跨太平洋贸易提供了证据。

1602年，荷兰东印度公司成立，作为一个特许的公司直接与亚洲贸易。中国

荷兰博物馆收藏的漳州窑瓷器

陶瓷是该公司贸易的众多商品之一，被大量运到荷兰，并在那里广泛销售。据T. 沃尔克的《瓷器与荷兰东印度公司》介绍，在17世纪约80年的时间内，中国通过荷兰东印度公司输出的陶瓷制品就达1600万件以上，其中不乏闽南漳州地区生产的瓷器。现在发现的一些中文材料中保留着荷兰东印度公司在漳州采购大量瓷器的记录，如荷兰"希达姆号"船载运清单中有从漳州河购得的细瓷器12814件的记录。另据沉船和考古调查也可发现漳州窑瓷器，如从荷兰"白狮号"沉船、"班达号"沉船中打捞出了漳州窑瓷器，荷兰阿姆斯特丹附近的郊区别墅和米德尔斯堡老城区中心都出土过漳州窑瓷器。荷兰吕伐登的普利西霍夫博物馆拥有世界上规模最大和最重要的漳州窑瓷器收藏，主要包括大盘、碗和罐。

漳州窑瓷器在日本的遗存。

明嘉靖年间倭寇之患接踵而来，明王朝加强了海禁。隆庆开禁之后，月港开放，但明政府依然禁止与日本通商。不过私商"率多潜往"，"往往托引东番，输货日本"。事实上，私商仍通过我国台湾的基隆、淡水与日本进行贸易。至万历三十八年（1610年）对日本的海禁已经名存实亡。日本政府对于中国的走私船舶是持欢迎态度的，明朝私自驶往日本从事贸易的商船逐年增多。这在客观上助长了我国沿海对日走私贸易的泛滥，而漳州窑陶瓷更是走私货物的大宗。

目前已知的资料显示，在世界各国中，日本发现的漳州窑瓷器最多，在日本近代各大遗址中几乎都有出土。特别是从16世纪末到17世纪中叶的遗迹中发掘出土了许多景德镇窑系以外的陶瓷，其产地就在漳州。日本的长崎港是出土漳州窑瓷器最多的地区，该港是当时葡萄牙对中国贸易的货物集散地和中转地，之后荷兰东印度公司的商船以此为据点贩运中国瓷器，于是长崎港成为中国陶瓷行销海外的集散地，因此在长崎港出土了大量的中国明清时期的外销瓷。随着日本幕藩体制的完成，政府逐渐限制对外贸易，并颁布了锁国令。与此同时，受德川幕府政策的影响，日本窑业全面崛起，这些造成漳州窑陶瓷进口数量的锐减。

漳州窑瓷器在东南亚的遗存。

印度尼西亚雅加达博物
馆收藏的漳州窑瓷器

福建与东南亚的陶瓷贸易有文献可考的历史可追溯到唐代。宋元时期，由于中国东南沿海港口的发展，海外贸易有所扩大，外销瓷业得以大发展。明清时期的海禁政策使得宋元以来发达的中外海上贸易遭受一定程度的冲击，中国陶瓷的对外输出主要限于政府对外国的赏赐、各入贡国家的回程贸易、民间海商贸易及欧洲殖民贸易体系。从明中后期开始，欧洲殖民势力东进，明政府官方较少涉足东南亚海域，但民间商船却异常活跃。尤其是西班牙占领吕宋，开辟了一条横渡太平洋的大帆船贸易航线，而荷兰也占领巴达维亚（今雅加达），并以之作为转运中心后，"漳泉海商趋之若鹜"，东南船家中流传着"若要富，须往猫里务"之语。

从考古发现和调查的情况看，东南亚发现的漳州窑系瓷器以青花瓷和彩绘瓷为主，主要分布在马来半岛、中南半岛等国家和地区，其中又以菲律宾和印度尼西亚为最多见，这与西班牙和荷兰以马尼拉、巴达维亚为转运中心是分不开的。漳州窑系陶瓷也在沉船考古中有不少发现。如在印尼宾坦岛外发现的一艘明代中国平底帆船，打捞出的瓷器主要是青花瓷，从器型来看为漳州窑系所产。

在我国与东南亚的贸易中越南的地位是比较特殊的。由于明政府的海禁政策，而且严禁与日本贸易，中日民间海商往往选择第三地——越南会安进行交易。漳州窑素三彩盒从这里装船转运至日本，因此被日本称之为"交趾香盒"。越南南部的昆仑岛海域发现的清代中国尖底沉船，其主要货物就是漳州窑青花瓷器。

漳州窑瓷器在非洲、西亚及美洲的遗存。

我国同非洲国家的贸易始于明永乐年间郑和下西洋。而随着海禁政策的实施，加上欧洲殖民势力东进的强劲势头，我国东南海商自印度洋全面退出，逐渐局限于马六甲以东海域。西洋航路上已鲜见中国东南船家的身影了。明清时期实行的限制私商下海通番的政策割断了漳州窑业与印度洋沿岸国家的绝大部分联系，印度洋旧有的伊斯兰—中国贸易体系被打破，新的贸易体制随着"洋船东进"逐步建立起来。葡萄牙及后来的英国殖民者以沿岸地区为据点，将中国瓷器源源不断地运回欧洲，因此明清时期的中国陶瓷在这条亚欧大航路沿线的几个重要港口和城市都有所发现，漳州窑产品也以同样的方式转运而至，并由这些港口传播开来。在东非坦桑尼亚的基尔瓦基斯瓦尼遗址出土了许多明清时期的瓷器，其中就有晚明漳州窑青花瓷。埃及开罗市南郊的福斯塔特遗址也出土有漳州窑瓷器残片。埃及的沙姆沙伊赫和沙德万红海海域沉船遗址也发现有漳州窑青花瓷器。土耳其伊斯坦布尔托普卡比宫博物馆所收藏的奥斯曼土耳其帝国遗留下来的大量中国瓷器中也有漳州窑系的制品。

漳州窑瓷器在美洲的遗存，主要也是通过欧洲殖民者的转运。西班牙人开辟了一条横渡太平洋的大帆船贸易航线，又称"马尼拉—阿卡普尔科"航线，其帆船由吕宋向东直航，横跨太平洋而达墨西哥西海岸的阿卡普尔科港，货物再经陆路转运至墨西哥东岸的维拉克鲁斯，之后穿越大西洋而达西班牙。中国陶瓷输入菲律宾之后，一般就是经由这条线路销往美洲各地的。在美国加利福尼亚州、华盛顿州和加拿大哥伦比亚省沿太平洋海岸一带都有不少中国明末青花瓷器出土，其中有一类已被证明是漳州产的"砂足器"。在墨西哥市发现的近现代遗物中有一些漳州窑生产的青花瓷和彩绘瓷。

德化白瓷："中国白"，国际瓷坛上的明珠

德化窑闻名中外，历史上与江西景德镇、湖南醴陵并称为中国南方三大瓷都。德化窑早在新石器时代就产过印纹硬陶，唐时开始生产瓷器，自宋代以来，瓷器大量出口。元代，德化的瓷塑佛像已成贡品。明代嘉靖以后，为了迎合新兴市民阶级和士大夫对工艺美术品和案头雅玩的需求，象牙瓷创制成功。象牙瓷又叫建白瓷（意为福建白瓷），古称"猪油白"，因瓷色宛如象牙，故又有"象牙白"之称。它色白质坚，凝脂似玉，精美至极。建白瓷在国际上深受喜爱，日本富人不惜以万金争购之，它在欧洲受到贵族阶层的欣赏和欢迎，甚至在欧洲引起了一股"中国风"热潮，因此被誉为"中国白"，被推崇为中国白瓷的代表。

有关德化窑出产白瓷的最早官方记载应是明弘治四年（1491年）刊行的《八闽通志》。多次文物普查表明：德化古瓷窑分布广、数量多，全县18个乡镇多处发现古瓷窑址，主要分布在浔中镇、三班镇、龙门滩镇、上涌镇、葛坑镇、桂阳乡等地。其窑址跨越时间长，商周时期1处，唐五代时期1处，宋元时期42处，明代30处，清代177处，民国55处。从这可以看出，宋元时期德化窑得到了高度发展，明初以后有所萎缩，清代又得到大力发展。

14世纪中期至16世纪中期，是世界航海业大发展、世界面貌发生急剧变化的时期，尤其是15世纪末至16世纪初的地理大发现以后，欧洲人纷纷向东追求财富梦想。葡萄牙的"克拉克"巨舰、西班牙的"马尼拉"大帆船首先来到亚洲，荷兰、英国、瑞典等国的东印度公司紧随其后，开辟了亚洲—印度洋—非洲—大西洋—欧洲航线和亚洲—太平洋—北美洲—大西洋—欧洲航线。目前在亚洲、非洲、欧洲、北美洲的一些国家和太平洋、大西洋海域的航线上都有德化白瓷出土和出水。

亚洲—印度洋—非洲—大西洋—欧洲航线。这条航线先后由葡萄牙人、荷兰人开辟，然而在这条航线上，运载德化白瓷最活跃的应该是英国人，从厦门港驶回欧洲的英国商船上往往运载大量德化白瓷。以下贸易点的遗存、航路上出土或出水的德化白瓷均可佐证当年的贸易路线。

澳门的圣保罗教堂及毗邻的学院废墟中发现了德化白瓷碎片。荷兰人曾在日本的平户、出岛建立荷兰东印度公司的贸易据点，两地考古均有发现德化白瓷。福建东山县的冬古沉船遗址出水一批华南瓷器，其中的德化白瓷以杯为主，有少量碗。南中国海域打捞的哈彻大帆船出水德化白瓷845件。越南南部平顺省海域的"平顺号"沉船、金瓯省陈文时县海域的沉船中都有德化白瓷。菲律宾南部的英国东印度公司"格里芬号"沉船、印度尼西亚林加群岛的海尔德马尔森沉船，

清德化窑白釉堆贴梅菊仙鹤瓶

都出水了德化白瓷像。东爪哇等岛屿出土了一批16世纪下半叶的德化瓷碎片和瓷塑。印度果阿旧城圣山上的圣奥古斯丁教堂、比加普德干王国的城市废墟中都出土过一些德化白瓷片。

在非洲和欧洲的海域也出水了德化白瓷。从9世纪至19世纪中叶，在肯尼亚古代遗址和墓葬出土的中国瓷器，无论是品种和花样都十分丰富，有龙泉青瓷、景德镇瓷、德化白瓷等。沉没于南非西开普省厄加勒斯海角附近的"奇迹女士号"、开普敦附近的"伍斯特兰德号"、开普敦阿古拉斯角的木讷布鲁克等沉船中打捞到了德化白瓷。在荷兰阿姆斯特丹北部阿尔克马尔的废墟中发掘出了数件德化瓷器，其中包括一件公道杯。在瑞典海域南打捞了沉没于1745年的"哥德堡号"，这是一艘瑞典东印度公司的商船，出水有德化白瓷和德化青花瓷器。

亚洲—太平洋—北美洲—大西洋—欧洲航线。在16世纪下半叶至19世纪初的200多年间西班牙参与了德化白瓷的运销。他们占领马尼拉作为贸易基地，抵达美国加利福尼亚海岸，也有可能最北到俄勒冈州，再向南行驶到达墨西哥阿卡普尔科港。瓷器等物品到港后，会运往西班牙在美洲的各殖民地，还会利用驼队，穿越墨西哥运往加勒比海港口维拉克斯，再装船途径古巴的哈瓦那等港口横穿大西洋回到达西班牙。1573年，两艘载有22300件中国瓷器的西班牙大帆船从马尼拉出发，横跨太平洋驶往墨西哥阿卡普尔科港。这是中国瓷器运往美洲的最早记载。

美国海岸的俄勒冈州海滩沿岸、东南部阿拉巴马的旧莫比尔都发现了一些德化白瓷片。在墨西哥考古遗址中普遍发现德化白瓷残片，在位于瓦哈卡市附近的阿尔班山考古遗址，墨西哥旧城、大寺庙、市政广场等考古遗址，都发现了德化瓷片。牙买加古罗亚尔港发现了多件德化"中国白"观音像；罗亚尔港出土了至少4件"中国白"白瓷狮子。牙买加的佩德罗沙岛5号沉船遗址中发掘出了一些中国外销瓷碎片，至少有3件"中国白"茶杯。百慕大附近沉没的坦克德沉船遗址中发现数块德化白瓷残片。

从各国博物馆的传世瓷器也可看德化白瓷贸易的全球化。传世明清德化白瓷目前在亚洲的东亚、东南亚，欧洲，北美洲都有收藏。中国本土以外，欧洲地区为另一收藏中心。据说德化瓷箫笛现在日本箱根神社还作为"社宝"保存。新加坡李光前自然历史博物馆保存着德化白瓷盒、狮头双耳瓶等传世品，亚洲文明博物馆收藏有帕米乐·希莉和其丈夫捐赠的德化白瓷观音、达摩、西洋人物等。日本东京国立博物馆、出光美术馆，英国的大英博物馆、维多利亚和阿尔伯特博物馆，德国的德累斯顿国立美术馆、夏洛登堡宫，法国的吉美博物馆，荷兰的国立博物馆、海牙市立博物馆，比利时的布鲁塞尔皇家艺术博物馆，挪威的国家博物馆，丹麦的哥本哈根国家博物馆，瑞典的东亚博物馆等以及瑞士、意大利、拉脱维亚、俄罗斯、美国、加拿大和澳大利亚等国的博物馆都有德化明清时期的白瓷雕塑、陈设器和日用器的收藏。

根据英国东印度公司的船贸记录，1699年，拿骚商船载着大量塑像从厦门返回到英国，其中包括尊圣·玛利亚像、仕女像、白狮、白釉罐和把杯等3722件；多里尔商船也从厦门运入了4294件白釉巧克力杯、玛利亚像和仕女婴孩像；1701年冬天驶往厦门的达什伍德商船的船货清单中有圣·玛利亚像、教士像、各种鸟兽像、白釉把杯、荷兰人像等。此后还有塔维斯托克商船、萨默斯商船、托丁顿商船等销售或拍卖过德化白瓷。

17—18世纪各国贵胄的收藏及收藏清单中，现在已知最早的收藏清单为英国美术收藏家阿伦德尔伯爵托马斯·霍华德1641年的伦敦大宅库存清单，记载有陈列于其荷兰展厅内的69件白瓷塑像；法国摄政王奥尔良菲利普二世1724年的库存清单内有水壶、酒杯和洋人家庭塑像、镶银立鹤烛台等；丹麦和挪威国王克里斯蒂安四世在罗森博格城堡内收藏有8件德化白瓷塑像；而最为详尽、量最大的当属德国德累斯顿萨克森家族的藏品目录。德累斯顿国立美术馆保存了17—18世纪奥古斯都一世收藏的2万多件中国和日本的瓷器，其中晚明到清初的德化白瓷现今仍有400多组1255件，是中国之外保存最多的一处明清德化传世瓷器收藏。

另外，还有英国埃克塞特伯爵五世伉俪1688年在其林肯郡伯利别墅的收藏清单和1690年的德文郡议程，克兰子爵夫人戴安娜1675年收藏清单，北安普敦郡鲍顿别墅的收藏，马尔堡公爵牛津郡布伦海姆宫的收藏；意大利佛罗伦萨皮蒂宫的收藏；西班牙国王查理斯三世去世后的库存清单；瑞典国王卡尔·古斯塔夫十世皇后的收藏；美国纽约的理发师兼外科医生雅各布·布拉兰1685年的库存清单，玛格丽塔·范·维茨克在1695年的遗嘱和库存清单，著名商家和地主吉尔斯·雪莉的库存清单，波士顿查尔斯·霍比爵士的库存清单。

以上资料从不同的角度充分说明德化白瓷在明清时期已有固定的外销航路，被大量运销到亚洲的东亚南亚地区、非洲、欧洲和北美洲，并已经进入当地皇室贵族的生活。

林则徐、严复：中国海防海权意识的觉醒、开眼看世界的福建先驱

鸦片战争以后，西方列强凭借着坚船利炮跨海而来，打开了中国的国门，中国逐步沦为半殖民地半封建社会。面对着严重的民族危机，有识之士在不同领域探索国家独立富强之方。其中，林则徐、魏源、邓廷桢、丁拱辰、左宗棠、沈葆桢、严复等意识到国家不能有海无防，思索加强海上防御以御敌于国门之外，欲图在海防海权方面有所作为。他们开始探索加强海防建设、组建海军、培养海军人才等，提出了"强海防、设水师、习天文航海之法"等主张，表达了"师夷长技以制夷"的强烈愿望，对清末洋务运动和中国学习西方科学技术产生深远影响。

林则徐（1785—1850），字元抚，又字少穆，福建侯官（今福州）人，嘉庆进士。道光十七年（1837年）正月，林则徐升任湖广总督，三月到任。当时，鸦片走私已成为朝野关注的大问题，官吏中也形成主张"弛禁"和"严禁"两派。次年（1838年），"严禁派"官员鸿胪寺卿黄爵滋上疏，请"先重治吸食"。林则徐支持禁烟，提出"禁烟六策"加以补充，随后在湖广地区开展禁烟。道光

十八年（1838年）林则徐受命为钦差大臣，前往广东查禁鸦片。

在广东查禁鸦片期间，林则徐在与侵略者斗争的实践中意识到自己对西方知识的贫乏、国人对王朝之外世界的无知，开始有意识有目的地收集外文报刊等进行翻译，以求获得有价值的情报，加深国人对"西洋"的了解。通过分析外国的政治、法律、军事、经济、文化等方面的情况，他认识到只有向西方国家学习才能抵御外国的侵略。林则徐被誉为近代中国"开眼看世界"的第一人。

第一次鸦片战争后，清王朝遇到了前所未有的海防危机，朝中官员纷纷讨论应对策略。鸦片战争之前，林则徐就对英国海军和广东水师进行了对比分析，从而提出了"以守为战，久持困敌"的海防战略。他奏称："若令师船整队而出，远赴外洋，并力严驱，非不足以操胜算"，"而师船既经远涉，不能顷刻收回，设有一二疏虞，转为不值，仍不如以守为战，以逸待劳之百无一失也"。[1]因此，以林则徐为代表的"以守为战"海防思想，便成为第一次鸦片战争时期清朝军队所采取的战略方针。

随着战争局势变化，林则徐很快发现中西在军事装备与技术上的差距，由此他萌发了"师敌之长技以制敌"的战略思想。面对清政府财政拮据，林则徐极力主张动用广州关税的十分之一用于国防建设，并开始购买西船。其目的在于一则借此充实国防实力，提高中国水师的海上作战能力；二则研究外国战舰的构造和制作方法，积极仿造西方战船，便于日后能够御敌于海上。此外，为了仿造战船抵御外敌，林则徐也派人广泛收集中外战船的资料，并根据所收集到的图式，积极筹建战舰，仿造了两艘双桅战船。道光二十一年（1841年）秋，林则徐在总结东南沿海屡战屡败的经验教训基础上，又提出了应迅速建立"炮舰水军"的思想。他指出，"船、炮、水军断非可已之事，即使逆夷逃归海外，此事亦不可不亟为筹画，以为海疆久远之谋"[2]。建立海军、购买战船的设想，终由林则徐提出来了，并初步确定了水军的规模，即"大船百只，中小船半之，大小炮千位，水

1　林则徐全集编辑委员会编：《林则徐全集》第三册，海峡文艺出版社2002年版，第1411页。

2　林则徐全集编辑委员会编：《林则徐全集》第七册，海峡文艺出版社2002年版，第3568页。

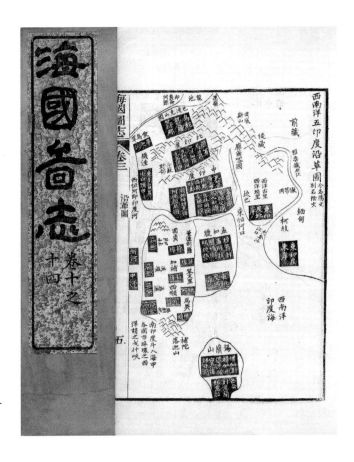

魏源编著《海国图志》刻本

军五千，舵工水手一千，南北洋无不可以径驶者"[1]。至此，林则徐海防思想趋于完善。但随着林则徐被革职查办，他的设想并未能实现。

林则徐组织摘译英国地理学家幕瑞所著的《地理大全》，整理汇编成《四洲志》，介绍世界五大洲30多个地区和国家的地理、历史情况，这是近代中国第一部较为详细和系统地介绍西方地理、历史的"开眼"之作，开始改变中国人对西方历史和现状的无知状态，是中国人开眼看世界的起点，开启了研究外国的新风气。林则徐的好友魏源在《四洲志》的基础上编纂完成了《海国图志》100卷。全书详细叙述了世界各地和各国历史政治、风土人情，主张学习西方国家的科学技术，提出"师夷长技以制夷"的中心思想。通过《海国图志》这一望远镜，开眼

1　林则徐全集编辑委员会编：《林则徐全集》第七册，海峡文艺出版社2002年版，第3571页。

看世界，既看到了西洋的"坚船利炮"，又看到了欧洲国家的商业、铁路交通、学校等情况，使中国人跨出了"国界"，认识近代世界的新鲜事物。

《海国图志·筹海篇》中提出了"守""战""款"的海防战略思想，强调以守为战，守内河守海口，先守而后战的海防战略思想，明确提出"师夷长技以制夷"思想，主张先了解并学习夷人的长技，"夷之长技三：一、战舰，二、火器，三、养兵、练兵之法"[1]。战舰和火器是海军战守的必要装备，所以魏源在《海国图志》中收集绘制了《火轮船图说》《地雷图说》《攻船水雷图说》《西洋用炮测量说》等，还拟制过在广东地区设立船厂和火器局的计划，但未能实现。魏源继承与发展林则徐海防思想，并将林则徐的守海口内河思想丰富化并进一步完善，且提出了编练水勇等的主张。

林则徐、魏源先于同时代的人具有忧患意识，立足于国家独立，提出"以守为战""师夷长技以制夷"的海防思想，成为中国近代海防意识觉醒的标志，是国内海防思潮的开端。林则徐、魏源是近代中国最早一批重视海防并提出海防建设的人，是近代中国海防论的先驱。他们的海防思想在当时以及后世都产生了深远的影响。第二次鸦片战争之后，朝廷中洋务派官员深深意识到了国家的危机，便开始了以"自强""求富"为口号的洋务运动，他们所开展的创办海军及近代军事工业的活动正是受到了林则徐、魏源海防军事思想的影响。

在林则徐的倡导和示范下，一些有识之士起而应之，于是在中国东南沿海一带，特别是广东、福建两省，迅速掀起了一个仿造西式战船的高潮，邓廷桢也是仿制西船的大力倡导者之一。邓廷桢于道光十九年（1839年）十二月调任闽浙总督，与林则徐同朝为官，同因受贬。道光二十年夏，邓廷桢与刑部右侍郎黄爵滋等联名上奏，建议朝廷通筹熟计海防之策。其奏称，此造船、铸炮二者，费帑需时，计似迂缓，"实海防长久最要之策也"[2]，并针对当时造船铸炮"费帑"之说，申明理由。但道光皇帝并没有理会，邓廷桢只能自己顶住巨大的压力和干

---

1 魏源：《海国图志》第一册，陈华、常绍温等点校注释，岳麓书社2021年版，第35页。

2 中国第一历史档案馆编：《鸦片战争档案史料》（第二册），天津古籍出版社1992年版，第196页。

扰，实施造船计划。他在厦门创设船厂购置木材，仿照西船建造了一艘300吨的快速夹板船。

邓廷桢除了造船，还积极加强海防建设。他与祁隽藻、黄爵滋等根据福建海岸地形的特点，研究、决定在厦门岛南部突出海面的胡里山建起一道500丈的石壁，并于石壁后建筑营房、建筑灵活实用的炮墩，在厦门岛安置了100门铁炮，又在对面的鼓浪屿、屿仔港等处安置160余门铁炮，还调动漳州、同安、兴化、延平陆路兵勇协同防守，大大提高了福建厦门岛一带的海防能力。鉴于福建军备松弛、防御能力单薄、海防不严的状况，邓廷桢下了大功夫进行整顿。他抽调熟悉海防形势、水性的水师官兵，又在泉州招募了大批水勇加强防范措施，还制定了新的海防章程，责成水陆师共同负责，在海面夹攻或配合夹击来犯的英国武装商船和兵船，并围追堵截内地鸦片贩，遏制他们与英国鸦片贩子勾结倒卖鸦片的活动。邓廷桢还从广东购买西洋炮40门，海运到厦门使用。鸦片战争爆发前夕，福建成为除广东之外唯一认真筹防的沿海省份。与林则徐一样，邓廷桢的努力并没有得到朝廷的认可。

福建民间也自发地致力于"借取"西洋武器的活动，其中较著名者是丁拱辰（福建晋江人）。他年轻时就创制了象限全周仪，以测量度数，推算时辰，均甚准确。道光十一年（1831年），丁拱辰出国谋生，先后到过菲律宾、伊朗和奥斯曼帝国。在国外期间，把自制的全周仪带在身边，用于测量水程远近、地势高下、北斗方位等，准确无误。此事引起西方司航人员的重视，他们都把所收藏的有关图书资料借给丁拱辰阅读。丁拱辰一面认真学习，一面实地观察，很快便掌握了西方各式枪炮和船舰的构造原理与操作方法。道光二十年（1840年），丁拱辰回国之时，正值英国侵略者对中国发动侵略战争。丁拱辰看到中国炮法未精，所铸大炮"未合度"，发射炮弹"多无准"，决心运用所学知识报效祖国，于是殚心研究，绘制"演炮差高"和"用滑车拉炮、举重"等图说，连同测量演炮高低的象限仪一具，于道光二十一年（1841年）呈交原两广总督邓廷桢，由邓廷桢转呈广东各大宪，得到肯定和褒奖。接着，他便到广东燕塘炮局教导炮手演放大炮。丁拱辰指导燕塘炮局所有大炮均采用滑车绞架，可以自动调节射击角度与方位，操纵十分灵便；又用象限仪测视演放，命中率大为提高。为普及科学的演炮方法，丁拱辰在道光二十三年（1843年）正式刊行所著的《演炮图说辑要》一书。全书分4卷50篇，附有各种插图100多幅，除详细介绍美、英、法等国家的大炮、火药、炮弹、战舰、火轮船、火轮车，以及各种炮台的建造与操作方法之外，还介绍了自己所改进的"甚合时用"的"滑车绞架"和用象限仪测量演炮高低的方法等。这是中国近代史上第一部详尽介绍西方军械技术、普及炮兵常识的专著。道光二十九年（1849年），丁拱辰又写出《演炮图说后编》，对火炮、炮弹和各种小型火器的制造与操作、枪炮的测量、演练和选将练兵方法等，作了进一步阐发。丁拱辰在政治上也有远见卓识，早在道光二十三年（1843年），就提出"变通筹备久远之策"，主张因时变通，战舰悉用夹板，准沿海商民用夹板船贸易，裕国通商，于京师及沿海各省设立学堂，聘请西洋人教习天文、测量、航海之法，以引进与学习西方先进的科学技术。[1]但这种民间自发的新式武器研制热潮也没能持续多久。

同治二年（1863年）左宗棠接任闽浙总督。他在很早时就很关注海防问题，许多见解与林则徐不谋而合。他提出："东南大利，在水而不在陆"，"欲防海之害而收其利，非整理水师不可；欲整理水师，非设局监造轮船不可"等主张。[2]正是在这一思路的指引下，他于同治五年（1866年），上疏奏请设局监造轮船，获准试行后，即于福州马尾择址办船厂，派员出国购买机器、船槽，并创办求是堂艺局（亦称船政学堂），培养造船技术和海军人才。首任船政大臣沈葆祯主持福州船政局创建投产，建起了中国第一个以近代工业技术制造舰船的大型船厂，使中国正式进入自己造船的新阶段。

福建船政局的创办，是中国近代从手工业向工业化发展转折的重要标志，在近代中国文化教育、造船工业、海军队伍建设、科技人才培养和航空工业等方面

1　参见福建省地方志编纂委员会编：《福建省志·人物志》（上），中国社会科学出版社2003年版，第307—308页。

2　《左宗棠全集·奏稿三》，岳麓书社2009年版，第52—53页。

做出了卓越的贡献，它的举办重新唤醒了近代中国对海权、海防的意识，被誉为中国近代"科技与海军队伍的摇篮"。

福州船政学堂在国内虽属首创，开风气之先，亦聘请洋人教授课业，但与西方海军强国相比终究是相形见绌。为弥补差距，探寻造船驾驶之真谛，清政府决定派遣海军学生赴欧洲留学，严复为其中之一。

严复（1854—1921），初名传初，曾改名宗光，字又陵，福建侯官（今福州）人。严复为福建船政学堂首届学生，学习驾驶轮船。光绪三年（1877年），福建船政学堂首次派遣学生出国留学，严复与刘步蟾、林泰曾、萨镇冰等同往英国。在英国格林威治海军学院留学期间，严复除学习海军知识外，经常留心西方政治制度和学术思想，比较"中西学术政制之异同"，曾涉猎亚当·斯密、边沁、卢梭、孟德斯鸠、穆勒、达尔文、赫胥黎、斯宾塞等诸家学说。

留学英国皇家海军学院期间，严复萌发出了朦胧的海权意识。严复学成归国，先执教福建船政学堂，后担任北洋水师学堂总教习。面对列强对清政府的海上战争频频得手，严复在关注国内海防建设活动的同时，对海权的认知受到了国

严复译述的《天演论》

内海防思潮与国际海战经验的影响。

19世纪七八十年代，清政府内部有过两次关于海防事务的大讨论。同治十三年（1874年），日本借口"牡丹社事件"阴谋侵占中国的台湾地区。清政府受该事件的影响掀起了以创建海军为中心议题的第一次海防大讨论。光绪十年（1884年）中法战争，马江海战中福建海军全军覆没，之后，清政府开始了设立海军统一领导机构为核心的第二次海防事务大讨论，"总理海军事务衙门"由此而生。这两次海防大讨论推动了清政府海军的创建并指导协调了海军的发展。

在此期间，光绪十一年（1885年），中国驻德公使李凤苞翻译了奥国普兰德海军军官学校教习阿达尔美阿原著的《海战新义》一书，详细介绍了海军战略、海军战役和海军战术的相关理论。同时，译者首次使用了"海权"这一概念。光绪十六年（1890年），美国海军上校马汉《海权对历史的影响》一书的出版，才标志着西方海权理论的正式确立。马汉海权论的有关著作有海军"圣经"之誉，其著作的问世直接促成了德、日、俄、美诸国海军的崛起与海权的缔造，在西方有很广泛的影响力。海权理论在向世界各国传播的时候，也经过日本传到了中国。光绪二十六年（1900年）3月，日本在上海出版发行的中文月刊《亚东时报》开始连载《海上权力要素论》，海权理论被介绍到中国来。

严复是中国较早接触与传播马汉海权论者，他借鉴马汉的海权理论和19世纪中期后中国海防思潮的合理部分，吸取中日甲午战争和日俄战争的教训，以自身独特的船政教育背景为基础，逐渐形成了自己的海权理念。他在对希腊、英国、荷兰、法国、俄国、日本等国家的海权发展史研究分析后，认为海权对于国家而言至关重要，海权关系到国家的贫富强弱和国际地位的高下；不缔造海权，陆权也只能随之丧失；强化海权可获得"国振远驭之良策，民收航海之利资"[1]双重利益，并认为古今未有能奋海权而其国不强大者。

在代北洋大臣杨士骧所拟的筹办海军奏稿中，严复系统阐述了其缔造海权的构想。他在分析敌强我弱的局势，总结兴废存亡的教训后指出："规复海军，在

1　孙应祥：《严复年谱》，福建人民出版社2003年版，第326页。

今日有必不可缓者六"：（1）"必有海权，乃安国势"，掌握领海之大权，才谈得上安定国家局势。（2）"将修内政，先固外封"，在巩固海防的同时，加强江间防务。（3）"欲求公道，必建强权"，有牢固的防务，才能有国际平等相处。（4）"消内患者，即所以弭外扰"，添置舰艇巡梭江海，才能消除内外侵犯。（5）"嘉谋及远，翕附侨黎"，购置船舰，远航海外以联络团结侨胞。（6）"先振声威，乃资联合"。[1] 一言以蔽之，要有强大的海军作为国际协作交往的后盾。他呼吁中国应在日本海、渤海、黄海、东海与南中国海海域建立制海权，规复海军，实行海上交通控制，拒敌于海洋国土之外。严复还奏请在闽、浙之间沿海选择军港，整顿各地水师学堂，培养大批合格海事人才，并采用分期拨款、各省分摊办法，以解决经费难题。翌年，清廷在《筹办海军七年分年应办事项》中，采纳了不少他的意见。直到1918年8月，严复已决意返乡养疴终老的前夕，在回顾自己一生从事海军经历后，仍援引洋人的警语："海军之于人国，譬犹树之有花，必其根干支条，坚实繁茂，而与风日水土有相得之宜，而后花见焉；由花而实，树之年寿亦以弥长。"[2] 提醒国人要充分认识到振兴海军与国家兴盛的密切关系。他的海权思想是中国传统海防向近代海权转变的里程碑，初步奠定了近代中国海权的理论基础。

严复除研究海权理论外，还集中精力翻译西书，系统介绍西学。严复译述英国生物学家赫胥黎著作《进化与伦理》前两篇，取名为《天演论》，宣扬"物竞天择，适者生存"的进化论思想，推动国人为挽救危亡而变法维新、发愤图强，激起了巨大的社会反响。他还翻译了《群学肄言》《群己权界论》《社会通诠》《原富》《穆勒名学》《法意》《名学浅说》等书，其译著内容涉及生物学、社会学、伦理学、经济学、法学、哲学、政治学等诸多学科。这些著作的译介，宛如巨石投入深潭死水，不仅在戊戌时代振聋发聩，而且深刻教育、启发了19世纪末20世纪初整整一代热血青年。毛泽东也将严复与洪秀全、康有为、孙中山一

1　孙应祥：《严复年谱》，福建人民出版社2003年版，第327页。

2　孙应祥：《严复年谱》，福建人民出版社2003年版，第506页。

道，作为"中国共产党出世以前向西方寻找真理的一派人物"[1]。

福建船政局：中国近代海军的摇篮

从19世纪60年代至90年代上半期，中国开展了一场以自强、求富为口号的洋务运动。在这场运动初期，福建走在全国前列，先后创办了福建船政局、福建机器局等洋务企业。其中福建船政局最为重要，它不仅是当时全国最早使用机器生产的大型企业之一，也是清政府重要的军事造船基地。

福建船政局又称福州船政局、马尾造船厂，由闽浙总督左宗棠1866年奏请设立。左宗棠主张创办船政局的目的有两个：一是为了对外抵御侵略和对内镇压人民反抗，二是为了解决漕运等问题。左宗棠的提议得到清廷批准。左宗棠任命法国人日意格和德克碑为正、副监督，负责购买法国全套机器设备，聘雇法国技师和技工。当左宗棠正在积极筹划建厂的时候，西北爆发了回民起义，清政府下令改调他就任陕甘总督。左宗棠具折正式推荐丁忧在家的福建侯官（今福州）人沈葆桢出任船政大臣，清廷即予以同意。船政局于1866年即破土动工，进展迅速。次年七月，沈葆桢正式上任时，船政局基建工作大体完成。

船政局不仅生产近代船舶，还拥有一所附属的轧造厂，轧制各种铁管和铁板。除了车间外，计有外国匠房30间，前后学堂及学生宿舍30间，还建了船政衙门、洋员办公所，正、副监督日意格和德克碑的住房，匠生、匠首寓楼等。为了满足外国人员的商品供应，政府还将船政局附近江边"划为官街，以便民间贸易"。这就是现在的马尾镇。这样，具有两三千工人规模的船政局便在马尾建立。

船政局就范围而言，大约可分为厂区、住宅区与学校几部分。所谓厂，实

---

1 《毛泽东选集》第4卷，人民出版社1991年版，第1469页。

即车间。到1874年，各个车间已大体建成，有锻造车间（锤铁厂）、轧材车间（拉铁厂）、锅炉车间（水缸铸铜厂）、装配车间（轮机厂）、安装车间（合拢厂）、翻砂车间（铸铁厂）、经纬仪车间（钟表厂）、小锻造车间（打铁厂）、机械锯木厂（锯厂）、造船厂，另外还有船政衙门、洋员办公所、学校、宿舍及储藏所、耐火砖厂等。

船政局的工人为中国第一代产业工人，工人来源于福州及其附近农村的农民、手工业者。船政局根据合同规定，对工人和学徒进行特别训练，使他们能识图并按图施工。为了合同期满后，中国工人不必依靠外国工人而能自行生产，船政局进行了一次严格的考核。训练和考核分别在各个车间进行。各个车间工人情况如下：模型车间有工人学徒12名，必须看懂船用蒸汽机相关图纸；装配车间约有工人和学徒三四十名，必须掌握蒸汽机的安装、发动、操作技术；安装车间工人必须懂得安装；铁工厂大部分是文化水平较低的工人，经过训练和考核，工头能大略看懂图纸；翻砂车间分铸铁和铸铜，约有工人和学徒26名；锅炉车间分铁锅炉和铜锅炉两车间，工人约44名；木工车间分为木工、钻孔、塞缝、桅具、舢板几个工段；配件车间共有家具、小件铸造、附属设备装配等3个车间，这些车间的本国工人能独立工作；精密仪器车间分为罗盘车间和经纬仪车间。此外还有一些临时工负责打杂。

福建船政局是晚清海军近代化的工业基础。自1866年创办到1907年停办共41年，福建船政局制造出"万年清""扬武""威远""平远""广甲""广乙""广丙""安澜""湄云""镇海""海镜""康济""泰安""福靖""通济"等舰船约40艘。虽然江南制造局也建造舰船，但它的生产规模和水平远不及福建船政局。福建船政局不仅建造舰船，还生产舰船所需的大部分构件，包括钢铁、轮机、火炮等，同时还具备检修舰船的能力。其中"威远"号是中国第一铁胁船，"平远"号是第一钢甲舰，也是当时中国自造舰船中实力最强的。

福建船政局培养了大量的海军人才。左宗棠认为"艺局"是"造就人才之

建立之初的福建船政局

地"，为此1866年底提出开设学堂，并具体主持制定了求是堂艺局开办的章程，还制定了《详议创设船政章程》，制定艺局章程，对学制、培养目标、学生待遇、考试制度作了具体规定。沈葆桢上任伊始，就很重视人才的培养，他多次强调"船政根本在于学堂"。为此，他在就任船政大臣前后，就拟订了《学堂章程十章》，1866年底就开始筹办马尾船政学堂。求是堂艺局在左宗棠定出章程后不久就开学招生，学生主要从福建本地及广东、香港等地招收，在招生方面要求"取具其父兄及本人甘结"，必须将"三代名讳职业"和保举人"功名经历照填保结"。考生入学需经过严格的考试。当时考试科目有笔试、口试和体检三项，三项合格者才能录取。学堂原在福州白塔寺和仙塔街，1867年迁入马尾，分前学堂和后学堂。前学堂习法国语言文字，包括造船、基础数学、物理、解析几何等课程，以及设计专业和学徒班。后学堂习英国语言文字，包括几何、代数、三角、航海天文、地理等课程，以及驾驶、轮机专业。从1866年到1911年，福州船政学堂有文字记载的毕业生有1300多人。

船政学堂不仅开启了近代科学教育和军事教育的先河，还创造性地实施了留学教育制度。1877年，经过清政府的详细筹划，船政局正式派出第一批35名留学生，1881年派出第二批10名留学生，1886年派出第三批33名留学生。这些留学生学成归国，对船政局造船技术水平的提高起到了重要作用，对中国近代海军建设做出了巨大贡献。1877年萨镇冰与叶祖珪、刘步蟾、方伯谦、严复等作为福州船政学堂第一批留学生出国，被派往欧洲学习。萨镇冰曾担任过清朝的海军统制、民国时期北京政府海军总长等重要军职，还创建了烟台海军学校，是中国海军史上一位卓越的人物。制造业的学生魏瀚、陈兆翱、吴德章、李寿田、杨廉臣等从"艺新"号开始监造，特别是监造了"平远"号铁甲舰，也为中国造船的近代化做出了突出贡献。

福建船政局参与了近代抗击帝国主义的军事战争，并培养了很多爱国人才，形成了以爱国为中心的福建船政文化。1884年中法海战，船政学生参战25人，其中英勇捐躯18人，他们以青山处处埋忠骨，何须马革裹尸还的英勇无畏气魄，与法国侵略者浴血奋战，壮烈牺牲。在1894年中日甲午海战中，船政学生更上演了

经过多年营建已经具备成熟产能的福建船政局

可歌可泣悲壮的一幕。如邓世昌、林永升等，大义凛然，浩气长存，永远值得后人怀念。刘步蟾和林泰曾成为北洋水师统领和主舰"定远"号（北洋海军旗舰）、"镇远"号管驾，也在甲午海战中壮烈牺牲。

福建船政局是洋务大臣左宗棠以"自强"为目的而兴建的近代军事工业和军事学校综合体，是同治中兴的重要内容，也是中国海军近代化的重要组成部分。福建船政局以造船和培养军事人才为主要贡献，为中国海军思想、海军理论、海军人才的发展做出了奠基性的贡献，为中国海军装备近代化做出了突出贡献。作为第一所引进西方教育模式的高等军事院校，福州船政学堂开创了中国近代军事教育的新模式，为中国海军近代化奠定了人才基础。英国作家干得利在《中国的今昔》一书中肯定了福建船政局在中国海防建设中的先驱作用，认为它"是中国海军的发端"。总之，福州船政学堂是中国近代第一所海军院校，是近代海军建设之始，极大地推动了中国海军近代化进程，而且弘扬了伟大的爱国精神。

中国最早的近代化海军舰队：福建船政水师建军

19世纪中叶后，资本主义列强的军舰、轮船频繁地出现在中国沿海，不受任何约束地出入中国港口、航道。军界洋务派看到西洋利器的作用，决意借用外国的技术来发展中国的近代海军。而此时的福建水师木船仅有百余艘，官兵减员，几乎停止海上训练、巡哨。同治五年（1866年），左宗棠向朝廷奏疏提出兴建船政计划。清廷形成上谕，令左宗棠办理船政，经费于闽海关税收内酌量提用。左宗棠在闽择地设厂，经勘定厂址设在马尾三岐山下。船政厂兴建之始，左宗棠奉调陕甘总督。行前，他奏请丁忧在家的江西巡抚沈葆桢总理船政。清政府命沈葆桢总理船政事务，在马尾设立"总理船政事务衙门"，准专折奏事，兼节制福建水师，并在船政局内设立船政学堂，规定该厂的任务是：为我国制造作战和运输舰船，训练制造、驾驶近代舰船的人员。

至同治九年（1870年），福建船政局先后建造"万年清""湄云""福星"3艘兵轮，给濒于衰败的水师带来了生机。同年，曾国藩上奏清廷，提议将蒸汽军舰单独编组进行专门的训练和使用。船政大臣沈葆桢也奏请批准将福建船政的军舰编成舰队，设轮船统领统一管理。随后，清政府采纳这一意见，责成当时国内仅有的两个造船机构江南制造总局和福建船政局，各自将自己所造的蒸汽军舰编组成队，进行专门训练，以备成军。对这种装备西式军舰的部队应当如何

1872年，船政建成
亚洲国家自造的第一艘
巡洋舰"扬武"号

命名，清廷和地方主事者干脆根据这种部队的装备特点，直接定番号名称为"轮船"：以福建船政局造军舰编组的部队名称为"轮船"（学术界多称其为"船政水师"，也有称其为福建水师、福建海军），隶属船政衙门；用江南制造局造军舰编组的部队则被称作"江南轮船"或"上海轮船"，由两江总督统辖。两支舰队因为没有获得国家的正式编制，本质上类似于勇营部队。[1] 9月18日，清廷下谕正式成立新水师，任命原福建水师提督李成谋担任首任船政水师统领，责成其"将船政轮船先行练成一军，以备不虞"。此时的福建水师已将旧水师与新造轮船合为一体，本着"成一船练一船之兵""配一船之官"的精神，福建船政局新造兵轮和培育的学生相继加入水师，福建新水师从此有了雏形。

同治十年（1871年），福建船政正式编制了基本制度《轮船出洋训练章程》《轮船营规》，二者大量参考英国海军规章制度，并结合了中国的实际情况。

由于每年的运行经费有明确固定的额度，因而福建船政局便遇到了每多造出一艘军舰，就会多出一份养船经费的压力。在同治十年（1871年），福建船政局和浙江省协商，将"轮船"部队所辖的一艘军舰调拨到浙江的通商口岸宁波驻防，在浙江期间该舰的军饷、维护费用均由浙江省负担，听从浙江省的差遣使用，但该舰的所有权和指挥权仍在船政衙门，训练操演仍遵从"轮船"部队的统一安排，定期要返回马尾参加船政水师的联合训练，一旦海上有事，也要根据船政水师的命令归队。这一模式既解决了福建船政局无力承担军舰养护费用的难题，又使外省可以获得蒸汽军舰使用。清政府认可了这种模式，船政水师的军舰便纷纷调赴沿海各省。到同治十一年（1872年），福建船政局先后建造"万年清""伏波"等15艘舰船投入服役，其中"伏波""安澜""飞云""镇海""湄云"分别由浙江、广东、山东、直隶、奉天等地拨用。由此，船政水师扮演着国家舰队的角色，规章制度严密、人员高度职业化且实现全国驻防。福建凭借福建船政局建造的兵船及船政学堂培养的新型海军军官，在中国最早建立近

1　参见陈悦：《"舰虽亡，旗仍在"　船政"轮船"：中国第一支近代化海军舰队》，《国家人文历史》2016年第12期。

"伏波"舰

代化的海军舰队。马江附近的军港设施日益健全、福建船政局制造的军舰和培训出的海军人才也渐成规模。

1874年日军侵台，沈葆桢率新造兵轮集中闽海，陆续将部分在外兵船收回，福建水师共拥有12艘兵船。沈葆桢建成中国近代最早的一支舰队开赴台湾。同时，沈葆桢调遣兵轮、商船7艘，运载淮军精锐武毅"铭"字军13营6500人入台，部署在凤山，指派"靖远""扬武"舰运载福建陆路提督罗大春部2000余人到台，其中600人布防苏澳。此外，沈葆桢还申调沪局舰船增援，派"长胜"轮运载福建船政局学生到台东沿海搜集情报，探测港口。此次清政府行动果断，沈葆桢及水陆官兵积极备战，在相持八九个月之后迫使日军退出台湾。1875年2月，各舰完成任务，陆续返抵马尾。这次行动初步显示了海军在近代反侵略战争中的作用。

光绪元年（1875年）清廷建南、北两洋水师时，福建的水师建设并未按计划纳入南洋系列，而是在原来的基础上继续独立发展。不过，福州船政兵船仍经常被外省拨用，加之福建船政局经费支绌，以后的造船速度已大为放慢，因此福建的水师实力并没有得到明显加强。到光绪十年（1884年）五月，福建船政局兵船留防本省者8艘、分防各省者14艘。经会办福建海疆大臣张佩纶上奏要求将福建船政局所造兵船分防各省者陆续调回，但是，除了广东将拨用的"飞云"号调回福建外，其余各省均未执行。到中法海战前夕，福建共有"扬武""琛航""永保""伏波""济安""飞云""振威""福星""艺新"等9艘福建船政局制造的兵船，另有"福胜""建胜"2艘购自英国的炮艇，计11艘，舰员1100多人，驻福州、厦门，守卫海口，巡守台湾及琼廉海面。

光绪十年（1884年）中法马江一战，福建水师轮船几乎全军覆没，船政"轮船"主力尽丧，国内一些港口仍然有部分船政军舰驻防，但是舰队机构再未恢复，舰队组织没有再建立。至辛亥革命前夕，福建仅有运输舰3艘、巡缉兵船3艘，总吨位3875吨。

中法战争后，清廷下旨"大治水师"。光绪十一年（1885年），清政府设立海军衙门，此为中国近代海军统一建制之始。北洋水师的建设速度骤然加快，至光绪十四年（1888年）正式成军。北洋水师从制度到人员都与福建船政局及船政水师有千丝万缕的关系，其以龙旗为军旗，接过了原船政水师的职守，肩负中国海防重任。宣统元年（1909年），清政府将福建水师与广东水师、北洋水师以及南洋水师合并，重编为巡洋舰队和长江舰队，独立的福建水师就此解散。

福建船政水师是中国在近代海军建设中最早成军的舰队，它是在左宗棠、沈葆桢的主持下，在引进和吸收近代外国先进技术的基础上，通过自己制造船舰的途径创立起来的，是当时装备国产化程度最高的一支近代化舰队。

马江海战："舰虽亡，旗仍在"的不屈之意

闽江下游，从福州东南乌龙江与南台江汇合处，至入海口的一段俗称马江，又名马尾。这里建有著名的马尾港，是福建水师的基地，也是重要的通商口岸。马尾港距离省城福州仅百里，又是福州的重要屏障。此外，马尾也是当时中国最大的造船厂——马尾造船厂和最早的海军学校所在地。因此，马尾的战略地位相当重要。

1883年，法国为了将越南占为殖民地，并以之为基地侵略中国，挑起了中法战争。1884年6月，法国为迫使中国军队尽快撤出越南，又在谅山附近制造事端，诬蔑中国方面破坏条约，要中国赔偿军费，扬言要占领中国沿海一两个港口作为"抵押品"，并乘机派遣舰队侵入福建沿海。

1884年7月，法国海军中将孤拔率领远东舰队以"游历"为名，强行驶入马尾军港。法军在马江上集结了多艘军舰、鱼雷艇，另有军舰停泊于长门口，监视中国海军的动向，防止封港，并扬言不许中国兵舰移动，动则开炮，气焰十分嚣张。尽管有清军将领要求先发制人，驱逐法舰，但清廷幻想避战求和，故严谕水师，不准先行开炮，违者虽胜亦斩。法舰因此得寸进尺，在马尾港自由出入。

面对法军侵犯，福州驻军只做一些被动的备战，如调派3000名陆勇防守福州城，调派海军舰队及陆勇7个营守卫马尾；调派福建水师所属的"福胜""建胜""振威""伏波""艺新""福星"等舰艇回援马尾；在台北的武装商船"永保""琛航"也驶离船槽备战；派出30艘帆船满载石子到长门，准备封港布雷；与此同时，福建当局还电请朝廷调集各地水师舰艇来闽增援，结果只有两广总督张之洞派来"飞云""济安"两舰，北洋大臣李鸿章和南洋大臣曾国荃则拒绝派舰增援。

法国军舰"杜居土路因"号驶入闽江口参战

　　与清廷的妥协避战相反，福州民众自发组织展开抗法斗争。当法舰进入闽江后，福州人民涌往外国领事馆及洋人集中的仓前山举行游行示威，抗议法国的侵略行径；并向总督、巡抚提出"塞河先发""关门打狗"等主张。8月11日，尚干乡民众自发集合到福州举行万人请战游行。

　　8月22日，法国海军部长命令孤拔攻击清朝水师，摧毁福建沿岸海防设施。8月23日，法国驻福州领事向闽浙总督发出开战通牒，明示准备进攻福建水师，闽浙总督却未将战争爆发的消息向广大水师将士传达。当日13时45分，离最后期限还有十五分钟时，张佩纶派去小艇要求延期，担心清军偷袭的法军误认为是杆雷艇，于是下令对中国舰队开火，马江海战爆发。法国舰队利用落潮的有利时机和原先抢占的有利位置，向福建水师舰队发起突然袭击。福建水师官兵仓促应战，有的兵舰未及起锚即被击沉。开战不久，旗舰"扬武"号即遭法舰密集炮火的轰击，并被鱼雷击中而逐渐下沉，管带兼舰队指挥张成落水逃走，士兵仍用尾炮还击，打中孤拔座舰"伏尔他"舰桥，击毙法兵5人。尽管水师失去统一指挥，各舰管带仍独自指挥奋战。"振威"号管带许寿山在舰身受重伤的情况下，率兵士击伤法舰"德斯当"号，"振威"号在沉没前一刹那还发射最后一发炮弹，打死敌舰舰长和兵士多人；"福星"号为救援"扬武"，孤舰冲入敌阵，管带陈英激励全体官兵"有进无退"，炮弹连续命中法国旗舰。"福星"号受法舰围攻，最后因火药仓中弹爆炸，全体官兵壮烈牺牲。其他战舰如"飞云""福胜""建胜"及运输船"永保""琛航"等，也都与法舰顽强激战，直至船沉。约在半小时内，福建水师舰队几乎全军覆没。此役，清军官兵伤亡700余人，法军损失2艘杆雷艇，阵亡6人，受伤27人。在福建海军战败后，法舰在马尾周围大肆屠杀、破坏，炮击沿岸村庄，扫射水上船只。

8月24日上午，3艘法舰乘涨潮驶到马尾造船厂外，用重炮和机枪射击，工厂、仓库、船坞全被毁坏，福州造船厂变成一片瓦砾。8月25日，法海军陆战队一部在罗星塔登陆，夺去3门克虏伯大炮。8月26日，孤拔率领8艘军舰停泊琯头，炮轰金牌炮台和长门炮台，前者遭法舰击毁，后者曾以哈乞开斯机关炮反击，但却遭到法军陆战队袭击，随后遭法舰摧毁。8月29日，法舰驶向下游，逐次轰击闽江两岸炮台，炸毁无数民房，然后退至马祖澳（定海湾）。

在马江海战正酣之时，闽江两岸的战斗也异常激烈。罗星塔、三岐山、马限山等炮台闻警向法舰开火，支援水师。沿江群众用木船满载火药、柴草，泼上煤油焚烧起来猛撞敌舰；有的用土炮、土枪、漂雷趁夜袭击敌舰。林浦、魁岐数千群众自发移石填江、立桩为栅，筑起一道封锁线。法军外撤时，登陆闽安镇，遭到闽安村民陈明良带领的民众顽强抗击。陈明良牺牲后，前来支援的村民和士兵最终将法军赶回舰上。

马江海战惨败，激起国人极大愤慨。1884年8月26日，清廷颁发上谕，谴责法国"横索无名兵费，恣意要求"，"先启兵端"，令陆路各军迅速进兵，沿海各地严防法军侵入。这道上谕实际上是对法国侵略者的宣战书，中法战争正式宣

被击沉的"扬武"舰只剩烟囱露出于水面

告爆发。

马江海战中福建水师损失惨重，不但主要船舰在该战役中被击毁，剩下的战舰也在日后法军追击下陆续被法舰击沉或被迫自沉，乃至于全军覆没，中国东南沿海与台湾海峡海权拱手让给法军。而法方参战的中国海舰队在该年8月29日与东京湾舰队合并，东向攻打台湾，并占领基隆夺取该地煤矿，作为封锁台湾海峡的动力来源。这使得法军得以封锁台湾，占领澎湖，甚至北上威胁北京的清朝政府，迫使其与法国重启谈判。

中法战争后，有鉴于此战教训，清廷更重视沿海海防，在马尾加强了防御；在闽江口，在琅岐岛建立金牌炮台，并在其对岸建造长门炮台；在闽江天险南北龟岛，各设立了两门240毫米大口径阿姆斯特朗岸防要塞炮，三门80毫米格鲁申式速射炮，斥资购买国外战舰。同时筹组当时亚洲最大的舰队北洋水师。

踏海而兴：依托政策和资源
优势的福建海洋走前头

从台海前线到国家赋予福建沿海开放开发的特殊政策，八闽大地梦想再次回到大海洋时代。

从"大念山海经"到深化"山海协作"，福建朝着海洋大省的梦想踏浪前行。

建设和发展海峡西岸繁荣带，协同闽东北、闽西南区域发展，福建再念"山海经"，从陆域经济向海洋经济延伸，发挥沿海资源优势，构建两岸海洋经济合作圈，建设海洋强省。

进军海洋：福建大力发展海峡蓝色经济试验区

历史上，福建是我国对外通商最早的省份之一。海上丝绸之路起点、郑和七下西洋驻泊地、中国近代海军摇篮……福建亦承载了中国探索开发海洋文明的传统。改革开放以来，福建着力实施"大念山海经""山海合作，建设海峡西岸繁荣带""建设海洋大省""建设海洋经济强省"等一系列战略决策，海洋经济长足发展，已成为重要增长极。2011年，福建省海洋经济生产总值4420亿元，比上年增长20.11%，占地区生产总值的25%，海洋经济已成为福建经济的重要增长极。

自2011年被国务院列为全国海洋经济发展试点省份以来，福建省紧抓历史机遇，优化海洋经济发展方式，调整海洋产业结构布局，向海洋要空间、要资源、要效益。对于福建这样一个区位独特、山多地少的省份来说，最大发展潜力和发展后劲都在海。福建拥有海域面积13.6万平方公里，天然良港众多，海岸线总长3752公里，全国第二，陆地面积500平方米以上的海岛1374个，全国第二，水产品总产量和人均占有量分别居全国第三位和第二位，拥有125个天然深水港湾、750多种鱼类资源……这些正在成为吸引各类产业聚集的巨大磁场，为福建开启新的发展空间。

从陆域经济向海洋经济延伸，是福建省发挥沿海优势，拓展产业群、城市群、港口群发展空间的战略选择。大力发展海洋经济，建设福建海峡蓝色经济试验区，这是福建推进产业转型升级的助推剂，坚持陆海统筹、合理布局，逐步推进海岸、海岛、近海、远海开发，突出海峡、海湾、海岛特色，以"一带、双核、六湾、十岛"的海洋经济开发新格局拉开了新一轮海洋经济发展的宏大序幕。在海洋新兴产业方面，福建瞄准海洋生物医药、邮轮游艇、海水综合利用、海洋可再生能源、海洋工程装备制造等领域。福建已在国内率先利用海上风能开展海水淡化实验项目，将结合海水淡化引入海水化学资源提取工艺流程，向盐化工等海洋化工产业延伸，形成了技术含量高、附加值显著的海水资源综合利用产业化基地。

结合海洋新兴产业发展重点，福建省深入实施"科技兴海"战略，强化科技创新对海洋经济发展的引领和支撑作用。发挥自然资源部第三海洋研究所、厦门大学、厦门海洋职业技术学院等海洋科研教育机构的智库作用，以实施重大海洋科技项目为载体，加快提升自主创新能力，研制出高纯度河鲀毒素产业化开发等高新技术成果，在海洋生物制药、海产品精深加工等方面取得重大突破，涌现出诏安润科、厦门蓝湾、石狮华宝等规模化海洋高新企业。同时，有效整合海洋科技优势资源，初步形成厦门、福州两个海洋科技发展中心，集聚海洋科技发展合力，科技进步对福建省海洋经济贡献率达到59%。此外，福建省还提出生态用海理念，并形成一套海洋生态环境保护机制，率先开展排污口监测，有效监控陆源污染物入海和重点海域环境变化。福建亦在全国率先实行沿海设区市海洋环保责任目标考核制度，对沿海海洋环境质量目标、海洋污染控制目标、海洋生态保护目标、海洋环境监管能力等，进行指标性评分考核。

凡事预则立，不预则废。未来的海洋蓝色经济发展和规划，福建省将以沿海城市群和港口群为主要依托，打造海峡蓝色产业带；把福州都市圈、厦漳泉都市圈建成提升海洋经济竞争力的两大核心区；开发环三都澳、闽江口、湄洲湾、泉州湾、厦门湾、东山湾六大海湾区域；探索平潭、东山、湄洲、琅岐等10个海岛的开发模式，建设各具特色的低碳岛。

2010年6月，福建省政府向国务院上报了《关于恳请将福建列入国家海洋经济发展试点的请示》。2010年8月，福建省成立了全省打造海峡蓝色产业带建设海洋经济强省领导小组。福建省第九次党代会报告明确将"加快发展海洋新兴产业和涉海现代服务业，打造海峡蓝色经济试验区"纳入规划，重点支持构建厦门、漳州、泉州等沿海区域特殊经济试验区。2011年，国务院通过《海峡西岸经济区发

泉州湾跨海大桥

展规划》，将福建列为全国海洋经济发展试点省份，赋予福建建设"海峡蓝色经济试验区"的重大使命。2012年4月，时任国务院总理温家宝来闽考察时提出，福建要在实施海洋发展战略上有新突破、新建树。从陆域经济向海洋经济延伸，是发挥福建省沿海优势，拓展产业群、城市群、港口群发展空间的战略选择。

在福建历届省委、省政府的政策指引和大力支持下，福建的海洋经济发展已遍地开花。福州始终坚定不移推进"海上福州"建设，全市经济社会发展重心已打破三面环山一面临水的历史格局，向广阔浩瀚的滨江滨海地区战略转移。为全力推动福州产业实现新一轮快速发展，市委、市政府作出了建设"三个福州"的重大决策部署。其中，"海上福州"重在拓展新空间，向海洋抢占高质量发展战略要地，以建设国家海洋经济发展示范区为契机，更加坚定向海进军、经略海洋，做大做强临港产业，大力发展涉海经济，建设海洋经济强市。厦门海洋科技，催生出蓝色经济变革。在厦门火炬高新区的蓝湾科技公司，只有5000平方米厂房、80多人，产值却突破亿元大关。海洋科技为厦门海洋经济带来了深刻变革，从海洋资源的开发、传统渔业的转型到海洋新兴产业的培育，海洋科技的触角已延伸到海洋经济的每一个角落。瞄准海洋，泉州海上丝绸之路已经再扬帆。泉州湾跨海大桥、肖厝港7#—10#泊位、石湖港5#—6#泊位、湄洲湾南岸疏港铁路支线建设如火如荼；炼化一体、文化创意、大型物流、滨海旅游、海洋可再生能源开发，全新的临海产业如雨后春笋成长。三湾相连，妈祖故乡亦已迈向海洋强市。"沉七洲，浮莆田。"兴化平原自海中衍生的传说由来已久。而今，站在湄洲岛妈祖雕像下，回望莆阳大地，三湾相连的海岸线，处处是莆田人进军海洋的坚定步伐，一个崭新的海洋强市正在崛起。

和日渐逼仄的陆地相比，蓝色的海洋意味有更多的资源和更大的空间。《海峡西岸城市群发展规划》已经明确了福建的定位。"海西"发展实际上是两岸经济的互动，呼应今后两岸之间经济交流，国家出台海西规划，包括现在对福建海洋经济发展的考虑，始终是立足于这个角度。福建构建海峡蓝色经济实验区，关键在于福建省地处台湾海峡西岸的重要地理位置，就是要建成推进两岸海洋经济深度合作的先行区，全面推进两岸海洋开发合作，加强两岸涉海产业的深度对接，构建两岸海洋经济合作圈。

福建省的决策和规划已经进行了周全部署，以厦门经济特区、平潭综合实验区、台商投资区、古雷台湾石化产业园等载体平台为依托，推进两岸海洋产业深度对接，把福建沿海打造成两岸海洋开发合作基地。东海之滨福建的未来，定然是进军广阔无垠的蓝色海洋的未来。

向海洋谋发展：改革开放以来的"海上福州"建设

福州地处东南沿海，拥有辽阔的海域和丰富的海洋资源，海洋是福州发展的一大优势和必然依靠。福州海区分布有罗源湾、敖江口、闽江口、福清湾、兴化湾等河口和港湾，岛屿众多，海岸线曲折而漫长。福州港是国内少有的深水良港，拥有广阔的港口腹地。海洋兴市、海洋强市是福州人民的共同梦想。福州先民很早就开始利用海洋，悠久的海洋开发历史和厚重的海洋文化积淀，塑造了福州城市鲜明的海洋特色和优秀的海洋精神。几百万榕籍海外乡亲，遍布世界160个国家和地区，他们在金融、贸易、制造业、农产品加工等方面都有充足的资源、实力和广泛的网络，是福州连接"一带一路"沿线国家和地区的天然桥梁。福州是大陆距离台湾最近的省会城市，榕台两地在加强海洋合作、共同融入"一带一路"方面具有天然的优势条件。

因海而荣，拓海而兴。福州不仅是海上丝绸之路的重要发祥地，近代中国最早开放的通商口岸之一，而且是全国首批沿海开放城市。作为中国面向海洋开放最早的城市之一，福州发展的脉搏始终与潮涨潮落相应和。沿着习近平总书记发展海洋经济，建设"海上福州"指引的方向，福州积极对接国家"建设海洋强国""拓展蓝色经济空间"的海洋战略，以陆海统筹为原则、以建设海洋强市为目标、以打造"海上福州"国际品牌为抓手，持续推进海洋经济高质量发展。

"海上福州"建设意义重大。20世纪90年代，时任福州市委书记习近平亲自领导福州的现代化建设，基于对世界经济发展格局和趋势的深刻洞察，提出了建设"海上福州"发展战略。他强调："福州的优势在于江海，福州的出路在于江海，福州的希望在于江海，福州的发展也在于江海。""海上福州"建设，使福州在全国率先进军海洋，成为21世纪海上丝绸之路建设的领航者。1994年5月26日，福州市委、市政府在平潭召开建设"海上福州"研讨会。时任福州市委书记习近平在会上系统阐述了对发展海洋经济的深刻认识：这是经济发展的必然趋势，也是培育经济新发展点的主要途径。1994年6月，福州市委、市政府出台《关于建设"海上福州"的意见》（以下简称《意见》），第一次以全局的眼光、全新的理念，谋划、推动福州海洋经济和区域经济社会发展，在全国沿海城市率先发出"向海洋进军"宣言。《意见》提出建设"海上福州"总体思路：实现一个目标，组建两支船队，建设三大工程，扩展四个基地。一是实现一个目标：用7年时间即到2000年，海洋产业生产规模、海洋开发能力达到国内先进水平，海洋产业产值突破百亿元大关。再用10年时间即到2010年，把闽江口金三角经济圈的沿海地带和广阔海域建成养殖和海洋工业高度发达，港口经济和运输业实力雄厚，海岸经济、滨海旅游、商业贸易兴旺的繁荣地带和海域。到2010年，实现全市海洋产业总产值650亿元，占全市生产总值的1/3，使海洋产业成为国民经济的支柱产业之一。二是组建两支船队：组建外海远洋捕捞船队、海上运输船队，其中港澳国际航线力争到2000年发展到15万吨，到2010年发展到60万吨。三是建设三大工程：围垦工程、港口建设工程、海岛（含沿海突出部）建设工程。四是扩展四个基地：扩展水产养殖基地，使之成为建设"海上福州"的重点产业；扩展滨海旅游基地；扩展海洋工业基地，建成全国性的水产生产加工基地，依靠港口和开发区、投资区，发展矿藏采掘、运输、加工，船舶修、造、拆、洗，生化药物，保健食品等海洋工业；扩展对台经贸合作基地。1998年，福州市委七届九次全会提出，要加快海洋产业的"两个根本性转变"，建设一个繁荣昌盛的"海上福州"。2006年，福州市委、市政府出台《关于加快建设海洋经济强市的决定》，并制定《福州市"十一五"建设海洋经济强市专项规划》，提出要推进福州由资源大市向海洋经济强市跨越，继续大力推进"海上福州"建设。2007年，福州市委、市政府出台《关于实施"以港兴市"战略，推进"南北两翼"发展的意见》，对加快港口建设、优化港区功能、发展临港经济等作了专项部署。2011年，福州市委九届十八次全会通过的市委、市政府关于进一步贯彻落实《海峡西岸经济区发展规划》的实施意见，提出要"进一步推进海陆联动，做大做强港口群和海洋经济"。2011年，福州市第十次党代会提出，要"坚持海陆统筹、开发联动、深入推进'海上福州'建设、加快培育海洋新兴产业、增强海洋经济实力、建设海洋经济强市"。正是基于对发展海洋的深刻认识，福州市极力推动城市东扩南进、沿江向海发展，实现省会福州由滨江型城市向滨海型城市跨越，福

连江

州港由河港向海港发展、工业经济向以江阴、罗源湾两大港区为重点的南北两翼集聚，不断赋予建设"海上福州"新的内涵。

长期以来，历届福州市委、市政府一以贯之推动"海上福州"建设。福州始终坚定不移推进"海上福州"建设，全市经济社会发展重心已打破三面环山一面临水的历史格局，向广阔浩瀚的滨江滨海地区战略转移。为全力推动福州产业实现新一轮快速发展，市委、市政府作出了建设"三个福州"的重大决策部署。其中，"海上福州"重在拓展新空间，向海洋抢占高质量发展战略要地，以建设国家海洋经济发展示范区为契机，更加坚定向海进军、经略海洋，做大做强临港产业，大力发展涉海经济，努力建设海洋经济强市。这正是对习近平总书记战略构想的坚定传承和深入贯彻。

2012年4月1日，福州市委、市政府出台了《关于在更高起点上加快建设"海上福州"的意见》，提出坚持陆海统筹、合理布局、科学有序地推进海岸、海岛、近海、远海开发，着力构建"一带一核两翼四湾"海洋开发新格局，"海上福州"建设迈入新进程。意见指出，到2015年将福州建设成为两岸海洋经济深度合作的先行区、海峡蓝色经济试验区的核心区、海洋自主研发和高端产业的集聚区、海洋生态环境保护的示范区。全市海洋生产总值占地区生产总值的比重将达到33%，形成2至3个海洋经济总量超500亿元的海洋经济强县（市）。到2020年，海洋生产总值占地区生产总值比重达到38%，将福州建设成为具有国际影响力、国内一流的海洋经济强市，基本实现再造一个"海上福州"的战略构想。同年8月14日，福州市委十届四次全会决定出台《关于加快建设"海上福州"的配套政策措施的通知》，提出海陆统筹、江海联动、体制创新、立足海西、连接两岸、面向世界、再造一个"海上福州"的宏伟蓝图，重点优化海洋经济空间布局，构建现代海洋产业体系，推进海洋经济开放合作，完善滨海基础设施和公共服务体系、加强海洋文化建设和加强海洋生态保护。

构建"一带一核两翼四湾"的海洋开发新格局是福州海洋蓝色战略的重中之重。构建"一带"，即构建榕台海洋经济合作带；做强"一核"，即以马尾新城为核心，集中布局现代海洋服务业和高新技术产业，着力打造海洋高新技术研发区、蓝色总部基地、游艇码头等，形成闽江口高端产业集聚中心；提升"两翼"，即以罗源湾、江阴两大港区为重点的南北两翼，北翼突出新型临港先进制造业发展和毗邻海域生态环境保护，南翼突出沿海产业集聚区与滨海新城建设；培育"四湾"，即依据环罗源湾区域、闽江口区域、环福清湾区域、环兴化湾区域等海湾的不同特点实施差异化发展。

"十一五"期间，福州市实现以全省1/3的海域面积、1/4的海岸线和1/3的海岛，创造了相当于全省1/3的海洋经济总量，多项海洋产业产值、海产品产量居全省首位。福州市海洋经济综合实力明显增强，2010年全市海洋产业总产值为1254亿元，比2006年增加648亿元，年均增速19.06%；海洋产业增加值512亿元，比2006年增加250亿元，年均增速17.97%。以海洋经济为依托的沿海县（市）区，2010年地区生产总值合计约占全市的一半；以江阴、罗源湾两大港区为重点的南北两翼四县（市），临港工业对全市规模以上工业增长贡献率达55.4%。2010年福州全市海洋渔业、海洋交通运输业、滨海旅游业、海洋水产品加工业、临海电力业、海洋船舶修造业等海洋经济支柱产业产值，合计占全市海洋生产总值的72.81%。2011年，全市海洋经济总产值1490亿元，增长19.5%，海洋主导产业已经形成。日益壮大的海洋经济规模，为福州创造更多的蓝色优势，表明"海上福州"到2010年的"一个目标"已经实现。

国家"一带一路"倡议提出后，福州市迎来了再次征战海洋的机遇，通过全面启动21世纪海上丝绸之路战略枢纽城市建设，"海上福州"建设加快对接国家战略，续写了"海上福州"新辉煌。2016年11月，福州市委、市政府印发《对接国家战略建设海上福州工作方案》（以下简称《工作方案》），明确提出加快建设海洋强市，成为21世纪海上丝绸之路建设的排头兵、"一带一路"互联互通重要门户枢纽、两岸海洋交流合作主通道、实施海洋强国战略领军城市、国家海洋经济创新发展示范城市、东亚现代海洋渔业贸易中心、世界海洋历史文化名城的战略定位。《工作方案》确定"海上福州"的发展布局，即一轴串联、四湾联动、全域共建。"海上福州"建设从"两支船队""三大工程""四个基地",到"一带一核两翼四湾",再到"一轴串联、四湾联动、全域共建",做到层次推进,通过建设海洋强市,打造21世纪海上丝绸之路核心区海上合作战略支点城市。"一轴"串联即以贯穿全市南北海岸带的滨海大通道(228国道)为依托,按"串珠式"布局模式,串联起沿海城市群、港口群和产业群,形成滨海新兴城市带,衔接福州新区规划的滨海发展轴。"四湾"联动即依据海湾的不同特点,实施差异化发展,全面统筹海湾产业发展与功能定位,积极推动湾内产业功能区、居住和服务配套区的相互衔接、相互依托。其中,环罗源湾区域依托罗源湾港区建设,形成综合开发区域。闽江口区域建设以高新技术产业、蓝色总部经济、现代服务业、海洋渔业、滨海旅游、邮轮游艇为主的都市型开发区域。环福清湾区域以松下港区为依托,形成海内外客商采购平台、高品质进口食品分销中心。环兴化湾区域建设以海洋工程装备、仓储物流、医药化工、冶金机械、电力能源为主的综合开发区域。全域共建既要充分发挥马尾、福清、长乐、连江、罗源等沿海县(市)区主力军排头兵作用,加强与平潭综合实验区的全方位对接,也要充分调动鼓楼、台江、仓山、晋安等中心城区科技金融人才文化优势和闽侯、闽清、永泰涉海配套项目的支持功能,促进军民深度融合发展,形成全市共同推进建设"海上福州"的强大合力。

重获新生:改革开放后的福州连家船民

闽江沿岸,曾有这样一个特殊的群体:他们被称为"水上吉普赛人",逐水而居,以船为家,以渔为业,自古备受歧视,曾被唤作"疍民",社会地位低下,经济收入微薄。因地理位置独特,福州闽江沿岸连家船民为数众多。连家船民是区别于岸上居民的一类特殊群体。中华人民共和国成立后,在党和政府的关怀下，连家船民们陆续上岸，建立新的家园，尤其是在20世纪90年代后，在党和政府的政策支持和帮助下，绝大多数连家船民开启了陆上新生活。

关于福州连家船民的起源众说纷纭。从已发掘的考古资料及相关古文献来看，闽江流域的连家船民，是由原始时期就生息在闽江及出海口的滨水部落，上古夏、商、周三代闽族以及南来之越族，汉武帝平百越后闽越人的孑遗，以及中原南迁汉族人中一些无家可归者，而组成的一个有别于陆居汉族的水上群体。连家船民不是一次性形成的，历史上的遗民、难民和移民，选择浪迹江河，聚群水居，成为独特的水上居民。福州市学者杨济亮也在其研究论文《福州疍民考略》中进一步证实了这一观点。杨济亮认为，根据连家船民习水居船、崇蛇、崇拜闽越祖先等特征，连家船民起源于古时百越中的闽越族，是闽越后裔。他们在不同时期为了生存，在国家政策与地方社会的族群斗争夹缝中生存，所以他们的历史是层累的，其文化信仰与认同也是在不断变迁之中的。

历史上，福州连家船民主要分布于三县洲、帮洲、义洲、鸭姆洲、泛船浦、上渡、中洲岛、苍霞、水部等临江一带，还有南屿、洪塘、马江、亭头、瑁头、琅岐以及长乐、永泰、闽清郊县沿江地区。连家船民以船为家，生活水上，终日在风雨炎日中奋斗，所以身体结实，面黑如漆。由于长久在船中，他们下身较短、腿微弯曲，妇女具有与陆上居民不同的"天足"。

连家船民与岸上居民的生活习性大体相同，但也有其独特的一面。连家船民的船是许多连家船民一生中最重要的、也是唯一的家产。船上一般有一个6平方米左右的生活舱，用于生火做饭、睡觉、置放家具。船头是其生产劳动的场所，船中央的篷遮甲板下是他们的仓库，板上面是一家的卧室。船体空间狭小，连家船民吃饭无桌椅，常年在船舱盘腿而坐。船尾既是厨房又是拉撒之处，甚至狭窄的船舷也成为其饲养家禽的地方。旧时福州还有部分连家船民在闽江内河浅岸建设了基桩插入水中的木屋，这种房子离地两米多，下面是木桩，桩上铺木板，上盖竹篷，形如船舱，被称为"吊脚楼、四脚楼或提脚楼"，既可以住人，也可以存放工具。"船"即为连家船民的主要交通工具，不论是生产劳作还是走亲访友，

317

都是乘船完成，也就有了连家船民"终日行船"的说法。娱乐方面，连家船民主要以"渔歌"的形式抒发情感。它是记录连家船民日常生活故事的重要载体。2009年5月，连家船民"渔歌"被列入福建省第三批省级非物质文化遗产名录。

连家船民岁时习俗和岸上居民基本相同，但也有自己的特色。旧时福州，连家船民同样和岸上居民一起"做岁"（春节做年），几乎家家户户供祀灶公灶婆。关于祭灶还有一句谚语："官三民四船五。"意思是大户人家腊月廿三祭灶，普通百姓腊月廿四祭灶，水上连家船民腊月廿五祭灶。

"连家船、船连家"，囿于一片孤舟的生活，多数连家船民的一生，充满了无尽的辛酸苦楚。连家船民的政治社会地位旧时不高，明清时期更是被列为贱民。有关资料显示，在封建社会，连家船民确实遭受了许多偏见与歧视：不准与陆地居民通婚、不准学仕、不准陆居……清代侯官、闽县两县的旧志记载中的相关内容也直接说明了旧时福州连家船民的政治社会地位低下。正因如此，连家船民被当权者"视之如奴隶，贱其品也"。福州连家船民在解放前的很长一段时间里，都完全无法得到与陆地居民一样的生活条件，教育、婚丧、就医等，皆因生活环境和偏见被限制。

清末至民国时期，各式各样的新思潮运动蓬勃发生，民国政府对连家船民等"贱民"群体也进行了重新定义。民国时期，政府禁止歧视连家船民，但在现实中他们仍被苛待。至福州解放前，战乱频发，时局动荡，附居于闽江村社洲田一带的福州连家船民，仍然较多维持着传统依附世家大族的状态和社会关系，在生计上仍以佃耕洲田、佣工蚬埕兼内河摆渡采捕为主；而聚集于闽江内港的福州连家船民，则更多依靠港市商贸与城市生活所提供的机会为生，或渡客输货、装卸过驳，或捕鱼为生。尽管他们已经逐步融入城市经济生活，但依然处于被歧视、被边缘化的窘困境地。

闽江流域的连家船民，由于社会地位低下，而且文化水平较低，手工技艺也无甚突出，主要从事水上捕捞和渡口摆渡、货物运输。但由于受台风等自然灾害的影响，他们大多生活贫苦。"半年粮食半年糠"，是旧时福州连家船民的生活常态。连家船民没有文字记录历史的习惯，但其千年前便形成的"渔歌"却保留了连家船民日常口语化的叙述或期望。福州连家船民主要以从事水上运输、摆渡、捕捞为生，其间辛苦，只能从留存的连家船民渔歌中略窥一二。"一条破船挂破网，祖宗三代共一船，捕来鱼虾换糠菜，上漏下漏度时光。"数百年来习俗相沿，连家船民儿女们啼饥号寒，鲜有受教育的机会，所以他们绝大多数都是文盲。民国时期，陆居的疍户子女偶有入学的，城里人还视其为罕事。解放后，连家船民逐渐才有了将孩子送入学堂的条件。

随着历史发展和社会进步，连家船民经历了阶段性的迁居上岸。从旧时的"以船为家"，到后来定居岸上的"吊脚楼"、棚户区、新村等，连家船民上岸的发展历程，可以说是一部可歌可泣的变迁史。

中华人民共和国成立后，连家船民生活环境逐步得到改善，生活水平日益提升。福州解放后，福州连家船民和岸上居民一样，翻身做主人。部分有佃耕的连家船民，还分到了土地，参加互助合作运动。据《福州市志》记载，1952年7月，福州市公安局公布《福州市公共户口管理暂行办法》，对工厂、企业单位集体户口实行建立集体户口管理制度。福建省公安厅颁布《福建省船舶户口管理暂行规定》和《福建省船舶户口管理暂行内务通则（草案）》后，福州市对在水上船舶从事生产运输和以船舶为家的人，作为船舶户口登记管理发给船舶户口簿。从20世纪50年代开始，福州市政府在居住条件、教育、医疗、就业等方面对连家船民均予以照顾，先后在闽江沿岸和沿海一带兴建了许多连家船民聚居村落。1979年，福州市政府还拨款建了一座渔民新村。上岸定居的水上居民，则由政府安置，子女也从扫盲开始，读至小学、初中、高中，有的还上了大学。

党的十一届三中全会之后，农村和渔区实行了"联产承包责任制"，调动了渔农生产积极性，他们的生活水平日益提高，居住条件也得到大大改善。20世纪90年代后，许多连家船民都自建了砖木房，同时，福州市委、市政府加大了对闽江流域连家船民的治理和帮扶。居住在连家船上的福州连家船民，先后陆续都签订"退出连家船"的协议。1991年底，福州市台江区帮洲最后一批104户连家船民已迁居岸上；2003年，福州市仓山区上渡尤溪洲最后一批47户167人连家船民上岸。

"连家船"住房难，始终牵动着福州市委、市政府领导的心。1991年3月7日，时任福州市委书记习近平带领有关部门的领导视察连家船民生活情况。

兴办实事　造福人民

我市108户"连家船"职工今天乔迁新居

本报讯　我市108户"连家船"职工今天开始乔迁新居，喜迎新年。

今年3月8日，市委书记习近平、市长洪永世深入水运公司船坞区调查研究，现场办公，决定由市统建办兴建解困房，安置40多年来在"连家船"和"竹架篷"中的水运工人，并作为我市今年为民兴办20件实事之一。市统建办以"马上就办"的精神，当即成立建房工程指挥部，制定施工方案，抽调技术人员组成精干班子到现场办公。在市建委、计委、土地局、供电局、自来水公司、郊区政府及红星村委会的密切配合下，很快完成征地、设计、钻探打桩、填沙任务。接着，指挥部人员和长乐、闽清、马尾一建工人，经过6个月的日夜艰苦奋战，108套解困房，日前保质、保量全部竣工。并交付给市水运公司，以安置108户长期居住在水上"连家船"和岸上"竹架篷"的职工。

今天，这批职工搬进厅、卧室、厨房、卫生间、阳台、杂物间等室内功能齐全、通风采光良好、环境优美的新居时，无不高兴地感谢党和政府的亲切关怀。　（吴 累）

1991年12月25日，《福州晚报》刊登"连家船"职工乔迁新居的消息

在现场办公会上，市委、市政府决定，把为水运公司船民解决住房难问题列为当年为民办的20件实事之一，由财政拨款、集体和个人出部分资金建房，让相关船民年内搬进单元新居。有关部门予以积极配合。市房地产开发总公司出资30万元并承担建设任务，建委减免管理费，经委出资10万元并负责电力安装、供应，郊区接受了修路任务。同时，建委和计委在产品销路和柴油供应上也给予了倾斜。

通过政府的帮扶，当年12月，这批104户连家船民家庭结束了"上无片瓦、下无寸土"的生活，搬进了台江红星新村新居，不仅实现了"住房梦"，而且子女户口、读书等问题也陆续得到解决，彻底解决了就业、住房等急难愁盼问题。同时，其子女们也接受了良好的教育，摆脱了祖祖辈辈绝大部分为文盲的状况，并且通过自己的努力改善了生活条件。

红星排尾片区的回迁安置房（《福州晚报》记者叶诚　摄）

从改革开放，特别是20世纪90年代到现在，在党和政府的关心和帮助下，福州连家船民的生活、生产和工作状况都得到了彻底改变，逐渐实现了连家船民期盼千年的水陆居民"人人平等"的新生活。

厦门海堤：中国第一条跨海长堤

刚刚解放的厦门，因为是海岛，对外联系全靠船只，在敌人进行封锁的情况下，经济发展和战备工作都受到严重影响。

1949年末，著名爱国华侨领袖陈嘉庚先生回到了久别的家乡厦门集美。在和厦门市长梁灵光的交谈中，他首先提出要建设厦门海堤，得到梁灵光市长的赞同。因为第一，金、马、台、澎还未解放，厦门是一个突出的前沿军事基地，又是一个孤岛，高崎和集美之间靠小船摆渡，潮汐涨落很大，过渡困难，时间也受到严重限制，从军事上看，不论对巩固厦门的海防、国防以及进一步解放台湾都很不利。第二，厦门原是个消费城市，当时国民党反动派在海上封锁使沿海航运基本停止，其经济上主要靠与内地联系，没有海堤，陆上无法通车，运输不便，加以当时生产停滞，市场萧条，市民生活十分困难。如修建海堤即可以工代赈，在几年内解决几千人的就业问题。随后，厦门市组织有关工程技术人员刘炳林、欧阳千、肖呈祥、王文修以及厦门大学土木工程系教授方虞田等人，深入基层搜集资料、实地勘探，对建堤可行性进行认真研究，一致认为建海堤很有价值，也切实可行。事后，梁灵光向福建省委书记叶飞作了汇报，叶飞对兴建厦门海堤表示完全同意。

1950年秋，华东军区司令员陈毅在叶飞陪同下，来厦门前线视察，梁市长向陈毅汇报全市工作时，还专门讲到修建厦门海堤的必要性和可能性，并说明厦门是福建的重点侨乡，修建厦门海堤将对海内外产生重大影响。陈毅对修建厦门海堤十分支持，表示回去后一定要向党中央和毛主席报告。时隔不久，陈毅告诉福建省委：中央和毛主席已同意在厦门修建海堤，并已责成国务院有关部门具体办理。随后，福建省委决定成立修建厦门海堤委员会，指定时任省工业厅厅长兼省财委副主任梁灵光负责总抓。厦门则成立海堤工程修建指挥部，由时任厦门市市长张维兹兼任主任，具体负责海堤的建设事宜。

厦门海堤从1953年6月初步动工，1954年1月全面施工，耗资940万元，1956年10月基本建成。堤长2212米，全部以花岗石砌成，地上有火车道、汽车道，两旁有人行道。

海堤修建工程中，工程指挥部先后动员了近万名厦、漳、泉的工人、农民和干部投入战斗。大家怀着"让高山低头，叫海水让路，誓把海岛变半岛"的雄心壮志，凭着简单的工具，夏顶烈日冬冒寒风，进行紧张施工和配套作业。采石工人靠铁锤钢钎和炸药，从几十座石山采下大量石料；搬运工人使用一辆辆板车从崎岖高山和悬崖峭壁把大量石方运往海滨；船工们驾驶着木帆船，把大量毛石从海滨运往指定的海堤作业线。大海像个"无底洞"，船工们抛下的大量石块，全被一口吞没。厦门海堤兴建过程中先后遇到一系列技术难题。例如一开始就面临如何护堤的问题，即如何保证大量抛入海中的石方不被海潮卷走？在当时缺少起重机械和大量卡车的情况下，省水利局殷孝友工程师反复捉摸，提出以一定规格条石立砌护堤，既能有效护堤，又不需大量机械设备，从而解决一大关键技术难题。

海堤兴建过程中，国民党当局不断骚扰破坏，派出一批又一批飞机轮番轰炸和扫射，建堤员工先后遇难者共有150余人。1955年1月，一批尤溪地区来厦支援建堤的民工，乘船回家过春节，不料敌机又来偷袭，船在厦门附近海面被炸沉，一次就伤亡76人。工程指挥部一面及时做好受难家属的抚恤慰问工作，一面号召广大建堤员工化悲痛为力量，把工地当战场，以"早日修好海堤，支援解放台湾"的实际行动给敌人以有力的回击。

厦门海堤工程尚未结束，在杏林与集美之间的杏林湾再兴建另一条集美海堤的设想，又提上议事日程。鹰厦铁路的原设计方案是，火车沿杏林湾东北角绕道到集美进入厦门。陈嘉庚认为线路设计不合理。1955年1月，他致函周总理，建议在杏林湾的杏林和集美之间再修一条不透水的海堤，使铁路线经杏林、集美直通厦门，可缩短铁路线20公里，省下的钱正好用来修建集美海堤。铁路通车后还可长期减少运行时间和节约运输费用；围垦杏林湾还可净得良田4万亩；在杏林湾再留下一块湖面，又可大搞水产养殖，一举多得。但苏联专家认为技术上没把握，在安全上无保证；此外，如修成不透水海堤，必须采用大量钢板桩，无论钢材供应或投资额都大成问题。陈嘉庚坚持自己的意见，并向省及中央领导恳切陈词，极力主张再建一条从杏林直达集美的集美海堤。他认为有了修建厦门海堤的经验，不用钢板桩也能修成不透水海堤。面对两种对立的方案，叶飞一面和先后来厦视察的王震、彭德怀商议，一面又和建堤工程技术人员研究，最后由省委综合双方意见报中央裁定：按陈老意见执行。

集美海堤工程属于建设鹰厦铁路的一个组成部分，而铁道兵部队又没有修建

建设者们奋战在海堤施工现场

海堤经验，厦门市政府遂以470万元工程造价向铁道部承包，并将兴建厦门海堤原班人马和设备，移建集美海堤。集美海堤的工程结构、施工和用料与厦门海堤基本相同。但在杏林湾修堤，单向潮水冲力大，技术上确实更加复杂艰巨，特别是修堤修到堵口合龙阶段，潮水集中在深水处110米左右的口子上，冲力异常凶猛。在大家的共同努力下，这条1955年10月动工，1956年11月基本竣工，长2820米、宽40米（汽车道加铺柏油路）的集美海堤提前一年多建成，而且建得更宽更平。

解放前和解放初期，厦门岛人口较少，工厂寥寥。岛上居民饮用的淡水，全靠曾厝垵上里水库每天约5000吨水量供应。若遇天旱，水源告急，只得靠水船从陆上运水支援，岛上居民吃水用水经常陷入困境。厦门海堤建成后，厦门市政府借助海堤堤身，用大型水管引来岛外坂头水库每天约4万吨淡水，缓解了厦门市区

厦门海堤

居民吃水用水难的问题。20世纪80年代初，厦门市政府又借助海堤堤面东侧以条石砌成的立体水渠，引来九龙江（北溪）大量淡水，每天20万吨淡水源源不断地流入岛内，基本解决了岛上几十万居民吃水、工厂用水和农业灌溉的大难题。

20世纪80年代初，中共中央和国务院决定辟厦门为经济特区。厦门因此成为我国对外开放和争取首先实现对台三通、促进祖国统一的一个重要窗口和基地。作为厦门岛与陆上相互联结的交通咽喉和枢纽，同时又与海运、空运密切相关的厦门海堤和集美海堤，在促进祖国东南沿海经济发展战略实施、促进厦门特区和闽南金三角经济繁荣方面，愈益显示其不可或缺的巨大作用和威力。

厦门大桥：为厦门经济特区发展插上腾飞的翅膀

厦门市是我国东南沿海著名的海港风景名城，是对外交通和贸易的重要口岸。1955年10月建成的高（崎）集（美）海堤，在30多年的时间里，一直是厦门岛内到陆上的唯一通道，也是闽南地区重要的交通走廊，在促进厦门的经济发展及厦门与各地的经济往来方面发挥了不可替代的重要作用。但是自改革开放以来，随着厦门经济特区的建立和发展，汽车运输的流量大增，到20世纪80年代中期，厦门岛内的机动车就已接近1万辆，而海堤只有2个车道，原设计日流量仅2500辆，超负荷工作的高集海堤早已不堪重负。而且经过几十年"服役"，海堤路面坑洼不平、状况不佳，车速难以提升，堵车成了家常便饭，一旦发生事故，影响更是难以预料。随着厦门经济特区扩大到全岛，经济发展迅速，公路交通运输日趋繁忙，交通状况在此时已经严重拖了厦门经济发展的后腿，无法适应厦门特区建设和发展的需要。

厦门急需再建一座跨海大桥，为特区建设插上腾飞的翅膀。1984年9月，厦门市政府在集美召开征集高集海峡大桥设计方案会议。当时，相关部门共收到9个设计单位送交的18个设计方案。最终，由国内16名公路桥建筑专家组成的小组，评选出中国公路工程咨询公司设计的"42米箱形连续梁"获一等奖。1986年12月2日，交通部批准了厦门高集海峡大桥设计任务书。1987年3月9日，大桥初步设计获得批准；4月，大桥工程招标会议召开；6月，交通部第一公路工程总公司和第三航务工程局联合中标。1987年10月1日，高集海峡大桥正式动工兴建。1991年4月大桥主体工程竣工，定名为厦门大桥；5月1日试通车；12月19日，厦门特区建设十周年庆典时，厦门大桥正式通车，时任中共中央总书记江泽民为大桥通车剪彩并题写桥名。

厦门大桥位于厦门岛北端高崎与集美间的海峡上，与高集海堤平行，为国道319线的起点、福厦公路的终点和厦门岛与陆上往返的要津。厦门大桥由跨海主桥、集美立交桥和高崎引道三部分组成，全长6599米。主桥长2070米，桥面宽23.5米，双向4车道，设计汽车日流量2.5万辆，可抗8级地震和12级台风，设计潮水频率300年一遇。高崎端引桥及引道长836.48米，按一级路标准建造，路基宽23.5米，设有停车场和收费站。集美立交桥（建有5条分支道，分别与福厦线、漳厦线及集美旅游区道路相接）及引道总长3769.8米，由引桥（宽21米）及引道组成。高崎端建有桥头公园及"金钥匙"雕塑，集美端则矗立着白鹭、三角梅等象征性建筑。大桥的附属建筑还包括：大桥管理中心、养护部、收费岛、收费营业所。大桥的现代化管理中心占据重要地位，由中国科学院自动化研究所专门设

厦门大桥

计，设有管理指挥中心、收费系统、闭路电视系统、电话通信系统、车辆检测系统、情报信息反映系统等。厦门大桥总造价1.55亿元，其中，省交通厅出资5000万元，厦门地方投资8500万元，委托厦门国际信托投资公司向社会发行建设债券2000万元，这也是我国公路桥梁建设史上第一次采用国家投资和地方发行债券筹措资金的建设项目。

众所周知，厦门大桥是全国第一座跨越海峡的公路大桥，这个"全国第一"可着实不好当。从1987年10月开工，到1991年4月竣工，12月正式通车，历时四年多。也正因为是"全国第一"，厦门大桥在建设过程中不可避免地遇到许多前所未有的困难。大桥在上部结构施工中采用了20世纪80年代世界先进水平的滑移式钢模架现场浇注，为国内建桥史上的首创。其优点是大梁整体性好、接缝少、外形美观整洁，而且工程质量高、安全快速，造价较低，但是这样的新工艺也对建设者们提出了更高的要求和考验。当时，建设现场工程规模庞大，集中了各类先进的机械设备百余台，足像是个小型的机械博览会。多位建桥专家、工程师、各工种的技术人员和工人夜以继日、马不停蹄、攻坚克难，在建设过程中发挥聪明才智，取得许多技术创新，也留下了很多对厦门海域水文、地质方面的详细资料，为后来的许多工程以及厦门几座大桥和隧道的建设积累了宝贵的经验。比如，在建厦门大桥之前，中国建桥一般都是立杆照明，中间一排路灯，两边两排路灯，厦门大桥就取消了两边的路灯，把灯光从下面打在扶手上，这样两面的视觉就没有了障碍，开车过桥就更顺畅了。这个做法后来在许多桥梁的建设中都得到了采用。1991年至1994年间，厦门大桥先后获得了厦门市优质工程"白鹭杯"奖、厦门市科技进步奖一等奖、福建省优质工程奖、交通部科技进步三等奖、国家建设部优质样板工程奖、交通部"八五"十大公路工程称号以及国家建筑行业的最高奖——鲁班奖。

厦门大桥是新中国第一座跨越海峡的特大型桥梁，也是当时福建省最长最宽的大桥，与高集海堤同为厦门岛连接陆上的两条巨型运输带，把厦门岛同海沧、杏林台商投资区更加紧密地连在一起，对厦门特区和东南沿海的繁荣发展具有重大意义。大桥建成后，日均通车能力即达到13046辆次（1995年数据），极大地改善了厦门的陆路运输条件，使由于车辆多、海堤路况差造成的进出厦门岛难的问题得到解决。此后短短数年间，大桥的建设更带动岛内嘉禾路、厦禾路以及岛外同集路的改造和建设，岛内外交通网络迅速得到改观。厦门市与岛外各区、省内各地区及近邻广东省之间的联系大大加强，厦门经济特区的发展潜力也借由厦门大桥的贯通得以充分激发，实现真正的腾飞。

现今，厦门大桥在主雕"金钥匙"的陪伴下依然是西出厦门本岛的重要通道之一，静卧在深蓝的海峡和湛蓝的天空之下，看着厦门的持续发展和腾飞。每当夜幕来临时，大桥上灯火辉煌，与来往车辆的灯光相互辉映，彩虹般绚烂的迷人景色令人沉醉，已然成为厦门经济特区不可分割的一部分，犹如水墨画中浓墨重彩的一笔。

平潭海峡大桥：麒麟海岛贯通陆地的大动脉

平潭岛，为我国第五大岛，福建第一大岛，位于福建东南沿海突出部，扼守我国"海上走廊"台湾海峡和闽江口咽喉，从高空俯瞰，像上古神兽麒麟。东海麒麟说的是平潭的地理方位和形状，这座被赋予吉祥、福寿的麒麟岛因终年四面临海、周遭绝岸，使世代海岛人望洋兴叹，过着"行"不由己、听天由"路"的日子。

有岛就有大桥梦。千百年来，海岛人民对桥的呼唤从未停止。然而百慕大、好望角、台湾海峡被称为世界航海史上的"三大鬼门关"，平潭身处其一。平潭海峡风急浪高，被视为造桥禁区。3天4夜，是20世纪50年代平潭到福州的速度，"行路难、信息难、邮路难"是通桥前平潭交通史最简洁的概述。从安全性不高的小木帆船到海军登陆艇的民用穿插服务，再到轮渡的开通，平潭出岛交通在变好变安全，但从未真正解决群众对出行、对生活的迫切需要。即使有了轮渡，但一遇大风就停航，造成平潭信息闭塞，许多消息无法及时传递到岛内。

逢山开路、遇水架桥。向海要路，是平潭唯一的出路。通桥不仅能解决平潭的交通问题，更能极大地促进平潭的经济发展。大桥建成通车，以前走出去的平潭人和外流的民间资本将会回归，而拥有丰富旅游、海洋资源的平潭对外资的吸引力也将得到极大增强。这对平潭经济的拉动作用是无法估量的。

1992年10月，平潭县委、县政府正式提出建设平潭海峡大桥，成立了筹建委员会。1992—1994年间，福州大学土木建筑设计研究院、厦门大学海洋系、铁道部大桥局勘测设计院等单位，分别进行了平潭海峡大桥预可行性研究和桥位海底地质勘测等各项前期工作。1994年12月，省工程咨询总公司对平潭海峡大桥设计方案进行全国性招标，评标确定中交公路规划设计院和福建省交通规划设计院联合体中标，成为大桥设计单位。2005年10月20日大桥项目获国家发改委批准立项，2007年11月30日动工兴建，2010年12月25日正式通车。孤岛终于连上陆地。

平潭海峡大桥是福建省第一座真正意义的跨海特大桥，起于福清市东瀚镇小山东，跨越海坛海峡，经北青屿，终至平潭娘宫，项目路线总长4975.92米，其中，桥梁总长3510米，大桥两段接线公路1465.92米。平潭大桥与渔溪—平潭高速公路（福清段）相连。大桥全线采用二级公路标准建设，设计时速80公里，双向四车道，桥涵设计荷载采用公路I级标准。大桥设计最高通航水位4.78米，通航净空高度不小于38米，采用双孔单向通航，可通航5000吨级海轮。大桥和渔平高速全线贯通后，使平潭到福州的行车时间缩短为80分钟。大桥通车后，首个春节日车流量达1.5万辆次。2010年9月28日，海峡大桥复桥动工，位于大桥南侧，两桥净距42米，桥面之间距离为25米。

2009年5月，国务院《关于支持福建省加快建设海峡西岸经济区的若干意见》发布，拉开了平潭开放开发序幕。同年7月，福建省委决定设立福州（平潭）综合实验区。为加快海西经济区建设，福平铁路建设被加速提上日程。平潭人民的"高铁梦"就此绘就。2010年1月，彼时的福州（平潭）综合实验区管委会成立了

平潭海峡公铁两用大桥

区铁路建设前期工作领导小组，专门推进福平铁路建设的前期工作。从一桥，到二桥，再到公铁两用大桥，国家战略在平潭的实施，给平潭发展和人民生活插上了飞翔的翅膀。2010年，对于平潭来说，注定是一个不平凡的一年。2010年2月，福建省委常委会正式研究决定，设立平潭综合实验区党工委、管委会，从福州市中单列出来，强调平潭是全国首个面向台湾的两岸交流的综合实验区，是300多平方公里的"全岛开放"。2012年3月，交通部批复平潭海峡公路铁路大桥通航论证报告，公铁两用大桥的建设正式提上日程。2013年11月，平潭海峡公路铁路大桥动工建设，2020年12月实现铁路和公路双通车。平潭已经从偏安一隅的贫困海岛一跃成为两岸融合发展的"桥头堡"，综合实验区的新使命、新定位，让这座盘踞在世界三大风口之一的平潭被赋予了新使命。

与天斗，与海争。一个超级工程的诞生绝非易事。从一桥、二桥，再到公铁两用大桥，中国人艰苦奋斗、勇于创新的精神一直贯穿在平潭系列大桥设计、建设的始末。2011年11月，国务院批复《平潭综合实验区总体发展规划》，明确将旅游业作为平潭四大主导产业之一。得益于实验区+自贸区+国际旅游岛的叠加政策优势，平潭的投资环境得到不断优化提升。国家和福建省亦将在开放、投融资、财政、金融、人才引进等政策方面给予扶持。平潭完善人才服务体系，健全人才服务机构，营造更加开放、有利于人才发展的社会环境、工作环境、生活环境和制度环境，促进优秀人才脱颖而出，打造大众创业、万众创新的热土。未来的平潭，将构建以旅游业为支柱的特色产业体系，努力成为经济发展、社会和谐、环境优美、独具特色和两岸同胞向往的国际旅游岛。

闽台三通：打好海峡牌　连通闽台"五缘"

"三通"是指海峡两岸之间直接双向的通邮、通商、通航。两岸"三通"将增加两岸政治上的互信度，可搁置争议，消减敌意，增强民族凝聚力；经贸和民间交流也将进一步加强。"三通"将带来更多投资，给客运与物流行业带来机遇。1981年9月30日，全国人大常委会委员长叶剑英发表谈话，阐述了党和政府对两岸和平统一与两岸往来的一系列重要的政策主张。这也是中国第一次明确"三通"的内容，即由1979年的"通航通邮"与"经济交流"概括为"通邮、通商、通航"。中国台湾地区则将叶剑英委员长的主要主张概括为"三通四流"（即通邮、通商、通航与探亲、旅游以及学术、文化与体育交流）。2008年12月15日，台湾海峡北线空中双向直达航路正式开通启用，民航上海区域管制中心与台北区域管制中心首次建立两岸空管部门的直接交接程序，标志着两岸同胞期盼已久的直接、双向、全面空中通航变成现实。2008年11月4日，海峡两岸同胞都会铭记这一天。海协会会长陈云林与台湾海基会董事长江丙坤在台北达成了海运、空运、邮政、食品安全等四项重要协议。这意味着两岸民众期盼已久的直接通航、通邮、通商即将变成现实，过去的"咫尺天涯，重重阻隔"将变成"天涯咫尺，处处通途"。

闽台两地地缘近、血缘亲、文缘深、商缘广、法缘久的特殊渊源关系，造就了闽台三通的浓墨重彩的历史地位和不同凡响的时代价值。福建在对台工作方面有着独特的优势。改革开放后，对台成为福建的独特优势和最大优势，也是影响和决定福建改革开放进程的最生动、最活泼的积极因素之一。唱响"对台戏"、打好"海峡牌"，成为推动福建改革开放发展的主旋律之一。

闽台贸易合作，从小额贸易开始。特别是20世纪80年代开始的直来直去的沿海小额贸易，使隔绝30多年的台湾民众开始接触了解大陆民俗风情及资源、物产，增进了两岸人民的感情交流，冲击了台湾当局的"三不政策"，对两岸关系的发展，经贸交流的扩大起到积极促进作用。自1981年6月至1984年6月3年间，直接从海上来福建通商的台湾渔船、货船达1600多艘次，小额贸易成交金额达3000多万元。1984年9月至1986年9月两年间，闽台小额直接贸易额约2.51亿美元，其中闽货输台5364万美元，台货输闽1.97亿美元。1984年，仅平潭东澳与东甲这两个停靠点共接待台船747艘次，台胞4500多人次，贸易额达710万元。1999年5月1日，经国家有关部门批准，厦门市"大嶝对台小额商品交易市场"正式开业。市场于1998年5月经国务院批准设立，占地面积0.85平方公里，实行封闭式管理，凡福建省居民及台湾、金门同胞持有效身份证明，经交易市场管委会批准，并办理规定的登记注册手续后，均可在市场内设立摊位，从事商品交易活动。至2001年，该交易市场已有260多个店面，主要经营土特产、生活用品、旅游商品等。

"实现'三通'从福建做起"，这是历史的使命，福建责无旁贷。福建省委、省政府本着高度的使命感和责任感，坚决贯彻落实中央对台工作方针，把促进两岸直接"三通"摆上重要议事日程，先后投入巨资，对机场、港口、公路、通信等基础设施进行建设，并对两岸直接"三通"相关业务、技术等课题进行深入论证，积极做好各方面准备。到2000年，福建已拥有较完善的海、空口岸和陆路交通网络。同时，福州、厦门两市已具备了台胞落地办证的条件，为台胞来闽顺利通关入境提供便利条件。在涉台立法方面，福建省起步较早，是制定涉台地方性法规较多的省份之一。至2000年，在福建省人大常委会已颁布的200多部地方性法规中，有50多部法规部分条款有涉台内容，有9部属专项涉台法规。这些涉台法规的实施，规范了闽台海上交往、经贸合作与交流，为依法办事、有效管理提供了有力的保证。

在两岸直接往来方面，福建对台湾的地缘优势发挥着不可替代的作用，一直走在大陆前列。1992年3月，福建提出两门（厦门、金门）对开，两马（马尾、马祖）先行的建议，来推动两岸全面、直接"三通"。1997年4月19日和24日，厦门、福州两港与台湾高雄港之间的集装箱班轮试点直航开始启动。闽台海上试点直航的正式开航，是海峡两岸关系史上的重要事件，标志着两岸的直接通航在隔绝48年后进入启动阶段，对两岸直接"三通"具有积极的促进作用。2000年，台湾当局开放金门、马祖与福建沿海进行所谓"小三通"。"小三通"的一小步，则是撞开了"三通"冰封的大门。福建沿海与台湾金马地区直接往来的开展，为2008年两岸全面"三通"积累了经验，"两门航线包裹业务"的开办为两岸直接通邮进行了积极探索，两岸节日包机的参与为两岸空中直航奠定了基础。在2008年海协会与海基会恢复商谈中，福建现有8个对外开放的海港一类口岸（含直接往来口岸），全部列入两岸"三通"第一批直航口岸。

福建已累计开通9条赴台空中客运直航航线、4条海上直航本岛客滚航线、4条两岸"小三通"客运航线。两岸"小三通"航线每天航班数达50个班次，海空直航范围覆盖闽台主要区域。截至2017年7月底，闽台海上客滚航线累计运送旅客82.2万人次，闽台空中直航运送旅客632.3万人次，两岸"小三通"旅客1717.2万人次。此外，经福建口岸赴金马澎和台湾本岛旅游人数累计达277.2万人次，其中外省居民约占31%。"小三通"与"大三通"互补发展，已成为两岸民众往来的"民生线"和闽台经贸合作的"黄金线"。厦门成为首批赴台湾地区个人旅游试点城市，福州成为第二批试点城市。福州开通6条空中客运直航和"福州—马祖—基隆"海上直航，"海峡号"高速客滚船开通平潭到台中定期航线。以厦门为母港的"海洋神话号"豪华游轮开通厦门—台湾航线，厦门到台中、桃园、高雄等地的多条航班开通。

福建省是海峡两岸往来交通方式最多元、航线最丰富、航班最密集、客流量最大的省份，构建成独有的海上直航、空中直航、海空联运的对台立体交通网络，成为海峡两岸往来最便捷的重要通道和综合枢纽。近几年在福建举办的对台交流活动每年都超过200场次，其中大型交流活动100多场次。2017年，台胞入闽313.27万人次，同比增长17.2%；福建应邀赴台交流2000多批次、1.5万多人次。

闽台经贸合作是以台湾海峡海上民间贸易和直接小额贸易为先导而发展起来的。1980年，福建首笔对台小额贸易成交，当年福建对台小额贸易交易额4万元。闽台民间贸易的兴起和发展，使台商感受到福建率先实行改革开放所带来的根本变化，加上血缘、地缘等因素的吸引和影响，福建成为台商赴大陆投资的一块热土。1981年7月1日，福建首家台资企业诏正水产联合公司在诏安注册成立，注册资本36万美元，拉开了台商在福建投资的序幕。1983年，第一家台资企业——厦门厦德珠宝首饰有限公司踏进厦门特区。1988年7月3日，国务院颁布《关于鼓励台湾同胞投资的规定》，对台商投资予以较大的优惠与便利。国务院批准在福建省马尾、杏林、集美、海沧设立台商投资区。1994年3月5日全国人大常委会颁布实施《中华人民共和国台胞投资保护法》后，福建率先制定该法实施办法。至2000年，台商在闽投资1000万美元以上项目共有503个，其中上亿美元有11个，投资3000万至1亿美元的有51家，投资1000万至3000万美元的有205家，投资500万至1000万美元的也有236家。2008年5月以来，两岸关系实现历史性转折，开创出和平发展新局面。福建推动与台湾大企业、工商团体建立对接机制，闽台经济合作呈现"三趋势、两特色"，即向大产业、大市场、大城市集中发展的趋势，选资与引智并重的趋势，产业多形式多层次多样化融合发展的趋势，以及区域产业布局特色、增资扩股特色。友达、宸鸿、联电等台湾百大企业纷纷在闽投资设厂，台资企业已成为支撑福建省地方经济发展的重要力量。在平台建设上，福建也走在大陆前列。厦门海关列入海峡两岸AEO（经认证的经营者）互认试点；海运快件通关系统并入国际贸易"单一窗口"。福建还举办海峡两岸纺博会、机博会、电博会等一批重要涉台经贸展会，以展会促进贸易增长。

福建是台商回大陆投资的最早地区，已发展成为两岸经贸合作最紧密区域之一。如今，福建拥有福州、海沧、泉州、漳州等6个国家级台商投资区和大陆唯一的两岸区域性金融服务中心、两岸新兴产业和现代服务业合作示范区、两岸贸易中心，以及最早设立的对台小额商品交易市场等对台经贸合作平台。据统计，截至2017年底，在闽经商、工作、生活的台胞有15万人左右；福建累计批准台资项目1.7万多个（含第三地），实际到资280多亿美元，其中2017年省内利润总额上千万元的台资企业超过25家；累计批准赴台投资企业或分支机构83家，协议投资额3.83亿美元，居大陆首位，台湾也已成为福建省的第二大外资来源地；闽台贸易额累计9427.4亿元。福建新大陆电脑股份有限公司（简称"福建新大陆"）成为首家赴台投资的陆资企业。2009年6月，福建新大陆在台湾经过洽谈，拟出资收购、控股帝普科技有限公司，并将帝普科技改名为"台湾新大陆股份有限公司"。福建新大陆凭借二维码技术，在大陆POS机市场占有率稳居第一，并成功跻身为全球第三大POS机供应商。

1990年以来，福建各地先后建立了台商投资区、农业综合开发区、农产品加工区、闽台农业高科技园区和海峡两岸农业合作试验区，使闽台农业交流合作迅速发展。1997年9月，农业部、外经贸部与国务院台湾事务办公室联合批准的海峡两岸（福州）农业合作试验区与海峡两岸（漳州）农业合作试验区正式挂牌。1999年，福建省政府出台了关于加快海峡两岸农业合作实验区建设的若干规定。2006年4月15日，农业部、国台办批准设立漳浦台湾农民创业园，标志着闽台农业合作步入了一个新阶段。2009年5月23日，福建省人大常委会审议通过《福建省促进闽台农业合作条例》，这是中国首个两岸农业合作地方性法规。至2017年，福建已有漳州漳浦、漳平永福、莆田仙游、三明清流、福州福清、泉州惠安等6个国家级台农创业园，是大陆拥有国家级台湾农民创业园最多的省份。截至2017年，福建台湾农民创业园累计有551家台资农业企业，引进台资10.1亿美元。其中引人注目的是，141名台湾青年已在福建花卉、茶叶、水果、蔬菜、休闲农业等农业领域创业。

到2018年，闽台贸易从1980年的4万元到现在的每年六七百亿元；人员往来从1979年的千余人次的每年200多万人次；涉台婚姻从1989年的第一对至今已有近39万对，其中福建的涉台婚姻就有11万多对。福建实际利用台资居大陆各省市第三位，赴台投资企业数和投资规模均居大陆首位；闽台贸易额位居大陆各省市前列，台湾成福建第二大贸易伙伴和第一大进口来源地；闽台农业合作位居大陆第一，厦门成为台湾地区水果、大米输入大陆的最大口岸。如今，闽台之间"大合作、大交流、大发展"的格局已经形成，闽台经济社会融合发展的基础条件日益夯实，福建成为两岸直接往来最便捷通道、两岸经贸合作最紧密区域、两岸文化交流最活跃之地、台资农业发展的首选地、厚植台湾青年就业创业的热土、两岸同胞融合最温馨的家园。闽台交流合作40年的发展历史，是一部先行先试、以人为本，顺势而为、砥砺奋进的历史，在两岸和平发展史上书写了浓墨重彩的篇章。

厦门经济特区：锚定民族复兴伟业　勇担特区新使命

厦门为中国最早设立的四个经济特区之一。习近平总书记在厦门工作期间说过，厦门寓意"大厦之门"，也可以理解为对外开放之门。党的十一届三中全会作出历史性决策，把全党工作中心转移到经济建设上来，实行改革开放。1979年7月15日，中共中央、国务院批转《广东省委、福建省委关于对外经济活动实行特殊政策和灵活措施的两个报告》，决定先后在深圳、珠海、汕头和厦门设置特区。1980年8月26日，五届全国人大常委会第十五次会议正式宣布，在深圳、珠海、汕头、厦门设置经济特区。1980年10月，国务院批准设立厦门经济特区。一年后，随着湖里工地上一声爆破巨响，厦门经济特区建设大幕正式拉开。"大厦之门"从此开启翻天覆地的变化，实践着中国共产党领导下的经济特区伟大创举，成为中国特色社会主义在一张白纸上的精彩演绎。

至1983年8月，厦门经济特区基本完成"五通一平"，共完成工程投资3100

多万元，经平整达到设计标准的场地77万平方米。特区管委会、银行、保险、海关等联合办公的综合大楼、技术培训中心、第一幢通用厂房等陆续交付使用。针对长期以来厦门城市建设发展缓慢，基础设施严重滞后远不能适应发展对外经贸合作需要的状况，在特区初创阶段，多方筹措资金达13亿元，直接用于交通、通信、能源等基础设施建设，修建了厦门高崎国际机场、东渡港第一期工程，引进万门程控电话和微波通信设备等。为了满足岛内供电的需要，特区在岛内再建一个发电厂，增加一个供电系统。供应特区用电的永安至厦门22万伏变压输电线路亦在1983年11月建成。在供水方面，建设岛外引水工程，至1982年底，日进岛11万吨的给水工程完成莲坂、杏林水厂扩建及集美增压站工程，坂头至市区输水管道完成67%。同时日供水量6万吨的高殿水厂也正式投产。根据中央精神，特区管委会制定使特区逐步发展形成出口加工、旅游、贸易3个中心的发展规划。特区在友好合作、平等互利原则上，鼓励客商前来投资、兴办各种企事业。提出客商在特区可采用中外合作经营、合资经营和独资经营等投资方式，鼓励客商组织合资或独资的开发公司，根据特区总体规划，划出一定地段，进行成片开发。成片开发从基础设施工程到盖楼办厂、引进项目，均可由该投资开发公司承包，一样享受特区优惠待遇。

1983年9月中旬，全省经济特区工作会议在厦门召开。会后，省委、省政府作出《关于厦门经济特区工作若干问题的规定》，提出必须明确特区的特殊任务，实行特殊政策，创造特殊环境，运用特殊方法，切实解决体制、立法、政策和基础条件等方面的问题。特区的开发建设以利用侨资、外资为主。财政在1990年以前经费基数每年100万元，由省拨给包干使用，特区外汇收入不上缴，全部留归特区。1983年，特区建设发展公司与中国银行总行信托咨询公司及香港集友银行、华侨商业银行、南洋商业银行、宝生银行、澳门南通信托有限公司等5家港澳华资银行联合成立厦门经济特区联合发展公司。还引进香港上海汇丰银行、集友银行、嘉华银行、美国建东银行等国外金融机构来厦设代表处、办事处，推动厦门走向世界。厦门经济特区建设受到中央的高度重视和支持。1984年2月，邓小平视察厦门，并作"把经济特区办得更快些更好些"的题词。3月，中央决定把厦门经济特区扩大到全岛（包括鼓浪屿），为特区的发展壮大奠定了基础。1985年6月，习近平同志到厦门工作。作为厦门经济特区初创时期的领导者、拓荒者、建设者，习近平同志与广大经济特区建设者并肩奋斗，展开一系列改革开放的探索和实践。

在我国首批4个经济特区中，厦门最突出的特点就是"因台而设"。厦门经济特区凭借对台区位优势全面拓展两岸交流合作，以先行先试服务对台工作大局。厦门在两岸三通直航、经贸合作、人员往来、文化交流、基层政党交流等方面不断有"破冰"之举，持续深化两岸交流合作综合配套改革，建设两岸新兴产业和现代服务业合作示范区、两岸金融中心、东南国际航运中心、对台贸易中心等"一区三中心"，厦台集成电路、平板显示等产业合作结出硕果。如今，厦门已成为两岸经贸合作最紧密的区域，引进了友达、宸鸿等20多家台湾百大企业，累计实际使用台资117亿美元，台企工业产值约占厦门规上工业总产值1/4。厦门口岸的台湾水果、食品、酒类、图书、大米等进口量稳居大陆第一，是大陆最大的对台贸易口岸。两岸合作的未来在青年。来自台湾桃园的青年创业者范姜锋把厦门比喻为"逐梦之地"。2016年，范姜锋与大陆合伙人共同创办了厦门启达台享创业服务有限公司，公司成立后，协助7000多名台湾青年来闽交流，帮助超过300名台青、150个项目在闽落地。厦门推出多项惠台利民举措，创新设立台胞服务中心、台胞驿站、两岸青年创业基地等涉台服务机构，积极为台湾青年追梦、筑梦、圆梦创造更好条件，搭建更大舞台。越来越多的台湾新生代走进并融入厦门，成为一道靓丽的青春风景线。厦门已有20多个两岸青年创业基地，其中7个获批国台办"海峡两岸青年就业创业基地（示范点）"。据不完全统计，目前有超过12万名台胞在厦门工作、生活，享受与本地居民同等待遇，众多台胞主动当义工、参与社区治理，融入本地生活。

全球每100枚LED球泡灯中，就有30枚由厦门制造；全球第一支戊肝疫苗，世界第三支、国内第一支宫颈癌疫苗均出自厦门；世界上第一支获准正式用于临床的神经生长因子，诞生于厦门；厦门触控屏模组研发生产基地规模全球最大；

天马微电子，低温多晶硅手机面板市场占有率全球第一。ABB将其全球最大的创新和制造基地落户在厦门，全球平板显示巨头台湾友达光电，全球玻璃基板龙头电气硝子，全球最大人工智能物联网平台，中国首个5G全场景应用智慧港口，中国首辆商用级无人驾驶巴士，中国最大的助听器生产基地……一个个百亿量级项目，相继落户这片热土；一个个高新技术产业，在这里抢占未来新赛道。这些"全球之最"背后，展现的是中国创造的高度，见证的是一座城市的创新飞跃。从过去引进吸收再创新，到如今推动原始创新、集成创新……厦门的发展动力全面切换为创新引擎，实现体制创新、科技创新、工程创新的"多轮驱动"。

厦门坚定不移走中国特色自主创新道路，实现了发展速度、质量和效益的协调统一，走出了一条契合新发展理念的高质量发展之路。厦门每万人有效发明专利拥有量为全国水平的2.7倍，全市共有院士工作站13家，国家、省、市级重点实验室138家，国家高新技术企业2282家，高技术高成长高附加值企业2560家。高技术产业增加值占规上工业增加值比重达43.2%，生物医药、新型功能材料入选首批国家战略性新兴产业集群，已培育形成了平板显示、计算机与通信设备等10条千亿产业链。这座每平方公里GDP达3.76亿元的城市，以标志性的创新驱动，不断推动经济发展质量变革、效率变革、动力变革，成为习近平总书记点赞的"高素质的创新创业之城"。

厦门经济特区，在建设中不断树立创新、协调、绿色、开放、共享的新发展理念，在探索高质量发展中呈现出"厦门之美"。到厦门特区成立40年时，厦门地区生产总值增长862倍，财政总收入增长692倍，城市建成区扩大18倍以上，已从一座海岛小城奇迹般崛起于世界现代化国际都市行列。厦门创造了许多的全国第一、全国率先：在全国首次提出"小政府、大社会"原则，建立精简、高效、廉洁、团结的政府；在全国率先建立经济特区金融体系，成立了全国第一家中外合资的国际银行；首创"三师共管"分级诊疗等创新做法，全覆盖、分层次的住房保障体系被誉为"中国房改新政蓝本"……在一次次"摸着石头过河"中，在一次次与世界对话中，厦门为全国贡献了一批批可复制可推广的新经验新做法。

今日之厦门，已成中国重大改革先行政策密度最高、力度最大、措施最集中、效果最突出的系统集成地之一。厦门在历经多年经济高速增长的同时，持续打造全国闻名的"海上花园"、森林城市；蝉联全国文明城市"六连冠"等等。厦门在40年的建设中较好地统筹了创新发展、协调发展、绿色发展、开放发展、共享发展。一部厦门经济特区史，就是一段贯彻新发展理念、探索推进高质量发展的历程。厦门，作为中国最早的经济特区之一，仅用40年，就走过了国外一些国际化都市上百年走完的历程。

在"厦门地图"上，厦门经济特区的一次次重要时刻，是厦门经济特区从2.5平方公里到131平方公里的跨越，是从岛内100多平方公里再到约1700平方公里的跨越。2002年6月，时任福建省委副书记、省长习近平为厦门提出"提升本岛、跨岛发展"的战略构想和"四个结合"的指导原则，厦门城市格局豁然开朗。秉承习近平同志为厦门擘画的"提升本岛、跨岛发展"宏伟蓝图，厦门渐次展开了一场统筹城乡发展、提升岛内外一体化水平的探索实践。2017年9月，习近平总书记亲临厦门出席金砖国家领导人第九次会晤，对福建作出建设高素质高颜值现代化国际化城市的殷切嘱托，在厦门经济特区建设发展的重要阶段和关键节点，亲自为厦门擘画蓝图、指引方向。

厦门牢记服务祖国统一大业的特殊使命，"因台而设"的厦门经济特区，率先实现两岸货轮直航、厦金"两门对开"、两岸"大三通"等一系列"破冰之举"，在两岸融合发展中先行先试。杏林、海沧、集美三大国家级台商投资区，成为台企最早登陆地和重要集聚地。到2021年，厦门累计实际使用台资117亿美元。经厦门口岸出入境台胞数量稳居大陆城市首位。厦门正在建设台胞台企登陆第一家园的"第一站"，每年在厦门举办的海峡论坛，也成为两岸最大的民间交流盛会。12万台胞早已融入这座城市，大陆首个地方版同等待遇政策"厦门60条"以及不断升级的惠台政策，为台胞台企带去更多幸福感。目前，外资企业贡献了厦门约70%的工业产值、60%的经济增长和40%的进出口额。开放包容是厦门发展的软实力，今天更需要通过深化改革、持续开放释放发展活力。

这座胸中藏海的城市，自古就是通商裕国的重要口岸，开放是其与生俱来的基因。"海丝""陆丝"在这里完美交会，巨轮远帆遇见钢铁驼队，东方货流搭乘中欧班列，出新疆、叩中亚、越大漠连山，直抵欧洲，厦门成为21世纪唯一实现"一带"与"一路"无缝对接的陆海枢纽。

泉州台商投资区：海峡两岸融合主阵地

1979年1月1日，全国人大常委会发表《告台湾同胞书》，中央对台方针政策做出重大战略性调整，呼吁海峡两岸进行"三通四流"、开展经贸往来与实现和平统一。敢于冒险、有拼搏精神的台商冲破台湾当局重重阻碍，开始两岸贸易往来与间接赴大陆投资的新征程，揭开以台商投资为主体的两岸经贸发展新篇章。台商逐步作为一种新的资本与社会群体，进入或融入大陆改革开放的历史洪流之中。改革开放后，随着海峡两岸交往的不断扩大，福建省率先成为台商到祖国大陆投资的热土。引领陆企赴台投资，从单向投资发展到双向投资，为加强两岸民间交流，促进两岸经济社会融合，做出了重大贡献。

为了推进两岸经贸关系的发展，加快改革开放进程，1989年开始，国务院陆续批准厦门杏林地区、海沧地区、集美地区及福州马尾经济技术开发区未开发部分为台商投资区，即厦门杏林台商投资区、海沧台商投资区、集美台商投资区和福州台商投资区。国务院《关于支持福建省加快建设海峡西岸经济区的若干意见》中明确指出在泉州设立国家级台商投资区。泉州台商投资区位于泉州市中心城区东部，与泉州市新行政中心隔海相望，依山傍水、临江拥湖，区位优越。投资区现辖洛阳镇、东园镇、张坂镇、百崎回族乡4个乡镇，辖区面积218平方公里。2021年，泉州台商投资区完成地区生产总值355.70亿元，增长10.7%；规上工业增加值增长13.4%；第三产业增加值92.07亿元，增长10.3%；社会消费品零售总额98.24亿元，增长14.0%；固定资产投资增长16.0%；一般公共预算总收入25.06亿元，增长23.6%；一般公共预算收入16.70亿元，增长31.3%；实际利用外资2.50亿元，增长119.1%。投资区推动主导产业"做大做强"，围绕打造纸品包装产业200亿集群、新材料100亿集群、装备制造50亿集群、制鞋30亿集群的目标来培育；培育第三产业，重点培育在发展现代化产业体系、打造城市副中心中紧缺且具备发展条件的特色产业。

泉州台商投资区城市性质定位为国家级台商投资区、泉州城市副中心、先进制造业和高端服务业支撑的生态型滨水城市新区和现代化港口保税物流工业区。城市职能是以新兴产业和高端生产服务业带动的城市创新中心；依托滨水岸线和湿地、水系、山体等自然资源构成的泉州湾东部生态休闲中心，生态宜居、和谐发展的示范区。利用泉州中心城市完善的基础设施延伸和辐射，高起点规划、高标准建设、高品位开发、高效率运作，把投资区建设成海峡西岸中部台商投资聚集区、对台综合配套改革示范区、以先进制造业和港口物流业为主导的经济增长极，逐渐形成产值超千亿元的新经济发展高地，并成为中国最开放、最优惠、最高效、最具吸引力的台商投资区。自2012年升格为国家级台商投资区后，国务院对泉州台商投资区提出"充分发挥对台交往优势，建设海峡西岸中部台商投资集聚区"的总体要求。

"十三五"期间，泉州台商投资区高质量发展更加坚实。搭建"1+2+4+N"的对台交流合作载体（"1"即建立一个惠台政策库，"2"即规划建设精密机械产业园、新兴产业园等2个台资产业园区，"4"即搭建台湾农业技术基地、德润台湾青年创业园、华光学院台湾青年体验式交流基地、白奇村台湾民间交流基地等4个市级以上对台交流示范基地，"N"即常态化举办海峡两岸中小企业创新创业、大学生创业、雕艺、摄影等交流活动），全区已引进85家台资企业，台韵台味更加浓厚。推动3条主要道路景观提升和10条道路夜景提升，建设海湾大道、白沙湾公园等一批城市标志性建筑，美丽台商更加宜居。加速打造现代化产业体系，实施"531"产业倍增培育工程（"5"即升级纺织鞋服、造纸和纸制品、工艺制品、石化后加工、机械装备五大传统产业；"3"即打造智能装备、新材料应用、数字包装三大主导产业，建设配套标准化园区；"1"即打造一批富有投资区优势、亮点的特色产业），推动传统产业向数字化、智能化转型，主导产业向园区化、规模化发展，特色产业向现代化、高端化迈进，做实做强实体经济，打造符合台商区实际的现代化产业体系。

多年来，泉州台商投资区深入实施高新技术企业提升、研发投入提升、科技成果提升等3大行动计划，储备培育科技创新企业64家，认定高新技术企业21家、省级科技小巨人企业16家，新增市级以上科技特派员33位，市级科技特派员工作站1个，获得市级以上立项的科技计划、研发投入分段等项目54个，完成技术交易额6673.23万元、完成率110%。一次成型透气膜生产线、HP-1200T全自动仿石砖生产线等2个项目列入省级首台套重大技术装备。立亚新材、嘉德利等3家企业被认定为国家级"专精特新"小巨人，德普乐、安邦展示用品等3家企业被认定为省级"专精特新中小企业"，力达扩建、金百利智能车间等15个项目列入市级以上重点技改项目，空压机设计数字式机器人等2个项目列入市级揭榜名单。深化市政府与中国科学院海西研究院新一轮科技合作，支持装备所提升平台建设、研发创新、人才团队、转化应用能力和水平，新增产学研合作企业6家、STS计划合作项目5项。编制石墨烯产业专利导航分析，石墨烯产业专利导航项目获得市级立项，通过国家知识产权管理体系认证企业8家。

随着两岸合作深入开展，台商区发展"台味渐浓"，纷至沓来的台资企业项目，日渐密集的台湾人才身影，见证着区域厚积薄发的发展潜力。首先，突出"台商投资区"功能定位，在对台政策、产业对接、教育文化、人才交流、民间交流、科技合作等6方面先行先试。出台鼓励台商投资与开展经济社会文化交流合作的7方面44条先行先试政策。成立大陆首个在台商投资区设立的台胞医保服务中心，为在泉台胞提供双向医保服务。设立全国首个台资企业工会联合会，全国首创由台籍职工担任该联合会首届工会主席、兼职总工会副主席。与台北的法律服务站连线合作，成立大陆首个台籍职工法律服务工作站，委托华侨大学编制对台优势产业发展规划。设立珠三角、长三角、台北、台中、高雄招商联络处，其间落地颐和医院、彩蝶湾等18个台资项目，总投资约100亿元。引进台湾打开联合文创团队担纲洛阳古街文化复兴工程策划。建立泉台人力资源服务产业园、泉台工业设计人才服务中心，开发泉台人力银行人才信息化服务平台，设立台北、北京、上海、厦门等人才联络站，招引台湾人才241名。设立"海丝英才月"，举办"创客中国"海峡两岸新兴产业中小企业创新创业大赛、"同心杯"留学人员创新创业大赛等23项系列活动。建设优才大厦、台湾人才公寓，设立德润产业园等8个"人才之家"、洛阳古街等5个"台胞驿站联谊点"。持续办好泉台职工雕艺竞赛、南音演出等活动，提升两岸文化交流成效。

其次，高起点定位，打造两岸融合主阵地。聚力全面融合、先行示范，持续做好"通""惠""情"三篇文章，坚持"非禁即享"，落实落细同等待遇和惠台利民政策举措，依托雕艺协会、海峡两岸摄影展、妈祖联谊会、同村同宗同缘等载体，策划举办一定规模的祖地文化交流活动。引导台湾建筑师团队、高端文创团队参与建设，共同探索闽南文化传承体系。建好优才大厦、泉台人才公园、"台胞驿站"联谊点等阵地，探索规划建设台湾人才社区，配套"台味"小吃街、文创街、商业街等特色设施，建设两岸同胞共同家园。继续坚持"大招商、招大商、对台招商"，力争到2025年，在引进台湾重大产业项目、服务业项目取得重大突破，规上台资企业占比10%以上，颐和医院重大台资项目正式投入运营。高标准转型，打造现代化产业体系。坚持把发展经济着力点放在实体经济上，大力实施产业基础再造工程和产业链升级行动，建设"双循环"纽带节点，加速新旧动能转换，推进纺织鞋服、造纸和纸制品、工艺制品、食品等传统产业提档升级，到2025年实现产值超640亿元，年均增长5.0%。持续优化杏东、张坂、科技产业等三大产业片区建设，加快培育时空产业、人机交互、智能电网电器产业等三大新基建新经济基地，壮大绿色智能交通装备、高端装备制造、文化旅游服务、健康医疗养生、新材料五大战略性新兴产业，力争到2025年，创建国家级、省级智能制造项目2~3个，建设市级数字化车间等智能制造示范项目5个以上，五大主导产业总产值达到440亿元，全区研发经费投入强度达到2%，每万人口发明专利拥有量达到32件。

再次，深度融入环泉州湾中心城市建设。在"跨江发展、跨域融合"战略中主动谋划新作为，坚持对标国际和国内一流，优化提升以"两带一心环八区"为主架构的组团式城市空间格局，西进加快海江片区品质提升，打造洛阳江东部展示面，南移加快秀涂片区战略预留，勾勒环泉州湾入海口展示面，全面加快湖东片区、科学城片区、高铁片区、蓝色经济培育片区开发建设步伐。主动对接福建省"海丝"核心区和泉州市"海丝"先行区建设，以"侨"为桥，不断扩大"一带一路"沿线朋友圈。对接厦漳泉都市圈、环泉州湾都市区及其他组团，加快布局"高铁+高速+城际铁路+地铁"等长距离、大运量城市轨道网络。按照打造"协作区2小时、都市区1小时"时间空间距离的要求，高规格完善并提速全区"五纵五横"骨架路网，加快推动兴泉铁路、福厦客专、厦漳泉城际轨道R1线等轨道交通的建设工作。以高铁泉州东站为中心，干线支线配合，支线协同，联通各区域，辐射各村镇。

泉州台商投资区持续创新两岸互通新机制，打造全国台胞台企第一数据港；拓宽两岸合作新领域，力争在引进台湾百大企业上实现零的突破；搭建两岸交流新平台，扩大教育、卫生、科技等领域交往融合，不断增进台湾同胞的根脉情结和国家认同；探索两岸融合新元素，在城市规划建设中融入台湾元素，增加城市"台味"。加速打造泉州城市新中心。主动融入全市跨江发展战略，打造富有特色的活力新城，推进城市交通、城市能级、城市品位全面提升，推动台商区从泉州城市副中心向城市新中心迈进。高标准促进互联互通，加速推进"五纵五横"路网建设，以高铁新泉州东站建设为契机，同步推进相关路网规划建设。高水平建设新城新区，推进台商区国土空间规划，加速推动海江片区、湖东片区、蓝色经济培育区、高铁片区、科学城片区等五大城市片区滚动开发。高品位提升城市内涵，加快"海丝"中央公园建设，与"海丝"艺术公园、生态公园串联成线，推动白沙湾公园、滨海生态景观工程等一批生态项目建设，打造成领跑全省的公园城市典范，深入实施城市品质提升专项行动，打造公共文旅场馆、"海丝"未来城等一批城市标志性建筑。

泉州台商投资区充分发挥对台先行先试的政策优势，采用"走出去引进来"的模式，通过平台招商、窗口招商、以侨招商、精准招商等渠道，强化对台招商力度。2019年，在全区树立"涉台工作无小事"意识，出台促进两岸融合等4份政策文件、鼓励台商投资与开展经济社会文化交流合作的7方面44条先行先试政策，打造对台政策洼地。坚持"大招商、招大商、突出对台招商"，建立区领导定期带队赴台开展招商推介机制，设立珠三角（东莞）、长三角（上海）、台北、台中、高雄招商联络处，规划台中产业园，针对新材料等五大主导产业实施精准招商，取得良好成效。通过频繁的高质量活动促进两岸人才沟通，以竞赛促进两地产业交流，以工会为纽带碰撞两岸交流的火花。泉州台商投资区成为首个成立台资企业工会联合会的国家级台商投资区，并成立大陆首个台籍职工法律服务工作站，以全方位、高品质、有温度的服务提升台商台胞的台商区生活体验，打造台胞台企登陆"第一家园"。举办"创客中国"海峡两岸暨港澳地区新兴产业中小企业创新创业大赛、海峡两岸工业设计大赛、寻根之旅、雕艺大赛、医护人员岗位职工技能竞赛等两岸经贸文化交流合作活动，为两岸合作、人才交流写下丰富而生动的注脚。

台湾农民创业园：福建漳浦和漳平走前头

台湾农民创业园是党中央、国务院为进一步促进两岸农业交流与合作、吸引台湾同胞直接到祖国大陆投资农业，在已有的两岸农业合作政策措施的基础上，为台湾农民提供更优惠的土地、租税等创业扶持政策，由国家有关部委设立的针对台湾农民和台资农企的创业园。台湾农民创业园，始于福建省，继而推向全国，是两岸农业合作领域先行先试的成果之一。其中福建省已拥有漳浦台湾农民创业园、漳平永福台湾农民创业园、莆田仙游台湾农民创业园、三明清流台湾农民创业园、泉州惠安台湾农民创业园、福清台湾农民创业园6个国家级台湾农民创业园，位居大陆之首。台湾农民创业园的设立开创了两岸农业合作的新型模式，是提升两岸农业合作的重要举措。经过实践证明，园区的设立和发展，有利于两岸农业转型升级，有利于为台湾农业产业转移升级提供广阔的空间，有利于实现两岸农业资源优势互补。福建的台湾农民创业园中，漳浦和漳平一直走在前头。

福建漳浦台湾农民创业园创建于2005年，2006年4月由农业部、国务院台办批准设立，是全国台湾农民创业园的首创。在首届两岸经贸论坛上，这一举措被国台办宣布为"促进两岸交流合作、惠及台湾同胞的15项政策措施"之一。

漳浦县区位优越，交通便捷，处在厦门和汕头两个经济特区之间，东临台湾海峡。沈海高速公路漳诏段、国道324线和厦深铁路贯穿全境。漳浦属典型的南亚热带海洋性季风气候，年平均气温21℃，年日照2000小时以上，年降雨量1770毫米，无霜期大于363天，有"天然温室"之称，物产丰富，四季花果飘香，是一个生态优美、风景宜人的沿海开放县。漳浦与台湾一水相连，是台湾同胞的主要祖籍地，农业生态环境与台湾极为相似，生物资源丰富，农业宜种性广。浦台农业合作起步早、发展快。漳浦具有突出的对台地缘优势、独特的人文历史优势、丰富的自然资源优势和良好的浦台农业合作基础，因而成为台湾企业和农民投资兴业的首选地。

漳浦创业园规划总面积30万亩，按照"集聚发展，优化产业，典型示范"的发展思路，规划建设"五个中心、六个产业区"，通过各个功能区的产业示范，辐射推广，进一步提升农业科技水平，提高农业生产效益，为台湾农民和台商在大陆创业提供新的发展机遇和空间，把创业园建设成为台湾农民创业的平台、两岸农业合作的平台、农业科技孵化的平台、两岸农民感情交流的平台，使创业园成为两岸经贸合作的前沿阵地、台商投资密集区、现代农业和农业科技蓬勃发展的先行区，共享和优势互补。

截至2021年底，漳浦台湾农民创业园累计引进台资农业企业287家，创业就业台胞840人，实际利用台资3亿多美元，年创产值达35亿元；台农台企引进和研发台湾农业优良品种3000多个，台湾先进种养殖技术50多项，推广种养殖面积2.87万公顷；外资主体企业6家，投资总额648.2万美元。2021年，漳浦台湾农民创业园新增台资农业企业8个，其中种植业4个、养殖业2个、农机产业2个，合计利用台资541.9万美元。推进做大特色兰花和做优特色农机等特色项目建设。至年底，漳浦台湾农民创业园有台湾蝴蝶兰企业近20家，年产蝴蝶兰种苗5000万株。利用全国唯一的海峡两岸新型农民培训基地这一优势，依托园区台青创新创业孵化基地和天福科技学院，深入开展两岸参访、讲座和台湾学生大陆行等人才交流活动，合计5批96人次；通过"送教下乡"与集中学习的模式，邀请台湾专家学者、专业技术人员授课指导，不断深化两岸农民情感共鸣与技术融合，增强台胞台农的认同感、获得感和幸福感。开展以"台农机"为主题的闽台农业融合发展直播活动，进一步推动农机产品网络化、电商化、数字化、拓宽网络营销渠道；借助带货直播活动，推广台湾特色的农产品，提高销售额，破解销售难题。通过创新智慧园区"云"平台管理模式，助力园区台企发展。借鉴"大数据＋网格化"模式，把园区内地点偏远的企业如蜜源农场、湖西果蔬推广示范园等纳入一站式公共服务平台，从视频会议系统、重点卡口监测、企业安全监管着手，有效解决了由于服务地域广、台企离园区较远，导致的无法实时到企业现场开展工作交流、政策普及安全检查等问题，加强园区企业对外交流、提升知名度，为企业发展及安全生产保驾护航。漳浦台湾农民创业园在农业农村部、国台办组织的全国29个台湾农民创业园评比中再次荣获第一名，其经验做法在《八闽快讯》上刊发；在全国率先推出的无抵押贷款等融资创新服务在全省台创园推广。

漳平台湾农民创业园位于闽西腹地的漳平，核心区位于永福镇。漳平地貌人称"九山半水半分田"，山清水秀、地广人少，其森林覆盖率高达77.9%。而著名的茶乡永福镇，平均海拔为780米，与台湾阿里山的气候和海拔条件非常相似，被台湾客商誉为"大陆的阿里山"。漳平的资源和台商丰富的生产营销经验实现了很好的契合与互补：台湾农业基本实现现代化，集约化水平、外向度较高，但地价贵和劳力的缺乏造成生产成本居高不下；而漳平自然资源丰富，地价较低，劳力充裕，生产成本也相对较低。福建漳平台湾农民创业园连绵着万亩茶园，郁郁葱葱，茶香袭人。经过两岸茶农十多年的辛勤培育，这里已建成大陆最大的台湾软枝乌龙茶生产基地。随着台湾茶商近年在漳平投资的不断扩大，2008年2月底，国务院台湾事务办公室宣布在漳平新设立台湾农民创业园，创业园由此升格为国家级。

十多年前，来自台湾岛内"茶叶之乡"南投县的商人谢东庆，为寻找适合种植台湾高山茶的地点，随身携带地形图，驱车在福建、广东、海南等地进行了历时一年的考察。最后他发现，漳平市永福镇十分适宜台湾茶种的培育和生产，于是决定在当地投资建设茶园。台商带来了先进的茶叶种植和加工技术。在永福镇的茶山上可以看到，采茶女们用透明胶将刀片固定在食指上，快速切割茶芽来采茶。与纯手工操作相比，这种学自岛内茶农的做法不仅提高了效率，减轻了对手指的磨损，而且更加卫生。另外一个让人感到有趣的新做法就是在每季采茶期之前给茶树浇灌牛奶。据谢东庆介绍，浇灌牛奶可以让茶叶香味更加醇厚、口感更加清香。茶产业解决了很多村民，特别是妇女的就业问题。茶叶的生产和加工，如采茶和去梗环节都需要大量人力。同时，茶产业通常按量计酬，方便灵活，为当地人在闲散时间提供了打工机会。

为支持茶产业发展，当地政府在道路修建、电力建设等基础设施改善方面投入很大资金。其中，永福镇至漳平和高速公路入口的月桂线改造工程总投资7480万元人民币，永福11万伏变电站建设投资300万元人民币。与此同时，千亩以上高山茶园道路硬化工程也正在积极推进。祖籍漳平永福镇的漳平市台商联谊会会长李志鸿已经投资开发了2000多亩茶园。他投资配套的8000多平方米的茶叶加工厂也已投入使用，技术和设备与台湾完全同步。

漳平台创园围绕"把漳平台创园打造成台胞台企登陆'第一家园'示范样板"目标，积极探索海峡两岸融合发展新路，聚力攻坚要素融合、产业融合、心灵契合，逐步形成产业特色鲜明、台农集聚发展的良好态势。截至2021年，园区入驻台企82家、台农600多人，连续5年在国家级台湾农民创业园建设发展考评中获得第一名（优秀等次），"大陆阿里山"品牌已成为福建对台交流合作的重要品牌之一。

2021年，继续推进台湾农民创业园核心区永福镇实施交通、水利、电力、通信等领域补短板工程，完成连接龙岩中心城市的快速通道建成通车，"大陆阿里山"AAA级景区基础设施、后盂水库暨集镇供水工程等项目加快推进，园区承载能力进一步加强。抢抓国家支持新时代革命老区振兴发展和国务院台办、省委台港澳办对口支援漳平市等政策叠加机遇，紧盯园区产业发展、基础设施建设等重点领域，针对性策划实施一批大项目、好项目，着力把政策优势转化为发展优势。共策划项目18个、总投资182.8亿元，争取资金9000余万元，累计完成投资8.8亿元；永福镇交通基础设施建设项目（即泉梅高速公路项目）已列入《福建省综合立体交通网规划纲要》编制，积极争取列入国家高速公路网规划，并全力推进"台湾特色小镇"建设。

实施永福高山茶品种、品质、品牌"三品"提升和区域公共品牌创建工程，园区高山茶基地48个、年产茶1600多吨，实现产值10亿元，"永福高山茶"荣获国家农产品地理标志登记保护，入选全国名特优新农产品、福建十大农产品区域公共品牌、福建名牌农产品，成为北京"故宫贡茶"。率先在全国成立农民花卉研究所，研究创新花期调控、无土栽培、化学促控等应用技术，培育造型特色花卉产品，推动花卉产业持续发展壮大。核心区永福镇种植花卉面积3.5万亩。盆栽杜鹃、君子兰占全国市场份额分别达70%以上、60%以上。分布在全国各地大中城市的永福花农约1万人，建有花卉基地12万亩，年产值约25亿元。永福镇已成为全国最大盆栽杜鹃花生产基地，获评"中国杜鹃花之乡"称号。

学习借鉴台湾发展观光休闲农业理念，实施"一企一特色"和全域旅游项目建设，将茶叶与休闲农业、旅游业等有机结合起来，积极发展"茶叶+花卉、文创、康养"等新业态，推动一产"接二连三"发展。打造有台品樱花茶园、永福茶园休闲栈道等"一企一特色"项目20个，环台品路、林河路和九龙江流域山水林田湖草生态保护修复项目（一期）等一批项目建成投用；"大陆阿里山景区"

获批国家AAA级旅游景区，永福镇入选福建"全域生态旅游小镇"；台品樱花茶园被誉为"中国最美樱花胜地"，被评为海峡两岸茶业合作重点示范基地、首批"全国绿色食品一二三产业融合发展示范园"、福建省休闲农业示范点；成功举办十届樱花文化旅游节，累计接待游客近700万人次，实现旅游收入超过100亿元，其中2021年园区共接待游客近60万人次，实现旅游收入近10亿元。

高标准规划建设两岸青年智慧创业园平台，已入驻台湾青年近百名，创办企业达30家；园区被授予国家级"海峡两岸青年就业创业基地"、全国首个"台湾青年产业融合创业示范基地"和"台湾高校学生农业教学实践基地"等荣誉称号；在2019年国家级海峡两岸青年就业创业基地和示范点考核中被评为优秀等级。积极推行"135"服务台湾青年机制（即建设青年研学"一个基地"，搭好两岸交流、创业创新、产业融合"三个平台"，用活领导干部挂钩帮、台企台青结对帮、企业特派员精准帮、联席会议协调帮和村企共建联合帮等五个帮扶机制），健全关怀机制。

坚持以花为媒、以茶会友，建立健全与台商公会、民间团体沟通联系机制，持续举办妈祖文化旅游节、两岸农民共庆丰收节、台湾高校学生园区校外教学实践等活动，推进两岸农业科技、宗教文化交流合作。至2021年，累计组织对接台湾社团100多批次、到园区参访考察7000余人次；核心区永福镇、官田乡分别与台湾的鹿谷乡、竹山镇缔结友好乡镇。2021年4月，在全省率先选聘12名台企热心人士担任河长，明确每个"台胞河长"挂钩相应河段，探索两岸同胞共同参与绿水青山保护新举措，此项创新成果荣登央视新闻直播间，1名台胞入选龙岩市"最美民间河长"。坚持"两岸一家亲"理念，发挥台创园独特优势，加强与台湾主流媒体、社团、行业协会等沟通交流，常态化宣传惠台优惠政策、台胞成功创业故事，定期举办两岸斗茶、文学采风等各类活动，密切漳台往来，促进心灵契合，"大陆阿里山"品牌知名度、影响力持续提升。台品樱花茶园荣登《中国国家地理》《中国民航》等杂志，台湾农民创业园发展成果和"云赏樱"分别荣登央视《海峡两岸》和《新闻直播间》。

海上福建：奋力谱写海洋强省新篇章

2021年3月，习近平总书记来闽考察，明确指出要壮大海洋新兴产业，强化海洋生态保护。

海洋是福建高质量发展的战略要地。福建以建设"21世纪海上丝绸之路核心区"为契机，统筹推进陆地和海洋、近海和深远海资源开发，培育壮大海洋新兴产业，围绕产业布局、科技突破、环境保护等领域持续发力。

开足马力、扬帆起航，劈波斩浪、乘势而上，福建坚持全省一盘棋，一张蓝图绘到底，为谱写全面建设社会主义现代化国家福建篇章注入强劲的蓝色动能。

海洋强省："海上福建"建设帆起正远航

　　2012年8月，福建省委、省政府作出打造海峡蓝色经济试验区、建设海洋强省的战略部署，出台《关于加快海洋经济发展的若干意见》和《关于支持和促进海洋经济发展九条措施的通知》，进一步明确了福建加快发展海洋经济的目标任务，极大提升了海洋经济在福建全局中的地位，全省掀起一股海洋开发的热潮。2012年9月，《福建海峡蓝色经济试验区发展规划》获国务院批准。规划对海峡蓝色经济试验区建设和海洋经济发展试点工作作出部署，赋予一系列支持政策，标志着福建发展海洋经济上升为国家战略。党的十八大提出了建设海洋强国的战略目标，明确了提高海洋资源开发能力，发展海洋经济，保护海洋生态环境，坚决维护国家海洋权益的工作重点，首次将建设海洋强国提升至国家发展战略高度。2014年6月，国家海洋局发布了《进一步支持福建海洋经济发展和生态省建设的若干意见》，支持福建省深入实施海洋强省和生态省战略，增强引领示范效应，构建海峡蓝色经济试验区"一带两核六湾多岛"的开发新格局，更好地服务福建海洋经济的发展和生态文明建设。"十三五"以来，福建以建设"21世纪海上丝绸之路核心区"为契机，充分发挥福建优越的区位优势，丰富的海洋资源，深厚的海洋文化底蕴，良好的海洋生态环境，较强的海洋科教支撑和有力的政策保障等综合优势，积极作为。海洋生产总值保持10%以上的年增长速度，2018年首次突破万亿元，2020年达1.05万亿元，连续六年居全国第三，海洋经济发展成效明显。

　　优化海洋发展的战略空间布局。"十三五"期间，福建省"一带两核六湾多岛"发展格局基本形成，国家海洋经济发展示范区、示范城市建设综合水平居全国前列，6个省级海洋产业发展示范县加快建设。临海工业集约化发展，建成具有全球影响力的不锈钢产业集群，形成湄洲湾、古雷、江阴和可门等石化产业集聚区。厦门港建成国家智慧交通示范工程，全球最大深海微生物库等建成投产，初步形成海洋工程装备、修造船基地产业集群。

港航基础设施持续完善。2020年，全省万吨级以上深水泊位达到184个，三都澳、罗源湾、江阴、东吴等港区疏港铁路支线建设有效提升港口集疏运能力。渔港基础设施建设取得新成效，新建、整治维护83个不同等级渔港，渔船就近避风率从45%提高到67%。全省沿海港口货物吞吐量达6.2亿吨，其中福州港货物吞吐量2.49亿吨，厦门港货物吞吐量2.07亿吨。2021年1月，省政府印发《福建省沿海港口布局规划（2020—2035年）》，提出到2025年，全省建成厦门港、福州港、湄洲湾港、泉州港4个亿吨级大港，形成以福州港、厦门港为全国沿海主要港口，其他港口为地区性重要港口，分工合作、协调发展的分层次发展格局。"十四五"期间，福建继续优化海洋强省的战略空间布局，重点发展包括福州、厦门、漳州、泉州、莆田、宁德和平潭综合实验区等沿海六市一区产业带及附近海域海岛，即沿海经济带。通过对这六市一区的功能重新定位，形成一个现代化港口集群、海洋产业聚集的陆海经济联动"黄金地带"。

海洋经济产业持续升级。"十三五"以来，海洋渔业、滨海旅游、海洋交通运输等主导产业优势明显。全球首艘227米深海采矿船、全球最大深海微生物库等相继建成。深海装备养殖试点项目顺利推进，租赁试点首台套养殖水体6万立方米的"闽投1号"开工建造。电动船舶产业加快发展，高技术船舶取得突破。风电装备产业链进一步完善，海上风电项目加快建设。地下水封洞库储油项目有序推进。推动海上养殖与生态旅游相融合，加快"渔旅结合"全产业链发展，一批标志性的海洋旅游产品加快推进，"水乡渔村""清新福建"等旅游品牌建设成效显著，全省海洋旅游总收入超过5000亿元。

推进水产渔业转型升级。"十三五"以来，通过打造水产千亿元产业链、提升渔业设施水平、推进水产养殖业绿色发展等措施，海洋渔业产业不断发展壮大。大力推进渔业供给侧结构性改革，发展壮大水产特色优势产业。2019年渔业经济总产值3235亿元、水产品总产量815万吨，均居全国第三，水产品人均占有量、水产品出口额、远洋捕捞产量等多项指标居全国第一。大黄鱼、鲍鱼、江蓠、海带、紫菜、河鲀、牡蛎等特色优势品种养殖产量居全国首位，十大特色养殖品种全产业链产值突破千亿元。全省培育亿元以上龙头企业100多家、特色水产品优势区10个、百亿元产业集群8个。5年间，福建省积极推动水产养殖业绿色高质量发展，建设"海上粮仓"，全省累计建成环保型塑胶渔排56万口、塑胶浮球筏式贝藻类养殖30多万亩、深水抗风浪网箱3700多口，初步建成三都澳、沙埕湾等绿色养殖示范区；"振渔1号""福鲍1号"等智能化深远海养殖平台建成投产，实现装备技术突破；培育了闽南、闽中、闽东三大水产加工产业集群和12个水产加工产值超过20亿元的渔业县；全省水产良种覆盖率近70%。2021年，"十四五"开局之年，面对新的形势，福建坚持"提质增效、减量增收、绿色发展、富裕渔民"，全力推动产业转型升级，实现"四个转"：推动水产养殖从近海向外海转，推动海洋捕捞从国内向国外转，推动水产加工从简单向精深转，富余产能从生产向休闲渔业转。

海洋科技创新能力实现重大突破。创新载体和平台建设取得新成效。推进自然资源部第三海洋研究所、自然资源部海岛研究中心、近海海洋环境科学国家重点实验室、大黄鱼国家重点实验室、福建省水产研究所、厦门南方海洋研究中心等重大创新载体建设。成立海洋生物种业技术国家地方联合工程研究中心、福建省海洋生物资源综合利用行业技术开发基地、闽东海洋渔业产业技术公共服务平台、福建省卫星海洋遥感与通讯工程研究中心等一批重大创新平台。成立福建海洋可持续发展研究院，打造立足福建、面向全国、服务全球的海洋高端智库平台。海洋产业协同创新环境不断改善。成立海洋生物医药产业创新联盟、水产养殖尾水治理技术集成与创新联盟等省级海洋产业创新联盟4家，积极支持大黄鱼产业技术创新等企业战略联盟建设。推动组建福建省协同创新院海洋分院，有效整合涉海科技力量，促进390余项海洋技术成果成功对接。突破了一批关键共性技术瓶颈，12项成果获国家技术发明（或海洋行业科技）奖。组织实施海洋科技成果转化与产业化示范项目300多项，科技成果转化率不断提升，有力推动了海洋战略性新兴产业提速增效。

民生保障水平大幅提升。"十三五"期间，福建省坚持民生优先，全面落实"四个最严"要求，建成水产品质量安全"一品一码"追溯系统，水产品监督抽检合格率保持在97%以上，有力确保了人民群众"舌尖上的安全"；在全国率先开展台风指数险、赤潮指数险、大黄鱼价格指数险，渔业保险实现"增品、扩面、提标"，为促进产业发展、维护渔区安全稳定发挥重要作用。

实施"智慧海洋"示范工程。海上交通、海洋预报、海洋渔业、海洋资源开发、海洋环境监测、涉海电子政务等领域信息化水平大幅提升。在全国率先建成技术先进、覆盖全面的海洋立体观测网，从空中、海面、水体、海底及沿岸陆地对台湾海峡实施全方位观测，在海洋防灾减灾等方面发挥了重要作用。启动"5G+"智慧渔港建设，渔业生产安全条件明显改善。在全国率先建成覆盖全省海洋渔船的北斗卫星应用网络，创新研发海洋渔船"插卡式AIS"设备并在全国推广。建成数字福建云计算中心等数据基础设施，海洋数据汇聚基础不断夯实。加快建设海洋信息通信网，实施海洋渔船"宽带入海"工程，形成覆盖全省渔船的海洋卫星宽带通信网络，构建完善的海洋综合防灾减灾体系。在海洋渔船上开展"卫星互联网测试项目"，安装新一代高通量卫星通信终端。依靠这一终端，渔船在海上生产能够轻松上网，实现视频聊天、渔获交易、海上救援等。首次举办数字中国建设峰会智慧海洋分论坛。此外，还将按照智慧海洋"一网一中心"的建设要求，启动"智慧海洋大数据中心"建设，构建智慧海洋大数据中心，培育海洋信息服务产业。

海洋生态文明建设扎实推进。强化陆海统筹，全面推进蓝色海湾整治、滨海湿地修复、生态岛礁保护、海漂垃圾治理和排污口排查整治，组织实施环三都澳海域综合整治、九龙江—厦门湾污染物排海总量控制试点、闽江口周边入海溪流整治等重大工程，实现"河湾同治"。实施"蓝色海湾""生态海岛""南红北柳"等一批生态修复重点项目，修复海岸线115公里。"十三五"期间，全省共划定海洋生态保护红线区面积11881.6平方公里，占全省选划海域面积的32.9%。已建立海洋自然保护区13个、海洋特别保护区35个、国家级海洋公园7个，形成了全省海洋保护区网络体系。近岸海域水质状况稳中向好，全省近岸海域优良（一、二类）水质比例稳步上升。2020年，全省优良水质面积比例为85.2%，同比提升5.8个百分点，优于国家考核目标10.9个百分点。大陆自然岸线保有率均高于国家下达目标要求。海洋环境监管能力逐步提升。按照陆海统筹、全面覆盖、聚焦重点的原则，优化调整海洋生态环境监测网络，建设涵盖"沿岸—港湾—台湾海峡"的业务化海洋观测网。基于省级生态云平台，构建"海洋信息一张图"，基本实现海洋环境质量管理分析、入海排污口与海漂垃圾监视监管、海上应急和执法的管理调度，提升海洋生态环境智慧监管能力。海洋环境保护制度日渐完善。省人大常委会先后颁布实施《福建省生态文明建设促进条例》《福建省海岸带保护与利用管理条例》《福建省湿地保护条例》等地方性法规，制定出台《福建省近岸海域海漂垃圾综合治理工作方案》《福建省加强滨海湿地保护严格管控围填海实施方案》等政策文件，编制实施市县两级水域滩涂养殖规划，加快生态文明先行示范区建设。

作为21世纪海上丝绸之路核心区、两岸融合发展先行区，海洋经济已成为拉动福建经济增长的重要引擎和新增长点。"十四五"期间，福建将在更大范围、更宽领域、更深层次推进海洋开放合作。"两个一百年"交汇点上，走"绿色之路"、乘"数字之风"、踏"蓝色之浪"，八闽帆起正远航。

"海丝"核心区：海上合作战略支点

2013年9月和10月，国家主席习近平在出访中亚和东南亚国家期间，先后提出共建"丝绸之路经济带"和"21世纪海上丝绸之路"的重大倡议。这一倡议顺应了和平、发展、合作、共赢的时代潮流，赋予了古老丝绸之路崭新的时代内涵。

作为海上丝绸之路起点和全国最早对外开放地的福建，与国家战略同脉动，获得了扩大对外开放的强大引擎。2015年3月28日，国家发改委、外交部、商务部联合发布《推动共建丝绸之路经济带和21世纪海上丝绸之路的愿景与行动》，明确支持福建建设21世纪海上丝绸之路核心区。11月17日，《福建省21世纪海上丝绸之路核心区建设方案》发布，福建迎来了续写丝绸之路辉煌传奇的历史机遇！

21世纪海上丝绸之路核心区实施以来，福建省围绕"一带一路"总体布局和海上丝绸之路核心区建设方案，发挥历史、地缘、人文等综合优势，以东南亚为重点，以海外乡亲为纽带，坚持政策沟通、设施联通、贸易畅通、资金融通、民心相通，海上丝绸之路核心区建设取得了丰硕成果。

坚持先行先试，体制机制不断健全。

福建发挥平潭综合实验区、中国（福建）自由贸易试验区、福建21世纪海上丝绸之路核心区、福州新区、福厦泉国家自主创新示范区、国家生态文明试验区六区叠加优势，以制度创新为核心，加大先行先试力度，不断拓展与海上丝绸之路沿线国家和地区交流合作新途径。积极营造国际化、市场化、法治化的营商环境，大幅放宽市场准入，扩大服务业对外开放，保护外商投资合法权益。重点加强与海上丝绸之路沿线国家和地区特别是东盟国家高层互访，推动签订共建海上丝绸之路备忘录，在重大议题、重大合作领域达成共识。建立常态化联系机制，加强与海上丝绸之路沿线国家和地区政府机构、行业协会和驻外使领馆的交流沟通，持续拓展"朋友圈"。建立项目储备库及政策会商等工作机制，明确部门推进责任，形成纵向到底、横向到边、上下联动的工作格局。

开展21世纪海上丝绸之路核心区创新驱动发展试验，鼓励境内外知名研发机构、一流大学和世界500强企业等来闽设立研发机构。争取国家支持在福建设立冶金、风力、海洋研发中心总部。利用中国物联网大会永久会址落地福州契机，深化与海上丝绸之路沿线国家和地区"互联网+"合作，推进"网上丝绸之路"建设。支持高校、科研院所和企业在海上丝绸之路沿线国家和地区共建科技园区、研发中心、联合实验室，推动建设一批先进适用技术示范推广基地，加快技术、标准和规范输出。

按照国家《推动共建丝绸之路经济带和21世纪海上丝绸之路的愿景与行动》"为台湾地区参与'一带一路'建设作出妥善安排"的要求，大力推进闽台融合发展，扩大平潭综合实验区、福州新区、福建自贸试验区对台开放，率先落实对台开放举措，打造两岸携手参与国际交流合作新平台，共同促进海上丝绸之路核心区建设；深化闽台产业合作，提升现代服务业、先进制造业和特色农业的合作水平，推动闽台产业合作向研发创新、品牌打造、标准制定转变，携手拓展海上丝绸之路沿线国家和地区市场。吸引台资企业借道福建拓展"一带一路"市场，实现互利双赢。

优先互联互通，海上丝绸之路设施联通更加便捷。

整合优化港口资源，实现港口效益最大化。推进沿海港口管理体制机制改革，打破行政区划，将全省6个港口整合成4个港口，增强统筹发展力度，基本形成由东南国际航运中心、国际航运枢纽港、主枢纽港、地方性重要港口组成的发展格局。集中力量打造集约化、规模化、专业化、现代化核心港区。加快建设厦门东南国际航运中心，厦门港着力完善软硬件设施环境。加强港口集疏运体系建设，实现与铁路、高速公路、机场等通道衔接。2020年全省（沿海）港口拥有万吨级以上泊位184个。

打造"丝路海运"品牌。自2018年12月20日开航至2020年底，"丝路海运"命名的航线已达70条，开行超过2400航次，"丝路海运"联盟成员单位突破200家，通达东南亚、印巴、西非、中东等地。

加密空中通道，提升福州、厦门海上丝绸之路门户枢纽机场功能，重点推进厦门新机场、福州长乐机场二期扩建等项目建设，加快形成以福州、厦门两大门户枢纽机场和晋江等区域干线机场组成的机场网络，基本实现海上丝绸之路沿线重点国家和地区的国际航线全覆盖。2018年全省机场国际航线达到55条，港澳台空中航线达到18条。

完善联运通道。加强铁路、高速公路网建设，全省实现县县通高速，市市通动车，落后者变身领跑者。建设陆路国际运输大通道，开行中欧、中亚国际货运班列，发展海铁联运，促进海、陆丝绸之路有效对接。到2018年，全省开行中欧班列176列，通达杜伊斯堡、波兹南、布达佩斯等十余个欧亚大陆城市。

推进信息通道建设。发挥大数字产业的优势，与国家信息中心共建中国海上丝绸之路大数据中心。推动与东盟国家共建信息走廊，打造面向"一带一路"沿线的东南信息网络枢纽。提升信息网络合作和信息传输机制，海丝卫星数据服务中心投入使用，建成开通福州国家级互联网骨干直联点，海峡光缆1号成为首条两岸"大三通"直达海缆，以信息互联互通为基石推进"全面互联互通"。福建支持信息产业互联网企业发挥自身优势，建设跨境电商平台、国际物流平台。打造"丝路海运""丝路飞翔"，陆海空天立体化网络平台。

支持鼓励省内企业、机构加强再教育、文化、旅游等领域的国际合作，搭建数字国际教育平台。推动数字教育走出国门，向"一带一路"国家延伸，讲好福建故事、中国故事。

加强国际产能合作，海上丝绸之路经贸合作更加热络。

通过举办金砖国家领导人厦门会晤、亚洲合作对话工商大会、中国国际投资贸易洽谈会、海峡两岸经贸交易会、中国泉州海上丝绸之路品牌博览会、中国（福州）国际渔业博览会、中国（厦门）国际游艇展览会等活动，形成了一批具有福建特色和优势的海上丝绸之路交流合作新平台。

围绕机械装备、建筑建材、能源矿产、纺织鞋服等比较优势产业，促进产业跨国分工，建设境外生产加工基地和销售市场，打造海上丝绸之路生产价值链；选择印尼、泰国、柬埔寨等国家，在境外建设轻纺、鞋服福建工业园，实现产业链国际化布局，转换经济发展动力，进一步优化提升福建省开放型经济结构。积极组织省内企业赴境外参加经贸活动，引导有条件的企业积极稳妥开展境外投资。

支持企业在海上丝绸之路沿线国家建设远洋渔业产业园区和海外综合开发基地，境外远洋渔业综合基地数量和规模保持全国第一，境外水产养殖发展规模全国第一。在福建自贸区建立的中国—东盟海产品交易所，拓展与东盟国家的远洋渔业、远洋捕捞、远洋养殖业的合作。

加大金融开放力度，成为海上丝绸之路资金融通的窗口。

福建省通过整合地方财政资金渠道，增加金融机构海外网点建设，设立国际产业合作基金。发挥民营经济发达、民间金融活跃的优势，引导和鼓励民间资本助力海上丝绸之路核心区建设。同时，筛选一批重大国际产能合作项目和绿色低碳项目，争取世界银行、亚洲基础设施投资银行、金砖国家新开发银行以及丝路基金、中非发展基金、中国—东盟海上合作基金、中国—印尼海上合作基金等支持，拓宽融资渠道，降低企业对外投资风险。与国家开发银行、中国出口信用保险公司等机构签署合作协议，为海外投资项目提供融资、保险等全方位支持。与此同时，福建积极吸引台资企业借道福建拓展东盟市场，促进福建—东盟—台湾的物资和资金流动。

人文交流渐入佳境，成为海上丝绸之路民心相通的典范。

福建借助海外闽籍乡亲的力量，采取积极措施增进与海上丝绸之路沿线国家和地区的沟通交流，促进了文化认同和民心相通。文化精品加速"走出去"，福建省歌舞剧院创作的大型舞剧《丝海梦寻》先后在联合国总部、欧盟总部及丝绸之路沿线部分国家演出；"丝路帆远——海上丝绸之路文物精品联展"赴18个国家巡展；"妈祖下南洋，重走海丝路"活动在马来西亚、新加坡成功举办；"闽茶海丝行"从亚洲走入欧洲，使海上丝绸之路成为带着浓浓茶香的共同繁荣之路。妈祖文化、闽南文化、客家文化在海上丝绸之路沿线国家和地区传播扎根，文化交流平台逐渐显现。海上丝绸之路国际艺术节永久落户泉州。成功举办福州海上丝绸之路国际电影节、海上丝绸之路（福州）国际旅游节、厦门"南洋文化节"、莆田"世界妈祖文化论坛"等大型活动。

教育交流交往持续加强。创新留学生培养模式，加强师资队伍建设，开展多样化合作办学，国际教育文化合作取得了明显成效。厦门大学成立"21世纪海上丝绸之路"大学联盟，厦门大学马来西亚分校成为我国公立大学的第一所海外分校。越来越多海外青年学生来闽开展研学活动。组织侨二代、侨三代回乡参访，加强与海上丝绸之路沿线国家和地区侨团交流合作，吸引更多海外学生来闽接受华文教育。不断拓展"朋友圈"，2014—2020年，福建新增友好城市36对，主要集中在海上丝绸之路沿线国家和地区。

"路漫漫其修远兮"，福建聚焦打造"和平之路、繁荣之路、开放之路、创新之路、文明之路"，持续攻坚、久久为功，正乘风破浪，丝路扬帆，迎接一个全新时代的到来！

"十四五"海洋强省建设专项规划：新蓝图描绘"海上福建"美好未来

福建是海洋资源大省，也是海洋经济大省，具有突出的山海优势，海洋、海湾、海岛、海峡、"海丝"赋予了福建向海发展的巨大潜力。海洋在福建全方位推进高质量发展超越战略部署中具有特殊而重要的地位。党的十八大以来，以习近平同志为核心的党中央作出了建设海洋强国的重大战略决策。福建是习近平总书记海洋强国建设重要论述的孕育地和实践地，省委、省政府坚持一张蓝图绘到底，加快建设"海上福建"，打造新时代海洋强国建设的生动实践，推进海洋经济高质量发展。2018年省委、省政府出台了《关于进一步加快建设海洋强省的意见》，提出到2025年建成海洋强省。2021年初，时任福建省委书记尹力提出了要做好数字经济、海洋经济、绿色经济三篇大文章。7月，尹力主持召开全省推进海洋经济高质量发展大会，并在会上强调，要深入学习贯彻习近平总书记关于海洋强国建设的重要论述和来闽考察重要讲话精神，进一步推动形成大抓海洋建设的良好氛围，奋力开创海洋强省建设新局面，为谱写全面建设社会主义现代化国家福建篇章注入强劲的蓝色动能。

2020年4月，省海洋与渔业局、省发改委按照省委、省政府编制"十四五"专项规划的工作部署，启动《福建省"十四五"海洋强省建设专项规划》（以下简称《规划》）编制工作，坚持开门编《规划》，邀请多位院士专家指导《规划》编制工作。积极对接《全国"十四五"海洋经济发展规划》等国家级规划，充分衔接《福建省"十四五"规划和2035年远景目标纲要》等省级其他相关规划。其间相关部门多次征求省直单位、各市（县、区）、100多家重点涉海企业的意见建议并予以充分吸收。2021年9月24日，《规划》通过省政府第93次常务会议审议；11月1日，通过十届省委常委会第296次会议审议。2021年11月15日，福建省人民政府办公厅印发了《规划》，其主要内容包括四个部分十个章节。

《规划》指出，福建具有海洋发展的良好基础，从2015年开始全省海洋生产总值连续6年居全国第三位，2018年首次突破万亿元，2020年达到1.05万亿元，占全省地区生产总值的23.9%。对于未来发展目标，《规划》突出福建省区位政策、海洋资源、生态文明、对外开放等优势，"十四五"期间，全省海洋生产总值年均增速8%以上，高于全省地区生产总值增幅1个百分点以上，海洋经济综合实力居全国前列，锚定2025年建成海洋强省目标。

《规划》进一步优化"一带两核六湾多岛"的海洋经济发展总体布局，推进海岛、海岸带、海洋"点线面"综合开发，做强福州、厦门两大示范引领区，提高重点海岛开发与保护水平，形成各具特色的沿海城市发展格局，加快环三都澳、闽江口、湄洲湾、泉州湾、厦门湾、东山湾六大湾区高质量发展。

《规划》提出了未来5年福建省海洋经济强省建设6个方面的主要任务和举措。一是高质量构建现代海洋产业体系，着力建设临海石化、海洋旅游2个万亿产业集群；打造现代渔业、航运物流、海洋信息、地下水封洞库储油4个千亿产业集群；培育海洋生物医药、工程装备、可再生能源、新材料、海洋环保5个百亿产业集群。二是高能级激发海洋科技创新动力，打造海洋领域省创新实验室等一批海洋新型创新载体，建设海洋科学等一批涉海高峰高原学科，培养引进一批海洋新兴产业等领域"高精尖缺"人才。三是高标准建设涉海基础设施，建设智慧港口，优化港口集疏运体系，构建空天地海协同海洋感知体系和现代渔港体系。四是高定位打造海洋生态文明样板，实施海岸带美化提升、滨海湿地生态修复、海漂垃圾综合治理等工程，开展海洋碳汇研究试点。五是高水平拓展海洋开放合作空间，开展闽台深度合作，加强与海上丝绸之路沿线国家和地区的互联互通，对接长三角和粤港澳大湾区建设，打造国内大循环的重要节点。六是高效能完善海洋综合治理体系，健全海域海岛资源收储和交易制度，增强海洋环境风险防范和灾害应对能力，积极参与区域和全球海洋治理。

《规划》从6个方面提出保障措施：一是加强组织保障，健全上下联动、部门协同的海洋强省建设工作推进机制，强化考核评估和正向激励。二是强化要素保障，保障重大项目用地用海需求，加强财政资金引导，加大金融支持力度。三是开展试点示范，组织开展省级海洋产业发展示范县创建工作，深化福州、厦门海洋经济发展示范区建设。四是突出项目带动，形成"谋划一批、签约一批、开工一批、投产一批、增资一批"的滚动发展态势。五是加强运行监测，建立完善省市海洋生产总值核算体系，建立常态化海洋经济运行监测数据管理、发布、共享机制。六是加大宣传引导，调动全社会参与支持海洋强省建设的积极性。

福建全方位推进高质量发展，重要动能在海洋，重要空间在海洋，重要潜力在海洋。"十四五"期间，福建在政策组合拳推动下，继续向海而行，进一步关心海洋、认识海洋、经略海洋，推动海洋强省建设不断取得新成效，为奋力谱写全面建设社会主义现代化国家福建篇章提供蓝色支撑。

共建第一家园：闽台融合发展潜力无限

福建与台湾一水之连，处在两岸融合发展最前沿，独特的区位优势赋予福建对台先行先试的重要使命。2021年3月，习近平总书记在福建考察时，提出了要突出以通促融、以惠促融、以情促融，勇于探索海峡两岸融合发展新路[1]的要求，为福建做好新时代对台工作提供了根本遵循和行动指南，更向全省发出了加快探索海峡两岸融合发展新路的动员令。福建省委、省政府深入学习贯彻习近平总书记关于对台工作的重要论述和对福建工作的重要讲话、重要指示批示精神，坚决扛起"探索海峡两岸融合发展新路，努力促进服务祖国统一大业"[2]重大历史使命和重大政治责任，积极探索海峡两岸融合发展新路，加快建设台胞台企登陆的第一家园，闽台各领域融合稳中有进，谱写了"两岸一家亲"的新时代篇章。

融合发展，基础在"通"。对福建来说，打造台胞台企登陆的第一家园，关键在于推进两岸应通尽通，提升经贸合作畅通、基础设施联通、能源资源互通、行业标准共通。"新四通"是经济和民生议题，近年来，福建着眼于台湾同胞尤为关心的经济发展、民生福祉，抓住以通促融这个"牛鼻子"，努力探索更多应通尽通的路径模式，坚持能动先动、能通先通，闽台融合发展的基础日益夯实，建设两岸"往来最便捷、合作最紧密"的第一家园取得新成效。

闽台经贸合作更加紧密。三大主导产业深度融合。海峡两岸集成电路产业合作试验区获批实施集成电路保税研发试点改革，厦门获批建设海峡两岸数字经济融合发展示范区。古雷炼化一体化一期全厂主项全部开工，可拉动下游产业超千亿元。农业合作持续走在前列。农业利用台资数和规模保持大陆各省份第一，闽台农业融合发展产业园和农业合作推广示范县建设持续推进。6个国家级台湾农民创业园连续四年包揽农业农村部和国台办综合考评前六名。金融合作实现全业态覆盖。两岸首家全牌照合资证券公司金圆统一证券于2020年2月在厦门揭牌开业。两岸金融产业合作联盟成立。5家台企在A股上市。在闽台湾金融机构增至24家。海峡股权交易中心和厦门两岸股权交易中心台资板共挂牌展示台企3200多家。新兴服务业不断拓展。推进建设海峡两岸生技和医疗健康产业合作区，富士康工业互联、新昶多肽园、天福医院、颐和医院等项目加快推进。经贸合作平台不断完

1　《人民日报》，2021年3月26日。

2　《中共福建省委关于学习贯彻习近平总书记来闽考察重要讲话精神谱写全面建设社会主义现代化国家福建篇章的决定》。

善。制定出台《福建省国家级涉台经济合作园区管理办法》。成功举办"台企拓展大陆内销市场对接活动"和2020年两岸企业家峰会年会。

应通尽通路径持续拓宽。福建沿海地区与金门、马祖通水、通电、通气、通桥的"小四通"持续推进。2018年8月泉州向金门供水工程正式通水，每天向金门平均供水16800吨，有效缓解了金门乡亲用水困难。福马管道供水福建侧陆上工程完工。通电方面，厦门望嶝、迎宾两个电源点已开工建设。通气方面，福建侧已具备船运供气条件。通桥方面，向金（门）马（祖）通桥项目已形成规划和工程技术方案，并纳入国家公路网规划建设。海空通道建设稳步推进。支持"丝路海运"班轮与闽台海空航线、中欧班列无缝对接，厦门中亚班列首次对接高雄港，台湾商品经中欧班列输往中亚和欧洲市场常态化。两岸通关环境更加便利。福州海关首创"交易信息实时比对"，厦门海关对台湾输入大陆水果做到随到随检。

"十四五"期间，省委、省政府坚持"以通促融"，拓展两岸经贸合作新空间，建设两岸能源资源中转平台，并在推进与金门、马祖地区通水、通电、通气、通桥的同时，在若干领域先行开展两岸标准化试点等，当好两岸融合发展的"排头兵"和"试验田"，在两岸走近走亲、携手圆梦、实现祖国统一的历史进程中继续发挥重要作用。

融合发展，活力在"惠"。福建在推进两岸关系发展新征程上开启新探索，审时度势，科学决策，在对台工作中坚持以人民为中心的发展思想，像为大陆百姓服务那样造福台湾同胞，坚持推动"以惠促融"，建构以"两个同等待遇"为主要内容的惠台利民政策体系，不断完善保障台湾同胞福祉和享受同等待遇的政策和制度，不断增强在闽台胞的获得感和受益面，在惠台利民上继续开大门、迈大步，为两岸融合发展注入新的活力与动力。

强化服务保障。当好台企来闽投资兴业的"服务员"、创新发展的"护航员"、开拓市场的"推销员"，打造更多"一站式"窗口，提供更多"一条龙"服务。台胞台企同等待遇落实落细。全面落实"31条""66条""42条"等惠台利民政策措施，向社会公布首批225条同等待遇清单。公共服务平台日益健全。在各设区市"12345"便民服务平台整合涉台服务热线，在各地行政服务中心设立"台胞台企服务专窗"，莆田、厦门、泉州等地设立台胞医保服务中心，提供一站式医保报销服务。贴近台胞需求，推进基本公共服务均等化、普惠化、便捷化。提升台湾居民居住证应用便利化水平，健全涉台纠纷多元化解机制，增强台胞获得感、幸福感、安全感。法治化环境更加完善。全面推广"涉台纠纷法律查明实施平台"，健全涉台纠纷多元化解机制，设立涉台调委会、法官工作室、涉台检察联络室（站、点）。

深化闽台农业和乡建乡创融合发展。将"大力推动闽台农业融合发展"确立为持续推进脱贫地区乡村振兴的系列举措之一。支持引进推广台湾农业"五新"，不断深化茶业、精致水果、花卉、食用菌、农产品加工、休闲观光等优势产业合作；支持脱贫地区提升台湾农民创业园、闽台农业融合发展产业园、海峡两岸现代林业合作试验区等建设水平，吸引台湾同胞来闽投资、创业和发展。出台深化闽台乡建乡创融合发展的若干措施，从拓展闽台合作领域、加大资金支持力度、完善辅导对接服务、健全组织工作体系等4个方面深化闽台乡建乡创融合发展。首创的"福建省青年建筑师驻村行动项目"获得住房城乡建设部人居环境奖范例奖，支持90余支台湾建筑师和文创团队、300多名台湾人才参与160多个乡建乡创项目，为福建228个村庄提供规划设计、产业文创等陪护式服务。2021年起，福建将补助乡建乡创闽台合作项目扩大到100个，加大引进台湾乡建乡创青年人才来闽创业。

金融服务更加优质。创新信贷政策和抵押担保服务，在平潭开展"台商台胞金融信用证书"试点，持证台商台胞可以比较便利地获得金融机构融资、信用卡开办等多项金融服务。并将政策推广至漳州、泉州、宁德、龙岩、三明、莆田等地，被国台办作为2019年度贯彻落实习近平总书记重要讲话精神的金融服务方面唯一案例予以肯定。首创台胞台企征信查询业务，61家金融机构开通台湾地区信用报告查询服务。率先试点台资企业资本项目管理便利化政策。推广"外汇收入便利化支付、境内股权投资、外资外汇登记、外债开户选择、外币外债注销登记"等5个资本项目便利化试点政策。

推动闽台人才交流合作。支持台胞参加职业技能培训，推进职业技能等级认定、直接采认台湾职业技能资格，政策覆盖面、台胞受益面持续走前头。聘请或选任台胞担任仲裁员、调解员、涉台检察联络员、人民陪审员等。越来越多台胞跨海来闽追梦筑梦圆梦，在基层治理、乡村振兴等领域展现才华，形成了"1＋1>2"的融合效应。截至2021年，全省各类台青就业创业基地逾80家，实习就业创业台青超过4万人次；300多名台青参与228个村庄项目建设。

融合发展，纽带在"情"。2019年3月10日，习近平总书记在参加十三届全国人大二次会议福建代表团审议时强调，要探索海峡两岸融合发展新路。要加强两岸交流合作，加大文化交流力度，把工作做到广大台湾同胞的心里，增进台湾同胞对民族、对国家的认知和感情。一个"情"字，让两岸同胞的心贴得更紧。福建秉持"两岸一家亲"理念，加快推动"以情促融"，推进实施亲情乡情延续工程，增强祖地文化对台感召力、吸引力、凝聚力，提升文化交流质量体量能量，活动数量、人数、密度均位于大陆前列。

祖地文化认同走深走实。做大做强交流品牌。截至2022年成功举办14届的海峡论坛，累计有10多万台胞参与，成为两岸规模最大的民间交流平台。从第八届起，海峡青年节升格为国家级项目，累计有近万名台青参与，成为两岸同胞交心交融的重要平台。全省每年举办300多场交流活动，保持交流不停不断不少。持续深化民间交流，扩大寻根谒祖、族谱对接、朝圣祭祀、同名同宗村交流和乡镇村里对接，湄洲妈祖、闽王、陈靖姑、广泽尊王金身入岛巡安。

文化艺术交流丰富多样。闽台两地间文化艺术交流模式不断创新，取得显著成效。福建省文化和旅游厅在全国先行先试，率先将台湾同胞纳入福建省非物质文化遗产代表性传承人评审，到2021年共有7名台湾同胞被评定公布为福建省级非遗传承人，涵盖寿山石雕、南音等非遗项目。福建省歌舞剧院和福州市文化和旅游局甄选并吸纳优秀台湾演奏家组建福州海峡交响乐团。闽台两地艺术家共同创排舞台艺术的现象也蔚然成风。在厦门，闽台艺术合作更加密集。闽台文创周为闽台两地文创业者提供了交流合作的重要平台。

青年交流更加深入。鼓励和支持台湾青年朋友来闽实习、实训、就业、创业，一批台青在福建担任教师、医生、科技特派员、社区营造师，并获得各种荣誉。全省各地结合自身优势，围绕基层和青少年交流，开展了"小而精"的特色交流活动，构建起覆盖省市县、多层次、立体化的"一市一品牌、一县一特色"交流格局，促进两岸同胞心灵契合。

闽台同胞增进交流、深化合作的意愿真诚强烈，两岸融合发展的大潮大势无法阻挡。八闽大地充满活力，福建发展机遇无限，闽台融合潜力无限。未来闽台同胞将继续携手打拼，探索新路、树立典范、开拓新局，共绘两岸融合发展新画卷。

用好重要力量：发挥侨资、侨智、侨力作用

习近平总书记高度重视侨务工作，对侨胞始终充满感情，强调广大海外侨胞有着赤忱的爱国情怀、雄厚的经济实力、丰富的智力资源、广泛的商业人脉，是实现中国梦的重要力量。2021年3月，习近平总书记来闽考察期间，作出要更好发挥侨资、侨智、侨力作用，促进更多资源要素汇聚福建，助推高质量发展的重要指示。这是对福建做好侨务工作的重要要求，也是广大侨商侨胞来福建发展的重大机遇。福建高度重视发挥侨务资源优势，引导广大海外华侨华人积极服务和深度融入新发展格局，为福建省全方位推进高质量发展超越贡献侨界力量。

拓宽侨务经贸合作。突出"丝路海运""丝路飞翔"等重点工作品牌，健全"走出去"项目对接合作机制，推动有条件的园区、项目纳入重点国别双边战略合作规划。发挥石狮东南亚采购集散中心外贸综合服务平台作用，优化侨商散

货集中采购便利服务，支持石狮、晋江市场采购贸易方式试点建设，加强招商引流，推动更多地区纳入试点范围。支持中国（泉州）海上丝绸之路品牌博览会、海峡两岸纺织服装博览会等特色会展和跨境贸易对接，鼓励引导侨资企业精准开拓国际市场。持续打造"视听福建"海外播映品牌，推动建设家乡名优特产品"海外仓"，创新举办线上线下"侨交会"，带动八闽文化和更多闽货走向世界。邀请39个国家逾百名海外优秀青年侨胞代表，参加第四届21世纪海上丝绸之路博览会暨第二十三届海峡两岸经贸交易会、第三期闽侨青年精英海丝行、2021闽侨青年精英海丝论坛等活动，组织部分青年侨商开展投资项目考察洽谈。在厦门举办金砖国家华侨华人创新合作对接会，邀请近百位金砖国家侨领侨商参加，现场签约12个项目、投资48.3亿元。开展"联百会引商引智入八闽"行动。做实做细中国侨商投资（福建）大会，大会共汇总合同和协议158个，其中合同项目102项、协议项目56项，两项合计总投资额达1813亿元。项目涉及电子信息、装备制造、新能源新材料、海洋经济、文化传媒、文旅健康、数字产业、现代物流等领域。指导推动福建主播农业科技公司建设全省最大规模蔬菜供应商和欧洲研发中心，拓展海外市场。

创新侨务引资平台。加强与海外商界、科技界重点社团和人士的联系交流，充分利用世界福建同乡恳亲大会、世界闽商大会和福建侨商投资企业协会等载体平台，拓展与闽籍新华侨华人、海外留学人员和华裔新生代的联络联谊，引导侨胞助力新福建建设。发挥海外经贸、科技、文化各联络站（点）作用，支持侨商回乡投资兴业。举办RCEP（《区域全面经济伙伴关系协定》）青年侨商创新创业峰会，推动东南亚采购集散中心做大做强，支持建设跨境电子商务实训基地。举办"侨连五洲·建功八闽"2021年侨界青年奋进新时代主题论坛，加强侨务科技创新成果转化平台建设，成立侨乡投资项目交易中心，借助平台功能建立和发展福建"侨梦苑"，为高层次人才创新创业发展提供项目对接、签约落地、创业培训、政策支持、人才支援、市场开拓、融资保障，打造全链条华侨华人创新创业服务平台。

推进侨务招才引智。增强海外侨胞桥梁纽带作用，吸引海外高层次人才来闽创新创业，推动优质侨资侨智项目落地福建。不断完善"侨智沙龙""创业中华"等引智品牌，开展海外院士（博士团）福建行、海外双创活动周、闽侨青年精英海丝行、侨青创业行和侨领侨商研习研修等活动，引导海外专业人才来闽开展技术合作、创办高新技术企业。联系厦门大学、华侨大学等高等院校，探索打造"地方侨联+高校侨联+校友会"引才品牌。在厦门、福州、平潭等成熟产业园区，推动设立海外人才离岸创新创业基地。实施八闽新侨培育工程，充实海外人才资源储备库。举办海外华商"一带一路"暨中国国情研修班，32个国家50位中青年侨领侨商和专业人士参加。组织35位侨领侨商参加金砖国家华侨华人创新合作座谈会，为厦门打造"金砖国家新工业革命伙伴关系创新基地"献计献策。推动海外高层次人才团队，在宁德东侨注册成立工业仿真公司。

优化涉侨扶持政策。推动各级各部门营造更加开放投资环境，鼓励相关金融机构加大对侨资企业信贷支持力度。推动各地产业引导基金投资成长型侨资企业，鼓励侨资企业通过"金服云"平台开展融资对接。支持侨资企业运营总部或科创研发中心、财务结算中心、地区运营分支机构在闽落地。突破解决侨胞个人经营性外汇收入规范回流问题，在总结重点侨乡试点经验基础上，全面实施个贸收汇政策。复制推广平潭综合实验区合格境外有限合伙人试点政策，吸引境外投资者和侨资企业参与投资省内国家战略性新兴产业项目。创新"恳亲+商务"综合服务，推动世界福建同乡恳亲大会成立秘书处，建立常态化服务机制。发挥福建侨商投资企业协会等涉侨商（协）会作用，及时协调处理侨商侨企反映的问题和意见建议，为侨胞侨企在闽开展经贸活动、项目投资落地及出入境、社保、医疗、养老、子女教育等方面提供更加优质便利服务，吸引更多侨胞侨企和跨国公司来闽投资创新创业。积极引导民营企业、侨资企业履行社会责任，组织企业和商会开展"千企帮千村"精准扶贫行动，结对帮扶贫困村。推动华侨房屋保护和开发中心建设，助力打造美丽侨乡示范。

做强做大侨批文化品牌。推动侨批"申遗"工作，2013年6月，侨批档案入选联合国教科文组织世界记忆名录，这是福建首个入选世界记忆遗产的项目。侨批档案和世界记忆项目福建学术中心工作纳入《福建省国民经济和社会发展第十四个五年规划和二〇三五年远景目标纲要》《福建省"十四五"档案事业发展规划》。在《福建日报》《福建侨报》等开设专栏，宣传侨批档案蕴含的爱国、爱乡、孝悌、诚信等故事。设立"百年跨国两地书——福建侨批"主题展览，让侨批展走入海上丝绸之路沿线国家，进入侨乡社区、华侨农场和校园。制作侨批纪录片《百年跨国两地书》在福建电视台新闻频道、公共频道、海峡卫视，世界记忆项目中国国家委员会官方网站等平台播出，反响热烈。编撰《福建侨批档案文献汇编》《百年跨国两地书——福建侨批档案图志》等多部书籍。与新加坡国家文物局签署谅解备忘录，开展以侨批档案为重点的档案文献遗产交流合作。在泉州设立全省首个侨批展示基地泉州侨批馆，"世界记忆项目福建学术中心实践基地"在晋江侨批馆设立。2021年10月13日，省政府发布《福建省侨批档案保护与利用办法》，这是侨批文化保护传承的里程碑和新起点，为福建侨批档案工作提供法治保障。

广大华侨华人、港澳台同胞和归侨侨眷是福建加快发展的重要参与者和倚重力量，在福建建设的新征程中大有可为、大有作为。广泛凝聚侨心、侨智、侨力，积极为深化福建与海外交流合作牵线搭桥，加强人才互动、资本对接、交流合作，共同谱写全面建设社会主义现代化国家的福建篇章。

厦门东南国际航运中心："海丝"交通枢纽

厦门东南国际航运中心地处厦门市海沧区，是我国继上海、天津、大连之后的第四个国际性航运中心。2011年，在厦门经济特区建设30周年之际，国务院批复实施《厦门市深化两岸交流合作综合配套改革试验总体方案》，明确提出支持

繁忙的厦门港

厦门加快东南国际航运中心建设，创新航运物流服务，大力发展多种服务功能于一体的航运物流服务体系。自此，东南国际航运中心上升到国家战略层面。2013年，"一带一路"倡议提出后，厦门港作为"21世纪海上丝绸之路"的重要港口节点，迎来了新的发展机遇。2013年12月，福建省政府批准实施《厦门东南国际航运中心发展规划》，绘就了厦门港未来20年的发展蓝图。规划总体功能定位是集商品、资本、技术、信息于一身，集海港、空港、陆地港与信息港于一体的智能型港口，以厦门港为基础、福建沿海港口群为支撑，厦漳泉城市群为依托，海峡西岸经济区为辐射范围，建成国际集装箱干线港，区域性邮轮母港，两岸航运交流合作先行区，国际航运服务业聚集发展示范区，东南沿海国际物流中心，形成"双港双区一中心"的国际航运中心发展格局，为建设立足海西、服务两岸、面向国际，对区域经济带动力强的厦门东南国际航运中心指明了方向。2021年5月，省政府公布的《加快建设"海上福建"推进海洋经济高质量发展三年行动方案（2021—2023年）》提出，福建要做大做强东南国际航运中心，建设世界一流现代化智慧港口，要着力打造厦门国际集装箱干线港，扩大"丝路海运"品牌影响，进一步凸显了厦门港的中心地位。

建设国际集装箱干线港。集装箱港口，是厦门在全球经济中排名最高的一个领域。1983年，厦门港启动集装箱业务，1997年首次进入世界百强，2000年集装箱吞吐量首破100万标箱。之后，厦门港集装箱业务进入高速发展期，2017年集装箱吞吐量首破1000万标箱，全球排名升至第十四位，2021年顺利升至第十三位。截至2020年底，厦门港拥有北美、欧洲、地中海、中东、非洲、东南亚及东北亚等集装箱班轮航线157条，外贸航线111条，通达55个国家和地区的149座港口。其中，"一带一路"航线共计67条，途经25个"一带一路"沿线国家的54座港口。

提升港口综合服务能力。推动厦门港加快建成"安全便捷、智慧绿色、经济高效、支撑有力、世界先进"的世界一流港口是厦门港"十四五"规划的主要任务之一。而要提高港口综合服务能力，智慧港口建设势在必行。2012年10月，厦门远海码头自动化项目由中远海运集团、厦门市政府和中交建集团三方合作，在人民大会堂签订合作框架协议，"全球领先、中国第一"的自动化码头项目建设随之启动。2013年3月，厦门远海全自动化码头开工建设，2016年3月投入商业运营，填补了中国自动化码头的空白，成为全球技术领先、零排放、智能化的全自动化集装箱码头。厦门远海全自动化码头的建成创下了多个全国首个、全球首个，不仅是中国首个真正意义上的无人化全自动化码头、全球首个第四代无人化全自动化码头，还是中国首个拥有全部自主知识产权的自动化码头、全球首个堆场与码头岸线平行布置的自动化码头、全球首个无内燃机驱动设备作业的全电动的自动化码头等等。厦门远海全自动化码头自投入商业运营以来，实现安全"零"事故，箱量、工作效率和经济效益提速亮眼，以全球领先的傲人技术和经济效能成为中国工业4.0的领头羊。随着厦门远海全自动化码头投入商业运营，厦门港的港口生产能力也迈上了新台阶。2017年5月27日，厦门远海全自动化码头举行全球首艘超21000标准箱的集装箱巨轮"东方香港"号首航工作启动仪式，不仅刷新了厦门港靠泊最大集装箱船的纪录，还创造了中国首个全自动化码头首次承接全球最大型集装箱船舶首航作业的纪录。厦门港在智慧绿色港口建设的道路上不断先行先试，大胆探索港口设备自动化与集装箱智慧物流平台的融合对接，努力实现全物流链的智能化。厦门远海码头在传统智慧码头运营的基础上毅然"换挡"，立足于高度信息化、全自动化系统，融入5G、区块链等当前最前沿技术，向更高层次的"智慧港口"全面转型升级。2020年5月11日，全国首个5G全场景应用智慧港口项目在厦门港远海码头启动运营。2020年7月，以海润码头为试点，厦门港率先启动国内首个传统集装箱码头全港区、全作业链的智能化改造创新工程。应用行业最先进的IGV（智能引导车）进行平面运输，自主研发码头"超强大脑"智能生产管理系统，搭建了全国首个物理隔离工业控制级5G专网，融合运用物联网、北斗导航、AI等前沿科技，最终实现将作业指令发布、集装箱装卸、平面运输、堆场作业等多环节用"智能化"统领、串联，并与集装箱智慧物流平台对接，将码头操作管理智能延伸至集装箱全物流链。2022年1月20日，厦门港海润集装箱码头打造的我国首个传统集装箱码头全流程智能化改造项目迎

厦门国际邮轮母港（台海网）

377

来试投产。

建设区域性邮轮母港。厦门国际邮轮母港是我国四大邮轮母港之一，也是国家确定的邮轮运输试点示范港。2016年9月，厦门国际邮轮母港正式启动码头泊位升级改造，计划建设4个泊位，其中0#至2#泊位为邮轮泊位，3#泊位为2万吨级滚装轮泊位。2019年4月，厦门国际邮轮母港泊位改造工程全面完成，具备了迎接世界最大吨位邮轮的硬件水平，这一接待能力不仅在亚洲居前，在全球也属于领先。2019年，厦门国际邮轮母港共接待邮轮136艘次，同比增长41.67%；出入境旅客达41.37万人次，同比增长超27%。两项数据均创下厦门母港历史新高，已位居国内邮轮母港头部阵营。

厦门还打造出全国首个以"邮轮+"为主导的海铁联运、海空联运发展模式。2018年6月，厦门自贸区出台《关于促进厦门自贸试验区邮轮船供服务业发展的暂行办法》，进一步强化厦门邮轮产业邮轮物资供应链，吸引国际邮轮来厦常态化，推动国际邮轮在厦门就地采购或者中转直供，助力厦门邮轮产业加速发展。2018年，厦门国际邮轮母港完成旅客吞吐量32.46万人次，比增97.78%，创造了厦门自20世纪80年代接待邮轮以来的最佳成绩。除了创造年度旅客吞吐量新纪录，2018年厦门国际邮轮母港还完成了多个首次：3月8日启航全国首个跨菲律宾、马来西亚、文莱、新加坡、柬埔寨、越南六国的"一带一路"航线；3月22日，启航首个以邮轮为载体"一带一路"文化艺术交流活动，成为国家推动文旅融合发展首个成功实践；7月16日完成首批保税物资"整进散出"供船操作，成为"进口直供""保税供船"邮轮物供"快速通道"开启后又一全国首创。

"丝路海运"成为厦门港发展新亮点。从2016年开始，厦门邮轮母港就连续尝试开拓"21世纪海上丝绸之路"互联互通新航道，相继开通了厦门至越南、菲律宾、新加坡等东南亚国家的海上丝绸之路邮轮航线。2018年12月，厦门港务控股集团携手福建交通运输集团、中国远洋海运集团等共同发起成立"丝路海运"联盟的倡议，成立"丝路海运"运营平台——福建丝路海运运营有限公司，在全国率先开行"丝路海运"。"丝路海运"依托厦门东南国际航运中心，面向全球航商、物流商、贸易商，旨在加大"硬件"基础设施投入，加快"软件"服务能力提升，以标准化流程推动建成设施完善、网络健全、运量增长、便捷高效的海上丝绸之路航运服务体系，打造"一带一路"航运综合物流服务品牌。2020年9月8日，"丝路海运"国际合作论坛在厦门国际会展中心召开，"丝路海运"的"朋友圈"日益扩大。不到两年时间，"丝路海运"品牌建设就初见成效：首批"丝路海运"省级扶持政策出台，国际铁海联运厦门回程过境班列首发，"丝路海运"联盟常态化运作，"丝路海运"自动气象观测站建成投用，世界最大装载能力的集装箱船——"现代格但斯克"轮靠泊厦门港，天津港集团和韩国现代商船公司加入"丝路海运"联盟，福州港"丝路海运"快捷航线首航，"丝路海运"快捷航线"进口直提"通道正式启用，将港航合作、物流服务、经贸往来推向全新高度，掀开了福建海上丝绸之路建设的新篇章。"丝路海运"不仅壮大了厦门港的国际品牌，还成为拉动厦门东南国际航运中心快速发展的一支新生力量。如今，乘着"一带一路"倡议的东风，"丝路海运"这一画卷正在波澜壮阔地展开，把中国经济的大海和世界经济的汪洋紧紧融汇在一起。

千年海路，扬帆致远。厦门从"涨海声中万国商"的历史中走来，成为海上丝绸之路的重要交通枢纽。抓住"一带一路"和自贸试验区建设的契机，厦门港加快朝着建设国际化航运中心的目标稳步迈进。

"丝路海运"：一条通向世界的黄金水道

在国内国际多个重要场合，习近平总书记对"一带一路"建设的重大意义、丰富内涵、路线方法，"一带一路"提供的世界机遇以及如何通过"一带一路"进行国际合作等进行深刻阐述，为推动共建"一带一路"走深走实、行稳致远指明了正确方向，勾画了宏伟蓝图，提供了重要遵循。福建省深入贯彻落实习近平总书记的重要讲话重要指示批示精神，进一步夯实21世纪海上丝绸之路核心区的功能定位，在全国率先开行"丝路海运"，致力于打造服务标准化、运行便捷化、管理智能化的"一带一路"港航综合物流服务品牌，开辟出一条通向世界的黄金水道。

高站位高起点谋划，打造海上丝绸之路品牌。到2021年底，厦门港、福州港、天津港等"丝路海运"联盟成员相继开行了86条"丝路海运"命名航线，构建起联通29个国家102座港口的航线网络，开行超过6856航次，集装箱吞吐量达740万标箱。"丝路海运"与中欧班列形成了陆海内外联动、东西双向互济的国际贸易新通道，成为连接中国港口与21世纪海上丝绸之路沿线国家和地区港口的海运物流服务生态圈，成为促进交通运输行业对外投资跨国经营的重要媒介和"一带一路"国际航运物流服务的新品牌。

2021年1月，福建省印发《福建省"丝路海运"港航发展专项资金管理暂行办法》，支持"丝路海运"航线拓展、集装箱业务增长、海铁联运发展，"丝路海运"进入全新发展阶段。2021年3月，"丝路海运"写入国家"十四五"规划及2035年远景目标，国家明确提出支持扩大"丝路海运"品牌影响力。"丝路海运"由此从地方探索上升为国家战略，由试点启动阶段正式迈向拓展提升的高质量发展新阶段。

深化港航合作，服务更优。港口作为畅通经济社会循环的基础性设施，不断完善的港站枢纽集疏运体系，为港口运行带来了更高的循环效率。《"丝路海运"建设蓝皮书（2019—2020）》指出："丝路海运"是有特定服务标准的高质量海运服务，是"一带一路"物流服务的重要品牌，成立以来，坚持"软""硬"联通并举，推动海运服务从"有"到"优"，打通了海上、陆地以及东西腹地节点，打造了一条介于长三角与珠三角之间的东南物流大通道。

通过促进立体交通发展，提升多种运输方式协同的综合运输能力。搭建陆海联运通道，从而为国际经贸合作提供更加多样化、便利化的物流路径选择。2019

年3月，厦门和江西两地"丝路海运+海铁联运"实现双向对开，将两地的运输时效压缩到3至4天。6月，厦门港海润码头投用全市首个多式联运港站，并发出第一班满载"丝路海运"货物的班列，直接惠及"丝路海运"航线和中欧班列，免去之前的拖车陆地转运环节，实现降本增效。2020年6月20日，"天鹅湖"轮在福州江阴港鸣笛起航，开创了福州港铁路箱外贸货物"一箱到底"全程多式联运新模式。随着班列线路加密、运行规模扩大，福州港江阴港区已成为江西、湖南、湖北、四川等多个中西部省市内陆货物进出海的重要通道。湄洲湾东吴港区、泉州港近年来也纷纷以多式联运为重点，出台相关文件，确保集装箱吞吐量稳步增长。

通过标准的制订和推广以实现港航服务品质不断提升。陆续开展口岸通关、港航信息化等方面的服务标准课题研究。2019年，"丝路海运"公司作为"丝路海运"的运营主体和联盟秘书处，先后发布了《港口服务标准》《中转服务标准》《多式联运港站服务标准》《中远海丝路海运航线服务标准》等。2020年，受福建省发改委委托，"丝路海运"公司联合交通运输部水科院，对标九部委联合发布的《关于建设世界一流港口的指导意见》中6个方面19项重点任务，以及世界一流港口的16项指标，共同探索建立高标准、精细化、可推广的"丝路海运"现代综合物流服务标准体系，形成了《"丝路海运"发展政策和服务标准研究》以及《"丝路海运"港口服务标准》等两项成果。

开通快捷航线以应对"新冠"疫情挑战。2020年8月，"丝路海运"快捷航线开通，在福州港江阴港区首航，创新"港口直提、出口直装"等港口作业模式，保障诸如疫情防控物资、危险品、冷藏箱等特殊货物的高效通关。服务范围从传统的港口作业环节拓展到口岸通关、腹地货源、海铁联运等业务领域。8月13日，厦门"丝路海运"快捷航线"进口直提"通道也启用。"丝路海运"开通的6条快捷航线，在船舶通行、船舶联检、码头作业、货物通关、航运服务等八大环节中，进一步提升了服务标准，船舶平均进出港时间压缩10%，通关服务效率提升20%，实现了更高的港口效率、更准的船舶班期、更低的物流成本。

数字赋能是"丝路海运"迈向高质量发展的新方向。2021年9月8日，2021"丝路海运"国际合作论坛上，"丝路海运"信息化平台正式启动。平台助力整合已有的关检—港口—航运—贸易的多维度信息资源，拓展国内外智慧物流合作伙伴，打通"丝路海运"航线所经港口"信息孤岛"，促进海关"三互"、商品溯源和全程物流可视化，推进物流和信息流的深度融合，进一步维护国际产业链供应链的安全稳定运行。

畅通丝路通道，辐射更广。"丝路海运"从启动开始，就得到了60多家港航物流企业的积极响应。"丝路海运"联盟成立后，更多的企业和机构加入。2020年6月23日，天津港集团正式加入"丝路海运"联盟，投入2条天津至东南亚集装箱航线参与运营，并推出首批"丝路海运"命名航线（天津港），与福建省"丝路海运"命名航线形成南北互济的双向格局。2020年7月，全新一代、世界最大集装箱船、韩国现代商船旗下的"现代格但斯克"轮停靠在海沧港区嵩屿集装箱码头，标志着韩国现代商船公司正式加入"丝路海运"联盟。之后，海丰国际、山东省港口集团、广州港集团、北部湾港务集团等重量级港航企业相继加入，"丝路海运"的"朋友圈"持续扩容，联盟框架内成员集思广益、优势互补，联盟的知名度和影响力得到极大提升，黄金水道越行越宽。截至2021年底，"丝路海运"联盟成员已突破250家，发展成为涵盖港口、航运、物流、贸易、投资、金融、信息及高校和科研单位等不同行业领域的合作平台，通达东南亚、印巴、西亚、中东等多地。

除了航线业务不断增长，"丝路海运"在吸引外资企业参与福建港口建设的同时，也推动福建港航企业布局海外。以"丝路海运"品牌为媒，福建加强与新加坡、马来西亚等海上丝绸之路沿线国家和地区的港口合作，拓展友好港口，互设业务网点，吸引沿线港口加入"丝路海运"体系，不断优化港航服务和航线布局，形成国际航运服务网络。2019年，新加坡、印尼等地的企业已在福建投入运营33个码头泊位；厦门港务控股集团、福建省交通运输集团等"丝路海运"龙头港口企业开始积极筹划在海上丝绸之路沿线国家和地区投资建设港口、配套码头等基础设施，努力实现优势资源"走出去"。强有力的"丝路海运"港航网络正在加快形成。

助力经贸繁荣，红利更多。发展海洋经济，核心在于产业，重点在港口优势的发挥。"丝路海运"将海上、陆地的多种物流方式有机衔接，助推福建形成以港口为支点，产业集聚为驱动力、区域城市群竞争力提升为目标的发展模式。依托"丝路海运"的货源结构优化，提升临港产业布局，打造蓝色产业集聚区，提升福建区域内产业协同发展能力和整体竞争力。"丝路海运"开航后，得到港航物流企业的积极响应和支持，行业从港航物流扩展到商贸制造、科研机构、行业协会，融合了港口、航运、物流、贸易、金融、信息等要素，使得"丝路海运"成为一条融汇中国经济和世界经济的纽带，为海上丝绸之路沿线国家和地区的交流合作构建新引擎、拓展新动能、培育新业态。2020年，福建省与"一带一路"沿线国家和地区贸易额增长7.2%，东盟成为福建省第一大贸易伙伴。"丝路海运"助力"21世纪海上丝绸之路核心区"建设不断走深走实。

"丝路海运"深化两岸融合发展，构筑起两岸"经贸合作畅通、基础设施联通、能源资源互通、行业标准共通"的桥梁。福建依靠独特优势，大力发展海运业，推动对外贸易特别是对台贸易持续发展，台湾地区已发展为福建最重要的贸易地之一。海运业的发展有效促进了两岸间的人流、物流、信息流的互通，有利于海峡两岸提升经贸合作畅通、基础设施联通、能源资源互通。"丝路海运"标准体系的推广实施，有利于提升两岸行业标准互通。"丝路海运"战略不仅是繁荣福建海运业的一项重要举措，也是关系到福建经济再创辉煌的一项战略措施，同时也是两岸"四通"的桥梁。

好风凭借力，潮起再扬帆。福建布局港口新篇章，充分发挥国内市场规模优势和港口产业集群效应，在畅通国内经济大循环的同时，内外联动，更好地融入国际大循环，推动福建沿海港口发挥在国内国际双循环相互促进中的战略链接作用。大港口、大通道、大物流，福建港口正在全面建设交通强国先行区，主动融入"一带一路"，更好地服务福建经济发展。

"丝路帆远——海上丝绸之路文物精品七省联展"

福建拥有3000多公里漫长曲折的海岸线以及众多的优良港口，自古以来就是中国对外通商贸易的重要门户，在古代海上丝绸之路发展史上发挥了极其重要的作用。作为首批国家一级博物馆，福建博物院对古代外销窑址、港口古遗址等海上丝绸之路文化遗存做了充分研究，积累了丰富的学术成果。在福建博物院举办的"福建古代文明之光""福建古代外销瓷"等大型基本陈列中，都有许多与海上丝绸之路相关的亮点。依托悠久的历史背景，结合丰富的学术积累，2011年，福建博物院主动承担起承办从文化遗产角度对海上丝绸之路进行陈列展示的重任，联合海上丝绸之路沿线具有鲜明特色的海南、广东、浙江、江苏、山东等地参与筹办"丝路帆远——海上丝绸之路文物精品七省联展"。

经过3年严格筛选与审慎研究，福建博物院联合7省（区）51家博物馆，从全国数十万件文物中选出了适合参展的文物近千件。此后，从历史性、艺术性及与海上丝绸之路内涵的关联性等多方面进行考虑，主办方最终确定300余件文物参展。展品中一级文物就达到53件，更有许多水下考古新发现或新征集的文物精品，种类涵盖瓷器、丝绸、陶器、金银器、漆器、香料、青铜器、古钱币、玻璃器等，既能体现中国古代工艺之美，更能表现海路交往所带来的文化、宗教、观念上融合、碰撞产生的火花，此外包括《郑和航海图》《坤舆万国全图》及一些珍贵古籍的记载及绘图都通过一定的展示手法加以呈现。

展览分四部分，按时间顺序依次介绍了从远古到秦汉时期、两晋到唐五代时期、宋元时期和明清时期海上丝绸之路形成、发展、繁荣和转型的全过程。为了让观众通过展品领略展览的主题思想，展览突出展示与海洋相关的文物或者背景资料。展览以中国海洋文明中"计利当计天下利"的儒家济世情怀与理想精髓，挖掘海上丝绸之路文化遗产的价值，展示沿海先民开拓海上丝绸之路的艰辛历程，探索古代东西方贸易和文化交流的深刻意义。

2013年10月18日，"丝路帆远——海上丝绸之路文物精品七省联展"在福建博物院隆重开幕。省内外媒体予以大量报道，社会各界也对这样接地气的展览给以极大的热情。2014年在七省联展的基础上，国家文物局、北京市人民政府、福建省人民政府在首都博物馆共同推出大型海上丝绸之路展。其后，上海、北京两地博物馆加入展览，展品也增加到350余件，国家文物局将展览名称改为"直挂云帆济沧海——海上丝绸之路特展"。

2014年5月18日，在被称为"全国博物馆领域最高级别专业奖项"的全国博物馆十大陈列展览精品评选活动中，"丝路帆远"展览经过全国初评、网上投票、实地复核、现场答辩、专家打分等层层筛选，从全国博物馆每年2万余个展览中脱颖而出，最终排名第三，获得2013年度全国博物馆十大陈列展览"精品奖"。

为了方便海外展览的实施，福建博物院将"丝路帆远——海上丝绸之路文物精品七省联展"浓缩为"丝路帆远——海上丝绸之路文物精品图片展"。2014年5月26日，"丝路帆远——海上丝绸之路文物精品图片展"远赴南美洲巴西圣保罗坎皮纳斯州立大学展出。9月24日，福建博物院作为承办单位之一的"中国·海上丝绸之路文物精品图片展"，远赴英国伦敦、西班牙巴塞罗那举办展出活动。9月26日，由新华社悉尼分社、福建省人民政府外事办公室、澳大利亚福建总商会共同主办的"新华影廊·丝路帆远"图片展，赴澳大利亚悉尼举办展出活动……

2014年12月15日晚，"中国·海上丝绸之路文物精品图片展"在纽约联合国总部举行开幕式，展览先后举办了5天，引起了当地社会各界的广泛关注。中国常驻联合国代表团以《丝路帆远·意义绵长——我在联合国总部举办海上丝绸之路文物精品图片展》为题，发文外交部等，高度肯定了展览：展览形象展示了古代海上丝绸之路文化遗迹的独特魅力，并有效诠释了"21世纪海上丝绸之路"的主要内涵和积极意义，在联合国范围内引起了广泛反响。"丝路帆远"展览获得中国常驻联合国代表团的通报表彰。2015年，展览来到了厦门，来到了天津、澳门、泉州、海南、上海……2017年3月，"丝路帆远——中国海上丝绸之路文物精品图片展"受邀参加"一带一路"北京国际合作高峰论坛和"博鳌亚洲论坛2017年年会"，作为主打展览展出。

截至2018年1月，"丝路帆远"已在国内的北京、济南、南宁、厦门、天津、海口、乌鲁木齐、深圳等地展出18站；已经去往纽约联合国总部，以及英国、法国、西班牙、澳大利亚、巴西、泰国、印尼、荷兰、比利时、希腊、瑞典、阿根廷、智利等18个国家展出21站。福建博物院还编撰了《丝路帆远——海上丝绸之路文物精粹》一书，该书被列入"经典中国国际出版工程"，这是福建省第一次有图书被纳入该项工程。

世界离不开中国，中国也离不开世界。海上丝绸之路将古代世界各地人们的命运联系在一起，也将当下世界经济、文化联系在一起。"丝路帆远"以波澜壮阔的气势，回望中国跨越千年的古老海洋记忆，将海上丝绸之路这条承载着商贸、人文的文明之旅、和平之路全景式地呈现在人们眼前，展示出"团结互信、平等互利、包容互鉴、合作共赢"的古"丝绸之路"的精神内涵。

智慧海洋：书写"蓝色致富经"

"智慧海洋"工程是"工业化、信息化"在海洋领域的深度融合，是全面提升经略海洋能力的整体解决方案。近年来，福建依托科技部、国家海洋局等，按照集约建设、联通内外的建设思路，通过项目带动，形成多种信息化应用的数字海洋大融合雏形。数字海洋建设管理体系逐步完善，初步搭建起全省海洋与渔业数字海洋基础网络，为"发展海洋经济，建设海洋强省"提供了信息服务支撑。

海洋动力环境观测，服务防灾减灾决策。

福建省地处东南沿海，平均每年受6~7个台风影响或登陆，由台风引发的风暴潮等灾害给人民群众生命财产带来严重威胁。且受"狭管效应"影响，台湾海峡气象海况较为恶劣，海上突发事件易发多发。2001年，在时任省长习近平的大力推动下，福建启动建设国家"十五"863计划海洋监测领域重大专项"台湾海峡及其毗邻海域海洋动力环境实时立体监测系统"示范区。由此，福建省进入"数字海洋"时代。经过20多年的持续努力，福建在海洋环境观测、海域动态监视监测、水产品追溯、渔船应急管理等方面，基本实现"数字化""数据化"管理，"数字海洋"建设位于全国沿海省份前列。福建建成了国内领先、国际先进、业务化运行时间最长的区域性海洋环境立体实时观测网和信息化服务体系。

福建海洋观测网有132套观测系统在位运行，从空中、海面、水体、海底及沿岸陆地对台湾海峡实施全方位观测，实时获取海洋水文、气象及生态要素26项。省海洋预报台面向公众提供潮位、海浪预报、赤潮预警、渔业海况、海水浴场、实时海况等预警报产品，形成了海洋实时观测、数据接收、预警报产品制作、信息服务、防灾决策支持等一体化数据业务链，准确发现海洋灾害风险隐患和灾情。形成了对台湾海峡的全天候、全方位、实时的感知。该观测系统为福建防灾减灾决策提供支持，在全球气候增暖、台风强度增强的背景下，基本实现海上防御台风"零伤亡"的目标。观测系统先后荣获国家海洋工程科学技术一等奖及福建省科学技术进步二等奖。海洋预警报信息服务平台将预警报业务工作全面数字化，并将预警报业务系统与发布系统自动对接，针对不同用户需求，即时发布网站、手机APP、微信、传真、短信、LED显示屏等服务信息，有效提高海洋预警报信息服务的覆盖面，让海洋预报信息服务形式更加多样、广泛与高效。

福建还将与国家海洋观测网规划充分衔接，建设布局更合理、结构更完善、功能更齐备的海洋立体观测网。统筹应用天地一体感知手段，新建一批潮位站、高频地波雷达、大浮标、海床基、海上平台和综合保障系统等，强化对海洋动力环境、生态环境、水上目标及海洋活动、海洋调查与科考四类感知和灾害监测预警服务，提高灾害预报预警精细化、智能化水平，为海洋综合防灾减灾提供决策支撑。

打造多源汇聚的海洋大数据体系，服务保障海洋经济高质量发展。福建是海洋大省，依托众多优良港湾，福建大力发展港口及临港工业，建设以石化、装备制造、冶金、核电、电子信息等为重点的先进制造业集中区。为增强重点区域防范抵御海洋灾害的能力，省海洋与渔业局针对福清核电站、古雷石化基地、平潭海峡公铁两用大桥、两岸直通客轮"海峡号"等重点项目，提供专项海洋观测预警服务，努力实现灾害监测精密化、预报精准化、服务精细化。

按照省委、省政府建设海洋强省的要求，福建加快智慧化步伐，建设"智慧海洋大数据中心"，运用物联网、云计算、人工智能等技术手段，整合各涉海部门、涉海行业数据资源，构建融合海洋基础地理、环境、生态、渔业、气象等各类资源的大数据体系，促进全省海洋数据互联互通、融合共享。围绕生产、服务、监管三个方向，重点建设"智慧渔港"、渔业渔政管理平台、海洋综合服务平台等一批智慧化应用，为海洋综合防灾减灾、海洋经济高质量发展和海洋生态文明建设提供高效服务保障，推动创造更大的经济、社会、生态效益。

2021年5月，福建省出台《加快建设"海上福建"推进海洋经济高质量发展三年行动方案（2021—2023年）》，明确提出建设海上牧场，大力发展深海智能养殖渔场，实施深海装备养殖示范工程，打造定海湾、南日岛、湄洲湾南岸、东山湾、诏安湾等5个绿色养殖示范区。2021年，在福州连江县，"振渔1号"升级版的"百台万吨"生态养殖平台建设项目开工，向着年产1万吨类野生大黄鱼的目标奔进。还有全国首个深海鲍鱼机械化养殖平台"振鲍1号"、全国首个深海绿色自动旋转海鱼养殖平台"振渔1号"、福建省首个本土研发的深远海养殖平台"福鲍1号"、连江首个本土企业研发的深远海养殖平台"泰渔1号"……凭借海洋优势奋力创新，福建传统养殖业正向深远海、智慧化发展，由单点应用向连续协同演进。

与此同时，福建加快融入数字经济发展大势，积极拓展数字经济深度应用场景，呼应"数字强国"等重大战略，以数字经济赋能自贸试验区创新发展。厦门自贸片区持续推动智慧港口建设。2016年3月厦门远海自动化码头投产，是全国第一个全自动化集装箱码头。2020年该码头落成中国首个5G+全场景应用智慧港口，从自动化向智能化发展。经过一年多的技术研发、现场测试，实现了5G网络从技术试验到商业应用，无人集卡从单车智能到系统解决方案，从传统码头装卸系统升级为智慧港口智能装卸系统。2021年12月21日，东风公司、中国移动、中远海运基于5G通信、卫星导航、无人驾驶等高科技，联手打造和推动"智慧港口2.0"在厦门远海码头商业化运营，厦门远海码头由此成为全国首个实现商业化运营的5G全场景应用智慧港口。

构建海洋卫星通信网，增强海上突发事件应急处置能力。

福建省于2010年建成海洋与渔业安全应急指挥决策支持系统，包含指挥中心、短波岸台、超短波基站、渔船卫星通信设备等，实现省、市、县三级联动，有力保障海上突发事件应急处置和救援工作。在此基础上，福建进一步强化省、市、县三级海上突发事件应急指挥联动体系，建设福建渔船动态监控管理系统、渔港视频监控系统等，加强与应急、海事、气象等部门的协调联动，依托信息化平台汇聚"人、船、港"信息形成"一张网"，实现对全省海洋渔船的全方位动态管理。积极构建陆—海通信网络，通过建设数传超短波、短波电台基站等，建立海上安全应急通信网；深化卫星技术在海洋领域的应用，推动建设海洋渔船卫星通信系统，为渔船安全监管、海上突发事件应急处置、抢险救援等提供科技保障。

2019年8月以来，省海洋与渔业局通过实施海洋渔船通导与安全装备建设项目，为全省海洋渔船安装北斗海事一体化船载安全应急终端、渔船自动识别终端以及手持安全应急终端等，依托公众移动通信网、卫星通信网，将渔船信息接入海洋与渔业应急指挥决策支持系统，实现省、市、县应急指挥中心、数据中心、卫星和渔船的实时连接，实现海洋渔船的船位智能化服务、突发事故智能报警等。

全过程信息化，实现海洋生态环境立体监测。

福建在完成了实验室信息管理系统（LIMS）一期建设，具备对业务受理、样品管理、检测过程控制、报告生成等处理功能后，2020年12月启动二期系统建设，通过海上外业样品采集移动终端建设，进一步实现海洋环境监测全过程信息化。建立了海洋环境监测信息展示系统，依托地理信息系统，具备海洋环境监测资源存储、应用服务、统一展示等功能，满足监测业务管理需求。依托重点专项研发项目，计划建立监测数据智能辅助审核平台，对区域立体监测系统获取数据自动审核，剔除异常、可疑数据，确保入库数据质量。此外，福建还将构建海洋生态灾害影响评估系统，基于致灾因子的危险度，承灾体的易损性，评估海洋生态灾害影响等级，为综合决策提供技术支撑。

数字化海域动态监管，提高海洋综合管理水平。

2002年以来，福建先后建设了海域使用信息系统、海域使用审批管理系统，在沿海各县（市、区）建设了海域动态视频监控系统，建设了"福建省海域使用权出让管理系统"。随着信息化系统建设的不断推进，福建省逐步实现了全省海域信息一张图，用海项目智能分析审核，海域使用权电子登记和统一配号，海域使用权出让"信息公开、过程控制、全程留痕、永久追溯"。全省共确权登记海域使用项目3300多个，项目电子化资料文档上千吉字节，同时也积累了大量的海域和海岛卫星遥感影像数据和海岸线无人机航拍影像，为海洋综合管理提供了坚实的数据基础。

踏浪而去，扬帆四海。插上科技的翅膀，"智慧海洋"让福建蓝色经济的边界延伸向更远的浩瀚征途，拥抱更广阔的世界。

21世纪海上丝绸之路博览会：
为国际经贸合作搭金桥

"百货随潮船入市，万家沽酒户垂帘。"千年前的福州，在诗人眼中一派丝路盛景。如今，行驶了千年的海上丝绸之路大船开进福州海峡国际会展中心，又从这里沿着海上丝绸之路扬帆起航。2018年5月18日至22日，21世纪海上丝绸之路博览会暨第二十届海峡两岸经贸交易会（以下称"5·18"）在福州举行。借着海上丝绸之路的加持，"5·18"开启新的篇章，福州以海为媒再出发，向海图强谋共赢。站在新的历史起点，当年的海上丝绸之路重镇正伺风开洋。

福州自古以来就是一座伴海而生、因海而兴、拓海而荣的港口城市。20世纪90年代，开放的大潮激荡神州大地。作为国家首批14个沿海开放城市之一，福州敏锐地嗅到了历史的商机：要在互利共赢中求发展，必须提高外资利用水平，打造一个国际性招商平台。1994年，海峡两岸经贸交易会的前身——"福州国际招商月"应运而生，一系列招商会、数十个项目的开工或竣工典礼相继举行。同年，福州市委、市政府出台《关于建设"海上福州"的意见》。"海上福州"战略构想的提出，使福州成为全国率先发出"向海进军"宣言的城市。

1999年，为推动福州外向型经济蓬勃发展，同时有效地连接海峡两岸，福州市委、市政府将福州国际招商月拓展为"海交会"，首次打出"海峡"牌，这也成为大陆最早举办的两岸经贸展会之一。"这是福州的'金字招牌'，更是海峡两岸的'金字招牌'，当时台湾商界对'海交会'有着深厚的情结，将它列为每年一定要参加的大展。""5·18"组委会相关负责人表示。彼时，随着"海交会"内涵和定位的提升，越来越多的台湾同胞往来大陆，海峡两岸也架起了一座经贸往来的"金桥"。事实上，翻开榕台经贸交流的历史图卷，先行先试的"海交会"一直在福州的对外开放征途中，扮演着重要角色。

2001年，"海交会"设金马澎展区，成为大陆最早展示台湾县市区域的展会；2005年，"海交会"率先实现台湾农产品零关税直航大陆，创造了两岸农产品贸易的"福州模式"；2006年，"海交会"恢复两岸渔工劳务合作、开放台湾居民在大陆申办个体工商户；2007年，"海交会"率先启动了福建沿海与澎湖地区的货运直航；2012年，在"海交会"上揭牌成立的海关总署福州原产地管理办公室，是大陆首个专门负责管理对台优惠和非优惠贸易原产地业务的机构……

一路劈浪前行，领风气之先，在这场对外开放的"大考"中，"海交会"交上了一份傲人答卷。20多年来，福州市委、市政府坚持一张蓝图绘到底，全方位、多领域地全面推进了"海上福州"的建设。作为八闽前哨、海上丝绸之路排

391

头兵，福州"向海进军"的开放之路远不止于此；作为福州最重要的经贸活动、招商平台，"海交会"的历史使命也远不止于此。

2018年1月，党中央、国务院正式批准福州举办21世纪海上丝绸之路博览会，并与"海交会"同期举行。这是国家批准的唯一一个冠名21世纪海上丝绸之路的博览会。由此，"5·18"的巨轮正式从"海峡"驶向了海上丝绸之路。

世界的目光聚焦福州，亚洲的声音汇集榕城。至2021年，21世纪海上丝绸之路博览会已连续举办了四届，加挂了21世纪海上丝绸之路博览会的"5·18"，魅力进一步凸显。18场主要活动，12万平方米展览，77个国家和地区客商参会参展，国际资本对接、招商推介、展览展示……这场经贸盛会取得了丰硕成果，为福州发展带来新机遇，拓展新空间，同时，也进一步密切了福州与海上丝绸之路国家在经贸、文化等方面的交流合作，对福建省加快建设21世纪海上丝绸之路核心区做出了积极贡献。

海上风电：福建清洁能源发展新高地

2021年3月，习近平总书记在福建考察时强调，要把碳达峰、碳中和纳入生态省建设布局，科学制定时间表、路线图，建设人与自然和谐共生的现代化。作为首个国家生态文明试验区，福建贯彻落实习近平总书记的指示精神，对标国务院印发的《2030年前碳达峰行动方案》中"坚持陆海并重，推动风电协调快速发展，完善海上风电产业链，鼓励建设海上风电基地"等相关要求，立足山、水、海岸线和港口优势，利用季风和台湾海峡"狭管效应"为福建"吹"来的独一无二的风能资源，大力发展海上风电等清洁能源，打造全国乃至全世界的新能源产业技术、标准、成果、装备输出高地。

海上风电规划。福建海上风电资源丰富，发展潜力大，是能源产业的重点之一。大力发展海上风电是推进能源结构调整、实现高质量发展的重要抓手，是建设海洋强省的重要举措。同时海上风电又是一个系统工程，面临技术难度高和投资大等问题。因此科学组织对海上风电资源的科学规划，加强顶层设计，合理开发，减少建设盲目性，可以节约海域资源使用，促进海上风电协调发展。

2014年，在国家能源局印发的《全国海上风电开发建设方案（2014—2016）》中，福建省被列入方案的项目共计7个，容量达2.1吉瓦，位列全国第二。2016年，国家《风电发展"十三五"规划》明确，"十三五"期间，将重点推动福建等省份的海上风电建设，到2020年海上风电开工建设规模达到百万千瓦以上。福建海上风电迎来了"绿色新发展"的全新机遇。2016年10月发布的《福建省"十三五"能源发展专项规划》明确，积极推动海上风电建设，"十三五"建成海上风电200万千瓦以上，重点推进莆田平海湾、福州兴化湾、平潭岛周边等资源较好地区的海上风电项目开发。2017年，国家能源局同意福建省海上风电场工程规划报告，福建省海上风电规划总规模1330万千瓦，包括福州、漳州、莆田、宁德和平潭所辖海域17个风电场。2021年5月，福建省政府公布《关于印发加快建设"海上福建"推进海洋经济高质量发展三年行动方案（2021—2023年）的通知》，明确有序推进福州、宁德、莆田、漳州、平潭海上风电开发，坚持以资源开发带动产业发展，吸引有实力的大型企业来闽发展海洋工程装备制造等项目，不断延伸风电装备制造、安装运维等产业链，建设福州江阴等海上先进风电装备园区。规划建设深远海海上风电基地。2021年印发的《福建省"十四五"海洋强省建设专项规划》对海上风电和海洋工程装备产业作出突出部署：把海上六大风电场建设纳入海洋新兴产业园区建设重大工程；吸引有实力的大型企业来闽发展海洋工程装备制造等项目，不断延伸风电装备制造、安装运维等产业链，建设福州江阴等海上先进风电装备园区，打造世界级海上风电装备研发制造产业集群。

逐步推进规模化开发。随着规模化开发技术日益成熟，海上风电正成为清洁能源舞台上的新主角，吸引各路资本闻"风"而动。国内开发运营商对海上风电投资的热情日益高涨，大型能源央企以及地方能源投资平台竞相参与福建海上风电项目的投资建设。福建按照"先试验，再示范，后推广"和"小步快走"的海上风电产业发展思路，积极对接央企，引进和大力推动海上风电装备制造业落户福建，驱动创新型经济发展和产业升级，实施集中连片规模化开发。从2012年起，福建的风电利用小时数连续多年居全国第一。

作为我国海上风电开发最早参与者之一的龙源电力，早在2013年国家能源局批复同意莆田南日岛海上风电场一期40万千瓦项目开展前期工作之际，率先进入了南日岛海域。早前，中广核新能源和大唐集团的海上风电项目也先后落地平潭地区。

此外，三峡集团在推动福建省海上风电开发方面更是取得了可圈可点的成绩。2015年6月，福建省政府与三峡集团签署战略合作协议，联手打造世界规模最大的海上风电基地和国际一流的海上风电装备制造产业基地。

2016年7月，福建投资集团开发建设的莆田平海湾海上风电场一期5万千瓦项目建成投产，成为福建省第一个海上风电项目。二期、三期项陆续并网发电，全部建成投产后，总装机容量61.2万千瓦。

2018年，国内首个百万千瓦级海上风电场海上风电项目落户漳浦六鳌，总投资180亿元，由三峡集团福建能源投资有限公司和福建福能股份有限公司共同出资建设，开创我国海上风电集中连片规模开发的先河。

福清兴化湾是全球首个国际化大功率海上风电试验场，2021年安装8家风机厂商的14台5兆瓦以上的大容量风电机组。还有当时亚洲最大，全球第二大的10兆瓦风电机组。

2021年8月在世界三大风口之一的平潭，长江澳、大练和平潭公铁大桥分散式海上风电项目，计划安装102台风电机组，总装机容量达45万千瓦。2021年底，平潭大练24万千瓦海上风电项目实现全容量并网，标志着行业公认国内建设难度最大的海上风电项目建成投产。

华电集团也在福建实现了海上风电"零"的突破。2020年底，福清海坛海峡

平潭综合实验区滨海风力发电设施

海上风电项目首台风机成功并网发电，项目总装机近30万千瓦。

省重点项目、福能海峡长乐外海海上风电场A区、C区项目，总装机容量498万兆瓦，总投资110.9亿元，是当时国内已经核准的单机容量，包括单个风电场最大容量的项目，采用30台东方风电10兆瓦海上风电机组。2021年10月20日，首台机组一次并网成功。

"十三五"期间，福建风电装机由176万千瓦发展到486.2万千瓦。截至2020年底，福建省海上风电累计并网76万千瓦，居全国第三；随着一批海上风电重点项目加快推进，"十四五"末，有望并网超500万千瓦。

逐步形成海上风电产业链。在大力拓展海上风电的同时，福建根据全产业链发展思路，按照"建链、延链、补链、强链"的要求，着力构建海上风电生产基地、风机出口基地、海上风电运维和培训基地等"四大基地"，培育壮大福建省新能海上风电研发中心，全力打造海上风电国家级研发、检测和认证"三大中心"。形成了集海上风电机组研发、装备制造、工程设计、施工安装、运营维护于一体的风电全产业链。

大容量机组的使用是降低海上风电单位千瓦造价的重要途径。同时，我国海上风能资源最为富集的东南沿海一带，具有台风多发，日常风速低、极限风速高，洋流、海底地质条件复杂等特点，盐雾腐蚀程度比欧洲风场强2到3倍。但长期以来，国内海上风电在机组研发制造等关键技术方面受制于人。福建贯彻落实习近平总书记"真正的大国重器，一定要掌握在自己手里"的重要指示，联手三峡集团打造国内首个海上风电国际产业园，推进海上风电关键装备国产化、大型化。2019年9月，我国自主研发的8兆瓦、10兆瓦海上风电机组相继在福建三峡海上风电产业园区下线，均是针对我国东南沿海资源特点的智能风机，具备优异的主动抗台风性能。2020年7月，单机容量亚太地区最大、全球第二大的东方电气10兆瓦海上风电机组成功并网发电，我国海上风电实现了与国际一流水平厂商从"跟跑"到"并跑"的突破。与此同时，三峡集团联合东方电气、金风科技研制更大容量的海上风机。2021年，全球功率最大的半直驱风力发电机——12兆瓦海上半直驱永磁同步风力发电机定子在福建三峡海上风电产业园完成绝缘处理，标志着我国在大功率等级海上风力发电机核心技术上取得新的重大突破。2022年2月，亚洲地区单机容量最大——13兆瓦抗台风型海上风电机组在产业园顺利下线，再一次刷新了纪录。

金风科技的2台3.4兆瓦风机已成功出口土耳其；中国水电四局的大容量海上风电机组钢结构出口埃塞俄比亚；107米长的风能叶片将在LM工厂下线，销往世界各地。中国的海上风电技术不仅高度重视抗台风性能，还具备了利用台风安全发电的能力，市场适应性更强，可以为更多国家和地区开发海上清洁能源提供助力。三峡集团"做海上风电的引领者，从福建走向世界，让中国装备全球"的目标正一步步成为现实。

随着海上风电高速发展，近海资源开发逐渐饱和，海上风电从近海、浅海走向远海、深海。建设海上风电基地列入福建"十四五"规划和2035年远景目标纲要，福建推进深远海海上风电产业基地开发。

福建三峡海上风电国际产业园是集海上风电装备技术研发、设备制造、建设安装、运行维护于一体的全产业链海上风电研发中心和装备制造基地，实现海上风电整机、电机、叶片和钢结构等主要零部件的国产化、大型化、高端化和福建造。通过统筹海上风电资源开发利用推进海上风电装备制造产业发展，短短几年，金风科技、中车电机、中国水电四局、东方电气、LM叶片等工厂相继建成投产，一个大容量海上风电全产业链基地已经建成。海上风机福建造，带动了国产风机叶片、发电机、主轴承、变压器、变流器等配套零部件制造的升级换代；而海上风电"近海规模化、远海示范化"发展，也为国内吊装大容量海上风机安装船、海上运输船、海上维护作业等装备的发展和技术进步带来新机遇。

2020年12月，国家能源局发布公告，将由福建通尼斯新能源科技有限公司研制的"V型10兆瓦级垂直轴海上风力发电机组"技术装备列为第一批能源领域首台（套）重大技术装备项目。这个装备项目经专家评审认为：风轮系统结构新颖，适合海上风电大型化、深远海、低成本发展路线，独创的叶片翼形设计具有较高的风能转换效率，达到国际领先水平。

此外，立足自主创新，三峡集团与福船集团、中铁大桥局合作投资海洋工程，成立中铁福船工程公司，主要从事海上风电安装、维护、海洋工程施工等工作。2016年12月，首台福建自主研发、制造的新一代海上风电一体化移动作业平台在厦门船舶重工股份有限公司三期船坞出坞。这台被命名为"福船三峡号"的风电一体化移动作业平台，可携带5兆瓦风机3台或7兆瓦风机2台，作业面积大于2500平方米，起吊能力、甲板工作面积及载荷为当时国内最大，综合能力居国内首位，成为国内具有自主知识产权的最先进的海上风电安装船。

三峡集团与福船投资、永福工程、一帆新能源等闽企合资成立福建新能海上风电研发中心有限公司，开展福建海域环境、施工技术和海上风电运维等方面研究。还依托海上风电国际产业园场址及设施设备，成立三峡新能源学院，打造海上风电规划、建设、运维人才培养基地。2020年底，金风科技福建研发中心揭牌成立，联合福建企业、高校、科研机构，开展区域平价整体解决方案、风渔融合等一系列课题研究，推动福建海上风电产业竞争力提升。

海上风电犹如一个丰富的宝藏，成为能源产业投资的新"风口"。福建准确把握住海上风电的"风口"，抓住取之不尽的风，发出用之不竭的电，加快推进海上风电建设走上快车道。一条绿色产业链跃然成形，让资源优势变为发展优势，推动福建经济高质量、可持续发展。

中欧班列："一带一路"上的"钢铁驼队"

作为海洋资源大省，近年来，福建加强基础设施联通，在加紧"丝路海运"建设的同时，强化中欧班列与"丝路海运"、西部陆海新通道的有机联动，构建国内国际双循环的重要节点、重要通道，努力实现在福建"买全球、卖全球"。

2015年8月16日，首列中欧班列（厦门）开行，从厦门自贸片区海沧园区出发，横跨亚欧大陆，打通了一条国际物流新通道。到2021年，福建开行中欧（亚）班列437列，厦门、武夷山、宁德、泉州、龙岩等多地布局中欧班列。中欧（厦门）国际班列运营线路已开通中欧、中亚、中俄班列线路，可达欧洲波兰波兹南，匈牙利布达佩斯，德国汉堡、杜伊斯堡，俄罗斯莫斯科及中亚地区阿拉木图、塔什干等12个国家30多个城市。中欧班列依托国际海铁联运优势，打造了一条跨越海峡、横贯亚欧的国家物流新通道。

多点开花，物流常态化运行的压舱石。自2015年首列中欧班列（厦门）开行至2021年，厦门中欧班列累计完成近8万标箱、货值超30亿美元（含城际合作班列），货物种类覆盖电子、机械、日用品、食品、木制品等品类，细分产品超过千种，有力促进供应链和产业链"两链"协调发展。到2021年，中欧班列（厦门）的"朋友圈"正在不断扩大。这条厦门标志的"钢铁长龙"在亚欧大陆纵横交错的铁轨上奔腾，用速度与激情实现跨越亚欧大陆的"握手"。

当新冠疫情导致海运、空运受阻，被誉为"钢铁驼队"的中欧班列起到畅通国际运输新动脉的作用。疫情导致海运价格飙升、航空货运不畅，中欧班列发挥了高效稳定、覆盖范围广、全天候等独特优势，凸显战略黄金通道作用，为促进福建对外贸易发展、畅通国内国际双循环提供了有力支撑。

为保障国际物流供应链的稳定，福建不断拓展班列新线路。2021年，武夷山中欧班列开行。到2022年，武夷山中欧班列从最初的武夷山—阿拉木图"两点一线"，到连接德国、俄罗斯、白俄罗斯、哈萨克斯坦等欧亚四国，为闽北丰饶货产开辟了新的国际商贸通道。

2022年1月18日，泉州首次开行泉州—莫斯科中欧班列，实现海上丝绸之路与陆上丝绸之路无缝对接，为"泉州制造"走向世界打造了一条高效便捷的国际物流新通道。2022年4月29日上午，中欧班列（红古田号）从福建省龙岩市上杭火车站开出，驶往欧洲，打通了闽西革命老区向西开放的战略通道，形成了东西并济、海铁联运的新开放格局，拓展了对外开放发展的空间。

复工复产与疫情防控的定心丸。2020年4月，一列满载防疫物资的中欧班列由厦门海沧站发往德国杜伊斯堡，这是中欧（厦门）班列开出的首趟防疫物资出口专列。至7月底，安思尔（厦门）防护用品、厦门皇基塑料、泉州中太进出口等防疫用品企业已通过班列发运2299.66吨的口罩及防护服等物资至波兰、德国、俄罗斯等国。

2020年以来，特别是在新冠疫情蔓延、世界经济衰退等诸多因素掺杂的复杂市场环境下，国际空、海运缩减，周边主要集货城市班列停摆，中欧（厦门）班列克服困难，紧抓短暂机遇期，运载业务量经历了"下降—逐步回升—全面增长"的过程，承接了大量由空运、海运转移的货源，成为疫情期间强有力的物流替代，为全球"战疫"按下"快进键"。班列平台通过精准对接需求、主动靠前服务，制定个性化物流解决方案，不断提升市场化运营和服务水平。疫情期间，班列帮助国内企业抢回因疫情延误的生产周期，为企业提供短途拖车、上门提货服务。在全球物流通道受阻的困境下，全力开行的中欧（厦门）班列打通了疫情防控的补给线，成为保障中欧贸易往来、畅通国际合作防疫物资运输，保障国际供应链、产业链畅通，服务地方经济社会快速发展的重要物流通道。2020年，中欧班列（厦门）累计开行273列，载货24112标箱，总重量14.24万吨，货值9.62亿美元，同比分别增长17%、36%、59%和40%，各项指标均创历史新高。

多部门协作共进的集结号。为满足班列运量和发车频次增长的需求，切实提升报关环节时效，通过铁路、海关、班列平台公司等多方协调，在运力受限时临时启用港务多式联运港站、白礁铁路场站等场所供企业自主选择，最大程度保障运力的持续。

2017年年初，中欧（厦门）班列成为中欧"安智贸（中欧安全智能贸易航线试点计划）"首条铁路专列，中欧（厦门）班列在"一带一路"国际合作实践中迈出新的一步。伴随"安智贸"项目的引进，中欧（厦门）班列更加互联互通。

2020年开始，中欧（厦门）班列装载能力大大提升，由原来每周6列增加到9列，每列装运从38车增加到50车。通过推行全国通关一体化，实施"一次查验、一次放行""进口直通""出口直放"模式，开辟绿色通道，中欧（厦门）班列货物顺利实现高效通关。丝路海运、丝路飞翔以及铁路等互联互通提速升级，为福建中欧班列"多点开花"奠定了基础。

海铁联运快递发展的航向标。厦门作为世界第十五大集装箱港口，海向腹地广阔。近年来，厦门充分发挥"丝路海运"核心区优势和作用，将中欧（厦门）班列与多种运输方式有效结合，发展以铁路运输为核心的多式联运业务，形成了具有独特优势的过境货物海铁联运。2017年8月26日，首批通过海铁联运方式运抵厦门的越南货物搭乘中欧班列运往欧洲，中欧（厦门）班列货运范围辐射至东南亚，海上丝绸之路与陆上丝绸之路在厦门实现无缝对接。

班列通过海铁联运延伸服务台湾、东南亚地区，推进与东盟国家物流对接，实现海上丝绸之路与陆上丝绸之路无缝连接。厦门海关支持开展过境业务，助力"一带一路"沿线国家改航换道通过班列进出口，进出境货物、过境货物与内贸货物可混编运输，实现中国台湾、香港地区以及泰国、越南、日本、印尼、印度等周边国家货物共享海铁联运之便，货物可海运到厦门，借道完成过境运输，使得原本需要三四十天的运输时间压缩在20天内。

2019年8月，通过海运搭载高雄的货物在厦门集结后通过班列发往中亚地区，此次海铁联运的成功运送，进一步密切了两岸经贸往来。中欧（厦门）班列三大干线（中欧线、中俄线、中亚线）都实现海铁联运模式的突破。2019年共发运海铁柜457个40尺大柜，同比增长962%，货值达3.78亿元，同比增长671%。

至2021年，中欧班列（厦门）开行了城际合作班列，开展出口拼箱业务，打通海铁联运路径，开展跨境多式联运、助力厦门企业"走出去"，发展格局已从通道优势升级为通道经济优势，是"一带一路"倡议推动全球开放合作的典型案例，发展轨迹呈现出创新、协调、开放等诸多特点。

多线发力业务拓展的冲锋号。中欧班列（厦门）一直以稳定、持续的运力为厦门及周边地区企业搭建一条安全、高效的国际物流大通道，并积极谋划拓展业务发展。福建跨境电商的品类以电子产品及配件、LED灯具、运动器材、生活用品为主。由于受海运减班，空运停班的影响，电商货物出口体量急需物流通道出口，及时引导本土企业电商产品出口，缓解企业出货需求势在必行。2021年3月20日，首次装载跨境电商货物的中欧（厦门）班列从厦门海沧车站驶出，该班列总共装载2标箱共计676件跨境电商B2B直接出口货物，这是中欧班列（厦门）首次以电商货物9710监管方式申报出口，也是福建省跨境电商货物首次搭乘中欧（厦门）班列出口。9710监管方式贸易模式充分考虑了跨境电商新业态信息化程度高、平台交易数据留痕等特点，采用企业一次登记、一点对接、便利通关、简化申报、优先查验、退货底账管理等针对性强的监管便利化措施。该模式的实行为厦门乃至福建省的跨境电商企业，以及周边跨境电商企业提供一条便捷、高性价比的物流通道，带动福建省及周边地区乃至周边国家和地区厦门跨境电商产业链条的发展，有利于促进"一带一路"国家跨境电商贸易。

万吨巨轮"乘风破浪"，"钢铁驼队"在陆上丝绸之路飞驰。中欧班列在广阔无垠的新丝绸之路土地上，走出了一条跨度久远、更宽更畅的文明之路。

宁德海上养殖综合整治：
全国水产养殖高质量绿色发展典型

宁德地处福建省东北部，拥有三都澳、沙埕港等优良港湾，海域面积4.46万平方公里，1046公里的海岸线占福建省海岸线的近三分之一，是福建省乃至全国重要的海水养殖区域，是全国大黄鱼之乡、海参之乡、海带之乡、紫菜之乡、鲈鱼之乡。海水养殖是沿海广大群众脱贫致富的重要途径，曾为闽东"连家船民"转产转业、摆脱贫困作出了重要贡献。海是宁德最大的优势所在，也是其发展的潜力所在、希望所在、出路所在。

然而，20世纪90年代以来，随着大黄鱼育苗和养殖技术的成熟，宁德的海洋渔业迅猛发展，海上养殖业盲目扩张，无度无序无质养殖问题愈加突出。据2017年卫星航拍图比对统计，三都澳、沙埕港中1.8万公顷的养殖区内网箱密布，3.5万公顷的限养区养殖密度几近饱和，1.8万公顷的禁养区约1/3面积被违规占用，有些甚至侵占了军事区、航道、锚地和码头，极大影响了海上交通运输环境和海洋环境。加上养殖方式粗放、设施落后、投入不足，传统养殖设施抗风浪能力差、易损毁，导致大量海漂垃圾长期堆积且难以降解，渔排人员生产生活垃圾污水直排入海，对海洋生态环境和自然景观造成了严重影响。

2017年，中央生态环境保护督察指出，福建省部分海域存在高密度养殖问题。对此，福建省制定全省海水养殖清理整顿工作方案，下大力气推动问题整改解决。宁德市以此为契机，推进海上养殖综合整治并取得显著成效。宁德"海上田园"奏响了崭新的乐章。

海上养殖综合整治，事关海洋生态可持续发展，还事关海上养殖业转型升级和上汽宁德基地、不锈钢新材料、宁德时代新能源、中铝东南铜冶炼等大项目的承载空间和拓展潜力，更事关宁德市海上乡村振兴和全面建成小康社会的大局。同时，养殖综合整治是一项涉及群众多、牵扯利益广、整治难度大的工作，也涉及许多历史遗留问题。面对这样的"硬骨头"，宁德市委、市政府传承弘扬习近平总书记在宁德工作时关于生态文明建设的好思想好传统，以高度的政治站位和强烈的责任担当，矢志不渝地推进海上养殖综合整治。

为破解生态保护与产业发展的难题，宁德市委、市政府从2018年开始，全面打响一场"1+N"生态环境保护和污染防治攻坚战。所谓"1+N"，"1"是指三都澳海域水环境综合整治，"N"即海上养殖综合整治、海漂垃圾治理、船舶和港口污染防治、陆源入海排污源、农业面源污染、生活源污染、城区黑臭水体整治等。在"千人行动"率先突破藻类养殖清退和航道清理的同时，"百日攻坚"强力推进海上养殖综合整治。

宁德推动形成市、县、乡、村分级负责格局，并专门成立海上养殖综合整治指挥部，由党政主要领导亲自挂帅，将公、检、法机关和海军部队纳入领导小组，各机关单位、各县（市、区）以及乡镇也建立健全相应领导机构和工作机制，形成齐抓共管的合力。宁德相继颁布《宁德市三都澳海域环境保护办法》《宁德市三都澳海域环境保护条例》，先后出台海上养殖设施升级改造实施方案、升级改造专项资金管理办法、养殖设施质量管控等整治工作有关文件80多份，真正使"清海"工作有章可循。在此基础上，从蕉城到霞浦，再到福安，各地因地制宜、因情施策，在综合整治上下功夫，绘就了宁德海上养殖综合整治一张图。蕉城区创新实施海域使用权属改革，完成占全市2/3的禁养区清退任务；福安市率先打造全市首个藻类升级改造万亩连片示范区，带动其他沿海县（市、区）建设10个万亩连片示范区；福鼎市率先建立海上养殖网格化管理信息平台，助推海上设施依法清退、依规升级改造和长效管控工作；霞浦县建立整治奖惩刚性机制，扎实高效推动占全市73%的传统渔排和75%的贝藻类完成升级改造或清退工作。

针对养殖户安置问题，宁德采用"边清理、边安置"策略，稳住民心。重新规划海域，划定禁养区、养殖区和限养区。禁养区坚决清、可养区搞升级是海上养殖综合整治的一条"底线"。为了满足养殖设施升级改造的需要，宁德市举办大规模的塑胶养殖设施招商活动，新引进9家生产企业。针对质量标准不完善和检测能力不足问题，宁德制定国内首个关于塑胶设施选型和海上养殖设施质量、结构、锚固、检测等规范标准，推动升级改造规范化开展。

经过两年多的努力，宁德市投入各类资金共计45.48亿元，合计综合整治各类渔排138.33万口、清理废旧渔排22.5万口、泡沫浮球472万个，清理海漂垃圾共计7.35万吨，治理成效显著。无人机航拍数据显示，全市重点岸段海漂垃圾平均密度下降了73%。海上养殖无度无序无质的养殖局面得到了有效扭转，并基本形成融监管、检测、融资、保险于一体，速度、质量、安全同步保障的升级改造新秩序；改造升级后的塑胶养殖设施不仅抗风浪能力强，而且增加了养殖水体、提高了海水水质、提升了产品品质；海洋景观和生态环境有了明显改善，特别是对海洋生态环境最为挑剔的"海上大熊猫"——中华白海豚，频繁出现在三都澳和沙埕港海域。宁德海上养殖综合整治工作取得了决定性胜利，如期完成第一轮中央环保督察问题整改，得到了农业农村部、生态环境部和福建省委、省政府领导的充分肯定，海上养殖综合整治的"宁德模式"在全省推广，"给绿水青山满意的答卷"被审计署确定为生态审计典型案例，成为全国水产养殖高质量绿色发展典型。

在此基础上，2021年以来，宁德围绕巩固提升整治成效，开展养殖设施品质提升、海上养殖长效管控、生态产品价值实现创新实践等工作，做好海上养殖综合整治"后半篇文章"，继续打造宁德"清海"工作精品。在全面改造传统养殖设施的基础上，进一步提升设施品质。推进渔排转型升级，组织沿海各地对现有的木质踏板加塑胶浮球模式渔排进行提升改造，进一步提升海上养殖防风抗浪能力；进一步改善海上景观，打造"海上田园"。实施海上养殖网格化管理，建成县级海上养殖管理数据库，划分县、乡、村三级海上养殖管理责任区，明确责任人和管理职责；建成标准统一的海漂垃圾岸上转运点，并全部委托第三方开展无害化处理，实现海漂垃圾"日清日转"。

在促进海上养殖自我管理、自我服务的基础上，宁德加快推进产业高质量发展。为整合海上养殖设施资源，优化海域管理，服务海上养殖业发展，宁德沿海各地结合实际，建设以服务为目的的"海上社区"11个，积极拓展海域管理、政策宣传、便民服务、治安防控、应急处置、台风预警、矛盾调处等功能，进一步提升海上养殖综合治理水平。宁德探索海上绿色养殖技术服务平台，构建网点门诊、海上巡诊与远程诊疗相结合的渔病防控服务网络。同时，宁德推进渔旅融合发展，依托海上养殖综合整治形成的优美景观和良好的生态环境，打造蕉城秋竹、福安下白石、福鼎安仁及霞浦七星等一批渔旅融合试点，探索渔旅融合发展标准体系，培育渔业特色鲜明、旅游配套完善、业态丰富的海上旅游新样板。

整治不能歇歇脚，践行"绿水青山就是金山银山"理念，宁德久久为功，通过探索渔旅融合，助推产业转型升级，做好绿色发展这篇大文章。

平潭国际旅游岛：打造国际知名旅游休闲度假海岛

平潭区位优势独特，旅游资源丰富，既有宽阔平坦的天然海滨浴场，又有奇异独特的海蚀地貌，湖、海、沙、石使平潭成为海岛旅游胜地。1994年，平潭境内的石牌洋、君山、王爷山、海坛天神、南寨石景、青观顶（将军山）、山歧澳、坛南湾等八大景区被确定为海坛国家重点风景名胜区，2005年被列入国家自然遗产名录。2011年，平潭经济社会发展迎来重要节点，"加快平潭综合实验区开放开发"被写入国家"十二五"规划纲要；11月，国务院批复《平潭综合实验区总体发展规划》，平潭开放开发正式上升为国家战略。2014年11月1日，平潭迎来更大的机遇，习近平总书记视察平潭综合实验区，为平潭擘画了"一岛两窗三区"（国际旅游岛，闽台合作的窗口、国家对外开放的窗口，建设新兴产业区、高端服务区、宜居生活区）战略定位，强调平潭最大的资源是生态和旅游，要好好保护旅游资源，建设国际旅游岛。习近平总书记的重要指示为平潭新一轮开放开发明确了方向、确立了定位。

2016年8月8日，国务院批复实施《平潭国际旅游岛建设方案》，平潭成为继海南之后获批的中国第二个国际旅游岛。12月11日，福建省政府出台《关于贯彻落实平潭国际旅游岛建设方案的实施意见》，提出举全省之力共同加快推进平潭国际旅游岛建设步伐。"千年一遇"的发展之机，唤醒了沉睡的海岛资源。几年来，平潭发挥全国唯一的"实验区+自贸区+国际旅游岛"三区叠加优势，着眼全域治理、全域规划、全域共享，构建"全域旅游创建工作领导小组+旅游行政主管部门+多部门联动"的现代旅游综合治理机制，围绕国家提出的"建设两岸共同家园"的目标，从初创起步、配套不足，到对标国际，高质量发展，以"现代化+原生态"的发展理念为引领，在体制机制、业态培育、生态环境、市场营销等方面

平潭海坛古城

进行了一系列的先行先试，构建全域旅游发展新格局，开启国际旅游岛建设的伟大征程，绘出了一幅"平潭蓝"的美丽画卷！

科学规划引领发展。平潭秉持"现代化+原生态"的发展理念，主动对标国际，坚持做到规划高水准、行业高标准、管理高效率、引才高层次。为破解初创期起点低、规划粗放的困局，平潭引入国内外知名规划机构，高水准编制全岛国土空间总体规划、风景名胜区详细规划等，构建发展蓝图；率先出台外商投资境内旅行社、入境旅游服务规范等多项地方性旅游发展规范，高标准引领行业发展；整合部门职能，创建"1+3+N"旅游综合管理体制，保证管理高效率；成立平潭国际旅游岛专家智库、导游名师专家库、导游人才库，吸引境内外专家学者为平潭国际旅游岛建设提供智力支撑。

旅游基础实质改善。打造岛内"一环两纵两横"主干路网，构建了"快进慢游"的旅游交通体系。入岛第二通道平潭海峡公铁大桥全线贯通，福平高铁建成通车，平潭迈入高铁时代。平潭到台湾北、中、南部客货运航线实现全覆盖。提高通景公路、乡村旅游公路、旅游接线道路通达性。打造生态旅游廊道，串联八大风景名胜区和沿线90多个村落，实现"串珠成链、连线成片"，满足游客多样化需求。完善旅游景区配套，涌现长江澳、北部生态廊道、猴研岛、象鼻湾等一批旅游网红打卡地。盘活历史文化资源，"活化"成旅游资产，国际南岛语族考古研究基地在考古勘探、文物修复、课题研究等方面取得重大进展后，启动建设南岛语族博物馆和祭坛。规划建设壳丘头遗址公园，在龟山遗址遮护棚开辟考古体验园，打造"考古体验+研学旅行"的创新模式。

业态产品丰富发展。平潭抓住旅游业具有"一业兴百业"的带动作用，通过"旅游+文化""旅游+运动""旅游+购物（美食）""旅游+研学"等组合，推动多业态融合发展。为推动文旅产品深度融合，平潭国际旅游岛引进了华侨城平潭欢乐南岛、南寨山文旅综合体、世茂海峡恋岛、南北街文化街区等标志性文旅项目落地。依托海岛资源，打造各类体育赛事，吸引各地游客参加越野、骑行、荧光夜跑、游泳、帆船、海钓、沙滩排球等滨海休闲旅游运动，引进国际风筝冲浪赛、国际自行车赛、国际帆船赛、全国沙滩排球巡回赛等一系列品牌赛事，打造国际海洋体育休闲旅游目的地和运动休闲基地。"台湾小镇"作为AAA级旅游景区，年均销售台湾商品价值近10亿元，年游客量达100多万人次。北港文创村等创新创业平台，吸引了包括台湾青年在内的各地游客到岚研学、写生、实习和培训。影视产业成为旅游"引爆点"，平潭竹屿湾影视基地正式投入运营，出台影视产业20条扶持政策，产业集聚虹吸效应不断显现，落地影视企业240多家。乡村旅游成为带动乡村经济发展的"金钥匙"，重点打造了一批全国旅游重点村、省级乡村旅游特色村，形成一些特色民宿品牌，以及艺术扎染、石头唱歌、蓝眼泪音乐节等体验品牌。

平潭石牌洋

对外开放迈出新步伐。作为全国唯一一个具备"综合实验区+自贸试验区+国际旅游岛"三区叠加优势的特殊区域，平潭的政策优势得天独厚。至2020年，平潭自贸片区累计推出140多项自贸创新举措；累计招商引进文旅领域投资超450亿元，涉及文旅综合体、高端酒店、影视基地等诸多项目。此外，平潭持续拓展对外旅游合作，先后在英国、法国、阿联酋、希腊、日本等地举办国际旅游岛专场招商推介会，对外开放的大门越开越大。

两岸融合深度拓展。平潭国际旅游岛立足对台区位优势，以旅游为桥梁、以文化为纽带，推动形成两岸旅游共同市场体系、两岸旅游项目合作体系和两岸旅游更具活力的政策体系。至2020年，平潭已与14家台湾旅游机构签订战略协议，并在台北、台中、高雄设立平潭旅游推广站，还引进台湾知名团队参与平潭旅游规划策划、项目建设、运营管理等。2016年至2020年，台胞到岚旅游人数达9.3万人次，大陆游客经岚赴台人数超26.1万人次；台胞累计来岚实习实训、参加民间文体交流6500多人次。平潭创新推出对台旅游扶持政策，共吸引400多名台胞在平潭从事旅游工作，引入9家台资旅行社，占全区旅行社（独立社）的24.3%。深耕两岸互动合作，打造台湾创业园、澳前台湾小镇、北港文创村、磹水风韵古村等一批台湾青年创新创业平台。2020年143名台湾导游在平潭通过换证考核取得福建省台湾导游专用证，旅游文化体育领域就业创业台胞达到约3000人。

数字赋能助力旅游渐入佳境。"数字+"推动平潭旅游业与多行业融合和相互促进，开启全域旅游新时代。"畅游平潭"平台利用物联网、云计算、大数据、人工智能等技术，深耕智慧化旅游体验，为"吃、住、行、游、购、娱"等旅游问题提供数字化的解决方案。"一部手机，畅游平潭"已成现实。同时，已建成集服务评价、投诉受理、联动执法、诚信体系、舆情监控、客流监测、产业运行监测等功能于一体的旅游综合管理平台，实现"一部手机管旅游"。自《平潭国际旅游岛建设方案》批复以来，平潭拥抱互联网、大数据、人工智能等技术，助推旅游产业智慧化转型升级。2020年，受新冠疫情影响，"云旅游"成为一种新的旅游体验和分享模式。平潭通过抖音、西瓜视频、今日头条等平台实时直播的"云旅游"，带领网友"云游"岚岛。平潭先后联合抖音、驴妈妈、拼多多、梨视频、去哪儿网等平台，陆续推出平潭赶海追泪直播等活动，并从电商、直播、搜索三向发力，与景域驴妈妈等OTA（在线旅行社）平台合作，扩大平潭旅游产品的"铺货率""上架率"。同时，平潭还举办"海岸线云派对""多多出游季·云游看中国"等线上直播活动，累计超3亿人次在线观看。

征程万里风正劲，重任千钧再奋蹄！带着期待、带着使命，这座麒麟宝岛坚定不移地以打造"一岛两窗三区"和建设两岸同胞的共同家园为目标，在改革开放浪潮中扬帆前行。

海上丝绸之路（福州）国际旅游节：
借势"一带一路"，促进旅游发展

建设丝绸之路经济带和21世纪海上丝绸之路是在准确把握新时期国际秩序深刻调整、经济全球化不断深入的大趋势下提出的重大倡议，也是构建我国全方位开放新格局的重要抓手。其中，发展"一带一路"旅游业也成为旅游产业发展的新核心。在实施大开放战略、发展开放型经济中，福州旅游抓住机遇，扬帆海上丝绸之路再出发，积极开拓"海丝之旅"合作新空间。

2015年11月15日，由国家旅游局、福建省人民政府主办，福州市人民政府、福建省旅游局承办的首届"海上丝绸之路"（福州）国际旅游节在福州正式拉开帷幕。

为什么是福州？作为一座伴海而生、因海而兴、拓海而荣的港口城市，福州自古以来就是海上丝绸之路的重要发祥地。早在汉代，福州就与东南亚地区开始贸易往来；宋元时期，成为海上丝绸之路贸易中丝绸的重要生产地，北宋诗人龙昌期的《三山即事》中"百货随潮船入市，万家沽酒户垂帘"描述了当年福州港的繁华景象。时至明代，福建市舶司回迁福州，郑和舟师怀揣"宣德化柔远人"和"经济大海"的抱负，七度从福州长乐的太平港开洋远航下西洋，创造了当时世界上规模最大、航线最远的航海纪录，将海上丝绸之路发展到巅峰。清朝，福州被辟为五口通商口岸，成为世界著名"茶港"。各国商贾云集榕城，海商文化兴于闽都。千百年来，福州留存了厚重的海洋文化历史印记。时至今日，织缎巷、横锦巷、机房里，这些与纺织业相关的地名，仍无声地见证着福州丝绸织造的辉煌，传延着古代手工业文明的灿烂；迴龙桥、东岐码头、圣寿宝塔依然守望着福州港的繁荣，记忆着中外商贸往来的盛景。

近年来，福州积极融入"一带一路"建设，举办海上丝绸之路旅游节旨在打通新时期连接中国与东盟国家之间的海上大动脉，搭建海上丝绸之路旅游交流合作大平台，通过整合海上丝绸之路沿线省份及城市旅游资源优势，策划打造一批21世纪海上丝绸之路世界级精品旅游线，推动海上丝绸之路沿线省份及城市的旅游发展，并进一步推动福建福州打造"一带一路"互联互通建设的重要枢纽、海上丝绸之路经贸合作的前沿平台和海上丝绸之路人文交流的重要纽带。

首届"海上丝绸之路"（福州）国际旅游节首次提出"海丝路上有福舟"的活动主题，"福舟"一语双关，即同"福州"谐音，象征海上丝绸之路的肇始之地福州与沿线国家的交流互通，开放融合。本届海上丝绸之路旅游节有两大特色。一方面是推动旅游与体育融合。旅游节期间举办"美丽中国·清新福建"旅游推介会、2015年境外旅行商（福建）采购大会、"海丝路上有福舟"福州专场旅游推介会、第六届福州温泉国际旅游节、"海丝之路伴你同行"——2015海上丝绸之路导游员大赛、第三届永泰旅游美食节、福州·永泰民谣音乐盛典、永泰温泉挑战赛等多场主题活动。福州市还利用同期举办的中国羽毛球公开赛、环福州·永泰国际公路自行车赛、全球华人篮球邀请赛、2015福州国际马拉松赛暨海峡两岸马拉松邀请赛等一系列重要赛事，推出"跟着比赛去旅行"等一系列重要赛事，以此为契机，将体育要素融入旅游节庆，进一步深化旅游产业与体育产业间的相互促进与交叉渗透，形成体育旅游新热点，实现互利共赢。另一方面是推动旅游与文化融合。注重融入温泉、闽剧、茉莉等福州文化要素。通过福州传统文化元素与旅游的结合，进一步深化福州与海上丝绸之路沿线国家、城市的人文交流，增进彼此的友谊，共同弘扬"团结互信、平等互利、包容互鉴、合作共赢"的丝路精神。

2016年，在第二届"海上丝绸之路"（福州）国际旅游节期间，广州、南京、宁波、扬州、烟台、泉州、漳州、莆田、福州等9个国内城市旅游部门联合9个国外旅游机构代表共同签署象征通力合作的《"9+9"国际旅游城市合作联盟协议书》，意在共同搭建对外展示、优势互补、互惠互利的全新旅游区域合作平台。

2017年，在第三届"海上丝绸之路"（福州）国际旅游节启动仪式上，10家国内旅游企业与美国、埃及、新西兰、约旦、俄罗斯等国的10家境外旅游企业共同签署了《海丝旅游发展战略合作协议》。国家旅游局数据中心福州分中心揭牌仪式同时举行。这是全国第一家挂牌成立的分中心。该中心负责承担海上丝绸之路沿线旅游专项数据采集、挖掘、分析及相关数据应用，以及海峡两岸特色旅游数据采集、分析等任务。通过汇聚各地旅游要素信息，构建"大数据+旅游+互联网+相关产业"的国家级旅游信息综合大数据中心，使福州成为全国第三个可以采集应用和发布旅游大数据的旅游城市。它与福州市快速发展的大数据产业、福州滨海新城大数据产业创新创业支撑平台实现数据共享，为构建福州大数据港、物联网城市开拓了又一个大数据平台。

2018年，世界旅游联盟及中国报业协会代表共同发布《加强"海丝"旅游传播合作福州宣言》。宣言指出，在文旅融合发展的大背景下，旅游成为"一带一路"沿线各国互联互通的纽带和桥梁；要凝聚传播共识，讲好中国故事，坚持开放合作，实现共赢发展，在"一带一路"重要平台上，共同推动中国旅游产业的繁荣与发展。2019年，第五届"海上丝绸之路"（福州）国际旅游节首次设置海外分会场，在美国纽约、意大利普拉托、韩国首尔三大国际城市同步举办丰富多彩的活动，全力提升旅游节国际影响力。

2020年，第六届"海上丝绸之路"（福州）国际旅游节以"共建海丝之

路 共促文旅繁荣"为主题，首次以"线上+线下"双线办节的形式呈现。福建省文化和旅游厅推出了"全福游"嘉年华活动，重点推出了近600项旅游节会、群众性文化、非遗展览展示、文明旅游宣传等内涵丰富的"全福游、有全福"特色主题活动和各类复工复产及促消费等相关产业政策、支持旅行商引客入闽的奖励措施、旅游景区惠民措施等等。

至2021年，"海上丝绸之路"（福州）国际旅游节已连续举办了七届，作为目前全国唯一以海上丝绸之路为主题的综合性大型国际旅游节，它不仅是福州市文旅交流重点品牌节庆活动，更是一场全民共享的文旅盛宴。为海上丝绸之路沿线及周边国家搭建了对外展示、优势互补、互惠互利的全新旅游区域合作平台，增进了国内外旅游部门、旅游机构和旅游界人士的交流与合作，得到了参与旅游节活动的各个国家、地区的高度评价和积极响应。

丝海梦寻：重现海上丝绸之路人文交融

2014年亚洲相互协作与信任措施会议（简称"亚信会议"）第四次峰会召开前夕，习近平总书记提出亚信会议的海上丝绸之路元素不能少，并特地提到20多年前曾在福州看过的舞剧《丝海箫音》，希望复排该剧。福建省文化厅立即组织福建省歌舞剧院根据《丝海箫音》精选片段重新改编、创作而成《丝路梦寻·海》，2014年5月20日开场亮相上海亚信会议，为20多个国家的总统和元首再现800多年前泉州港商船竞发的壮观场面和中外商品贸易的繁华景象，受到广泛好评，得到组委会高度评价。《丝海箫音》的酝酿创作始于1991年，当时联合国教科文组织海上丝绸之路考察团确认泉州为中国海上丝绸之路的起点城市，以此为契机，福建省歌舞剧院创作了该剧。此后，《丝海箫音》参加1992年全国舞剧观摩演出，震动业界，获优秀剧目奖等7大奖项，1993年又先后获"五个一工程"奖和文华大奖，成为舞剧的经典之作。1992年，时任福州市委书记习近平观看过该剧后一直惦记心间。

上海亚信会议后，在福建省委、省政府的支持下，福建省文化厅全面启动在《丝海箫音》基础上以海上丝绸之路为主题的重新创作和排演，进一步提升编排与表演水平，进而创作出《丝海梦寻》这一大型舞剧。2014年8月24日，《丝海梦寻》作为福建省人民政府与文化部联合举办的"福建戏剧优秀剧目晋京展演"活动的首演，在国家大剧院演出，党和国家领导人贾庆林、贺国强、刘延东、刘奇葆、吴仪等观看了演出，观众和社会各界反响热烈。

首演之后，《丝海梦寻》在国内各地和近百个国家、国际组织或地区巡回热演：赴陕西参加首届丝绸之路国际艺术节演出，赴缅甸参加东盟峰会闭幕式演出，在纽约联合国总部会议大厅、布鲁塞尔欧盟总部、法国联合国教科文组织总部演出，赴海上丝绸之路沿线国家交流演出……其中仅在吉隆坡的演出，就以单场超过4000人的观众数量创下纪录。而能够在极少举办文艺演出的联合国总部进行表演，《丝海梦寻》的巨大文化感染力和冲击力毋庸置疑。2015年2月4日晚，应中国常驻联合国代表团邀请，《丝海梦寻》在联合国总部会议大厅隆重上演，赢得时任联合国秘书长潘基文及现场100多个国家的外交使节、国际组织代表及当地华侨等近2000人的热烈掌声。此次演出成为联合国总部会议大厅有史以来上演的第一场舞台剧。演员用精湛的演技，为西方观众提供了贴切的艺术表达，传递了共建21世纪海上丝绸之路的美好愿景，有效服务了国家"一带一路"倡议，打响了海上丝绸之路文化品牌。2015年10月25日，新闻联播头条以"为人民抒写、为人民抒情"为题，详细介绍了《丝海梦寻》。在这之前，《新闻联播》已经4次以动态新闻的形式介绍过《丝海梦寻》。

2016年8月，在国家艺术资金的支持下，《丝海梦寻》开始摄制为2D、3D数字电影，以弥补舞台演出的局限与不足，不断扩大影响面。2018年12月12日，3D数字电影在福州首映。在90分钟的立体电影中，闽南的木凳舞、波斯商人的算盘舞、泉州搓汤圆、摸彩蛋、提线木偶和高甲戏中的丑婆舞先后登场，同时，影片

《丝海梦寻》剧照

融合了泉州港、德化瓷器等海上丝绸之路元素，通过3D的场景展现，给人以强烈的视觉冲击和心灵震撼。

《丝海梦寻》讲述了福建泉州刺桐港一家两代水手远航西亚国家的动人航海故事，主要反映福建泉州等沿海地区在宋元时期云集了各国使者与商贾，成为世界第一大港的历史，以生动的剧情艺术地再现了800多年前我国南方海上丝绸之路东西方文明交流融合的繁华景象。该剧在内容上以福建闽南元素为主，适当增加海上丝绸之路沿海省份以及周边海上丝绸之路国家元素，充分展现福建在开辟海上丝绸之路、沟通各大洲商贸往来、维系东西方文化交融过程中发挥的重要作用，展示了福建积极融入21世纪海上丝绸之路建设的阶段性成果。

《丝海梦寻》以福建省歌舞剧院作为基本创作演出队伍，邀请国内著名编导、曾经8次担任央视春晚舞蹈总监和现场导演的邢时苗担纲总导演。项目还组织了音乐、舞美和主要演员等国内一流的主创表演人才加盟，女主角"桐花"由全国舞蹈大赛金奖得主、中国歌剧舞剧院首席领舞唐诗逸扮演，"阿海""小海"、波斯王子"哈马迪"等主要角色，分别由国内新锐舞者孙富博、黎星和李超扮演。演职人员艰苦努力，精益求精，不断地对丝路沿线国家的服饰、音乐、舞蹈等进行缜密的历史考证，才有了800年前丝路风情的还原，使舞剧具有了真实可信的情感力量。

《丝海梦寻》舞向五洲四海，一路播撒友谊的种子，一路收获艺术的共鸣，已然成为福建挖掘海上丝绸之路文化资源，打造海上丝绸之路文化品牌的精品工程。

世界妈祖文化论坛：架起海内外连心桥

2016年10月31日至11月2日，在妈祖故乡福建省莆田市湄洲岛，一场不同寻常的盛会——世界妈祖文化论坛召开，备受海内外关注。其间，海内外专家学者激荡智慧，一系列活动精彩纷呈。论坛的举办，为妈祖文化交流提供了一个开放、包容、多元的平台，在新的高起点上，推动了妈祖文化在世界范围内的传播与发展，进一步凝聚了全球妈祖文化机构和人士共识，强化了华人华侨与祖国的精神纽带作用，促进了"一带一路"沿线国家和地区经贸文化交流合作。

首届世界妈祖文化论坛由中国社会科学院、国家海洋局、国家旅游局、国家文物局和福建省人民政府共同主办，以"妈祖文化、海丝精神、人文交流"为主题，旨在弘扬"立德、行善、大爱"的妈祖精神。论坛系列活动包括主旨演讲、"妈祖文化与海洋精神"国际研讨会、第二届国际妈祖文化学术研讨会、"非遗"丙申年秋祭妈祖典礼。其间还举办第十八届中国·湄洲妈祖文化旅游节、中华妈祖文化交流协会2016年会员大会等。来自19个国家和地区的嘉宾出席论坛，260多位专家学者参加主旨演讲和分论坛，包含国际合作组织代表、国家部级机构领导、驻华领事馆负责人、教科文知名专家学者、重要侨领、海上丝绸之路申遗城市代表、境内外妈祖文化机构负责人、媒体记者等，具有广泛的代表性。

几天的时间里，共有14场次妈祖文化与海洋、海上丝绸之路主题的相关活动。主旨演讲、分论坛活动中，来自海内外的专家学者聚焦主题，发表真知灼见，交流了妈祖文化学术研究新进展。活动聚焦国家"一带一路"倡议，进一步推动了妈祖文化"走出去"，扩大妈祖文化在海上丝绸之路沿线国家和地区的影响力。中外代表在"一带一路"的语境下达成共识："立德、行善、大爱"的妈祖精神内涵和"平安、和谐、包容"的妈祖文化特征，与"和平之海、合作之海、和谐之海"的中国海洋馆相互映照，成为21世纪海上丝绸之路民心相通的维系纽带。

论坛系列活动成果丰硕。国家海洋局表示，将在强化与海上丝绸之路沿线国家和地区海洋经济、海洋环境保护等系列合作的同时，大力推进妈祖文化的传播与交流。3名法国教科文专家专程赴北京，向法国驻华大使馆汇报活动情况。参会的侨领表示，愿推动妈祖分灵到更多的国家和地区等，计划在产业对接、海洋经济、投资贸易等方面开展交流，拓展莆田"一带一路"沿线国家和地区的经贸文化交流合作。与南太平洋旅游组织在品牌互动、客源互推、信息共享、产业共赢等方面达成共识，就妈祖文化在南太平洋13个岛国间的传播和推广形成初步对接方案……来自19个国家和地区89个政府机构和社会组织的300多名中外代表经过讨论，发表了《世界妈祖文化论坛湄洲倡议》：加大对妈祖文化物质类和非物质类的文献资料的收集、整理；创立全球妈祖文化传播体系，建设妈祖信俗非遗传承、展示、教育区；在妈祖信俗集中区域，建立国际级妈祖文化生态保护区；开展全球妈祖文化普查工程，举办"妈祖下南洋，重走海丝路""天下妈祖回娘家"等活动；在湄洲岛设立世界妈祖文化论坛永久会址，每年联合一个海洋国家和地区的有关机构和团体，召开一次主题论坛，促进妈祖文化在国家和地区之间的交流合作持续开展。

2017年12月，第二届世界妈祖文化论坛在福建莆田湄洲岛举行，主题为"妈祖文化、海洋文明、人文交流"。与第一届相比，该届论坛突出了妈祖文化内涵与海洋文明的研讨。本次论坛通过《湄洲·海洋文明倡议》。倡议提出，要深入挖掘妈祖文化精神内涵，加强妈祖文化历史遗存保护，建立较为完备的妈祖文化保护体系。大力发展海岛生态旅游，推动人文和自然融合互动，构建特色鲜明、合作共赢的海洋生态旅游圈。深化妈祖文化对外交流活动，创立全球妈祖文化传播体系，推动海洋国家和地区民心交融。同时，倡议呼吁海上丝绸之路沿线国家和地区以及全球各界人士，携手努力，务实行动，主动融入"一带一路"建设，传承弘扬妈祖文化，切实保护好湄洲岛，共建世界妈祖文化中心，谱写现代海洋文明新篇章。

2018年，第三届世界妈祖文化论坛首设"妈祖文化与海外媒体"平行论坛，旨在借助海外媒体的传播力，提升妈祖文化在海外的影响。来自21个国家和地区的46名海外媒体的社长、总编等出席论坛，探讨加强妈祖文化海外传播力的路径。妈祖文化海外发布平台在该论坛上正式启动。该平台是妈祖文化信息的首个海外发布平台，设有文字、图片、视频稿库，通过这一平台可以共享全世界的妈祖文化信息，以此扩大妈祖文化的对外影响力。

2019年11月，第四届世界妈祖文化论坛在妈祖故乡成功举办。来自世界五大洲42个国家和地区及国际组织的政府官员、专家学者、企业家和社会各界人士共800余人，汇聚一堂，围绕"妈祖文化·海洋文明·人文交流"主题，倡行妈祖精神，共叙妈祖情怀。同期发布的《第四届世界妈祖文化论坛共识》指出，妈祖文化是中华灿烂文化的重要组成部分，是中国海洋文化的核心内容，也是中华民族经由海洋连通世界的重要文化纽带。要抓住妈祖信俗列入世界非物质文化遗产十周年的契机，在多领域开展深层次交流合作，实现互联互通、互利共赢，构建人海和谐、携手共进的外部环境。伴随"一带一路"的深入推进，策划举办一系列活动，促进海上丝绸之路沿线普通民众人文交流、心灵契合，为海洋命运共同体、人类命运共同体筑牢民心基础，让妈祖文化迸发出更加璀璨的时代光辉。论坛期间，还举行了经贸项目签约活动。其间，福建省莆田市共对接项目23个，计划总投资额152亿元。

2020年，新冠疫情席卷全球，作为第五届世界妈祖文化论坛达成的重要成果，《第五届世界妈祖文化论坛湄洲共识》明确提出，要秉持妈祖文化行善大爱的精神本色，持续支持全球抗击新冠疫情，扶助病困群体、医护人员、医疗机构和医疗合作项目，共同构建人类卫生健康共同体。

2021年11月，第六届世界妈祖文化论坛发布了《第六届世界妈祖文化论坛湄洲倡议》，还同期举行妈祖文化与海洋保护、妈祖文化生态保护与传承两个分论坛，以及第七届妈祖文化国际学术研讨会、妈祖陶瓷艺术作品展、妈祖非遗剪纸艺术展、《祥瑞湄洲》民俗歌舞实景秀、"湄洲女发髻"表演赛、两岸美食节等配套活动。

2022年12月，一场高规格的妈祖文化盛会，再次吸引了全球关注的目光。尼泊尔、摩尔多瓦、厄瓜多尔、柬埔寨、斐济、泰国等国家驻华机构代表相聚妈祖圣地，共襄盛举。在第七届世界妈祖文化论坛"妈祖文化与两岸青年交流"分论坛上，两岸青年就公益交流、台青创业、文化交往等进行深入研讨，并发出青年倡议，将联袂发挥妈祖文化的特殊桥梁纽带作用，深化两岸交往交流，促进两岸同胞心灵契合，在推动两岸融合发展的历程中书写青春篇章、打上青春烙印。论坛还发布了《第七届世界妈祖文化论坛湄洲宣言》。本届论坛还突出构建"论坛+文化""论坛+经贸"会展经济模式，打造综合性文化类论坛，举行了妈祖搭心桥——项目推介签约活动，37个项目成功签约，总投资556.8亿元。

至2022年，世界妈祖文化论坛连续举办了七届，在海内外引起了强烈的反响，对传承与弘扬中华优秀传统文化——妈祖文化起到了强大的推动作用，增强了中华民族的历史自信、文化自信，引领了海上丝绸之路文化建设，为海上丝绸之路沿线国家和地区的民心相通奠定了坚实的文化基石。同时，论坛对海峡两岸的文化交流及中华文化认同、民族认同、国家认同起到了积极的促进作用。

参考文献

1. 徐起浩，冯炎基. 福建深沪湾海底古森林及晚更新世牡蛎滩遗迹介绍. 地震地质，1994（4）.

2. 范雪春，施良衍，黄江华，李水长. 晋江深沪湾滩涂发现的旧石器时代晚期遗存. 福建文博，2009（3）.

3. 刘修德主编. 福建省海湾数模与环境研究：深沪湾. 北京：海洋出版社，2009.

4. 范雪春，吴金鹏，黄运明，等. 福建晋江深沪湾潮间带旧石器遗址. 人类学学报，2011（3）.

5. 尤玉柱主编. 漳州史前文化. 福州：福建人民出版社，1991.

6. 陈国强，叶文程，吴绵吉主编. 闽台考古. 厦门：厦门大学出版社，1993.

7. 董为主编. 第十届中国古脊椎动物学学术年会论文集. 北京：海洋出版社，2006.

8. 曾五岳. 漳州史海钩沉. 福州：福建人民出版社，2006.

9. 范雪春，杨丽华主编. 莲花池山遗址：福建漳州旧石器遗址发掘报告1990~2007. 北京：科学出版社，2013.

10. 蔡保全. 晚玉木冰期台湾海峡成陆的证据. 海洋科学，2002（6）.

11. 邓文金编著. 漳台关系史. 厦门：厦门大学出版社，2011.

12. 尤玉柱. 东山海域人类遗骨和哺乳动物化石的发现及其学术价值. 福建文博，1988（1）.

13. 厦门大学历史系考古教研室编. 东南考古研究：第1辑. 厦门：厦门大学出版社，1996.

14. 林少川等. 泉州发现数万年前"海峡人"化石. 泉州晚报, 1999-9-3.

15. 《中国海洋文化》编委会编. 中国海洋文化·台湾卷. 北京: 海洋出版社, 2016.

16. 易石嘉. 闽越文化, 北京: 华艺出版社, 2011.

17. 郭志超. 闽台民族史辨. 合肥: 黄山书社, 2006.

18. 焦天龙, 范雪春. 福建与南岛语族. 北京: 中华书局, 2010.

19. 王银平. 福建沿海史前文化与南岛语族的考古学观察. 华夏考古, 2017 (1).

20. 范志泉, 邓晓华, 工传超: 语言与基因: 论南岛语族的起源与扩散. 学术月刊, 2018 (10).

21. 吴卫, 王银平, 李福生. 台湾海峡区域视野下南岛语族起源与扩散的考古学观察. 东南文化, 2021 (5).

22. 陈仲玉, 黄运明. "亮岛爷爷"的海峡考古情: 陈仲玉先生访谈录. 南方文物, 2018 (3).

23. 上海中国航海博物馆编. 丝路和弦: 全球化视野下的中国航海历史与文化. 上海: 复旦大学出版社, 2019.

24. 吴卫. 试论福建史前海洋文化的发展脉络及内涵. 文物春秋, 2020 (6).

25. 林公务. 福建平潭壳丘头遗址发掘简报. 考古, 1991 (7).

26. 范雪春, 等. 2004年平潭壳丘头遗址发掘报告. 福建文博, 2009 (1).

27. 刘阳. 浅析海洋资源和福建滨海先民生存空间的关系: 以平潭壳丘头遗址、闽侯昙石山遗址为例. 福建文博, 2013 (3).

28. 陈盛, 范雪春. 壳丘头遗址人骨观察. 福建文博, 2021 (3).

29. 邱季端主编. 福建古代历史文化博览. 福州: 福建教育出版社, 2007.

30. 福建博物院编著. 闽侯昙石山遗址第八次发掘报告. 北京: 科学出版社, 2004.

31. 钟礼强. 昙石山文化研究. 长沙: 岳麓书社, 2005.

32. 曾江主编. 闽侯昙石山文化遗址. 福州: 海潮摄影艺术出版社, 2007.

33. 张天禄主编. 昙石山文化志. 福州: 海潮摄影艺术出版社, 2007.

34. 福建省炎黄文化研究会，中国人民政治协商会议福州市委员会编. 福建海洋文化研究. 福州：海峡文艺出版社，2009.

35. 陈兆善，温松全. 昙石山遗址. 福州：海峡书局，2015.

36. 徐起浩. 福建东山县大帽山发现新石器贝丘遗址. 考古，1988（2）.

37. 范雪春，林公务，焦天龙. 福建东山县大帽山贝丘遗址的发掘. 考古，2003（12）.

38. 福建省博物馆. 福建霞浦黄瓜山遗址发掘报告. 福建文博，1994（1）.

39. 中国考古学会编. 中国考古学年鉴1991. 北京：文物出版社，1992.

40. 黄荣春编著. 闽越源流考略. 福州：海潮摄影艺术出版社，2002.

41. 福建博物院文物考古研究所，漳州市文物管理委员会办公室编著. 鸟仑尾与狗头山：福建省商周遗址考古发掘报告. 北京：科学出版社，2004.

42. 罗佳：鸟仑尾与狗头山：福建省商周遗址考古发掘报告简介. 考古，2005（2）.

43. 《民族论丛》编辑组. 民族论丛：第1辑，1981.

44. 石钟健. 论悬棺葬的起源地和越人的海外迁徙. 贵州社会科学，1983（1）.

45. 张恒. 武夷悬棺. 北京：文物出版社，2008.

46. 陆敬严. 中国悬棺研究：中国悬棺问题的理论与实践. 上海：同济大学出版社，2009.

47. 田进锋. 浅谈中国悬棺葬的起源. 长江丛刊，2017（20）.

48. 黄胜科. 从武夷悬棺看古闽族文化. 福建史志，2019（5）.

49. 黄运明，范雪春，吴金鹏，左子鹃. 福建晋江庵山青铜时代沙丘遗址2009年发掘简报. 文物，2014（2）.

50. 陈龙，林忠干，杨先铢. 福建闽侯黄土仑遗址发掘简报. 文物，1984（4）.

51. 常浩. 黄土仑类型的文化因素与社会性质分析. 福建文博，2009（3）.

52. 福建省考古博物馆学会编. 福建华安仙字潭摩崖石刻研究. 北京：中央民族学院出版社，1990.

53. 赵希涛. 中国海岸演变研究. 福州：福建科学技术出版社，1984.

54. 祝永康. 闽江口历史时期的河床变迁. 台湾海峡，1985（2）.

55. 卢美松. 福建的殷商文明. 南方文物，1994（1）.

56. 卢美松. 论闽族和闽方国. 南方文物，2001（2）.

57. 邓永俭主编. 河洛文化与闽台文化集. 郑州：河南人民出版社，2018.

58. 黄荣春. 闽越国都城与东冶港. 福建史志，2019（2）.

59. 黄天柱. 泉州稽古集. 北京：中国文联出版社，2003.

60. 林开明主编. 福建航运史（古、近代部分）. 北京：人民交通出版社，1994.

61. 卢美松. 闽中东冶港的兴起. 福建史志，2019（5）.

62. 福州闽都文化研究会编. 闽都文化与开放的福州. 福州：海峡文艺出版社，2019.

63. 福州港史志编辑委员会编著. 福州港史. 北京：人民交通出版社，1996.

64. 福建省文史研究馆编. 文史撷英：福建省文史研究馆成立65周年纪念文集. 福州：海峡文艺出版社，2018.

65. 徐晓望. 中国福建海上丝绸之路发展史. 北京：九州出版社，2017.

66. 赵君尧. 闽都文化简论. 福州：福建美术出版社，2012.

67. 林家钟. 林家钟文史选集. 福州：海风出版社，2013.

68. 萧统. 昭明文选（卷五）. 北京：中华书局，1977.

69. 范文澜. 中国通史简编（修订本）. 北京：人民出版社，1964.

70. 福建省地方志编纂委员会编. 福建省志·船舶工业志. 北京：方志出版社，2002.

71. 顾祖禹. 读史方舆纪要. 北京：中华书局，2005.

72. 武斌. 丝绸之路全史（上、下）. 沈阳：辽宁教育出版社，2018.

73. 韩振华. 试释福建水上疍民（白水郎）的历史来源. 厦门大学学报，1954（5）.

74. 傅衣凌. 傅衣凌治史五十年文编. 厦门：厦门大学出版社，1989.

75. 陈鹏，林蔚文：中国古代东南沿海水上居民略论. 海交史研究，1991（2）.

76. 朱维幹. 福建史稿（上册）. 福州：福建教育出版社，1985.

77. 福建省地方志编纂委员会编. 福建省志·军事志. 北京：新华出版社，1995.

78. 蒋炳钊主编. 百越文化研究，厦门：厦门大学出版社，2005.

79. 华德荣等主编. 一路扬帆一路歌：扬州大运河与海上丝绸之路专题论文集. 南京：东南大学出版社，2019.

80. 张先清主编. 山海文明. 上海：复旦大学出版社，2019.

81. 郑长铃. 大乐天心续编. 北京：北京时代华文书局，2016.

82. 顿贺编著. 海上丝路之造船开海. 广州：广东科技出版社，2017.

83. 何国卫主编. 古船扬帆. 青岛：中国海洋大学出版社，2017.

84. 房仲甫，李二和. 中国水运史. 北京：新华出版社，2003.

85. 潘吉星主编. 李约瑟文集. 沈阳：辽宁科学技术出版社，1986.

86. 中国海外交通史研究会，福建省泉州海外交通史博物馆编. 海上丝绸之路综论. 北京：海洋出版社，2017.

87. 丁毓玲，林瀚. 涨海声中：福建与波斯、阿拉伯. 福州：福建教育出版社，2018.

88. 兰惠英. 古代福建佛教的海洋传播. 福州：福建教育出版社，2018.

89. 李玉昆. 泉州海外交通史略. 厦门：厦门大学出版社，1995.

90. 任继愈主编. 中国佛教史. 北京：中国社会科学出版社，1985.

91. 冯承钧. 中国南洋交通史. 上海：上海书店出版社，1984.

92. 汤用彤. 汉魏两晋南北朝佛教史. 北京：中华书局，1983.

93. 章巽. 真谛传中之梁安郡. 福建论坛，1983（4）.

94. 张俊彦. 真谛所到梁安郡考. 北京大学学报（哲学社会科学版），1985（3）.

95. 廖大珂. 梁安郡历史与王氏家族. 海交史研究，1997（2）.

96. 廖大珂. 福建海外交通史. 福州：福建人民出版社，2002.

97. 桑原骘藏. 蒲寿庚考. 陈裕菁，译订. 北京：中华书局，2009.

98. 福建省地方志编纂委员会编. 福建省志·文物志. 北京：方志出版社，2002.

99. 林金水主编. 福建对外文化交流史. 福州：福建教育出版社，1997.

100. 陈国强主编. 空海研究. 北京：华夏出版社，1990.

101. 忻中. 日本空海和尚来到福州的始末. 学术评论，1983（2）.

102. 王铁藩. 唐末开辟的甘棠港址考. 福建论坛（文史哲版），1984（5）.

103. 林光衡. 甘棠港辨析：与王铁藩同志商榷. 福建论坛（文史哲版），1985（3）.

104. 黄荣春. 甘棠港位置探索. 海交史研究，1990（2）.

105. 卢美松. 论甘棠港道的开辟与福州丝路的畅达. 福建史志，2015（3）.

106. 林仁川. 福建对外贸易与海关史. 厦门：鹭江出版社，1991.

107. 郑有国. 闽商发展史·福州卷. 厦门：厦门大学出版社，2016.

108. 冉万里编. 汉唐考古学讲稿. 西安：三秦出版社，2008.

109. 苏佳. "五代闽国刘华墓陪葬陶俑"衣冠服饰小考. 福建文博，2015（1）.

110. 黄荣春编著. 福州市郊区文物志. 福州：福建人民出版社，2009.

111. 王巍总主编. 中国考古学大辞典. 上海：上海辞书出版社，2014.

112. 汪震. 从刘华墓出土蓝釉波斯陶瓶看海上丝绸之路的中外交流. 福建文博，2013（1）.

113. 陈存洗. 福州刘华墓出土的孔雀蓝釉瓶的来源问题. 海交史研究，1985（2）.

114. 《泉州港与古代海外交通》编写组编. 泉州港与古代海外交通. 北京：文物出版社，1982.

115. 福建省博物馆. 五代闽国刘华墓发掘报告. 文物，1975（1）.

116. 郑学檬. 中国古代经济重心南移和唐宋江南经济研究. 长沙：岳麓书社，2003.

117. 木宫泰彦. 日中文化交流史. 胡锡年，译. 北京：商务印书馆，1980.

118. 章巽. 章巽全集. 广州：广东人民出版社，2016.

119. 藤田丰八. 中国南海古代交通丛考. 何健民，译. 太原：山西人民出版社，

2015.

120. 陈寅恪. 金明馆丛稿初编. 上海：上海古籍出版社，1980.

121. 陈达生. 泉州灵山圣墓年代初探. 世界宗教研究，1982（4）.

122. 桑原骘藏. 唐宋贸易港研究. 杨炼，译. 上海：商务印书馆，1935.

123. 朱建君，修斌主编. 中国海洋文化史长编·魏晋南北朝隋唐卷. 青岛：中国海洋大学出版社，2013.

124. 福建省地方志编纂委员会编. 福建省志·外事志. 北京：方志出版社，2004.

125. 刘文波. 唐末五代泉州对外贸易的兴起. 泉州师范学院学报，2003（3）.

126. 刘文波. 唐五代泉州海外贸易管理刍议. 泉州师范学院学报，2005（3）.

127. 苏继顷校释. 岛夷志略校释. 北京：中华书局，1981.

128. 雅各·德安科纳. 光明之城. 杨民，等，译. 上海：上海人民出版社，1999.

129. 夏鼐校注. 真腊风土记校注. 北京：中华书局，1981.

130. 庄景辉. 泉州港考古与海外交通史研究. 长沙：岳麓书社，2006.

131. 章深. 宋元海上丝绸之路史. 广州：世界图书出版广东有限公司，2020.

132. 黄纯艳. 宋代海外贸易. 北京：社会科学文献出版社，2003.

133. 许在全. 泉州港与"海上丝绸之路". 海交史研究，1991（6）.

134. 朱嘉仑. 论宋元时期泉州港的兴起与衰落［D］. 广州：广东省社会科学院，2019.

135. 吴泰，陈高华. 宋元时期的海外贸易和泉州港的兴衰. 海交史研究，1978（1）.

136. 陈高华. 北宋时期前往高丽贸易的泉州舶商：兼论泉州市舶司的设置. 海交史研究，1980（1）.

137. 土肥祐子. 陈偁和泉州市舶司的设置. 海交史研究，1988（1）.

138. 黄晖菲. 略论市舶司制度及其对宋元时期泉州海外贸易之影响. 泉州师范学院学报，2016（10）.

139. 陈乌桥，黄忠族. 探寻泉州市舶司. 中国海关，2020（11）.

140. 彭友良. 宋代福建海商在海外各国的频繁活动. 海交史研究，1984（6）.

141. 王侠. 宋元福建对外贸易发展及原因初探. 中国市场，2012（36）.

142. 王炳庆，刘文波. 宋代海外贸易政策的转变与福建海商的崛起. 江西科技师范学院学报，2007（6）.

143. 刘文波. 宋代福建海商之崛起. 江苏商论，2008（2）.

144. 王秀丽. 海商与元代东南社会. 华南师范大学学报（社会科学版）. 2003（5）.

145. 王溥. 唐会要. 北京：中华书局，1955.

146. 吴自牧. 梦粱录. 杭州：浙江人民出版社，1984.

147. 徐梦莘. 三朝北盟会编. 上海：上海古籍出版社，2008.

148. 乐史. 太平寰宇记. 北京：中华书局，2007.

149. 徐兢. 宣和奉使高丽图经. 北京：中华书局，1985.

150. 王云海. 宋会要辑稿考校. 上海：上海古籍出版社，1986.

151. 李约瑟. 中国科学技术史·（第四卷第三分册）. 胡维佳，等，译. 北京：科学出版社，2008.

152. 贺威. 宋元福建科技史研究. 厦门：厦门大学出版社，2019.

153. 徐晓望. 福建民间信仰源流. 福州：福建教育出版社，1993.

154. 罗春荣. 妈祖传说研究. 天津：天津古籍出版社，2009.

155. 福建省地方志编纂委员会，台湾妈祖联谊会等编. 妈祖文化志. 北京：国家图书馆出版社，2018.

156. 朱天顺. 妈祖信仰的起源及其在宋代的传播. 厦门大学学报（哲学社会科学版），1986（2）.

157. 张大任. 宋代妈祖信仰起源探究. 福建论坛（文史哲版），1988（6）.

158. 张桂林，罗庆四. 福建商人与妈祖信仰. 福建师范大学学报（哲学社会科学版），1992（3）.

159. 张桂林. 试论妈祖信仰的起源、传播及其特点. 史学月刊. 1991（4）.

160. 庄为玑. 泉州清净寺的历史问题：泉州港古迹研究之一. 厦门大学学报（哲学社会科学版），1963（4）.

161. 吴文良. 再论泉州清净寺的始建时期和建筑形式：与庄为玑先生商榷. 厦门大学学报（哲学社会科学版），1964（1）.

162. 韩振华. 泉州涂门街清真寺与通淮街清净寺：泉州在海外交通史上的历史古迹、文物研究之一. 海交史研究，1996（1）.

163. 韩振华. 宋代泉州伊斯兰的清净寺. 海交史研究，1997（1）.

164. 陈少丰. 再论泉州历史上的两座"清净寺". 海交史研究，2020（3）.

165. 陈健主编. 八闽侨乡福建. 北京：中国旅游出版社，2015（1）.

166. 孙群. 析泉州石狮六胜塔的建筑艺术特征与传承. 建筑与文化，2013（10）.

167. 陈志宏. 泉州海上丝绸之路滨海史迹的研究与保护. 南方建筑，2006（9）.

168. 林悟殊. 宋元滨海地域明教非海路输入辨. 中山大学学报（社会科学版），2005（3）.

169. 庄为玑. 泉州摩尼教初探. 世界宗教研究，1983（3）.

170. 蔡鸿生. 唐宋时代摩尼教在滨海地域的变异. 中山大学学报（社会科学版），2004（6）.

171. 粘良图. 晋江草庵研究. 厦门：厦门大学出版社. 2008.

172. 粘良图. 泉州晋江草庵一带新发现摩尼教遗存：关于摩尼教消亡的时间问题必须重新审视. 泉州师范学院学报（社会科学），2008（9）.

173. 粘良图. 从田野调查看明清时期泉州明教的走向. 海交史研究，2008（2）.

174. 林振礼，吴鸿丽主编. 泉州多元文化和谐共处探微. 厦门：厦门大学出版社，2017.

175. 林振礼. 朱子新探：朱子学与泉州文化研究. 北京：商务印书馆，2018.

176. 李天锡. 晋江草庵肇建于宋代新证. 宗教学研究，2006（2）.

177. 茅以升主编. 中国古桥技术史. 北京：北京出版社，1986.

178. 闫爱宾. 宋元泉州石建筑技术发展脉络. 海交史研究，2009（1）.

179. 曾维华. 泉州宋代安平桥建筑年代考. 上海师范大学学报（自然科学版），1997（2）.

180. 郑金顺. 再议洛阳桥种蛎固桥说. 福建论坛（文史哲版），1995（2）.

181. 吴幼雄. 论南外宗正司的历史作用. 泉州师专学报（社会科学版），1995（1）.

182. 杨文新. 宋代宗室参与海外贸易试探. 莆田学院学报，2014（6）.

183. 林翰. 南宋泉州南外宗正司史事考略. 福建文博，2020（2）.

184. 傅宗文. 后渚古船：宋季南外宗室海外经商的物证：古船牌签研究并以此纪念古船出土 15 周年. 海交史研究，1989（2）.

185. 杨文新. 宋代南外宗正司入闽及其影响. 史学月刊，2004（8）.

186. 泉州赵宋南外宗正司研究会编. 赵宋南外宗与泉州. 厦门：厦门大学出版社，2016.

187. 伊本·白图泰游记. 马金鹏，译. 银川：宁夏人民出版社，2000.

188. 李知宴. 宋元时期泉州港的陶瓷输出. 海交史研究，1984（6）.

189. 程珮. 元至明初福建瓷窑衰落原因浅探. 福建文博，2017（2）.

190. 詹嘉. 海上陶瓷之路的形成与发展. 中国陶瓷，2002（4）.

191. 黄晓宏. 浅谈宋元时期海上丝绸之路陶瓷贸易. 丝绸之路，2010（14）.

192. 徐晓望主编. 福建通史. 福州：福建人民出版社，2006.

193. 彭文宇. 古代莆田沿海围垦述略. 亚热带资源与环境学报，1994（1）.

194. 林京榕. 浅谈宋代福建沿海地区农业经济发展的原因. 福建林业科技，2006（3）.

195. 洪沼，郑学檬. 宋代福建沿海地区农业经济的发展. 中国社会经济史研究，1985（4）.

196. 徐世康. 宋代沿海渔民日常活动及政府管理. 中南大学学报（社会科学

版），2015（3）.

197. 许维勤. 闽台建制与两岸关系. 北京：社会科学文献出版社，2015.

198. 廖大珂. 汉唐至宋元时期的闽台交流. 中国边疆史地研究，2002（4）.

199. 冯钺. 对中国古代关于夷洲、流求范围的解读. 探索，2014（5）.

200. 杨彦杰. 闽南移民与闽台区域文化. 福建论坛（人文社会科学版），2003（1）.

201. 汤漳平. 中原移民与闽台多元文化之形成. 中州学刊，2018（1）.

202. 谢应祥，王元林. 泉州海神通远王源流与信仰流变新探. 海交史研究，2017（2）.

203. 吴鸿丽. 通远王崇拜：宋元时期泉州的神缘与商缘. 福建论坛（人文社会科学版），2014（10）.

204. 杨文新. 宋代泉州九日山祈风石刻研究. 海峡教育研究，2018（2）.

205. 吴钩. 南宋铜钱外流的苦恼. 文史博览，2018（6）.

206. 钟兴龙. 略论宋代铜钱外流高丽问题. 北华大学学报（社会科学版），2014（6）.

207. 梁克家. 三山志. 陈叔侗，校注. 北京：方志出版社，2003.

208. 陈高华等点校. 元典章. 天津：天津古籍出版社，2011.

209. 刘伟榕，贺威. 宋元福建制盐业的发展与技术创新. 盐业史研究，2011（2）.

210. 河上光一. 宋代福建食盐的生产. 君羊，译. 盐业史研究，1994（3）.

211. 许维勤. 两宋福建盐政论略. 福建论坛（文史哲版），1988（4）.

212. 杨博文校释. 诸蕃志校释. 北京：中华书局，1996.

213. 林仲彬，黄泽豪. 宋元时期泉州港在中医药文化对外交流中的作用. 中国现代中药，2020（2）.

214. 朱文慧. 御寇与弭盗：吴潜任职沿海制置使与晚宋海防困局. 国际社会科学杂志（中文版），2020（3）.

215. 彭友良. 宋代福建沿海人民的海上起义. 福建论坛（文史哲版），1993（2）.

216. 孟繁清. 元代的海船户. 蒙古史研究，2007（9）.

217. 吴幼雄. 元朝澎湖巡检司隶属考. 历史教学，1984（6）.

218. 王红. 略谈元朝澎湖巡检司的建置. 文教资料，2011（32）.

219. 李国宏. 元澎湖巡检陈信惠考略. 福建文博，2009（4）.

220. 徐晓望. 早期台湾海峡史研究. 福州：海风出版社，2006.

221. 欧小牧. 陆游年谱. 北京：人民文学出版社，1981.

222. 张一平，等. 南海区域历史文化探微. 广州：暨南大学出版社，2012.

223. 陈孔立主编. 台湾历史纲要. 北京：九州出版社，2020.

224. 徐晓望. 论早期台湾开发史的几个问题. 台湾研究，2000（2）.

225. 陈小冲主编. 台湾历史上的移民与社会研究. 北京：九州出版社，2011.

226. 周中坚. 南海熙熙五百年：古代泉州港兴盛时期与东南亚的往来. 南洋问题研究，1993（2）.

227. 方豪. 中西交通史. 上海：上海人民出版社，2008.

228. 陈冬梅. 全球史观下的宋元泉州港与蒲寿庚. 复旦学报（社会科学版），2019（6）.

229. 彭慕兰，史蒂文·托皮克. 贸易打造的世界：1400年至今的社会、文化与世界经济. 黄中宪，吴莉苇，译. 上海：上海人民出版社，2018.

230. 吴幼雄. 元代泉州八次设省与蒲寿庚任泉州行省平章政事考. 福建论坛（文史哲版），1988（2）.

231. 中国伊斯兰百科全书编辑委员会编. 中国伊斯兰百科全书. 成都：四川辞书出版社，1994.

232. 驻闽海军军事编纂室. 福建海防史. 厦门：厦门大学出版社，1990.

233. 冷东. 明清海禁政策对闽广地区的影响. 人文杂志，1999（3）.

234. 福建省地方志编纂委员会编. 福建省志·闽台关系志. 福州：福建人民出版社，2008.

235. 胡林梅，文绪武. 中国古代海洋意识的历史演进及其启示. 广西社会科学，2015（8）.

236. 福建省地方志编纂委员会编. 福建省志·福建省历史地图集. 福州：福建省地图出版社，2004.

237. 黄友泉. 明代前期福建海防体系［D］. 厦门：厦门大学，2009.

238. 胡世文. 明初福建卫所研究［D］. 福州：福建师范大学，2013.

239. 王涛. 清代东南四省卫所裁撤研究. 安顺学院学报，2018（4）.

240. 苏文菁，兰芳. 世界的海洋文明：起源、发展与融合. 北京：中华书局，2010.

241. 陈琦. 王景弘简论. 海交史研究，1987（1）.

242. 福建省地方志编纂委员会编. 福建省志·人物志（上）. 北京：中国社会科学出版社，2003.

243. 苏文菁. 福建海洋文明发展史. 北京：中华书局，2010.

244. 苏文菁. 闽商文化论. 北京：中华书局，2010.

245. 彭巧红. 明代海外贸易管理机构的演变. 南洋问题研究，2002（4）.

246. 郑有国. 福建市舶司与海洋贸易研究. 北京：中华书局，2010.

247. 李素. 明清时期福州地方政府机构与琉球进贡. 三明学院学报，2017（5）.

248. 福建省地方志编纂委员会编. 福建省志·对外经贸志. 北京：中国社会科学出版社，1999.

249. 廖大珂. 朱纨事件与东亚海上贸易体系的形成. 文史哲，2009（2）.

250. 福建省地方志编纂委员会编. 福建省志·烟草志. 北京：方志出版社，1995.

251. 福建省地方志编纂委员会编. 福建省志·农业志. 北京：中国社会科学出版社，1999.

252. 陈梧桐. 论郑成功驱荷复台的英雄业绩. 中央民族大学学报（人文社会科学版），2001（4）.

253. 张春英主编. 台湾问题与两岸关系史. 福州：福建人民出版社，2014.

254. 陈孔立. 简明台湾史. 北京：九州出版社，2016.

255. 田珏主编. 台湾史纲要. 福州：福建人民出版社，2000.

256. 赵松林. 清代台湾建省之历程. 统一论坛，2020（1）.

257. 福建省地方志编纂委员会编. 福建省志·宗教志. 厦门：厦门大学出版社，2014.

258. 胡沧泽. 海洋中国与福建. 哈尔滨：黑龙江人民出版社，2010.

259. 徐斌，张金红. 顺风相送. 福州：福建教育出版社，2018.

260. 福建省地方志编纂委员会编. 福建省志·海关志. 北京：方志出版社，1995.

261. 黄国盛. 鸦片战争前的东南四省海关. 福州：福建人民出版社，2000.

262. 厦门港史志编纂委员会编. 厦门港史. 北京：人民交通出版社，1993.

263. 厦门大学历史研究所中国社会经济史研究室编著. 福建经济发展简史. 厦门：厦门大学出版社，1989.

264. 顾海. 厦门港. 福州：福建人民出版社，2001.

265. 戴清泉. 清代的闽台对渡及其影响. 大连海运学院学报，1993（3）.

266. 兰雪花. 清代台湾米谷运销福建论述. 铜仁学院学报，2009（6）.

267. 福建省地方志编纂委员会编. 福建省志·华侨志. 福州：福建人民出版社，1992.

268. 林国平，邱季端主编. 福建移民史. 北京：方志出版社，2005.

269. 林金枝. 福建契约华工史的几个问题. 南洋问题研究，1985（2）.

270. 廖楚强. 论华侨的形成与发展. 海交史研究，1994（2）.

271. 林国平，苏丹. 正统化、在地化与国际化：妈祖文化长盛不衰的内在原因. 世界宗教文化，2021（1）.

272. 蔡天新. 古丝绸之路的妈祖文化传播及其现实意义. 世界宗教文化，2015（6）.

273. 江智猛. 论妈祖文化传播发展在海丝建设中的影响. 妈祖文化研究，2017（4）.

274. 朱谦之. 日本的朱子学. 北京：人民出版社，2000.

275. 程利田. 朱子学在海外的传播. 福州：海峡文艺出版社，2016.

276. 李楠. 鸦片战争. 贵阳：贵州教育出版社，2014.

277. 韩小林. 林则徐在广东禁烟的原则与策略研究. 嘉应学院学报（哲学社会科学），2021（5）.

278. 牟安世. 鸦片战争. 上海：上海人民出版社，1982.

279. 萧致治. 鸦片战争与近代中国. 武汉：湖北教育出版社，1999.

280. 萧致治主编. 鸦片战争史. 福州：福建人民出版社，1996.

281. 何其颖. 公共租界鼓浪屿与近代厦门的发展. 福州：福建人民出版社，2007.

282. 卢承圣主编. 辉煌灿烂的福建"海丝"文化. 福州：海峡文艺出版社，2016.

283. 吴邦才主编. 武夷文化选讲. 福州：福建教育出版社，2010.

284. 吴巍巍. 舟行天下：福建与欧美. 福州：福建教育出版社，2018.

285. 萧天喜主编. 武夷茶经. 北京：科学出版社，2008.

286. 吴其生. 明清时期漳州窑. 福州：福建人民出版社，2015.

287. 福建省博物馆. 漳州窑. 福州：福建人民出版社，1997.

288. 甘淑美. 葡萄牙的漳州窑贸易. 福建文博，2010（3）.

289. 甘淑美. 西班牙的漳州窑贸易. 福建文博，2010（4）.

290. 甘淑美. 荷兰的漳州窑贸易. 福建文博，2012（1）.

291. 厦门市博物馆编. 闽南古陶瓷研究. 福州：福建美术出版社，2002.

292. 厦门博物馆编. 厦门博物馆建馆十周年成果文集. 福州：福建教育出版社，1998.

293. 叶文程，林忠诠，陈建中. 德化窑. 南昌：江西美术出版社，2016.

294. 叶文程. 中国古外销瓷研究论文集. 北京：紫禁城出版社，1988.

295. 刘幼铮. 中国德化白瓷研究. 北京：科学出版社，2007.

296. 耿东升主编. 明清德化白瓷. 桂林：广西美术出版社，2014.

297. 故宫博物院编. 故宫学刊：第22辑. 北京：故宫出版社，2021.

298. 甘淑美. 17世纪末~18世纪初欧洲及新世界的德化白瓷贸易（第一部分）. 福建文博，2012（4）.

299. 甘淑美. 17世纪末~18世纪初欧洲及新世界的德化白瓷贸易（第二部分）. 福建文博，2014（3）.

300. 李琴. 晚清海权观念的变迁［D］. 武汉：华中师范大学，2011.

301. 黄瑞霖主编. 中国近代启蒙思想家：严复诞辰150周年纪念论文集. 北京：方志出版社，2003.

302. 林庆元主编. 福建船政局史稿. 福州：福建人民出版社，1986.

303. 郑新清主编. 船政文化研究选集. 厦门：鹭江出版社，2016.

304. 杨奋泽，黄国盛. 福建海军舰船编制考略. 近代史研究，1987（3）.

305. 刘传标编纂. 中国近代海军职官表. 福州：福建人民出版社，2005.

306. 陈贞寿. 中法马江海战. 北京：中国大百科全书出版社，2007.

307. 卢美松主编. 福州通史简编. 福州：福建人民出版社，2017.

后 记

22021年以来，福建省委党史方志办聚焦省委提出的发展"海洋经济"战略，组织编纂"蓝色福建 向海图强"丛书，全方位展示福建海洋历史发展、现实状况和未来战略的图景。根据省委党史方志办室务会议安排，省志指导处负责梳理福建在历史上与海洋有关的大事要事，以历史叙事的方式，深入挖掘福建海洋文化底蕴，着力反映福建海洋文化精神。在大量收集阅读资料的基础上，我们先试写出了汉唐的部分篇章，初拟书名为《航海福建》，经研究讨论并报曹宛红副主任、黄誌主任审定同意后，列入年度工作计划，划定时期、安排分工、收集资料、撰写初稿、审阅修改，经过近两年的努力，完成这项工作。

本书的编写由福建省委党史方志办室务会议统筹规划和组织协调，黄誌牵头负责，曹宛红具体负责，省志指导处具体组织实施。具体编纂工作分工如下：曹斌负责全书策划统稿及《依海而生》篇，李连秀负责前言、后记及《大航海时代》篇大部分，肖菊香负责《山海之链》篇全部及《大航海时代》篇一部分，张俊、梁妍岑负责《梯航万国》篇，林忠玉负责《踏海而兴》篇，林春花、郑舒负责《海上福建》篇，陈晶负责全书图片。

特别鸣谢福建省财政厅、福建人民出版社给予的大力支持和帮助。

限于我们的学识和编写水平，本书难免有疏漏之处，敬祈读者批评指正。

本书编写组

2023年12月